たり収量及び収穫量の動向
年産～令和3年産）

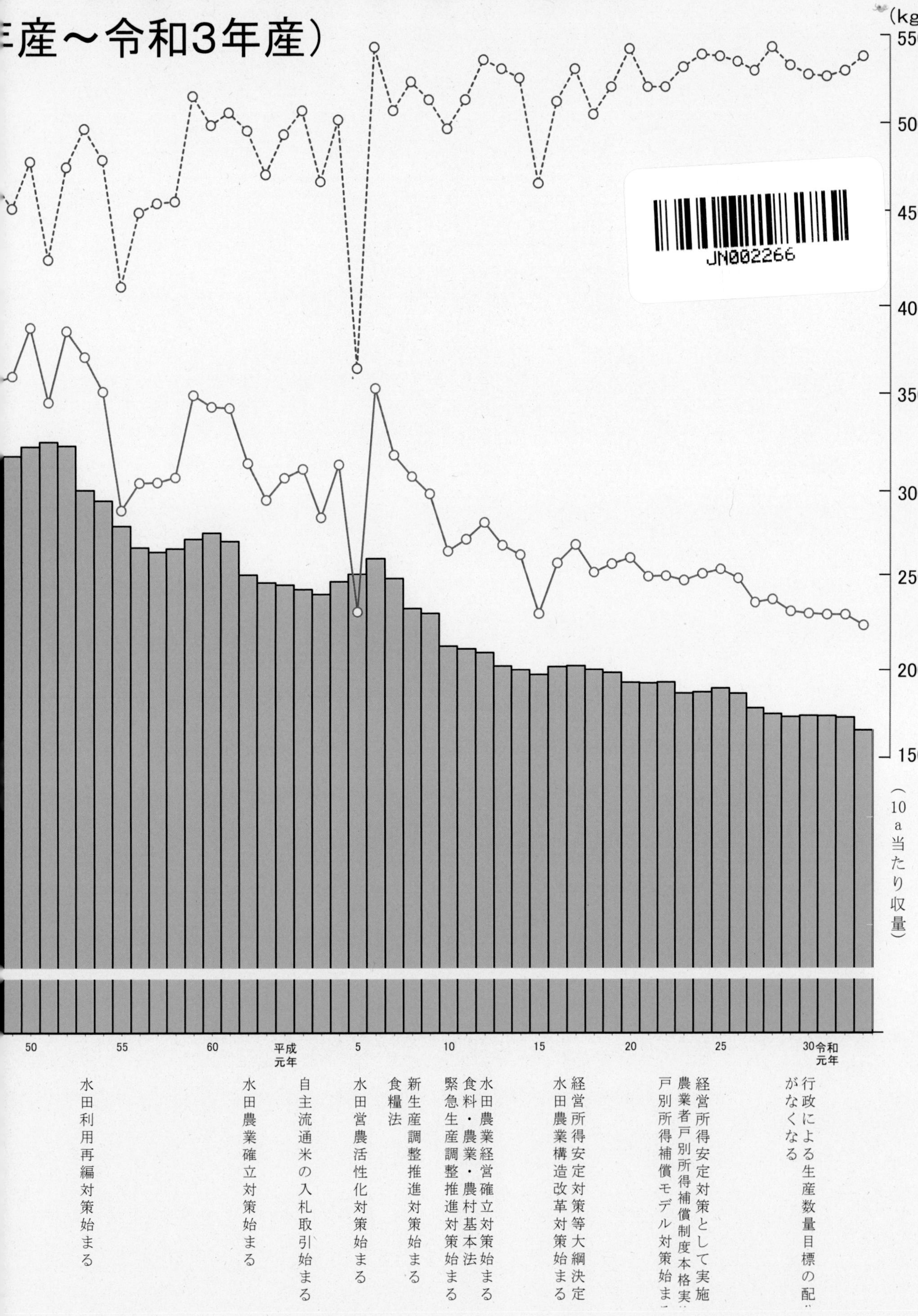

令和３年産

作　物　統　計

（普通作物・飼料作物・工芸農作物）

大臣官房統計部

令　和　４　年　１１　月

農林水産省

目　　　次

利 用 者 の た め に

令和３年度に実施した作物統計調査における面積調査（作付面積調査）及び作況調査並びに特定作物統計調査における作付面積調査及び収穫量調査の結果である。

1　調査の概要

(1)　調査の目的

本調査は、調査対象作物の生産に関する実態を明らかにすることにより、食料・農業・農村基本計画における生産努力目標の策定及び達成状況の検証、経営所得安定対策の交付金算定、作物の生産振興に資する各種事業（強い農業・担い手づくり総合支援交付金等）の推進、農業保険法（昭和22年法律第185号）に基づく農業共済事業の適切な運営等のための農政の基礎資料を整備することを目的としている。

(2)　調査の根拠

作物統計調査は、統計法（平成19年法律第53号）第９条第１項に基づく総務大臣の承認を受けて実施した基幹統計調査である。

また、特定作物統計調査は、同法第19条第１項に基づく総務大臣の承認を受けて実施した一般統計調査である。

(3)　調査の機構

調査は、農林水産省大臣官房統計部及び地方組織（地方農政局、北海道農政事務所、内閣府沖縄総合事務局及び内閣府沖縄総合事務局の農林水産センター。以下同じ。）を通じて行った。

(4)　調査の体系（枠で囲んだ部分が本書に掲載する範囲）

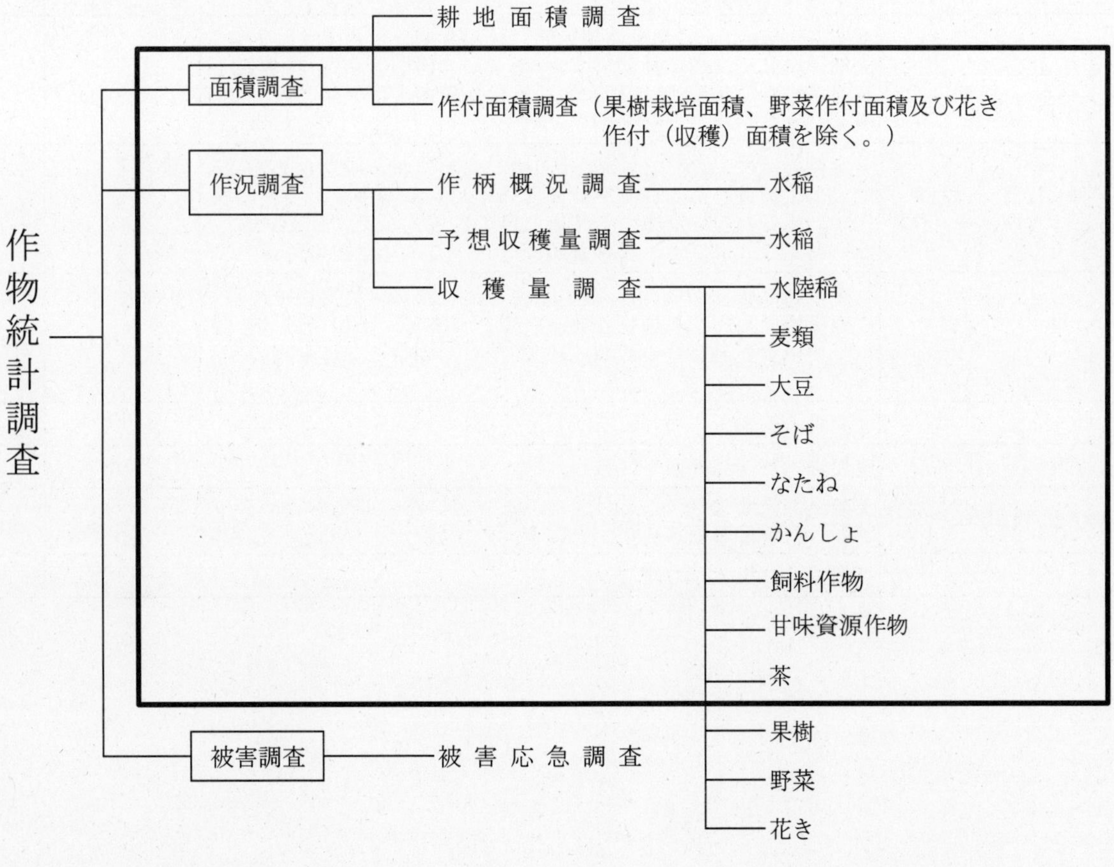

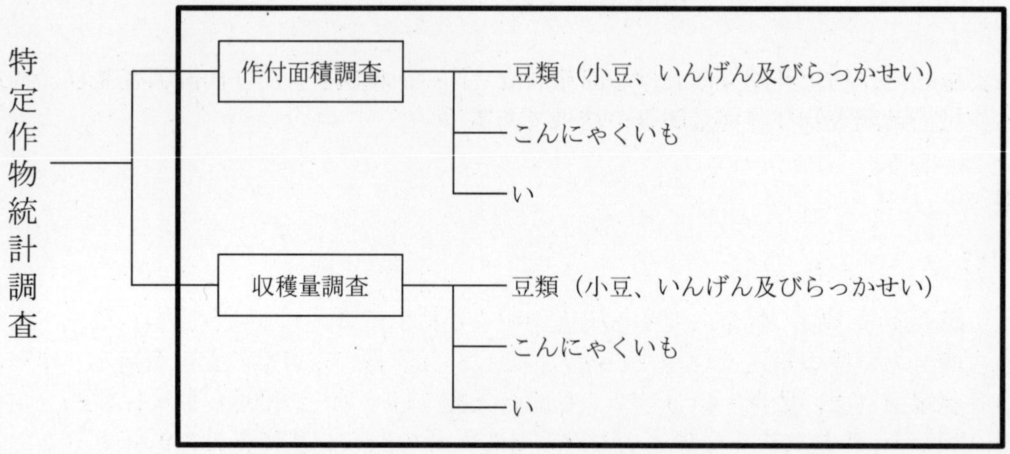

(5)　調査の対象

ア　調査の範囲

次表の左欄に掲げる作物について、それぞれ同表の中欄に掲げる区域のとおりである。

なお、全国の区域を範囲とする調査を作付面積調査は３年ごと、収穫量調査は６年ごとに実施する作物について、当該周期年以外の年において調査の範囲とする都道府県の区域を主産県といい、令和３年産において主産県を調査の範囲として実施したものは同表の右欄に「○」を付した。

作物	区域	主産県調査（令和３年産）	
		作付（栽培）面積	収穫量
水稲、麦類（小麦、二条大麦、六条大麦及びはだか麦）、大豆、そば及びなたね	全国の区域		
陸稲及びかんしょ	主産県の区域（全国作付面積のおおむね８割を占めるまでの上位都道府県の区域。）。ただし、作付面積調査は３年ごと、収穫量調査は６年ごとに全国の区域	○	○
小豆、いんげん及びらっかせい	主産県の区域（全国作付面積のおおむね８割を占めるまでの上位都道府県及び畑作物共済事業（らっかせいを除く。）を実施する都道府県の区域。）。ただし、作付面積調査は３年ごと、収穫量調査は６年ごとに全国の区域		○
飼料作物（牧草、青刈りとうもろこし及びソルゴー）	主産県の区域（全国作付（栽培）面積のおおむね８割を占めるまでの上位都道府県及び農業競争力強化基盤整備事業のうち飼料作物に係るものを実施する都道府県の区域。）。ただし、作付面積調査は３年ごと、収穫量調査は６年ごとに全国の区域	○	○
茶	主産県の区域（全国栽培面積のおおむね８割を占めるまでの上位都道府県及び茶の畑作物共済事業を実施し、半相殺方式を採用している都道府県の区域。）。ただし、６年ごとに全国の区域	○	○
てんさい	北海道の区域		
さとうきび	鹿児島県及び沖縄県の区域		
こんにゃくいも	主産県の区域（群馬県の区域。）。ただし、作付面積調査は３年ごと、収穫量調査は６年ごとに全国の区域		○
い	福岡県及び熊本県の区域		

イ　調査対象の選定

(ｱ)　作付面積調査

a　水稲

水稲の栽培に供された全ての耕地

b　てんさい

日本ビート糖業協会

c　さとうきび

全ての製糖会社、製糖工場等

なお、製糖会社において所有する複数の製糖工場の実績が把握できる場合には、製糖工場を調査対象とせず、当該製糖会社で一括して調査を実施した。

d　陸稲、麦類（小麦、二条大麦、六条大麦及びはだか麦）（以下「麦類」という。）、大豆、そば、なたね、かんしょ、飼料作物（牧草、青刈りとうもろこし及びソルゴー）（以下「飼料作物」という。）、茶、小豆、いんげん、らっかせい、こんにゃくいも及び「い」

調査対象作物を取り扱っている全ての農協等の関係団体

(ｲ)　作況調査及び収穫量調査

a　水稲

水稲が栽培されている耕地

b　茶

荒茶工場

(a)　荒茶工場母集団の整備・補正

「荒茶工場母集団一覧表」（以下「母集団一覧表」という。）を６年周期で作成し、これを基に中間年については、市町村、普及センター、茶関係団体等関係機関からの情報収集により、荒茶工場の休業・廃止又は新設があった場合には削除又は追加をし、また、茶栽培面積、生葉の移出入等大きな変化があった場合には当該荒茶工場について母集団一覧表を整備・補正した。

(b)　階層分け

母集団一覧表の荒茶工場別の年間計荒茶生産量を指標とし、都道府県別の荒茶工場を一定生産量以上を有する全数調査階層と標本調査階層に区分した。

なお、標本調査階層にあっては、最大で３程度の階層に区分した。

(c)　調査対象数の算出

都道府県別の調査対象数は、全数調査階層の荒茶工場数と標本調査階層の荒茶工場数を足したものとし、荒茶生産量を指標とした全国の目標精度（２～３％）が確保されるよう、都道府県別の目標精度（５％）を設定し、標本調査階層の調査対象数を算出した。

(d)　標本調査階層内の標本配分及び抽出

都道府県別に算出された調査対象数を階層別に比例配分し、系統抽出法により抽出した。

c　てんさい

日本ビート糖業協会

d　さとうきび

全ての製糖会社、製糖工場等

なお、製糖会社において所有する複数の製糖工場の実績が把握できる場合には、製糖工場を調査対象とせず、当該製糖会社で一括して調査を実施した。

e　い

「い」を取り扱っている全ての農協等の関係団体

f　陸稲、麦類、大豆、そば、なたね、かんしょ、飼料作物、小豆、いんげん、らっかせい及びこんにゃくいも

調査対象作物を取り扱っている全ての農協等の関係団体

また、都道府県ごとの収穫量に占める関係団体の取扱数量の割合が８割に満たない都道府県については、併せて標本経営体調査を実施することとし、2020年農林業センサスにおいて、調

査対象作物を販売目的で作付けし、関係団体以外に出荷した農林業経営体（飼料作物については、飼料作物等を作付けし、関係団体以外に出荷した農林業経営体）の中から作付面積の規模に比例した確率比例抽出や系統抽出により、調査対象経営体を抽出した。

(6)　調査期日

ア　作付面積調査

(ｱ)　水稲及び茶　　　7月15日

(ｲ)　大豆、小豆、いんげん及びらっかせい　　9月1日

(ｳ)　陸稲、麦類、そば、なたね、かんしょ、飼料作物、てんさい、さとうきび、茶、こんにゃくいも及び「い」　　収穫期

イ　作況調査及び収穫量調査

(ｱ)　水稲

a　作柄概況調査：8月15日現在

b　予想収穫量調査：9月25日現在、10月25日現在

c　収穫量調査：収穫期

（参考）水稲の作柄予測：7月15日現在の作柄の良否（西南暖地における早期栽培等のみ）及び8月15日現在の作柄の良否（西南暖地における早期栽培等を除く。）については、実測調査は行わず、気象データ及び人工衛星データを利用した予測により推計

(ｲ)　水稲以外の作物

収穫期

(7)　調査事項

ア　作付面積調査

(ｱ)　水稲：作付面積及び用途別面積

(ｲ)　水稲以外の作物：作付（栽培）面積

イ　作況調査及び収穫量調査

(ｱ)　水稲

a　作柄概況調査：田植期の遅速、出穂期の遅速、穂数・もみ数等の生育状況、登熟状況、被害状況、耕種状況等

b　予想収穫量調査：10a当たり予想収量、予想収穫量、穂数・もみ数等の生育状況、登熟状況、被害状況、耕種状況等

c　収穫量調査：10a当たり収量、収穫量、穂数・もみ数等の生育状況、登熟状況、被害状況、被害種類別被害面積・被害量、耕種状況等

(ｲ)　水稲以外の作物

a　関係団体調査

(a)　さとうきび及びこんにゃくいも：栽培面積、収穫面積及び集荷量

(b)　茶：摘採実面積、摘採延べ面積、生葉集荷（処理）量及び荒茶生産量

(c)　い：い生産農家数、畳表生産農家数、作付面積、収穫量及び畳表生産量

(d)　陸稲、麦類、大豆、そば、なたね、かんしょ、飼料作物、てんさい、小豆、いんげん及びらっかせい：作付（栽培）面積及び集荷量

b　標本経営体調査

(a)　飼料作物：作付（栽培）面積及び収穫量

(b)　こんにゃくいも：栽培面積、収穫面積、出荷量及び「自家用、無償の贈答の量」

(c)　陸稲、麦類、大豆、そば、なたね、かんしょ、小豆、いんげん、らっかせい及び「い」：調査対象作物の作付面積、出荷量及び「自家用、無償の贈与、種子用等の量」

(8)　調査・集計方法

調査・集計は、以下の方法により行った。

なお、集計は農林水産省大臣官房統計部及び地方組織において行った。

ア　作付面積調査

(ｱ)　水稲

a　母集団の編成

空中写真（衛星画像等）に基づき、全国の全ての土地を隙間なく区分した200m四方（北海道にあっては、400m四方）の格子状の区画のうち、耕地が存在する区画を調査のための「単位区」とし、この単位区（区画内に存する耕地について筆ポリゴン（衛星画像等を基に面積調査用の地理情報システムにより筆（けい畔等で区切られた現況一枚のほ場）ごとの形状に沿って作成した面をいう。）を作成するものをいう。）の集まりを母集団（全国約290万単位区）としている。

なお、筆ポリゴンには、地目（田又は畑）等の情報が登録されている。

母集団は、ほ場整備、宅地への転用等により生じた現況の変化を反映するため、単位区の情報を補正することにより整備している。

b　階層分け

調査精度の向上を図るため、母集団を各単位区内の耕地の地目に基づいて地目階層（「田のみ階層」、「田畑混在階層」及び「畑のみ階層」）に分類し、それぞれの地目階層について、ほ場整備の状況、水田率等の指標に基づいて設定した性格の類似した階層（性格階層）に分類している。

階層分け模式図（例）

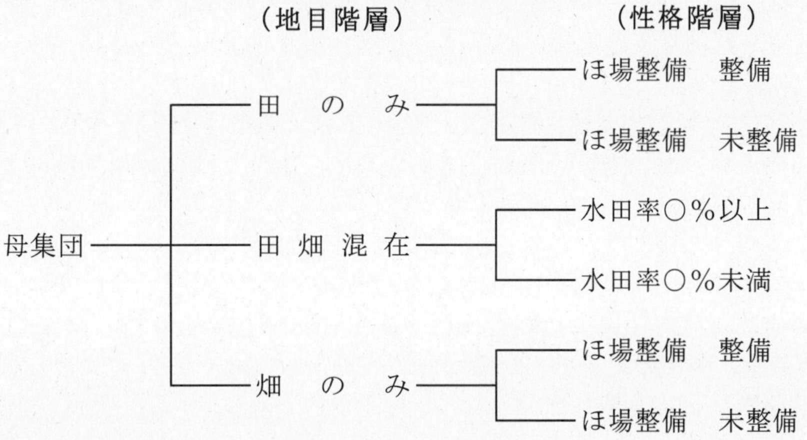

c　調査対象数の算出

都道府県別の調査対象数は、耕地の田畑別面積又は水稲作付面積を指標とした全国の目標精度（田：0.16％、畑：0.50％、水稲：0.22％）が確保されるように設定した都道府県別の目標精度（田：概ね0.5～２％程度、畑：概ね１～５％程度、水稲：概ね0.5～３％程度）に基づき算出する。

d　調査対象数の配分及び抽出

ｃにより算出した調査対象数を、都道府県別の地目階層別に、総単位区数に耕地の田畑別面積又は水稲作付面積の母標準偏差を乗じた積に比例して配分し、次いで、地目階層別の調査対象数を、性格階層別に当該性格階層の総単位区数に比例して配分の上、系統抽出法により抽出する。

e　実査（対地標本実測調査）

抽出した標本単位区内の水稲が作付けされている全ての筆について、１筆ごとに現況地目、耕地の境界及び作付けの状況を確認する。

f　推定

水稲作付面積の推定においては、都道府県別に面積調査用の地理情報システムを使用して求積した「標本単位区の田台帳面積の合計」に対する「実査により得られた標本単位区の現況の水稲作付見積り面積の合計」の比率を「母集団（全単位区）の田の台帳面積の合計」に乗じ、これに台帳補正率（田台帳面積に対する実面積の比率）を乗じることにより、全体の面積を推定し、職員又は統計調査員による巡回・見積り及び職員による情報収集により補完している。

なお、全国計及び全国農業地域別の値は、都道府県別の値を合計して算出した。

$$\text{推定面積}=\frac{\text{標本単位区の現況水稲作付見積り面積合計}}{\text{標本単位区の田台帳面積合計}}\times\text{全単位区の田台帳面積合計}\times\text{台帳補正率}$$

g　その他

遠隔地、離島、市街地等の対地標本実測調査が非効率な地域については、職員による巡回・見積り、情報収集によって把握している。

(ｲ)　水稲以外の作物

a　都道府県値

(a)　てんさい

日本ビート糖業協会に対して調査票を配布し、オンラインにより回収する自計調査で行った。

作付面積の集計は、日本ビート糖業協会に対する調査結果を基に、職員による情報収集により補完している。

(b)　さとうきび

製糖会社、製糖工場等に対する往復郵送調査又はオンライン調査により行った。

栽培面積の集計は、製糖会社、製糖工場等に対する調査結果を基に、職員又は統計調査員による巡回・見積り及び職員による情報収集により補完している。

(c)　こんにゃくいも

関係団体に対する往復郵送調査又はオンライン調査により行った。

栽培面積の集計は、関係団体調査結果を基に、職員又は統計調査員による巡回・見積り及び職員による情報収集により補完している。

(d)　陸稲、麦類、大豆、そば、なたね、かんしょ、飼料作物、茶、小豆、いんげん、らっかせい及び「い」

関係団体に対する往復郵送調査又はオンライン調査により行った。

作付（栽培）面積の集計は、関係団体調査結果を基に、職員又は統計調査員による巡回・見積り及び職員による情報収集により補完している。

b　全国値

令和３年産の調査において、全国を調査の対象とした作物（麦類、大豆、そば、なたね、小豆、いんげん及びらっかせい）については、都道府県値の積上げにより算出した。

また、主産県を調査の対象とした作物（陸稲、かんしょ、飼料作物及び茶）については、直近の全国調査年（調査の範囲が全国の区域である年をいう。以下同じ。）の調査結果に基づき次により推計を行った。

主産県の作付（栽培）面積の合計値に、推計により算出した主産県以外の都道府県（以下「非主産県」という。）の作付（栽培）面積の計を合計し算出した。

非主産県の作付（栽培）面積は、直近の全国調査年（令和２年産）における非主産県の作付（栽培）面積の合計値に、令和３年産における主産県の作付（栽培）面積の合計値を令和２年産における主産県の作付（栽培）面積の合計値で除した変動率を乗じて算出した。

イ　作況調査及び収穫量調査

(ｱ)　水稲

a　母集団

アの(ｱ)のｂにより、「田のみ階層」及び「田畑混在階層」の地目階層に分類される単位区を母集団としている。

b　階層分け

都道府県別に地域行政上必要な水稲の作柄を表示する区域として、水稲の生産力（地形、気象、栽培品種等）により分割した区域を「作柄表示地帯」として設定し、この作柄表示地帯ごとに収量の高低、年次変動、収量に影響する条件等を指標とした階層分けを行っている。

c　調査対象数の算出

都道府県別の調査対象数は、全国の目標精度（0.3％）が確保されるように設定した都道府県別の目標精度（１～２％）に基づき算出する。

d　調査対象数の配分及び抽出

都道府県別の調査対象数を階層別に水稲の作付面積に10ａ当たり収量の標準偏差を乗じた結果に比例して配分する。

階層別に配分された調査対象数を単位区の水稲作付面積（田台帳面積）に比例した確率で抽出する確率比例抽出法（具体的には単位区を水稲作付面積（田台帳面積）の小さい方から順に並べ、水稲作付面積（田台帳面積）の合計を調査対象数で除した値の整数倍の値を含む単位区を選ぶ方法）により標本単位区を抽出する。抽出された標本単位区内で、水稲が作付けされている筆から１筆を無作為に選定して実測調査を行う筆（以下「作況標本筆」という。）とする。

e　作況標本筆の実測

作況標本筆の対角線上の３か所を系統抽出法により調査箇所に選定し、株数、穂数、もみ数等の実測調査を行う。

f　10ａ当たり玄米重の算定

各作況標本筆について、一定株数（１㎡分×３か所の株数）の稲を刈り取り、脱穀・乾燥・もみすりを行った後に、飯用に供し得る玄米（農産物規格規程（平成13年２月28日農林水産省告示第244号）に定める三等以上の品位を有し、かつ、粒厚が1.70㎜以上であるもの）となるように選別し、各作況標本筆の10ａ当たり玄米重を決定する。

ただし、調査期日に収穫期を迎えていない作況標本筆がある場合は、穂数、１穂当たりもみ数及び千もみ当たり収量のうち実測可能な項目については実測値、実測が不可能な項目については過去の気象データ、実測データ等を基に作成した予測式により算定した推定値を用いることとし、これらの数値の積により当該作況標本筆に係る10ａ当たり玄米重を算定する。

各作況標本筆の10ａ当たり玄米重の平均を基に階層ごとの10ａ当たり玄米重を推定し、水稲作付面積で加重平均することにより都道府県別の10ａ当たり玄米重平均値を算出する。

g　10ａ当たり収量の推定

ｆにより算出した都道府県別の10ａ当たり玄米重平均値に、コンバインのロス率（コンバインを使用して収穫する際に発生する収穫ロス）や被害データ等を加味して検討を行い、都道府県別の10ａ当たり収量を推定する。

さらに、作況基準筆（10ａ当たり収量を巡回・見積りにより把握する際の基準とするものとして有意に選定した筆をいう。）の実測結果及び特異な被害が発生した際に設置する被害調査筆の実測結果を基準とした巡回・見積り並びに情報収集による作柄及び被害の見積りによって推定値を補完する。

h　収穫量及び被害量

ｇにより推定した10ａ当たり収量に作付面積を乗じて収穫量を求める。

被害量は、農作物に被害が発生した後、生育段階に合わせて被害の状況を巡回・見積りで把握する。また、特異な被害が発生した場合は、被害調査筆を設置して調査を実施し把握する。

i　作柄概況調査（８月15日現在の西南暖地における早期栽培等を除く。）における作柄予測

気象データ（降水量、気温、日照時間、風速等）及び人工衛星データ（降水量、地表面温度、

日射量、植生指数等）を説明変数、10ａ当たり予想収量を目的変数として作成した予測式（重回帰式）により、作柄を予測したものである。

(ｲ) 水稲以外の作物

a　都道府県値

(a) 茶

標本荒茶工場に対する往復郵送調査又はオンライン調査により行った。

摘採面積、生葉収穫量及び荒茶生産量については、次の方法により集計した。

ⅰ　全数調査階層の集計値に標本調査階層の各階層の推定値を加えて算出し、必要に応じて職員又は統計調査員による巡回・見積り及び職員による情報収集により補完している。

なお、全数調査階層に欠測値がある場合は、標本調査階層と同様の推定方法により算出した。

ⅱ　階層ごとの推定方法については、荒茶生産量（母集団リスト値）と荒茶生産量（調査結果）の相関係数を算出し、以下の式を満たす場合には比推定、満たさない場合は単純推定により算出した。

$$\hat{r}i \geqq \frac{1}{2} \cdot \frac{Ciy}{\hat{C}ix}$$

上記の計算式に用いた記号等は次のとおり。

$\hat{r}i$：i階層の荒茶生産量（母集団リスト値）と荒茶生産量（調査結果）との相関係数の推定値

Ciy：i階層の荒茶生産量（母集団リスト値）の変動係数

$\hat{C}ix$：i階層の荒茶生産量（調査結果）の変動係数の推定値

ⅲ　標本調査階層の各階層において、荒茶生産量は以下の推定式を用いて算出した。

なお、摘採実面積、摘採延べ面積（年間計のみ）及び生葉収穫量についても荒茶生産量と同様の推定方法により算出した（下記推定式の「x及びX」部分を摘採実面積、摘採延べ面積及び生葉収穫量（調査結果）に置き換えて算出。）。

i階層の推定（年間計及び一番茶期別に推定）

【単純推定の場合】

$$\hat{X}i = Ni\frac{\sum_{j=1}^{ni} x\,ij}{ni}$$

【比推定の場合】

$$\hat{X}i = \frac{\sum_{j=1}^{ni} x\,ij}{\sum_{j=1}^{ni} y\,ij}Yi$$

上記の計算式に用いた記号等は次のとおり。

Ni：i階層の母集団荒茶工場数

ni：i階層の標本荒茶工場数

$\hat{X}i$：i階層の荒茶生産量の推定値

xij：i階層のj標本の荒茶生産量（調査結果）

Yi：i階層の母集団荒茶工場の荒茶生産量（母集団リスト値）の合計値

yij：i階層のj標本の荒茶生産量（母集団リスト値）

(b)　てんさい

日本ビート糖業協会に対して調査票を配布し、オンラインにより回収する自計調査で行った。

収穫量の集計は、日本ビート糖業協会に対する調査結果を基に、必要に応じて職員による情報収集により補完している。

(c)　さとうきび

製糖会社、製糖工場等に対する往復郵送調査又はオンライン調査により行った。

収穫面積の集計は、製糖会社、製糖工場等に対する調査結果を基に、必要に応じて職員又は統計調査員による巡回・見積り及び職員による情報収集により補完している。

収穫量の集計は、製糖会社、製糖工場等に対する調査結果を基に、必要に応じて職員又は統計調査員による巡回及び職員による情報収集により補完している。

(d)　こんにゃくいも

関係団体に対する往復郵送調査又はオンライン調査により行った。

収穫面積の集計は、関係団体調査結果を基に、必要に応じて職員又は統計調査員による巡回及び職員による情報収集により補完している。

収穫量の集計は、関係団体調査及び標本経営体調査結果から得られた10ａ当たり収量に収穫面積を乗じて算出し、必要に応じて職員又は統計調査員による巡回及び職員による情報収集により補完している。

(e)　い

関係団体に対する往復郵送調査又はオンライン調査により行った。

収穫量の集計は、関係団体に対する調査結果から得られた10ａ当たり収量に作付面積を乗じて算出し、必要に応じて職員又は統計調査員による巡回及び職員による情報収集により補完している。

(f)　陸稲、麦類、大豆、そば、なたね、かんしょ、飼料作物、小豆、いんげん及びらっかせい

関係団体に対する往復郵送調査又はオンライン調査及び標本経営体に対する往復郵送調査により行った。

収穫量の集計は、関係団体調査及び標本経営体調査結果から得られた10ａ当たり収量に作付面積を乗じて算出し、必要に応じて職員又は統計調査員による巡回及び職員による情報収集により補完している。

b　全国値

令和３年産の調査において、全国を調査の対象とした作物（麦類、大豆、そば及びなたね）については、都道府県値の積上げにより算出した。

また、主産県を調査の対象とした以下の作物については、直近の全国調査年の調査結果に基づき次により推計を行った。

(a)　小豆、いんげん及びらっかせい

主産県の収穫量に、次の式により推計した非主産県の収穫量の計を合計し算出した。

非主産県の収穫量	＝	直近の全国調査年（平成30年産）における非主産県の10ａ当たり収量	×	主産県の10ａ当たり収量の比率(x)	×	令和３年産の非主産県の作付面積

x＝令和３年産の主産県10ａ当たり収量÷全国調査年（平成30年産）の主産県10ａ当たり収量

(b)　陸稲、かんしょ及び飼料作物

直近の全国調査年（平成29年産）の全国の収穫量に、令和３年産における主産県の収穫量の合計値を平成29年産における主産県の収穫量の合計値で除した変動率を乗じて算出した。

(c)　茶

荒茶生産量の全国値＝主産県の荒茶生産量＋非主産県の荒茶生産量（ｘ）

ｘ＝非主産県の10ａ当たり生葉収量の推定値（ａ）×非主産県の摘採面積の推定値（ｂ）×主産県の製茶歩留り（ｃ）

a＝直近の全国調査年（令和２年産）における非主産県の10ａ当たり生葉収量×当年産の主産県の10ａ当たり生葉収量÷直近の全国調査年（令和２年産）における主産県の10ａ当たり生葉収量

b＝当年の非主産県の栽培面積の推定値（d）×直近の全国調査年（令和２年産）における非主産県の摘採実面積÷直近の全国調査年（令和２年）における非主産県の栽培面積

c＝当年産の主産県の荒茶生産量÷当年産の主産県の生葉収穫量

d＝直近の全国調査年（令和２年）における非主産県の栽培面積×（当年の主産県の栽培面積÷直近の全国調査年（令和２年）における主産県の栽培面積）

(d)　こんにゃくいも

i　収穫面積

主産県（群馬県）の収穫面積に、推計により算出した非主産県の収穫面積の計を合計し算出した。

非主産県の収穫面積は、作付面積調査で把握した非主産県の栽培面積に、主産県（群馬県）の収穫面積を主産県（群馬県）栽培面積で除した率を乗じて算出した。

ii　収穫量

主産県（群馬県）の収穫量に、推計により算出した非主産県の収穫量の計を合計し算出した。

非主産県の収穫量は、直近の全国調査年（平成30年産）における非主産県の10ａ当たり収量に、令和３年産における主産県（群馬県）の10ａ当たり収量を直近の全国調査年（平成30年産）における主産県（群馬県）の10ａ当たり収量で除した変動率を乗じて算出した令和３年産の非主産県の10ａ当たり収量を、令和３年産の非主産県の収穫面積に乗じて算出した。

(9)　調査の精度

ア　作付面積調査

(ア)　対地標本実測調査における水稲作付面積に係る標本単位区の数及び調査結果（全国）の実績精度を標準誤差率（標準誤差の推定値÷推定値×100）により示すと、次のとおりである。

区　　分	標本単位区の数	標準誤差率（％）
水稲作付面積	39,411	0.34

(イ)　水稲以外の作物については、関係団体に対する全数調査結果を用いて全国値を算出していることから、実績精度の算出を行っていない。

イ　作況調査及び収穫量調査

(ア)　水稲収穫量調査の標本実測調査における標本筆数及び10ａ当たり玄米重に係る調査結果（全国）の実績精度を標準誤差率（標準誤差の推定値÷推定値×100）により示すと、次のとおりである。

区　　分	標　本　筆　数	標準誤差率（％）
10ａ当たり玄米重	9,902	0.16

(イ)　10ａ当たり収量（茶は荒茶生産量）に係る調査結果（全国）の実績精度を標準誤差率（標準誤差の推定値÷推定値×100）により示すと、次のとおりである。

なお、陸稲、かんしょ、飼料作物、茶、らっかせい及びこんにゃくいもについては、主産県調査結果のものである。

品　　目	区　　分	標準誤差率（%）
陸　　　　　稲	10 a 当たり収量	4.5
そ　　　　　ば	10 a 当たり収量	1.3
か　ん　し　ょ	10 a 当たり収量	1.6
牧　　　　　草	10 a 当たり収量	2.1
青刈りとうもろこし	10 a 当たり収量	1.9
ソ　ル　ゴ　ー	10 a 当たり収量	3.7
茶	荒茶生産量	2.6
ら っ か せ い	10 a 当たり収量	3.7
こんにゃくいも	10 a 当たり収量	2.6

(ｳ)　麦類（小麦、二条大麦、六条大麦及びはだか麦）、大豆、なたね、小豆及びいんげん

主要な都道府県において、標本経営体調査を行っていないこと等から、実績精度の算出は行っていない。

(ｴ)　てんさい、さとうきび及び「い」

関係団体に対する全数調査結果を用いて算出していることから、実績精度の算出は行っていない。

(10)　調査対象数

ア　作付面積調査

(ｱ)　水稲

標本単位区：39,411単位区

(ｲ)　水稲以外の作物

区　　　分	関係団体調査		
	団体数 ①	有　効 回答数 ②	有　効 回答率 ③=②/①
	団体	団体	%
陸　　　　稲	18	17	94.4
麦　　　　類	632	632	100.0
大　　　　豆	619	614	99.2
小　　　　豆	141	137	97.2
い　ん　げ　ん	65	64	98.5
ら っ か せ い	25	24	96.0
そ　　　　ば	392	390	99.5
か　ん　し　ょ	69	68	98.6
飼料作物、えん麦	144	136	94.4
茶	63	63	100.0
な　　た　　ね	61	61	100.0
て　ん　さ　い	1	1	100.0
さ と う き び	1) 86	1) 68	79.1
こんにゃくいも	29	29	100.0
い	3	3	100.0

注：1　「有効回答数」とは、集計に用いた関係団体の数である。

2　「飼料作物、えん麦」の「えん麦」は緑肥用であり、作付面積調査のみを実施した。
このため、えん麦（緑肥用）の作付面積については、「耕地及び作付面積統計」を参照。

3　1)の単位は、「製糖会社、製糖工場等」である。

4　さとうきびにおいては、製糖会社において所有する複数の製糖工場の実績が把握できる場合には、製糖工場を調査対象とせず、当該製糖会社で一括して調査を実施した。

イ　作況調査及び収穫量調査

(ｱ)　水稲

作況標本筆：9,902筆、作況基準筆：381筆

(ｲ)　水稲以外の作物

区分	関係団体調査			標本経営体調査				
	団体数 ①	有効回答数 ②	有効回答率 ③=②/①	母集団の大きさ ④	標本の大きさ ⑤	抽出率 ⑥=⑤/④	有効回答数 ⑦	有効回答率 ⑧=⑦/⑤
	団体	団体	%	経営体	経営体	%	経営体	%
陸稲	18	8	44.4	886	265	29.9	53	20.0
小麦	623	589	94.5	11,191	120	1.1	75	62.5
大麦・はだか麦				4,812	605	12.6	247	40.8
大豆	623	598	96.0	22,536	685	3.0	477	69.6
小豆	126	117	92.9	3,258	87	2.7	53	60.9
いんげん	48	40	83.3					
らっかせい	6	5	83.3	2,510	365	14.5	175	47.9
そば	392	365	93.1	8,313	1,212	14.6	940	77.6
かんしょ	69	67	97.1	5,584	276	4.9	183	66.3
飼料作物	23	16	69.6	34,628	3,891	11.2	2,075	53.3
なたね	61	55	90.2	467	20	4.3	7	35.0
てんさい	1	1	100.0					
さとうきび	1) 86	1) 68	79.1					
こんにゃくいも	8	8	100.0	483	123	25.5	73	59.3
い	3	3	100.0					

注：1　「有効回答数」とは、集計に用いた関係団体及び標本経営体の数であり、回答はあったが、当年産において作付けがなかった関係団体及び標本経営体は含まれていない。

2　1)の単位は、「製糖会社、製糖工場等」である。

3　さとうきびにおいては、製糖会社において所有する複数の製糖工場の実績が把握できる場合には、製糖工場を調査対象とせず、当該製糖会社で一括して調査を実施した。

区分	母集団荒茶工場数 ⑨	調査対象者数 ⑩	抽出率 ⑪=⑩/⑨	有効回答数 ⑫	有効回答率 ⑬=⑫/⑩
	工場	工場	%	工場	%
茶	3,071	597	19.4	486	81.4

注：「有効回答数」とは、集計に用いた標本荒茶工場の数であり、回答はあったが、当年産において取扱いがなかった荒茶工場は含まない。

(11)　統計の表章範囲

掲載した統計の全国農業地域及び地方農政局の区分とその範囲は、次表のとおりである。

ア　全国農業地域

全国農業地域名	所属都道府県名
北海道	北海道
東北	青森、岩手、宮城、秋田、山形、福島
北陸	新潟、富山、石川、福井
関東・東山	茨城、栃木、群馬、埼玉、千葉、東京、神奈川、山梨、長野
東海	岐阜、静岡、愛知、三重
近畿	滋賀、京都、大阪、兵庫、奈良、和歌山
中国	鳥取、島根、岡山、広島、山口
四国	徳島、香川、愛媛、高知
九州	福岡、佐賀、長崎、熊本、大分、宮崎、鹿児島
沖縄	沖縄

イ　地方農政局

地方農政局名	所　属　都　道　府　県　名
東北農政局	アの東北の所属都道府県と同じ。
北陸農政局	アの北陸の所属都道府県と同じ。
関東農政局	茨城、栃木、群馬、埼玉、千葉、東京、神奈川、山梨、長野、静岡
東海農政局	岐阜、愛知、三重
近畿農政局	アの近畿の所属都道府県と同じ。
中国四国農政局	鳥取、島根、岡山、広島、山口、徳島、香川、愛媛、高知
九州農政局	アの九州の所属都道府県と同じ。

注：　東北農政局、北陸農政局、近畿農政局及び九州農政局の結果については、全国農業地域区分における各地域の結果と同じであることから、統計表章はしていない。

2　定義及び基準

作付面積

は種又は植付けをしてからおおむね１年以内に収穫され、複数年にわたる収穫ができない非永年性作物（水稲、麦等）を作付けしている面積をいう。けい畔に作物を栽培している場合は、その利用部分を見積もり、作付面積として計上した。

栽培面積

茶、さとうきびなど、は種又は植付けの後、複数年にわたって収穫を行うことができる永年性作物を栽培している面積（さとうきびにあっては、当年産の収穫を意図するものに加え、苗取り用、次年産の夏植えの収穫対象とするもの等を含む。）をいう。けい畔に作物を栽培している場合は、その利用部分を見積り、栽培面積として計上した。

摘採面積

摘採（実）面積とは、茶を栽培している面積のうち、収穫を目的として茶葉の摘取りが行われた（実）面積をいい、摘採延べ面積とは、同一茶園で複数回摘採された場合の延べ面積をいう。

収穫面積

こんにゃくいもにあっては、栽培面積のうち生子《きご》（種いも）として来年に植え付ける目的として収穫された面積を除いた面積をいう。

さとうきびにあっては、当年産の作型（夏植え、春植え及び株出し）の栽培面積のうち実際に収穫された面積をいう。なお、その全てが収穫放棄されたほ場に係る面積は収穫面積には含めない。

収穫量

収穫し、収納（収穫後、保存又は販売できる状態にして収納舎等に入れることをいう。）がされた一定の基準（品質・規格）以上のものの量をいう。なお、収穫前における見込量を予想収穫量という。

飼料作物にあっては、飼料用として収穫された生の状態の量をいう。なお、放牧して直接家畜に与えるものも含む。

さとうきびにあっては、刈り取った茎からしょう頭部（さとうきびの頂上部分）及び葉を除去したものの量をいう。

年産区分

収穫量の年産区分は収穫した年（通常の収穫最盛期の属する年）をもって表す。ただし、作業、販売等の都合により収穫が翌年に持ち越された場合も翌年産とせず、その年産として計上した。なお、さとうきびにあっては、通常収穫期が２か年にまたがるため、収穫を始めた年をもって表した。

10ａ当たり収量　実際に収穫された10ａ当たりの収穫量をいう。

〃　平年収量　作物の栽培を開始する以前に、その年の気象の推移、被害の発生状況等を平年並みとみなし、最近の栽培技術の進歩の度合い、作付変動等を考慮して、実収量のすう勢をもとに作成したその年に予想される10ａ当たり収量をいう。

〃　平均収量　原則として直近７か年のうち、最高及び最低を除いた５か年の平均値をいう。

ただし、直近７か年全ての10ａ当たり収量が確保できない場合は、６か年又は５か年の最高及び最低を除いた平均とし、４か年又は３か年の場合は、単純平均である。

なお、直近７か年のうち、３か年分の10ａ当たり収量が確保できない場合は、作成していない。

〃　平均収量対比　10ａ当たり平均収量に対する当年産の10ａ当たり収量の比率をいう。

作況指数　作柄の良否を表す指標のことをいい、10ａ当たり平年収量に対する10ａ当たり収量（又は予想収量）の比率をいう。

なお、平成26年産以前の作況指数は1.70㎜のふるい目幅で選別された玄米を基に算出し、平成27年産から令和元年産までの作況指数は、全国農業地域ごとに、過去５か年間に農家等が実際に使用したふるい目幅の分布において、大きいものから数えて９割を占めるまでの目幅以上に選別された玄米を基に算出していた。令和２年産以降の作況指数は、都道府県ごとに、過去５か年間に農家等が実際に使用したふるい目幅の分布において、最も多い使用割合の目幅以上に選別された玄米を基に算出した数値である（各都道府県の目幅は次表のとおり）。

令和３年産の作況指数の算出に用いるふるい目幅

都道府県	農家等使用目幅	都道府県	農家等使用目幅	都道府県	農家等使用目幅	都道府県	農家等使用目幅
北海道	1.90㎜	東　京	1.80㎜	滋　賀	1.90㎜	香　川	1.80㎜
青　森	1.90㎜	神奈川	1.80㎜	京　都	1.85㎜	愛　媛	1.85㎜
岩　手	1.90㎜	新　潟	1.85㎜	大　阪	1.80㎜	高　知	1.80㎜
宮　城	1.90㎜	富　山	1.90㎜	兵　庫	1.85㎜	福　岡	1.85㎜
秋　田	1.90㎜	石　川	1.85㎜	奈　良	1.80㎜	佐　賀	1.85㎜
山　形	1.90㎜	福　井	1.90㎜	和歌山	1.80㎜	長　崎	1.80㎜
福　島	1.85㎜	山　梨	1.80㎜	鳥　取	1.85㎜	熊　本	1.85㎜
茨　城	1.85㎜	長　野	1.85㎜	島　根	1.90㎜	大　分	1.80㎜
栃　木	1.85㎜	岐　阜	1.80㎜	岡　山	1.85㎜	宮　崎	1.80㎜
群　馬	1.80㎜	静　岡	1.80㎜	広　島	1.85㎜	鹿児島	1.80㎜
埼　玉	1.80㎜	愛　知	1.85㎜	山　口	1.85㎜	沖　縄	1.80㎜
千　葉	1.80㎜	三　重	1.85㎜	徳　島	1.80㎜		

子実用　主に食用（なたねについては、食用として搾油するもの）に供すること（子実生産）を目的とするものをいい、全体から「青刈り」を除いたものをいう。なお、「青刈り」とは、子実の生産以前に刈り取られて飼肥料用等として用いられるもの（稲発酵粗飼料用稲（ホールクロップサイレージ）、わら専用稲等を含む。）のほか、飼料用米及びバイオ燃料用米をいう。

乾燥子実

食用を目的に未成熟（完熟期以前）で収穫されるもの（えだまめ、さやいんげん等）、景観形成用として作付けしたもの（そば）を除いたものをいう。

なお、らっかせいはさやつきのものをいう。

（水稲）

西南暖地における早期栽培等

四国及び南九州の地域で主に台風による被害を避けるため８月中旬頃までに収穫する栽培方法並びに沖縄県における二期作の第一期稲である。

作柄表示地帯

地域行政上必要な水稲の作柄を表示する区域として、都道府県を水稲の生産力（地形、気象、栽培品種等）により分割したものをいう。

水稲の二期作栽培

同一の田に年間２回作付けする栽培方法をいい、第１回の作付けを第一期稲、第２回の作付けを第二期稲という。

（茶）

茶期区分

茶期は各地方によって異なっており、さらに、その年の作柄、被害、他の農作物等の関係もあってこれを明確に区分することは困難であるため、一番茶期の区分は通常その地域の慣行による茶期区分によることとした。

荒茶

茶葉（生葉）を蒸熱《じょうねつ》、揉《も》み操作、乾燥等の加工処理を行い製造したもので、仕上げ茶として再製する以前のものをいう。

（さとうきび）

夏植え

７月頃から９月頃にさとうきびの茎を植え付け、発芽したものを翌年の12月頃から翌々年の４月頃にかけて収穫する栽培方法をいう。

春植え

２月頃から４月頃にさとうきびの茎を植え付け、発芽したものをその年の12月頃から翌年の４月頃にかけて収穫する栽培方法をいう。

株出し

前年収穫したさとうきびの株から発芽したものをその年の12月頃から翌年４月頃にかけて収穫する栽培方法をいう。

（「い」）

「い」生産農家数

「い」を生産する全ての農家の数をいう。

畳表生産農家数

「い」の生産から畳表の生産まで一貫して行っている農家の数をいう。

畳表生産量

畳表生産農家が生産した畳表の生産枚数をいう。

なお、令和３年の畳表生産量は、令和２年７月から令和３年６月までの間に生産されたものである。

（被害）

被害

ほ場において、栽培を開始してから収納をするまでの間に、気象的原因、生物的原因その他異常な事象によって農作物に損傷を生じ、基準収量より減収した状態をいう。

なお、平成28年産以前は、水稲の被害面積及び被害量について、気象被害（６種類）、病害（３種類）、虫害（４種類）の被害種類別に調査を実施し、

	公表していたが、平成29年産からは、6種類（冷害、日照不足、高温障害、いもち病、ウンカ及びカメムシ）としている。
基準収量	農作物にある被害が発生したとき、その被害が発生しなかったと仮定した場合に穫れ得ると見込まれる収量をいう。
被害面積	農作物に損傷が生じ、基準収量より減収した面積をいう。
被害量	農作物に損傷を生じ、基準収量から減収した量をいう。
被害率	平年収量（作付面積×10ａ当たり平年収量）に対する被害量の割合（百分率）をいう。

3　利用上の注意

(1)　数値の四捨五入について

ここに掲載した統計数値は、次の方法によって四捨五入しており、全国計と都道府県別数値の積上げ、あるいは合計値と内訳の計が一致しない場合がある。

原数		7桁以上（100万）	6桁（10万）	5桁（1万）	4桁（1,000）	3桁以下（100）
四捨五入する桁数（下から）		3桁	2桁		1桁	四捨五入しない
例	四捨五入する前（原数）	1,234,567	123,456	12,345	1,234	123
	四捨五入した数値（統計数値）	1,235,000	123,500	12,300	1,230	123

(2)　表中記号について

統計表中に使用した記号は以下のとおりである。

「0」「0.0」：単位に満たないもの（例：0.4ha→0ha）又は増減がないもの
「－」：事実のないもの
「…」：事実不詳又は調査を欠くもの
「x」：個人又は法人その他の団体に関する秘密を保護するため、統計数値を公表しないもの
「△」：負数又は減少したもの
「nc」：計算不能

(3)　秘匿措置について

統計調査結果について、生産者数が2以下の場合には、個人又は法人その他の団体に関する調査結果の秘密保護の観点から、当該結果を「x」表示とする秘匿措置を施している。

なお、全体（計）からの差引きにより、秘匿措置を講じた当該結果が推定できる場合には、本来秘匿措置を施す必要のない箇所についても「x」表示としている。

(4)　この統計表に記載された数値等を他に転載する場合は、『令和3年産作物統計』（農林水産省）による旨を記載してください。

(5)　本統計の累年データについては、農林水産省ホームページの「統計情報」の分野別分類「作付面積・生産量、被害、家畜の頭数など」、品目別分類「米」、「麦」、「いも・雑穀・豆」、「工芸農作物」で御覧いただけます。

【 https://www.maff.go.jp/j/tokei/kouhyou/sakumotu/sakkyou_kome/index.html#r 】

4　お問合せ先

農林水産省 大臣官房統計部

○作付面積に関すること

生産流通消費統計課 面積統計班

電話：（代表）03-3502-8111　内線3681

（直通）03-6744-2045

ＦＡＸ：　03-5511-8771

○収穫量に関すること、その他全般に関すること

生産流通消費統計課 普通作物統計班

電話：（代表）03-3502-8111　内線3682

（直通）03-3502-5687

ＦＡＸ：　03-5511-8771

※　本統計書に関する御意見・御要望は、上記問合せ先のほか、農林水産省ホームページでも受け付けております。

【 https://www.contactus.maff.go.jp/j/form/tokei/kikaku/160815.html 】

【関連リンク】

○食料需給表、食料自給率

農林水産省＞知ってる？日本の食料事情＞食料需給表

https://www.maff.go.jp/j/zyukyu/fbs/

○米の相対取引価格

農林水産省＞農産＞米（稲）・麦・大豆＞米の相対取引価格・数量、契約・販売状況、民間在庫の推移等

https://www.maff.go.jp/j/seisan/keikaku/soukatu/aitaikakaku.html

○新規需要米の都道府県別の取組計画認定状況

農林水産省＞政策統括官＞米（稲）・麦・大豆＞米政策関連

https://www.maff.go.jp/j/seisan/jyukyu/komeseisaku/

○天候に関すること

気象庁＞各種申請・ご案内＞報道発表資料

https://www.jma.go.jp/jma/press/hodo.html

○水稲の品種別作付動向

公益社団法人米穀安定供給確保支援機構

https://www.komenet.jp/

○世界各国における農産物の生産量

FAO

https://www.fao.org/faostat/en/#home

Ⅰ　調査結果の概要

1　米

(1)　要　旨

令和３年産水陸稲の収穫量（子実用）は、水稲が756万3,000ｔ、陸稲が1,270ｔとなり、合計で756万4,000ｔで、前年産に比べ20万1,000ｔ減少した。また、水稲の作付面積（子実用）は、前年産に比べ５万9,000ha減少した。

水稲の作柄は、北海道及び東北においては、全もみ数が平年以上に確保され、登熟も順調に推移した。その他の地域は、８月上旬の台風や８月中旬からの低温、日照不足等の影響により登熟が平年を下回る地域がある一方で、９月中旬以降、概ね天候に恵まれ登熟が順調に推移した。この結果、全国の10ａ当たり収量は539 kg（作況指数101）で前年産に比べ８kg増加した（表１－１、図１－１）。

図１－１　水稲の作付面積及び収穫量の推移（全国）

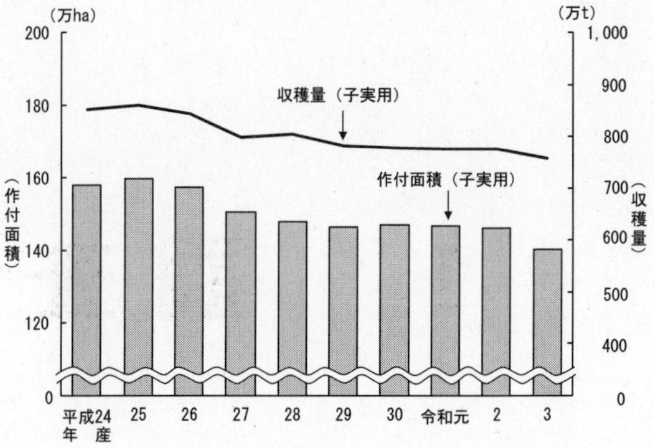

表１－１　令和３年産水陸稲の作付面積、10ａ当たり収量、収穫量

全　国 農業地域	作付面積 （子実用）	10a当たり 収　量	収穫量 （子実用）	前年産との比較 作付面積 対差	 作付面積 対比	 10a当たり収量 対比	 収穫量 対差	 収穫量 対比	主食用 作付面積	収穫量 （主食用）	作況指数 （対平年比）
	ha	kg	t	ha	%	%	t	%	ha	t	
水陸稲計	**1,404,000**	**-**	**7,564,000**	**△ 58,000**	**96**	**nc**	**△ 201,000**	**97**	**…**	**…**	**-**
水稲	1,403,000	539	7,563,000	△ 59,000	96	102	△ 200,000	97	1,303,000	7,007,000	101
北海道	96,100	597	573,700	△ 6,200	94	103	△ 20,700	97	88,400	527,700	108
東北	363,000	581	2,110,000	△ 18,500	95	99	△ 126,000	94	322,400	1,870,000	102
北陸	201,800	531	1,072,000	△ 4,600	98	97	△ 63,000	94	177,900	944,600	97
関東・東山	253,100	545	1,380,000	△ 16,500	94	102	△ 64,000	96	240,100	1,309,000	101
東海	89,600	493	441,700	△ 2,900	97	103	△ 2,300	99	87,600	432,000	98
近畿	99,300	503	499,700	△ 2,000	98	103	3,700	101	95,700	481,800	99
中国	98,800	517	511,000	△ 2,400	98	107	21,300	104	95,900	496,100	99
四国	45,900	482	221,400	△ 1,500	97	103	△ 1,400	99	45,400	219,900	101
九州	155,100	485	752,000	△ 3,500	98	110	53,500	108	149,300	723,800	99
沖縄	666	325	2,160	16	102	101	70	103	623	2,020	105
陸稲	553	230	1,270	△ 83	87	97	△ 230	85	…	…	99

注：1　作付面積（子実用）とは、青刈り面積（飼料用米等を含む。）を除いた面積である。
2　主食用作付面積とは、水稲作付面積（青刈り面積を含む。）から、備蓄米、加工用米、新規需要米等の作付面積を除いた面積である。
3　10ａ当たり収量及び収穫量（子実用）は、1.70㎜のふるい目幅で選別された玄米の重量である。
4　作況指数とは、10ａ当たり平年収量に対する10ａ当たり収量の比率であり、都道府県ごとに、過去５か年間に農家等が実際に使用したふるい目幅の分布において、最も多い使用割合の目幅以上に選別された玄米を基に算出した数値である。
5　陸稲の作付面積調査及び収穫量調査は主産県調査であり、３年又は６年周期で全国調査を実施している。令和３年産調査については、作付面積調査及び収穫量調査ともに主産県を対象に調査を実施した。主産県とは、直近の全国調査年である令和２年産調査における全国の作付面積のおおむね80％を占めるまでの上位都道府県である。全国値については、主産県の調査結果から推計したものである。
6　陸稲の作況指数欄は、10ａ当たり平均収量（原則として直近７か年のうち、最高及び最低を除いた５か年の平均値）に対する当年産の10ａ当たり収量の比率である。

(2) 解　説

ア　作付面積（子実用）

(ア)　水　稲

令和３年産水稲（子実用）の作付面積は140万3,000haとなった（表１－１、図１－２）。

(イ)　陸　稲

令和３年産陸稲（子実用）の作付面積は553haとなった（表１－１、図１－２）。

図１－２　水陸稲の作付面積の推移（全国）

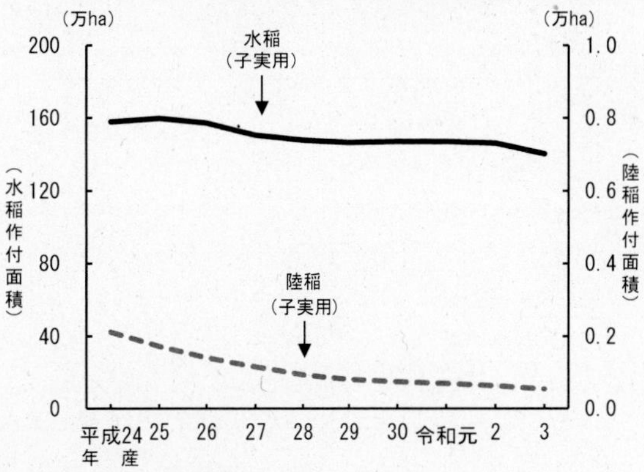

イ　作柄概況

図１－３　令和３年産水稲の都道府県別作況指数

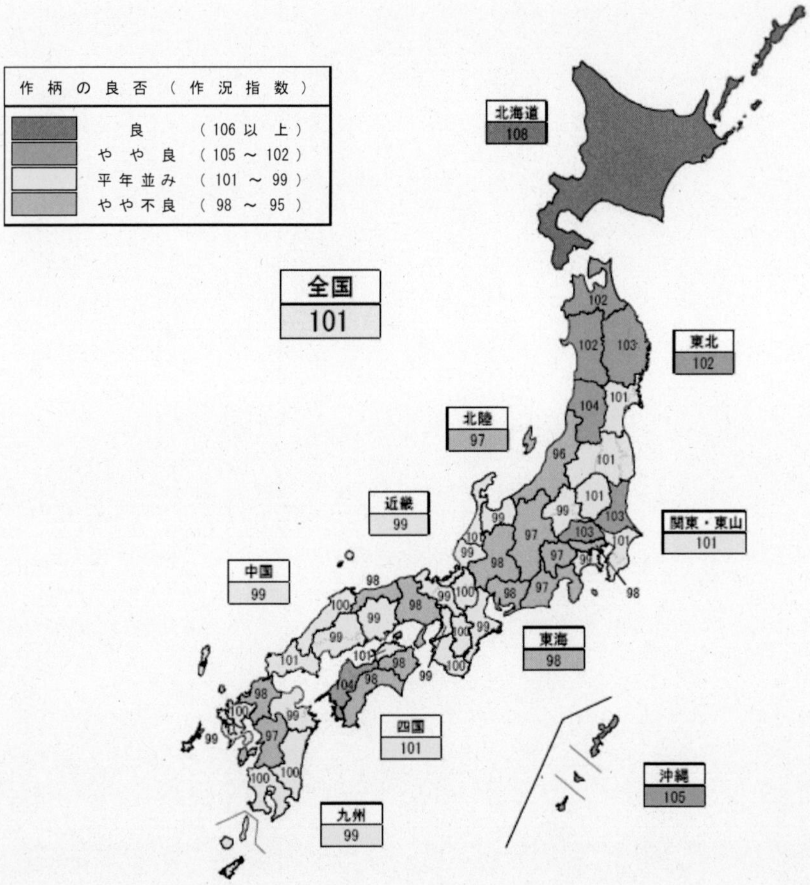

注：1　作況指数は、10ａ当たり平年収量に対する10ａ当たり収量の比率であり、都道府県ごとに、過去５か年間に農家等が実際に使用したふるい目幅の分布において、最も多い使用割合の目幅以上に選別された玄米を基に算出した数値である。

2　徳島県、高知県、宮崎県、鹿児島県及び沖縄県の作況指数は早期栽培(第一期稲)、普通栽培(第二期稲)を合算したものである。

(ア)　水　稲

a　北海道

田植期は平年に比べ１日早くなり、出穂期も７日早くなった。

全もみ数は、田植期以降、高温、多照で分げつが促進され、７月上・中旬の幼穂形成期も気象条件に恵まれ、「やや多い」となった。

登熟は、幼穂形成期から出穂期が高温・多湿で経過し開花・受精は順調に進み、その後も８月中旬の低温を除き平年並みの気候で経過し、粒の肥大・充実も順調であったため、「やや良」となった。

以上のことから、北海道の10ａ当たり収量は597kg（前年産に比べ16kg増加）となった（図１－４、１－５）。

注：　全もみ数の多少及び登熟の良否の平年比較は、「多い・良」が対平年比106％以上、「やや多い・やや良」が105～102％、「平年並み」が101～99％、「やや少ない・やや不良」が98～95％、「少ない・不良」が94％以下に相当する（以下同じ。）。

図１－４　令和３年産水稲の作柄表示地帯別作況指数（北海道）

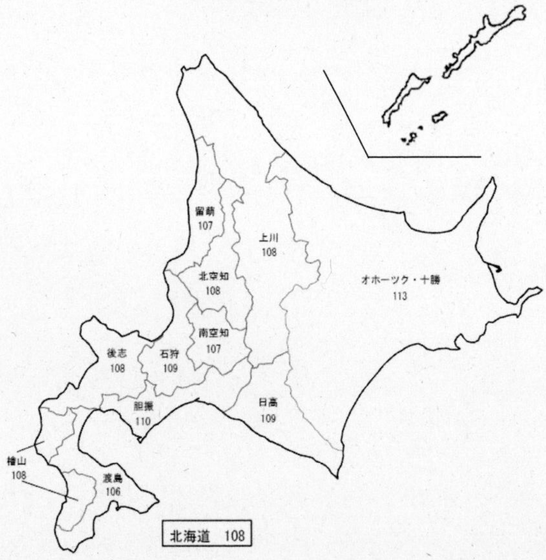

注：　□内の数値は都道府県平均の作況指数である（以下１（２）の各図において同じ。）。

図１－５　令和３年産稲作期間の半旬別気象経過（札幌）

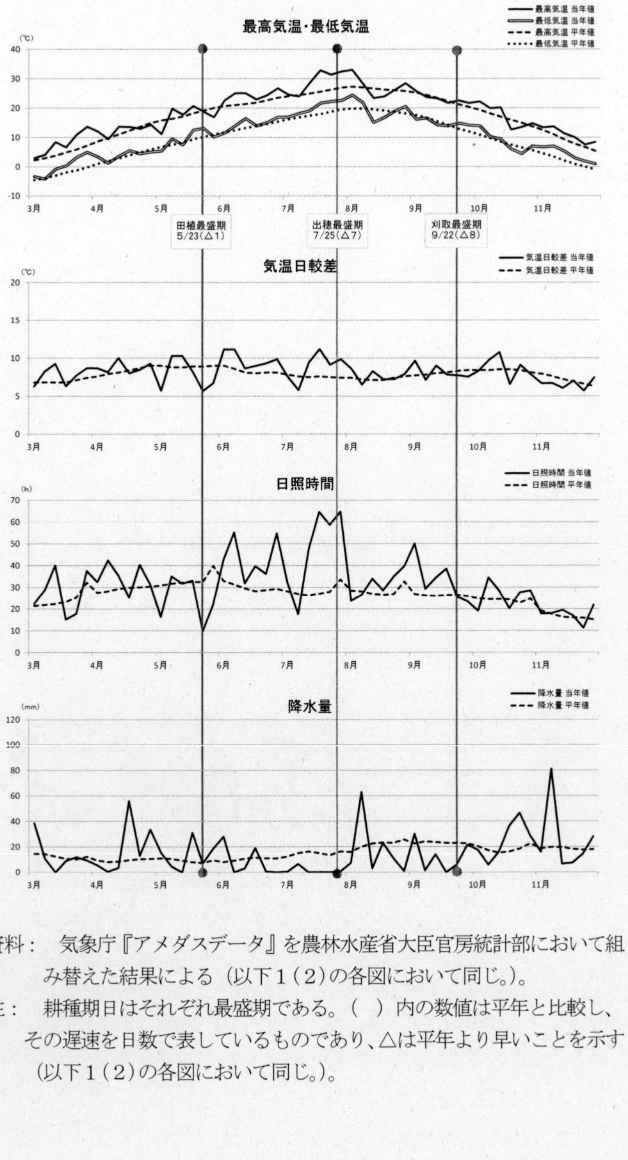

資料：　気象庁『アメダスデータ』を農林水産省大臣官房統計部において組み替えた結果による（以下１（２）の各図において同じ。）。

注：　耕種期日はそれぞれ最盛期である。（　）内の数値は平年と比較し、その遅速を日数で表しているものであり、△は平年より早いことを示す（以下１（２）の各図において同じ。）。

b　東　北

田植期は、青森県、宮城県、秋田県及び福島県で平年に比べ１日早くなり、岩手県及び山形県では平年並みとなった。出穂期は、青森県では平年に比べ６日、岩手県では５日、宮城県、秋田県及び山形県では４日、福島県では２日早くなった。

全もみ数は、田植期直後は日照不足であったものの、６月上旬からの天候回復で、一部地域（宮城県）を除き概ね穂数が確保されたこと、幼穂形成期（７月中旬）から出穂期（８月上旬）の気象条件に恵まれ、青森県では「平年並み」、その他の県では「やや多い」となった。

登熟は、開花・受精から登熟初期までは順調に進んだものの、８月中旬や９月上旬の低温、日照不足による粒の肥大・充実の抑制がみられたことから、福島県で「やや不良」、青森県、岩手県、宮城県及び秋田県で「平年並み」となった。山形県は「やや良」となった。

以上のことから、10ａ当たり収量は、青森県で616kg（前年産に比べ12kg減少）、岩手県で555kg（同２kg増加）、宮城県で547kg（同５kg減少）、秋田県で591kg（前年産に比べ11kg減少）、山形県で626kg（同４kg増加）、福島県で555kg（同７kg減少）となり、東北平均で581kg（同５kg減少）となった（図１－６、１－７）。

図１－６　令和３年産水稲の作柄表示地帯別作況指数（東北）

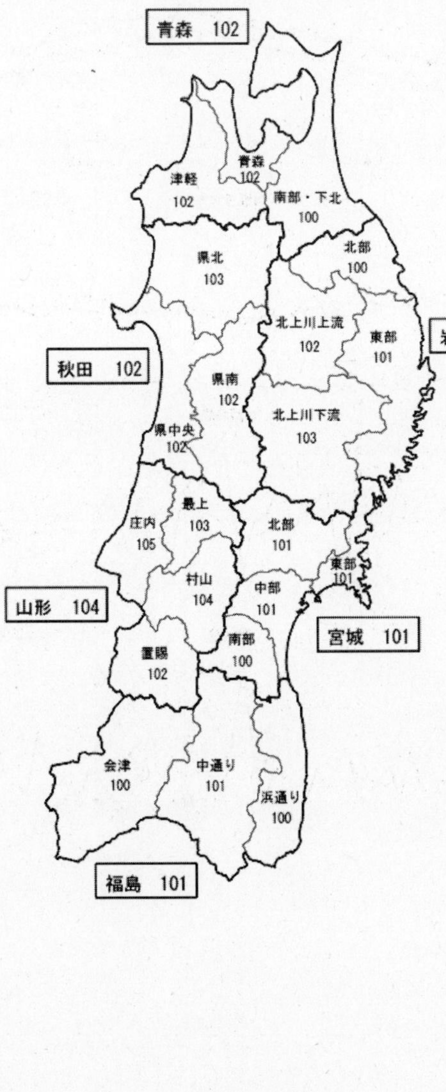

図１－７　令和３年産稲作期間の半旬別気象経過（仙台）

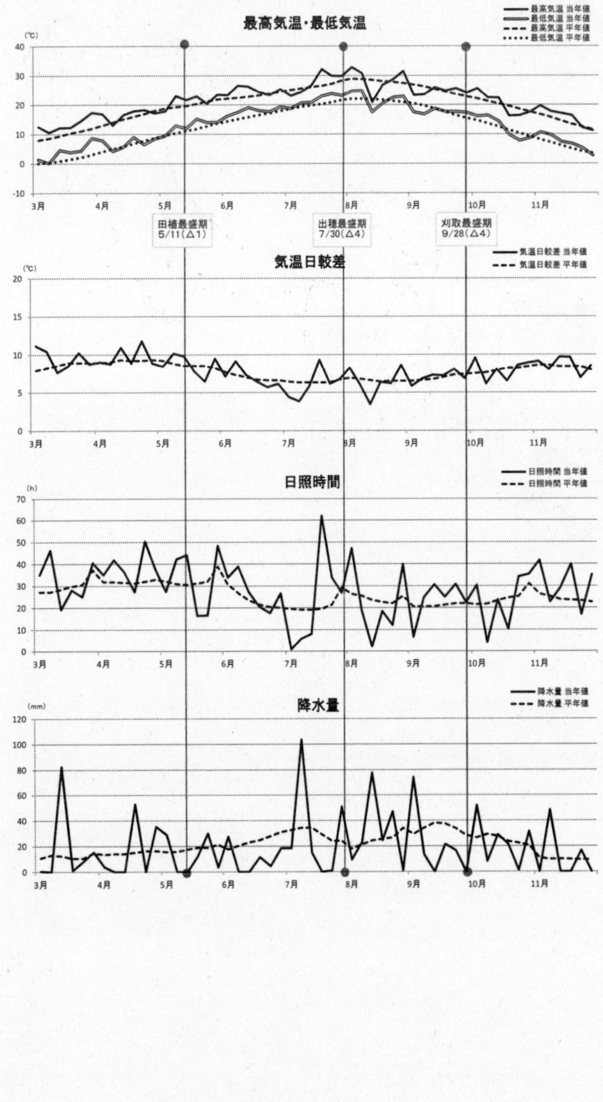

c　北　陸

田植期は、福井県で平年に比べ１日早くなり、富山県及び石川県で平年並み、新潟県で１日遅くなった。出穂期は、新潟県及び石川県で平年に比べ１日早くなり、富山県及び福井県で平年並みとなった。

全もみ数は、田植期直後は日照不足で一部地域（新潟県、石川県）では穂数が少なめであったものの、幼穂形成期（７月中旬）から出穂期（８月上旬）の気象条件に恵まれたことや、１穂当たりもみ数が多かったため、富山県で「やや多い」となり、その他の県で「平年並み」となった。

登熟は、登熟初期が順調であった石川県では「平年並み」となったものの、８月中旬からの低温、日照不足による影響で、新潟県、富山県及び福井県で「やや不良」となり、特に新潟県では８月上旬の台風による強風や高温による影響がみられた。

以上のことから、10ａ当たり収量は、新潟県で529kg（前年産に比べ29kg減少）、富山県で551kg（同５kg減少）、石川県で527kg（同３kg減少）、福井県で515kg（同３kg減少）となり、北陸平均で531kg（同19kg減少）となった（図１－８、１－９）。

図１－８　令和３年産水稲の作柄表示地帯別作況指数（北陸）

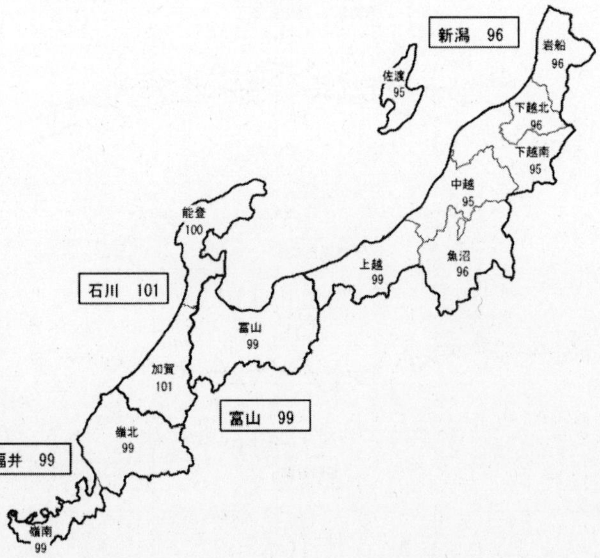

図１－９　令和３年産稲作期間の半旬別気象経過（新潟）

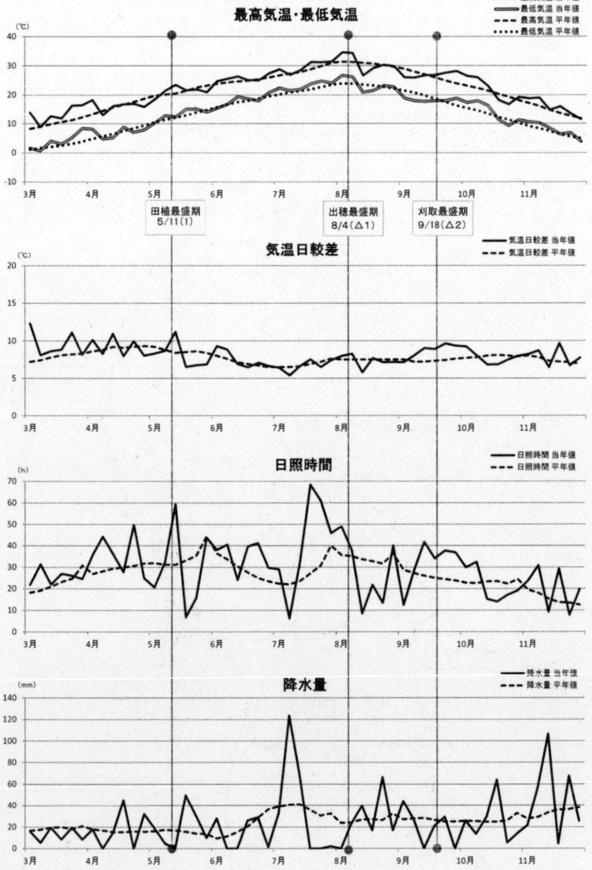

d　関東・東山

田植期は、千葉県及び神奈川県で平年に比べ３日、東京都で２日、山梨県で１日早くなり、栃木県、群馬県、埼玉県及び長野県では平年並み、茨城県では１日遅くなった。出穂期は、千葉県で平年に比べ３日、茨城県、東京都及び神奈川県で２日、栃木県、埼玉県、山梨県及び長野県で１日早くなり、群馬県で１日遅くなった。

全もみ数は、６月以降総じて高温、多照で推移したことから、早場地帯（茨城県、栃木県、千葉県及び長野県）では「やや多い」となった。遅場地帯においても７月中旬以降の高温、多照により埼玉県で「やや多い」、群馬県、東京都、神奈川県及び山梨県で「平年並み」となった。

登熟は、８月中旬以降の低温、日照不足によって粒の肥大・充実が抑制された地域もあり、茨城県では「やや良」となったものの、群馬県及び千葉県で「平年並み」、栃木県、埼玉県、東京都、神奈川県及び山梨県で「やや不良」となった。また、長野県では、いもち病の影響もあり「不良」となった。

以上のことから、10ａ当たり収量は、茨城県で543kg（前年産に比べ12kg増加）、栃木県で549kg（同11kg増加）、群馬県で492kg（同４kg減少）、 埼玉県で508kg（同12kg増加）、千葉県で549kg（同12kg増加）、東京都で405kg（同５kg増加）、神奈川県で492kg（同18kg増加）、山梨県で532kg（同３kg増加）、長野県で603kg（同３kg減少）となり、関東・東山平均で545kg（同９kg増加）となった（図１－10、１－11）。

図１－10　令和３年産水稲の作柄表示地帯別作況指数（関東・東山）

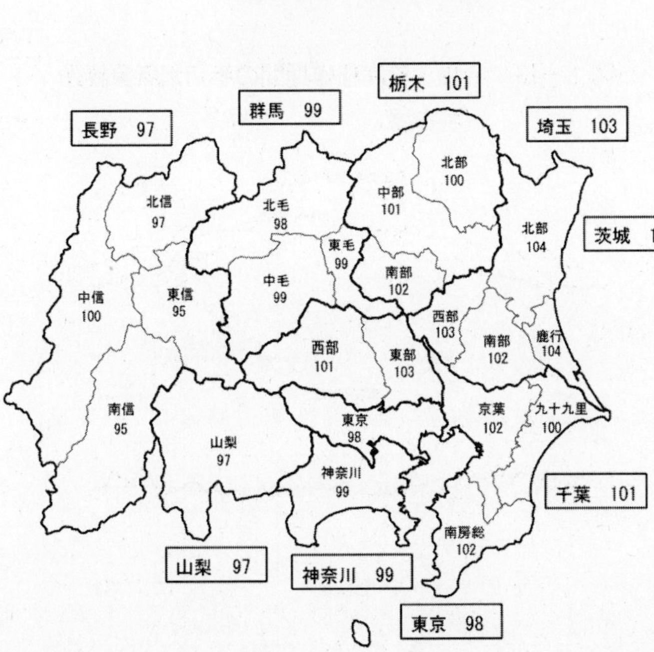

図１－11　令和３年産稲作期間の半旬別気象経過（水戸）

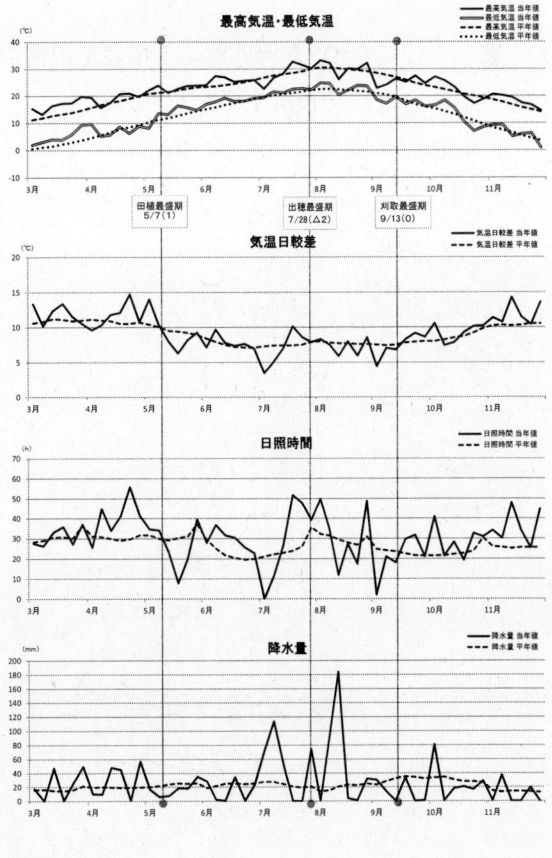

e　東海及び近畿

田植期は、和歌山県で平年に比べ１日遅くなり、その他の府県では平年並みとなった。出穂期は、京都府、兵庫県及び和歌山県で平年に比べ２日、静岡県、三重県及び滋賀県で１日早くなり、奈良県で平年並み、岐阜県、愛知県及び大阪府で１日遅くなった。

全もみ数は、東海においては、早場地帯（三重県）は、田植え直後、遅場地帯（岐阜県、静岡県及び愛知県）においても６月下旬から７月上旬の日照不足により、穂数が少なめであり、岐阜県で「やや少ない」、静岡県、愛知県及び三重県で「平年並み」となった。近畿においては、６月下旬から７月上旬の日照不足により分げつが抑制され、穂数が少なかったものの、１穂当たりもみ数が多かったため、京都府、大阪府、兵庫県、奈良県及び和歌山県で「平年並み」を確保した。滋賀県では「やや少ない」となった。

登熟は、東海においては、８月中旬以降の低温、日照不足によって粒の肥大・充実が抑制された地域もあり、静岡県及び愛知県で「やや不良」、岐阜県及び三重県で「平年並み」となった。近畿においては、８月中旬以降、低温、日照不足となったものの、９月中旬以降の天候回復により、滋賀県で「やや良」となり、京都府、大阪府、奈良県及び和歌山県で「平年並み」となった。兵庫県では「やや不良」となった。

以上のことから、10ａ当たり収量は、岐阜県で478kg（前年産に比べ８kg増加）、静岡県で506kg（同28kg増加）、愛知県で496kg（同６kg増加）、 三重県で495kg（同16kg増加）、滋賀県で519kg（同10kg増加）、京都府で504kg（同３kg増加）、大阪府で490kg（同18kg増加）、兵庫県で491kg（同14kg増加）、奈良県で512kg（同30kg増加）、和歌山県で497kg（同35kg増加）となり、東海平均で493kg（同13kg増加）、近畿平均で503kg（同13kg増加）となった（図１－12、１－13）。

図１－12　令和３年産水稲の作柄表示地帯別作況指数（東海及び近畿）

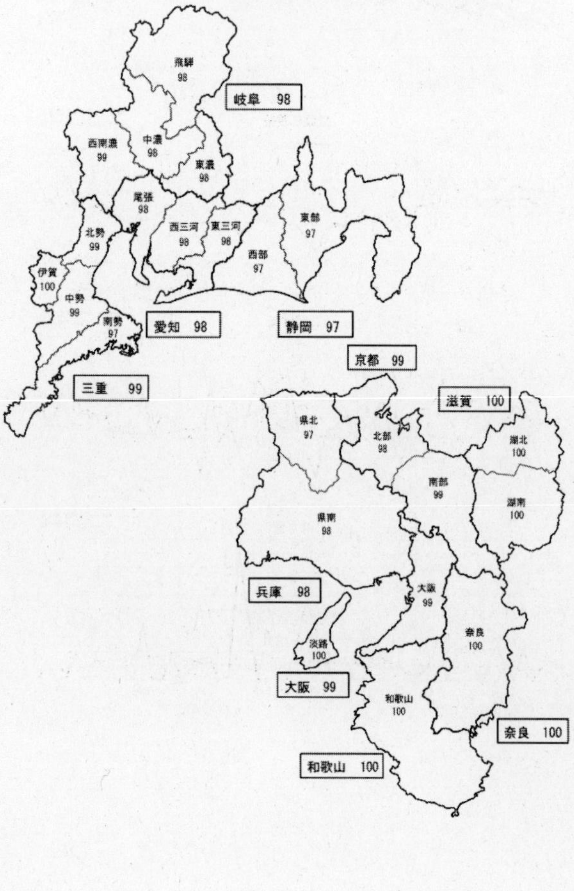

図１－13　令和３年産稲作期間の半旬別気象経過（名古屋）

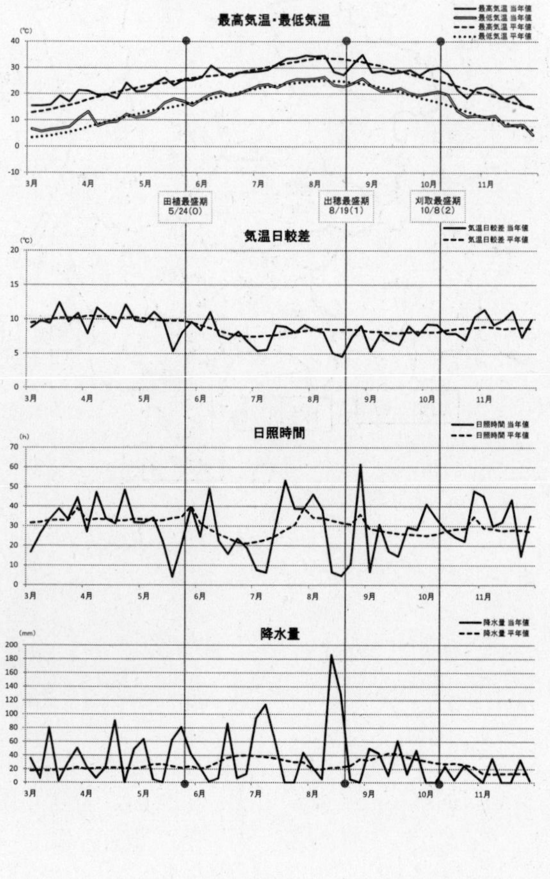

f　中国及び四国

田植期は、島根県で平年に比べ４日、鳥取県、岡山県、山口県及び徳島県（早期栽培、普通栽培）で２日、香川県及び高知県（早期栽培）で１日早くなり、広島県及び愛媛県で１日、高知県（普通栽培）で２日遅くなった。出穂期は、広島県及び高知県（早期栽培）で平年に比べ１日早くなり、島根県及び徳島県（普通栽培）で平年並み、高知県（普通栽培）で１日、鳥取県、山口県、徳島県（早期栽培）及び愛媛県で２日、岡山県及び香川県で３日遅くなった。

全もみ数は、中国においては、６月下旬から７月上旬の日照不足によって初期生育が抑制されたものの７月中旬以降の高温、多照により、鳥取県、広島県で「平年並み」、島根県、岡山県及び山口県で「やや多い」となった。四国においては、７月中旬以降の天候に恵まれ、徳島県（普通栽培）、香川県及び高知県（早期栽培）で「やや多い」となり、徳島県（早期栽培）、愛媛県及び高知県（普通栽培）では「平年並み」となった。

登熟は、中国においては、８月中旬以降の低温、日照不足のほか、一部地域（鳥取県）では台風による影響等がみられ、９月下旬以降の天候回復で持ち直したものの、島根県、岡山県、広島県及び山口県で「やや不良」、鳥取県で「平年並み」となった。四国においては、８月中旬からの低温、日照不足により粒の肥大・充実の抑制がみられた、徳島県（普通栽培）で「不良」、徳島県（早期栽培）及び高知県（早期栽培）で「やや不良」となったものの、９月下旬以降は総じて多照で推移し登熟が順調に進んだことから、香川県及び高知県（普通栽培）で「平年並み」、愛媛県で「やや良」となった。

以上のことから、10ａ当たり収量は、鳥取県で505kg（前年産に比べ７kg減少）、島根県で521kg（同10kg増加）、岡山県で524kg（同19kg増加）、広島県で522kg（同23kg増加）、山口県で506kg（同120kg増加）、徳島県で465kg（同11kg減少）、香川県で501kg（同５kg増加）、愛媛県で510kg（同36kg増加）、高知県で451kg（同18kg増加）となり、中国平均で517kg（同33kg増加）、四国平均で482kg（同12kg増加）となった（図１－14、１－15）。

図１－14　令和３年産水稲の作柄表示地帯別作況指数（中国及び四国）

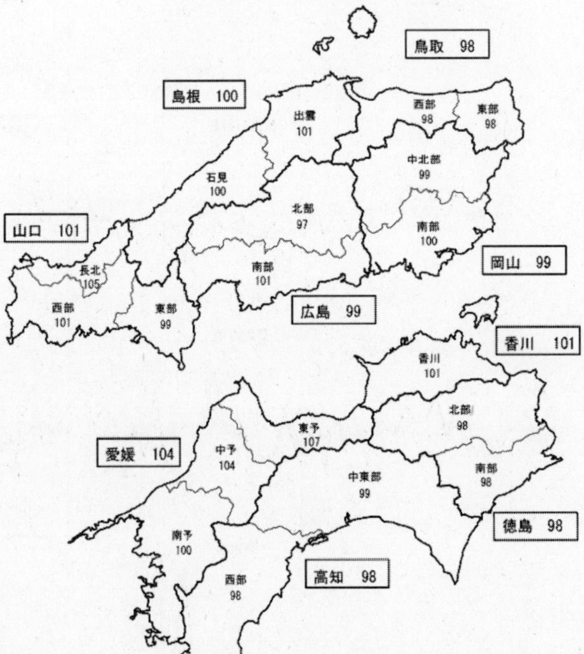

図１－15　令和３年産稲作期間の半旬別気象経過（岡山）

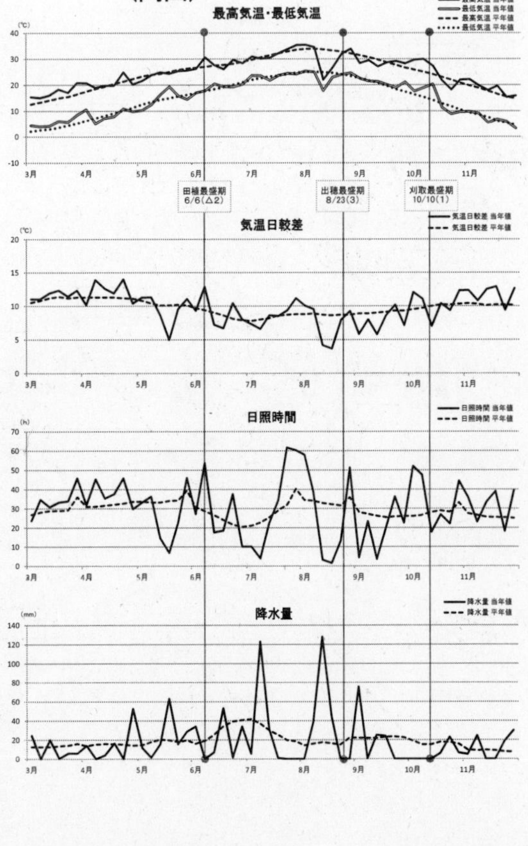

g　九州及び沖縄

九州においては、田植期は、鹿児島県（早期栽培）で平年に比べ２日、福岡県、佐賀県、長崎県、熊本県、宮崎県（早期栽培）及び鹿児島県（普通栽培）で１日早くなり、大分県及び宮崎県（普通栽培）で平年並みとなった。出穂期は、福岡県及び長崎県で平年に比べて２日、佐賀県及び鹿児島県（早期栽培）で１日早くなり、熊本県では平年並み、宮崎県（早期栽培）で１日、大分県及び宮崎県（普通栽培）で２日、鹿児島県（普通栽培）で３日遅くなった。

全もみ数は、田植期以降の日照不足により分げつが抑制されたこと、８月上旬の台風、中旬からの大雨と低温、日照不足により、福岡県、佐賀県、長崎県、熊本県及び鹿児島県（普通栽培）で「少ない」、大分県、宮崎県（普通栽培）及び鹿児島県（早期栽培）で「やや少ない」となった。宮崎県（早期栽培）は「平年並み」となった。

登熟については、７月の大雨、８月上旬の台風、８月中旬からの大雨等による冠水、倒伏、潮風害等による被害地域は限定的で、９月中旬以降は総じて多照で推移したことから、佐賀県、長崎県及び熊本県で「良」、その他の県で「やや良」となった。

以上のことから、10ａ当たり収量は、福岡県で473kg（前年産に比べ57kg増加）、佐賀県で510kg（同74kg増加）、長崎県で470kg（同48kg増加）、熊本県で484kg（同14kg増加）、大分県で487kg（同84kg増加）、宮崎県で489kg（同14kg増加）、鹿児島県で479kg（同21kg増加）となり、九州平均で485kg（同45kg増加）となった。

沖縄県は、第一期稲では高温による影響はあったものの、安定した天候が続き355kg（前年産に比べ12kg減少）となった。第二期稲では台風被害等もなく天候に恵まれたことから248kg（同51kg増加）となった。沖縄県計の10ａ当たり収量は325kg（同３kg増加）となった（図１－16、１－17）。

図１－16　令和３年産水稲の作柄表示地帯別作況指数（九州及び沖縄）

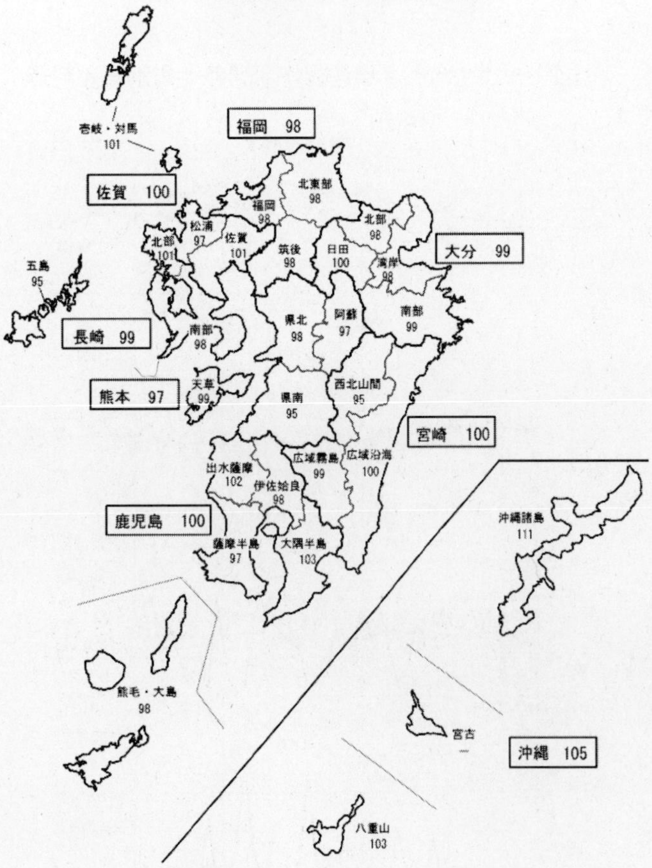

図１－17　令和３年産稲作期間の半旬別気象経過（熊本）

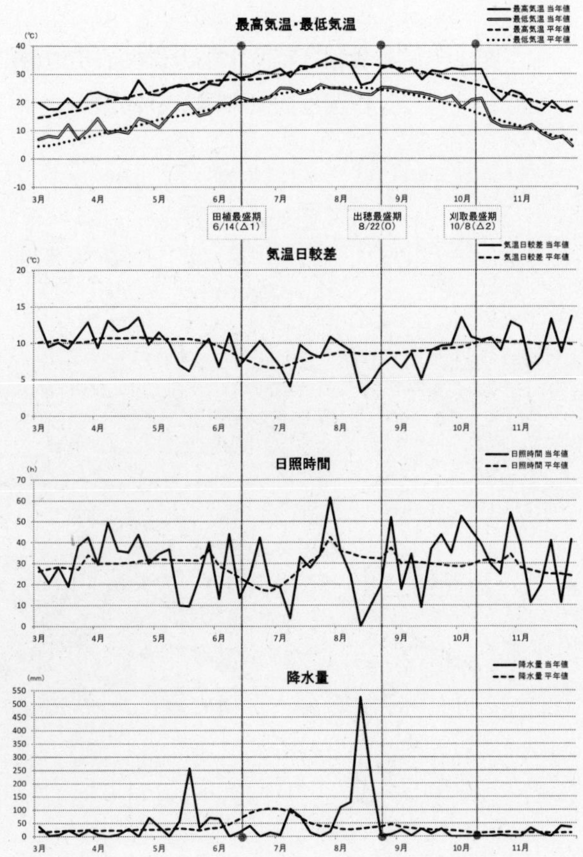

(イ) 陸稲

10a当たり収量は230kgで、前年産に比べ3％下回った（表1－2）。

表1－2　令和3年産陸稲の作付面積、10a当たり収量及び収穫量

区分	作付面積（子実用）	10a当たり収量	収穫量（子実用）	前年産との比較					（参考）10a当たり平均収量対比
				作付面積		10a当たり収量	収穫量		
				対差	対比	対比	対差	対比	
	ha	kg	t	ha	%	%	t	%	%
全国	**553**	**230**	**1,270**	**△ 83**	**87**	**97**	**△ 230**	**85**	**99**
うち茨城	402	241	969	△ 45	90	98	△ 131	88	100
栃木	130	199	259	△ 35	79	94	△ 89	74	88

注：1　陸稲の作付面積調査及び収穫量調査は主産県調査であり、3年又は6年周期で全国調査を実施している。令和3年産調査については、作付面積調査及び収穫量調査ともに主産県を対象に調査を実施した。主産県とは、直近の全国調査年である令和2年産調査における全国の作付面積のおおむね80％を占めるまでの上位都道府県である。全国値については、主産県の調査結果から推計したものである。

2　「（参考）10a当たり平均収量対比」とは、10a当たり平均収量（原則として直近7か年のうち、最高及び最低を除いた5か年の平均値）に対する当年産の10a当たり収量の比率である。

2 麦 類

(1) 要 旨

ア 作付面積

令和３年産４麦（子実用）（小麦、二条大麦、六条大麦及びはだか麦）の作付面積は28万3,000haで、前年産に比べ6,800ha（２％）増加した。

このうち、北海道は12万8,300ha、都府県は15万4,700haで、それぞれ前年産に比べ4,100ha（３％）、2,600ha（２％）増加した（表２－１、図２－１）。

図２－１　４麦（子実用）の作付面積及び収穫量の推移（全国）

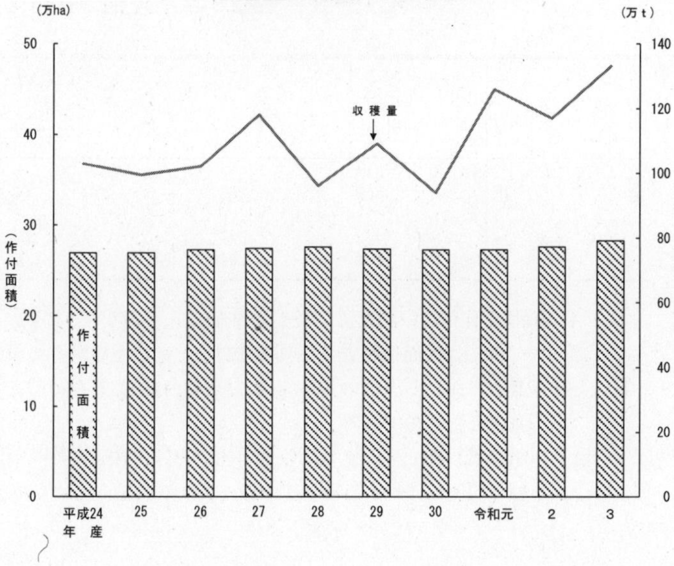

イ 収穫量

令和３年産４麦（子実用）の収穫量は133万2,000ｔで、前年産に比べ16万1,000ｔ（14%）増加した。

これは、小麦、二条大麦及びはだか麦の10ａ当たり収量が前年産を上回ったためである（表２－１、図２－１）。

表２－１　令和３年産４麦（子実用）の作付面積、10ａ当たり収量及び収穫量

区分	作付面積	10a当たり収量	収穫量	前年産との比較 作付面積 対差	作付面積 対比	10a当たり収量 対比	収穫量 対差	収穫量 対比	（参考）10a当たり平均収量対比	（参考）10a当たり平均収量
	ha	kg	t	ha	%	%	t	%	%	kg
全国										
４麦計	283,000	…	1,332,000	6,800	102	nc	161,000	114	nc	…
小麦	220,000	499	1,097,000	7,400	103	112	147,700	116	118	423
二条大麦	38,200	413	157,600	△ 1,100	97	112	12,900	109	130	317
六条大麦	18,100	304	55,100	100	101	97	△ 1,500	97	104	292
はだか麦	6,820	324	22,100	490	108	101	1,700	108	122	266
北海道										
４麦計	128,300	…	737,700	4,100	103	nc	99,600	116	nc	…
小麦	126,100	578	728,400	3,900	103	112	98,500	116	118	489
二条大麦	1,740	446	7,760	△ 20	99	103	160	102	117	380
六条大麦	x	x	x	x	x	x	x	x	x	288
はだか麦	498	293	1,460	303	255	102	903	262	96	306
都府県										
４麦計	154,700	…	594,400	2,600	102	nc	61,400	112	nc	…
小麦	93,900	393	368,900	3,500	104	111	49,500	115	119	329
二条大麦	36,400	412	149,800	△ 1,100	97	113	12,700	109	131	315
六条大麦	18,000	306	55,000	0	100	97	△ 1,600	97	105	292
はだか麦	6,320	326	20,600	180	103	101	700	104	123	266

注：１　「（参考）10ａ当たり平均収量対比」とは、10ａ当たり平均収量（原則として直近７か年のうち、最高及び最低を除いた５か年の平均値をいう。ただし、直近７か年全ての10ａ当たり収量が確保できない場合は、６か年又は５か年の最高及び最低を除いた平均とし、４か年又は３か年の場合は、単純平均である。）に対する当年産の10ａ当たり収量の比率である。なお、直近７か年のうち、３か年分の10ａ当たり収量のデータが確保できない場合は、10ａ当たり平均収量を作成していない（以下各統計表において同じ。）。

２　全国農業地域別（都府県を除く。）の10ａ当たり平均収量は、各都府県の10ａ当たり平均収量に当年産の作付面積を乗じて求めた収穫量（平均収穫量）を全国農業地域別に積上げ、当年産の全国農業地域別作付面積で除して算出している（以下各統計表において同じ。）。

表２－２　令和３年産４麦（子実用）の作付面積、10ａ当たり収量及び収穫量（全国農業地域別）

全国農業地域	４麦計		小麦				二条大麦				六条大麦				はだか麦			
	作付面積	収穫量	作付面積	10ａ当たり収量	収穫量	（参考）10ａ当たり平均収量対比	作付面積	10ａ当たり収量	収穫量	（参考）10ａ当たり平均収量対比	作付面積	10ａ当たり収量	収穫量	（参考）10ａ当たり平均収量対比	作付面積	10ａ当たり収量	収穫量	（参考）10ａ当たり平均収量対比
	ha	t	ha	kg	t	%	ha	kg	t	%	ha	kg	t	%	ha	kg	t	%
全国	**283,000**	**1,332,000**	**220,000**	**499**	**1,097,000**	**118**	**38,200**	**413**	**157,600**	**130**	**18,100**	**304**	**55,100**	**104**	**6,820**	**324**	**22,100**	**122**
北海道	128,300	737,700	126,100	578	728,400	118	1,740	446	7,760	117	x	x	x	x	498	293	1,460	96
都府県	154,700	594,400	93,900	393	368,900	119	36,400	412	149,800	131	18,000	306	55,000	105	6,320	326	20,600	123
東北	7,760	20,800	6,290	251	15,800	105	x	342	x	133	1,450	337	4,890	111	x	x	x	x
北陸	9,990	29,200	331	198	657	95	2	200	4	133	9,660	295	28,500	101	2	150	3	nc
関東・東山	37,500	135,800	20,400	354	72,200	96	12,000	401	48,100	112	4,530	311	14,100	103	x	286	x	95
東海	17,400	66,800	16,900	386	65,200	108	18	256	46	187	511	276	1,410	106	x	269	x	nc
近畿	10,400	32,700	8,230	313	25,800	118	155	338	524	nc	1,760	332	5,840	111	x	219	x	nc
中国	6,740	23,900	2,890	360	10,400	122	2,950	386	11,400	120	x	192	x	98	790	247	1,950	129
四国	5,340	20,100	2,490	406	10,100	120	x	226	x	69	x	x	x	x	2,800	353	9,880	122
九州	59,500	265,100	36,300	465	168,700	138	21,200	423	89,600	141	28	257	72	nc	1,940	347	6,730	137
沖縄	14	18	12	133	16	92	2	87	2	140	－	－	－	nc	－	－	－	nc

(2)　解　説

ア　小麦（子実用）

(ｱ)　作付面積

小麦の作付面積は22万haで、前年産に比べ7,400ha（３％）増加した。

これは、北海道や九州を中心に他作物からの転換等があったためである。

このうち、北海道は12万6,100ha、都府県は９万3,900haで、それぞれ前年産に比べ3,900ha（３％）、3,500ha（４％）増加した（表２－１、２－２、図２－２）。

図２－２　小麦（子実用）の作付面積、収穫量及び10ａ当たり収量の推移（全国）

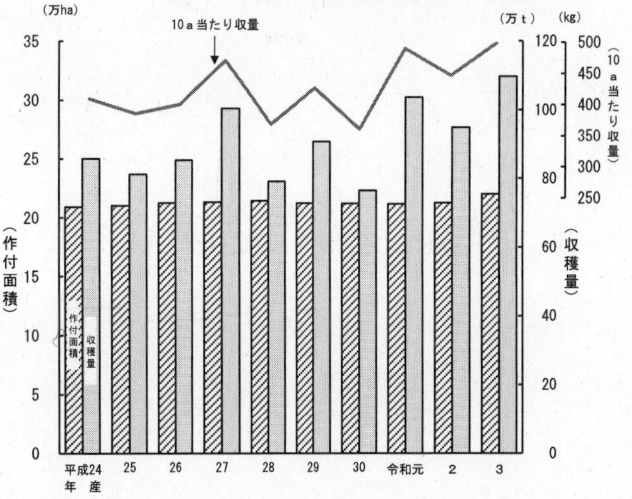

(ｲ)　10ａ当たり収量

10ａ当たり収量は499kgで、前年産を12％上回った。

これは、天候に恵まれ、生育が順調で登熟も良好であったためである。

このうち、北海道は578kgで、前年産を12％上回った。

また、都府県は393kgで、前年産を11％上回った。

なお、10ａ当たり平均収量対比は118％となった（表２－１、２－２、図２－２、２－３、２－４）。

(ｳ)　収穫量

収穫量は109万7,000ｔで、前年産に比べ14万7,700ｔ（16％）増加した。

このうち、北海道は72万8,400ｔ、都府県は36万8,900ｔで、それぞれ前年産に比べ９万8,500ｔ（16％）、４万9,500ｔ（15％）増加した（表２－１、２－２、図２－２）。

図２－３　令和３年産麦作期間の半旬別気象経過（帯広）

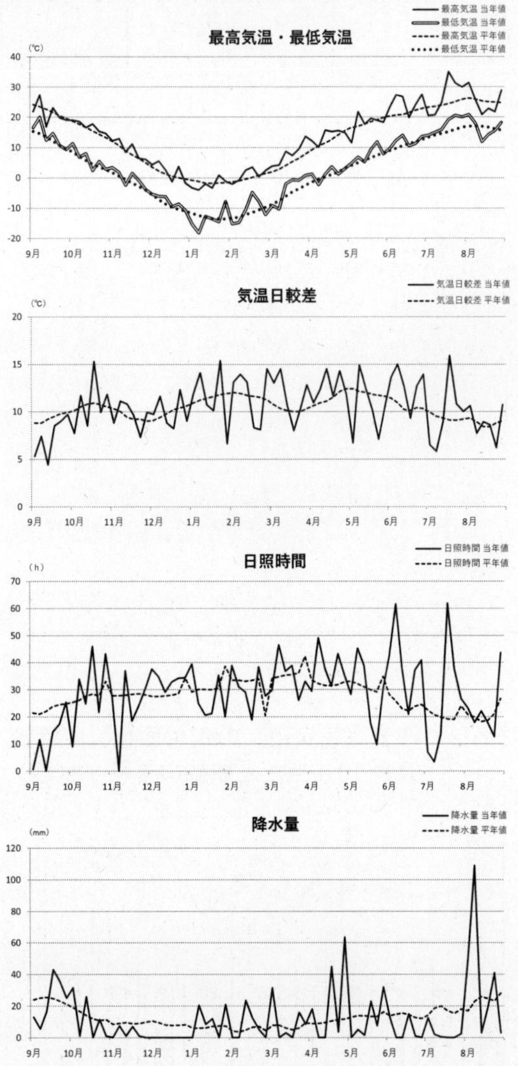

図２－４　令和３年産麦作期間の半旬別気象経過（福岡）

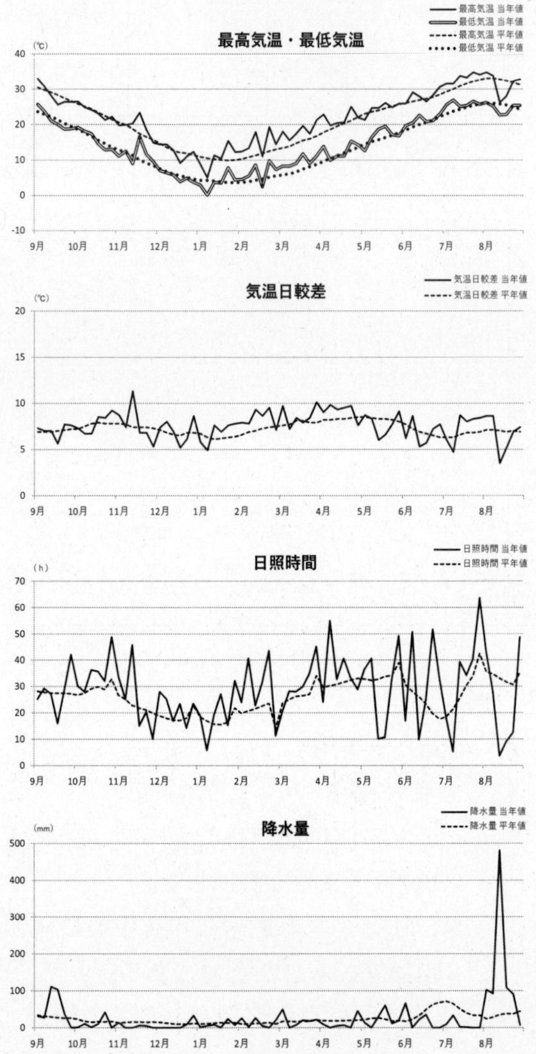

イ　二条大麦（子実用）

(ｱ)　作付面積

二条大麦の作付面積は３万8,200haで、前年産に比べ1,100ha（３％）減少した。

これは、九州を中心に他作物への転換等があったためである。

このうち、北海道は1,740ha、都府県は３万6,400haで、それぞれ前年産に比べ20ha（１％）、1,100ha（３％）減少した（表２－１、２－２、図２－５）。

図２－５　二条大麦（子実用）の作付面積、収穫量及び10ａ当たり収量の推移（全国）

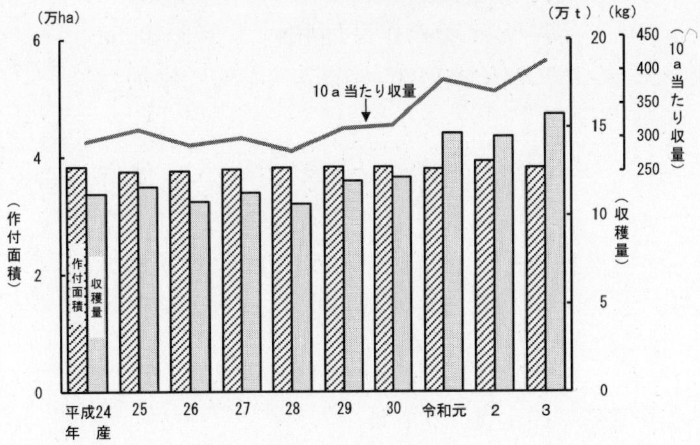

(ｲ)　10ａ当たり収量

10ａ当たり収量は413kgで、前年産を12％上回った。

これは、天候に恵まれ、生育が順調で登熟も良好であったためである。

なお、10ａ当たり平均収量対比は130％となった（表２－１、２－２、図２－５、２－６、２－７）。

(ｳ)　収穫量

収穫量は15万7,600ｔで、前年産に比べ１万2,900ｔ（９％）増加した（表２－１、２－２、図２－５）。

図２－６　令和３年産麦作期間の半旬別気象経過（栃木）

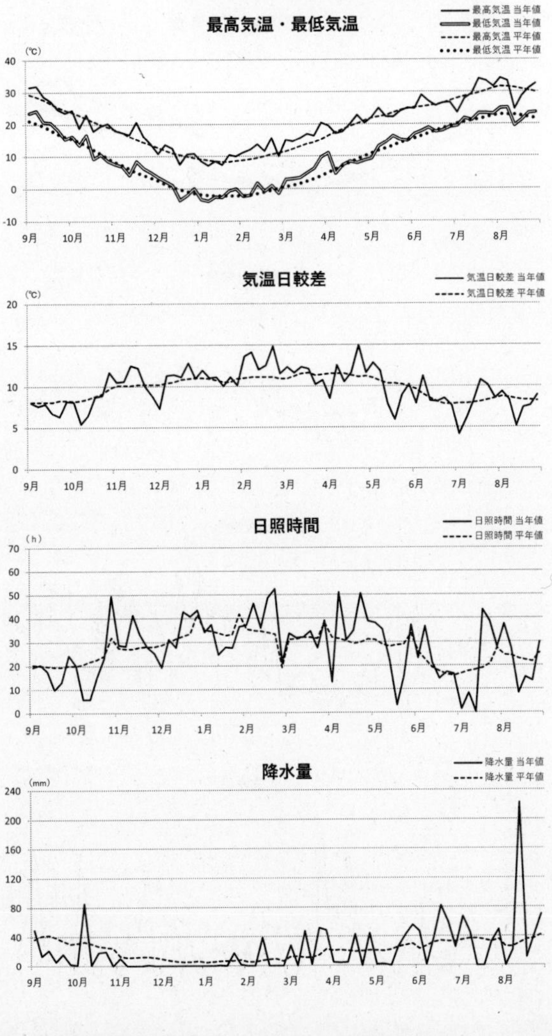

図２－７　令和３年産麦作期間の半旬別気象経過（佐賀）

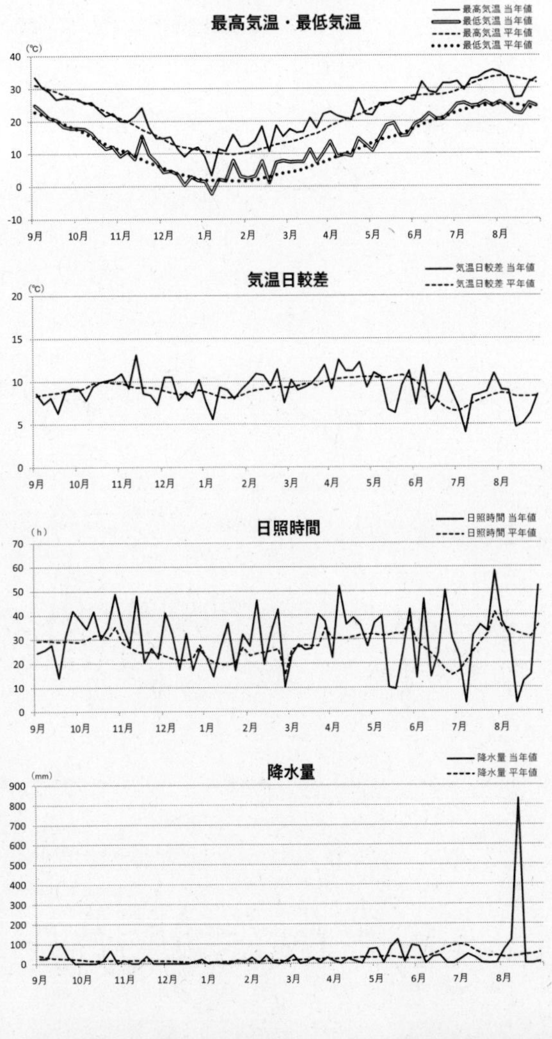

ウ　六条大麦（子実用）

(ア)　作付面積

六条大麦の作付面積は１万8,100haで、前年産に比べ100ha（１％）増加した。

これは、東海や近畿において、他作物への転換等があったものの、東北や北陸を中心に他作物からの転換等があったためである（表２－１、２－２、図２－８）。

図２－８　六条大麦（子実用）の作付面積、収穫量及び10ａ当たり収量の推移（全国）

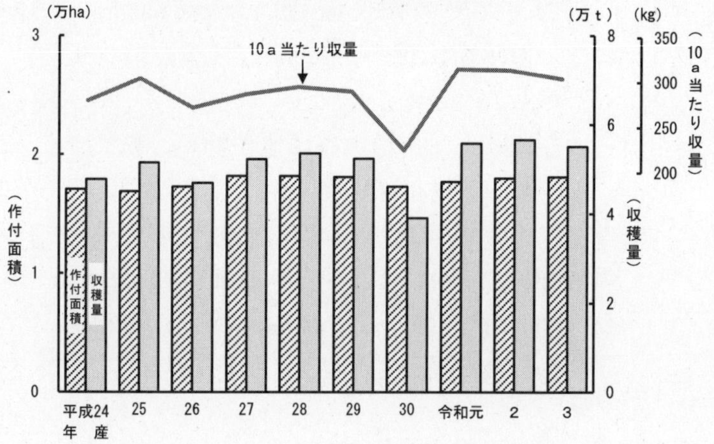

(イ)　10ａ当たり収量

10ａ当たり収量は304kgで、前年産を３％下回った。

これは、おおむね天候に恵まれ、生育が順調であったものの、登熟期の多雨、日照不足等の影響から、前年産より登熟が抑制されたためである。

なお、10ａ当たり平均収量対比は104％となった（表２－１、２－２、図２－８、２－９、２－10）。

(ウ)　収穫量

収穫量は５万5,100ｔで、前年産に比べ1,500ｔ（３％）減少した（表２－１、２－２、図２－８）。

図２－９　令和３年産麦作期間の半旬別気象経過（富山）

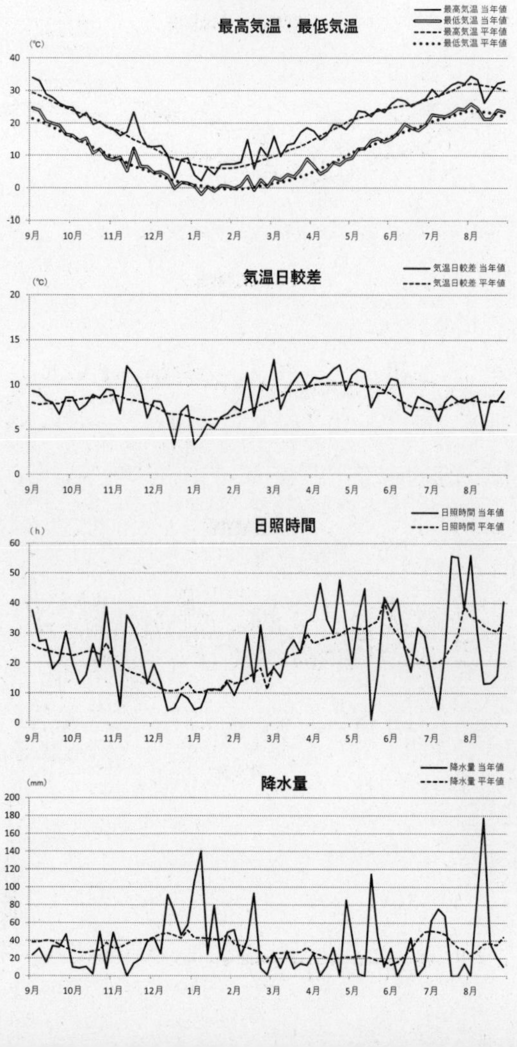

図２－10　令和３年産麦作期間の半旬別気象経過（福井）

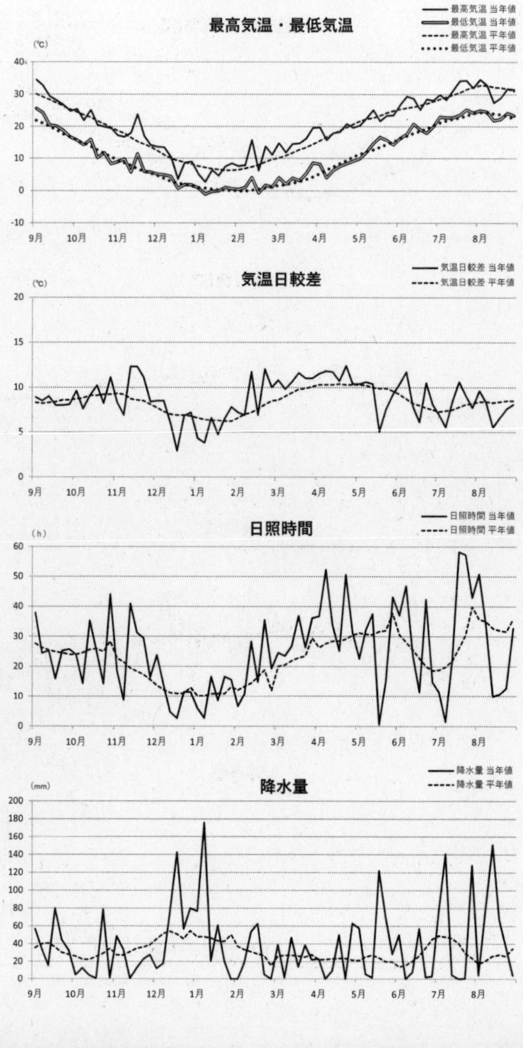

エ　はだか麦（子実用）

(ｱ)　作付面積

はだか麦の作付面積は6,820haで、前年産に比べ490ha（８％）増加した。

これは、健康食品としての需要の高まり等により、他作物からの転換等があったためである（表２－１、２－２、図２－11）。

(ｲ)　10ａ当たり収量

10ａ当たり収量は324kgで、前年産を１％上回った。

なお、10ａ当たり平均収量対比は122%となった（表２－１、２－２、図２－11）。

図２－11　はだか麦（子実用）の作付面積、収穫量及び10ａ当たり収量の推移（全国）

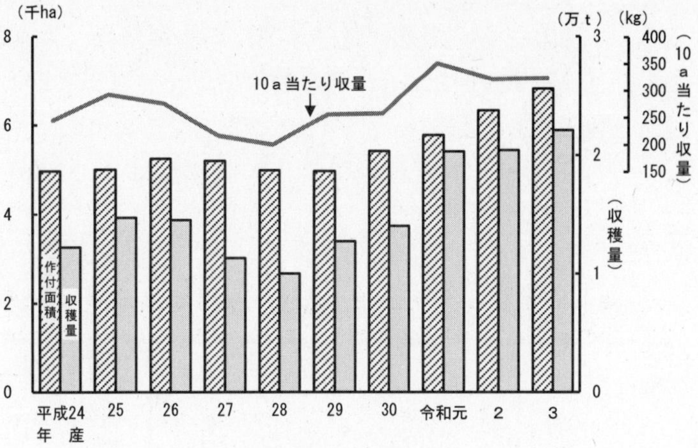

(ｳ)　収穫量

収穫量は２万2,100ｔで、前年産に比べ1,700ｔ（８％）増加した（表２－１、２－２、図２－11）。

図２－12　令和３年産麦作期間の半旬別気象経過（愛媛）

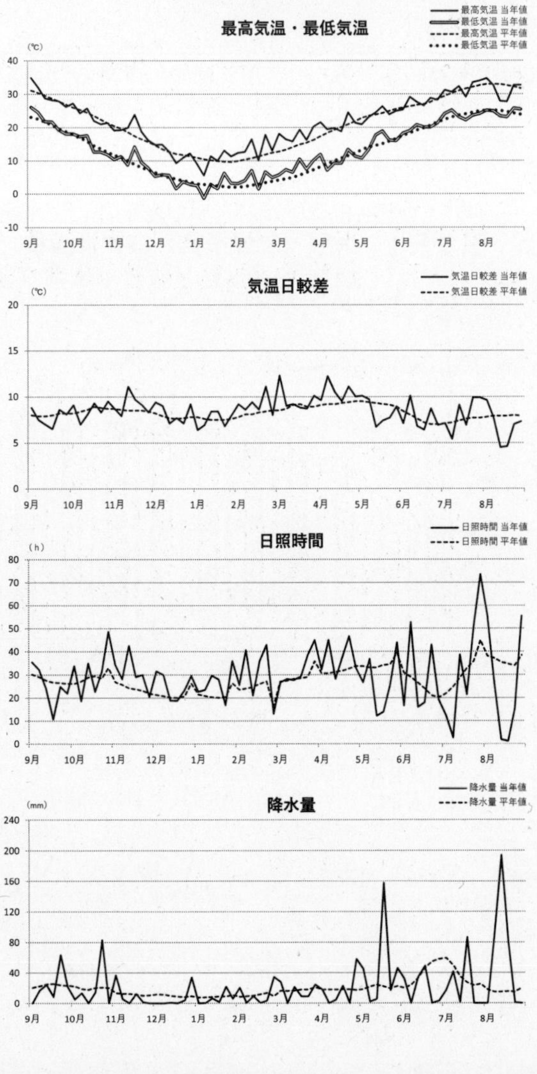

図２－13　令和３年産麦作期間の半旬別気象経過（大分）

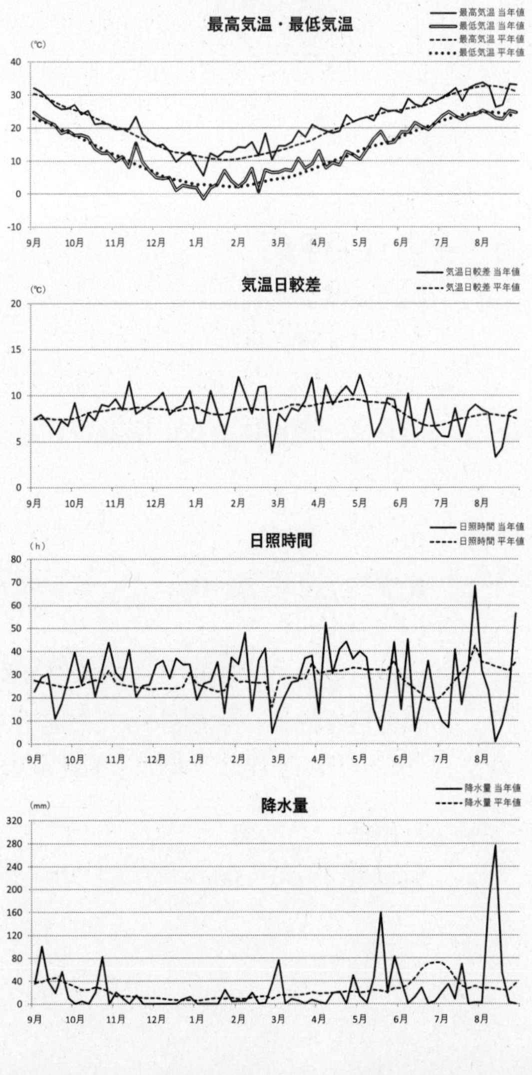

3　豆類・そば

(1)　要　旨

令和３年産豆類（乾燥子実）の収穫量は、大豆が24万6,500ｔ、いんげんが7,200ｔ、らっかせいは１万4,800ｔで、それぞれ前年産に比べ２万7,600ｔ（13%）、2,280ｔ（46%）、1,600ｔ（12%）増加した。一方、小豆は４万2,200ｔで、前年産に比べ9,700ｔ（19%）減少した。

また、そば（乾燥子実）の収穫量は４万900ｔで、前年産に比べ3,900ｔ（９%）減少した（表３）。

表３　令和３年産豆類（乾燥子実）及びそば（乾燥子実）の作付面積、10ａ当たり収量及び収穫量

区　分	作付面積	10ａ当たり収量	収穫量	前年産との比較					（参考）	
				作付面積		10ａ当たり収量	収穫量		10ａ当たり平均収量対比	10ａ当たり平均収量
				対差	対比	対比	対差	対比		
	ha	kg	t	ha	%	%	t	%	%	kg
大　豆	146,200	169	246,500	4,500	103	110	27,600	113	105	161
小　豆	23,300	181	42,200	△ 3,300	88	93	△ 9,700	81	84	215
うち北海道	19,000	206	39,100	△ 3,100	86	94	△ 9,500	80	83	247
いんげん	7,130	101	7,200	△ 240	97	151	2,280	146	59	170
うち北海道	6,660	103	6,860	△ 220	97	151	2,180	147	58	177
らっかせい	6,020	246	14,800	△ 200	97	116	1,600	112	110	224
うち千葉	4,890	255	12,500	△ 90	98	116	1,500	114	112	228
そ　ば	65,500	62	40,900	△ 1,100	98	93	△ 3,900	91	111	56

注：　小豆、いんげん及びらっかせいの作付面積調査及び収穫量調査は主産県調査であり、３年又は６年周期で全国調査を実施している。令和３年産調査については、作付面積調査は全国、収穫量調査は主産県を対象に調査を実施した。なお、全国の収穫量については、主産県の調査結果から推計したものである。

(2)　解　説

ア　大豆（乾燥子実）

図３－１　大豆（乾燥子実）の作付面積、収穫量及び10ａ当たり収量の推移（全国）

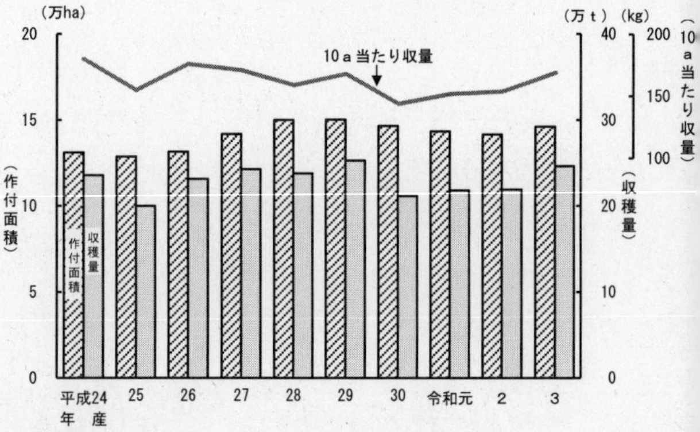

(ｱ)　作付面積

大豆の作付面積は14万6,200haで、前年産に比べ4,500ha（３%）増加した（表３、図３－１）。

これは、他作物からの転換等があったためである。

(ｲ)　10ａ当たり収量

10ａ当たり収量は169kgで、前年産を10%上回った。

これは、８月の大雨等の影響がみられた九州の一部地域を除き、生育期間がおおむね天候に恵まれ、登熟も良好であったためである。

なお、10ａ当たり平均収量対比は105%となった（表３、図３－１）。

(ｳ)　収穫量

収穫量は24万6,500ｔで、前年産に比べ２万7,600ｔ（13%）増加した（表３、図３－１）。

イ　小豆（乾燥子実）

(ｱ)　作付面積

小豆の作付面積は２万3,300haで、前年産に比べ3,300ha（12%）減少した。

このうち、主産地である北海道の作付面積は１万9,000haで、他作物への転換等により、前年産に比べ3,100ha（14%）減少した（表３、図３－２）。

図３－２　小豆（乾燥子実）の作付面積、収穫量及び10ａ当たり収量の推移（全国）

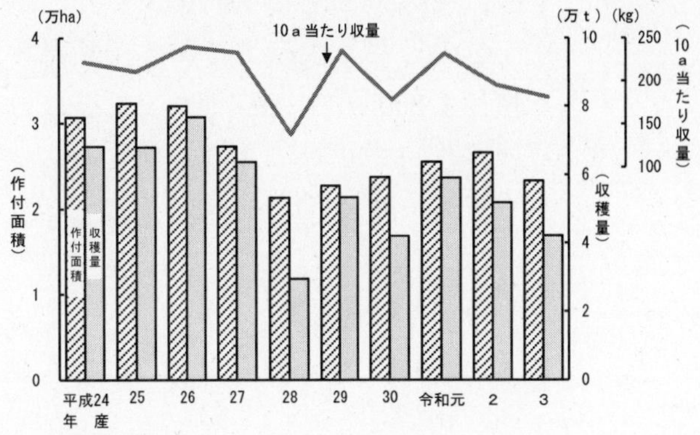

(ｲ)　10ａ当たり収量

10ａ当たり収量は181kgで、作柄の悪かった前年産をさらに７%下回った。

これは、主産地である北海道において、７月の高温・少雨の影響により、着さや数が少なかったこと等による。

なお、10ａ当たり平均収量対比は、84%となった（表３、図３－２）。

(ｳ)　収穫量

収穫量は４万2,200ｔで、前年産に比べ9,700ｔ（19%）減少した（表３、図３－２）。

ウ　いんげん（乾燥子実）

(ｱ)　作付面積

いんげんの作付面積は7,130haで、前年産に比べ240ha（３%）減少した。

このうち、主産地である北海道の作付面積は6,660haで、他作物への転換等により、前年産に比べ220ha（３%）減少した（表３、図３－３）。

図３－３　いんげん（乾燥子実）の作付積、収穫量及び10ａ当たり収量の推移（全国）

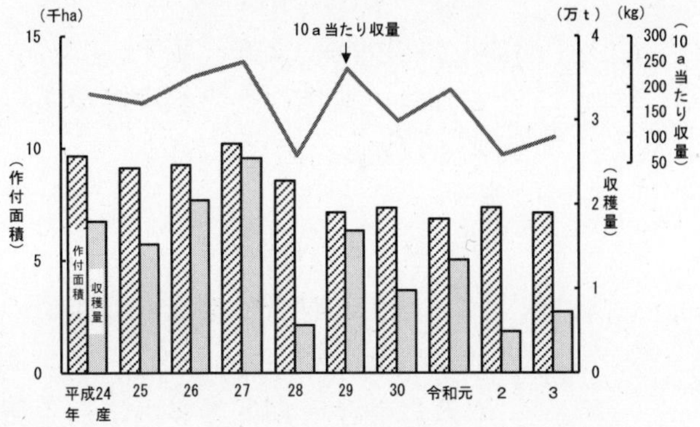

(ｲ)　10ａ当たり収量

10ａ当たり収量は101kgで、前年産を51%上回った。

これは、主産地である北海道において、７月の高温・少雨の影響により、着さや数が少なく、未熟粒が多かったものの、特に作柄の悪かった前年産の10ａ当たり収量を上回ったためである。

なお、10ａ当たり平均収量対比は、59%となった（表３、図３－３）。

(ｳ)　収穫量

収穫量は7,200ｔで、前年産に比べ2,280ｔ（46%）増加した（表３、図３－３）。

エ　らっかせい（乾燥子実）

(ｱ)　作付面積

らっかせいの作付面積は6,020haで、前年産に比べ200ha（３％）減少した。

このうち、主産地である千葉県の作付面積は4,890haで、高齢化による労力不足に伴う作付中止等により、前年産に比べ90ha（２％）減少した（表３、図３－４）。

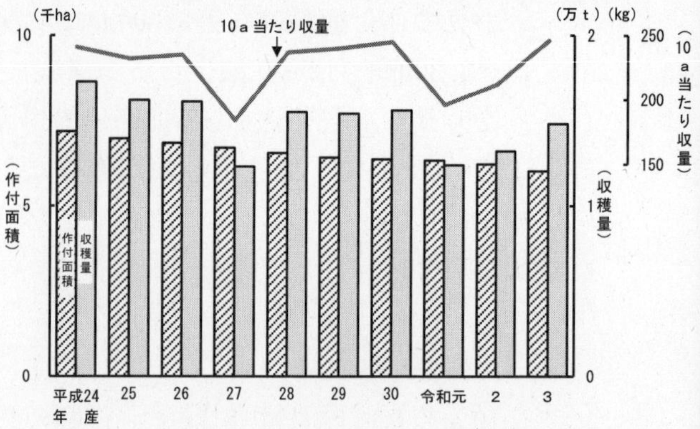

図３－４　らっかせい（乾燥子実）の作付面積、収穫量及び10ａ当たり収量の推移（全国）

(ｲ)　10ａ当たり収量

10ａ当たり収量は246kgで、前年産を16％上回った。

これは、主産地である千葉県において、おおむね天候に恵まれ生育が順調で、粒の肥大も良好であったためである。

なお、10ａ当たり平均収量対比は、110％となった（表３、図３－４）。

(ｳ)　収穫量

収穫量は１万4,800ｔで、前年産に比べ1,600ｔ（12％）増加した（表３、図３－４）。

オ　そば（乾燥子実）

(ｱ)　作付面積

そばの作付面積は６万5,500haで、前年産に比べ1,100ha（２％）減少した。

これは、他作物への転換等があったためである（表３、図３－５）。

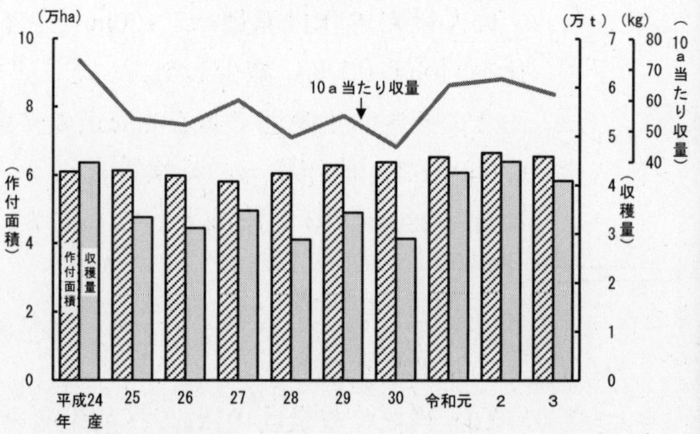

図３－５　そば（乾燥子実）の作付面積、収穫量及び10ａ当たり収量の推移（全国）

(ｲ)　10ａ当たり収量

10ａ当たり収量は62kgで、作柄の良かった前年産を７％下回った。

これは、生育期間の多雨による発芽不良等の被害があったためである。

なお、10ａ当たり平均収量対比は111％となった（表３、図３－５）。

(ｳ)　収穫量

収穫量は４万900ｔで、前年産に比べ3,900ｔ（９％）減少した（表３、図３－５）。

4　かんしょ

(1)　作付面積

かんしょの作付面積は３万2,400haで、前年産に比べ700ha（２％）減少した（表４、図４）。

(2)　10ａ当たり収量

10ａ当たり収量は2,070kgで、前年産並みとなった。

なお、前年産に引き続き、主に鹿児島県におけるサツマイモ基腐病の影響から、10ａ当たり平均収量対比は92％となった（表４、図４）。

図４　かんしょの作付面積、収穫量及び10ａ当たり収量の推移（全国）

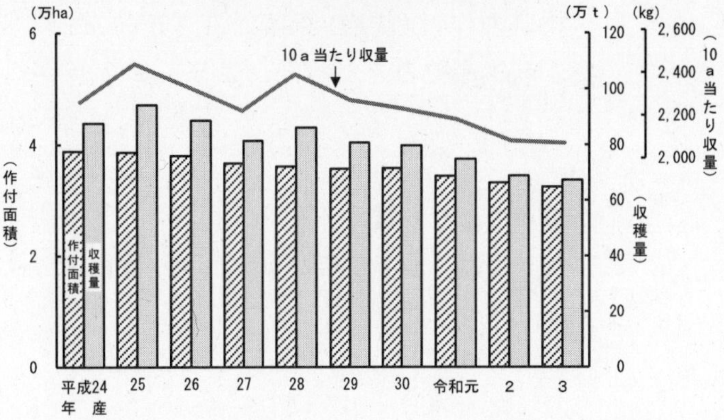

(3)　収穫量

収穫量は67万1,900ｔで、前年産に比べ1万5,700ｔ（２％）減少した（表４、図４）。

表４　令和３年産かんしょの作付面積、10ａ当たり収量及び収穫量

区　分	作付面積	10ａ当たり収量	収穫量	前年産との比較 作付面積 対差	作付面積 対比	10ａ当たり収量 対比	収穫量 対差	収穫量 対比	（参考）10ａ当たり平均収量対比	（参考）10ａ当たり平均収量
	ha	kg	t	ha	%	%	t	%	%	kg
全国	**32,400**	**2,070**	**671,900**	**△ 700**	**98**	**100**	**△ 15,700**	**98**	**92**	**2,250**
うち茨城	7,220	2,620	189,200	220	103	101	7,200	104	102	2,560
千葉	3,800	2,300	87,400	△ 140	96	100	△ 2,800	97	95	2,430
徳島	1,090	2,490	27,100	0	100	100	0	100	100	2,500
熊本	782	2,300	18,000	△ 42	95	110	700	104	104	2,220
宮崎	3,020	2,350	71,000	30	101	102	1,900	103	95	2,480
鹿児島	10,300	1,850	190,600	△ 600	94	94	△ 24,100	89	78	2,380

注：　かんしょの作付面積調査及び収穫量調査は主産県調査であり、３年又は６年周期で全国調査を実施している。令和３年産調査については、作付面積調査及び収穫量調査ともに主産県を対象に調査を実施した。なお、全国の作付面積及び収穫量については、主産県の調査結果から推計したものである。

5　飼料作物

(1)　牧草

ア　作付（栽培）面積

牧草の作付(栽培)面積は71万7,600haで、前年産並みとなった（表５－１、図５－１）。

イ　10ａ当たり収量

10ａ当たり収量は3,340kgで、前年産を１％下回った。

なお、10ａ当たり平均収量対比は98％となった（表５－１、図５－１）。

ウ　収穫量

収穫量は2,397万9,000ｔで、前年産に比べ26万5,000ｔ（１％）減少した（表５－１、図５－１）。

図５－１　牧草の作付（栽培）面積、収穫量及び10ａ当たり収量の推移（全国）

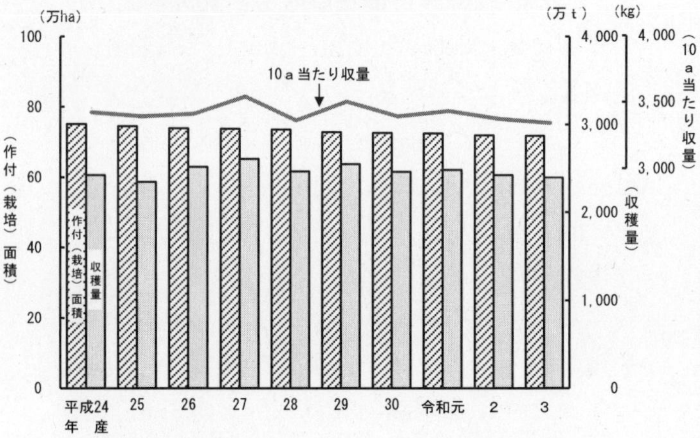

注：　平成24年産及び平成25年産の10ａ当たり収量及び収穫量については、全国値の推計を行っていないため、主産県計の数値である。

表５－１　令和３年産牧草の作付（栽培）面積、10ａ当たり収量及び収穫量

区分	作付(栽培)面積	10ａ当たり収量	収穫量	前年産との比較					（参考）	
				作付（栽培）面積		10ａ当たり収量	収穫量		10ａ当たり平均収量対比	10ａ当たり平均収量
				対差	対比	対比	対差	対比		
	ha	kg	t	ha	%	%	t	%	%	kg
全国	**717,600**	**3,340**	**23,979,000**	**△ 1,600**	**100**	**99**	**△ 265,000**	**99**	**98**	**3,420**
うち北海道	529,700	3,150	16,686,000	△ 700	100	98	△ 287,000	98	97	3,250

注：　牧草の作付面積調査及び収穫量調査は主産県調査であり、３年又は６年周期で全国調査を実施している。令和３年産調査については、作付面積調査及び収穫量調査ともに主産県を対象に調査を実施した。なお、全国の作付（栽培）面積及び収穫量については、主産県の調査結果から推計したものである。

(2)　青刈りとうもろこし

ア　作付面積

青刈りとうもろこしの作付面積は９万5,500haで、前年産並みとなった（表５－２、図５－２）。

図５－２　青刈りとうもろこしの作付面積、収穫量及び10ａ当たり収量の推移（全国）

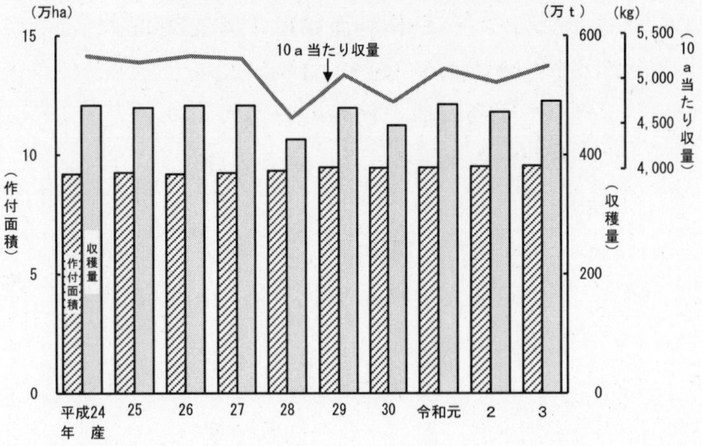

イ　10ａ当たり収量

10ａ当たり収量は5,140kgで、前年産を４％上回った。

なお、10ａ当たり平均収量対比は103％となった（表５－２、図５－２）。

ウ　収穫量

収穫量は490万4,000ｔで、前年産に比べ18万6,000ｔ（４％）増加した（表５－２、図５－２）。

表５－２　令和３年産青刈りとうもろこしの作付面積、10ａ当たり収量及び収穫量

区分	作付面積	10ａ当たり収量	収穫量	前年産との比較					（参考）	
				作付面積		10ａ当たり収量	収穫量		10ａ当たり平均収量対比	10ａ当たり平均収量
				対差	対比	対比	対差	対比		
	ha	kg	t	ha	%	%	t	%	%	kg
全国	**95,500**	**5,140**	**4,904,000**	**300**	**100**	**104**	**186,000**	**104**	**103**	**5,010**
うち北海道	58,000	5,470	3,173,000	600	101	101	73,000	102	102	5,370

注：　青刈りとうもろこしの作付面積調査及び収穫量調査は主産県調査であり、３年又は６年周期で全国調査を実施している。令和３年産調査については、作付面積調査及び収穫量調査ともに主産県を対象に調査を実施した。なお、全国の作付面積及び収穫量については、主産県の調査結果から推計したものである。

(3) ソルゴー

ア 作付面積

ソルゴーの作付面積は１万2,500haで、前年産に比べ500ha（４％）減少した。

これは、他作物への転換等があったためである（表５－３、図５－３）。

イ 10ａ当たり収量

10ａ当たり収量は4,110kgで、前年産を１％下回った。

なお、10ａ当たり平均収量対比は91％となった（表５－３、図５－３）。

図５－３ ソルゴーの作付面積、収穫量及び10ａ当たり収量の推移（全国）

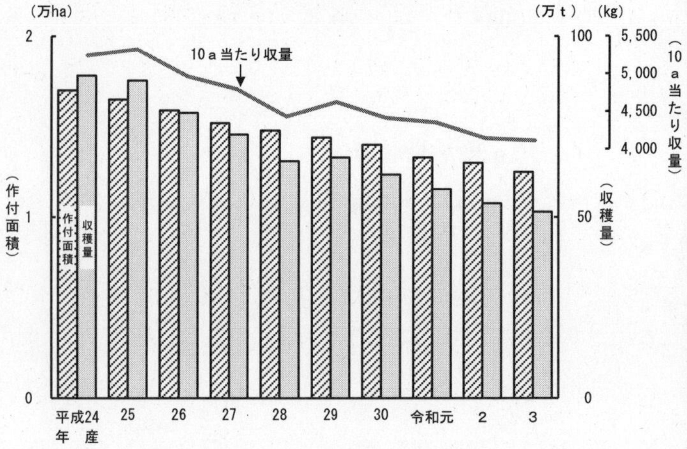

ウ 収穫量

収穫量は51万4,300ｔで、前年産に比べ２万3,300ｔ（４％）減少した（表５－３、図５－３）。

表５－３ 令和３年産ソルゴーの作付面積、10ａ当たり収量及び収穫量

区分	作付面積	10ａ当たり収量	収穫量	前年産との比較 作付面積 対差	作付面積 対比	10ａ当たり収量 対比	収穫量 対差	収穫量 対比	（参考） 10ａ当たり平均収量対比	10ａ当たり平均収量
	ha	kg	t	ha	%	%	t	%	%	kg
全国	12,500	4,110	514,300	△ 500	96	99	△ 23,300	96	91	4,520

注：ソルゴーの作付面積調査及び収穫量調査は主産県調査であり、３年又は６年周期で全国調査を実施している。令和３年産調査については、作付面積調査及び収穫量調査ともに主産県を対象に調査を実施した。なお、全国の作付面積及び収穫量については、主産県の調査結果から推計したものである。

6　工芸農作物

(1)　茶

ア　栽培面積

全国の茶の栽培面積は３万8,000haで、前年産に比べ1,100ha（３％）減少した（表６－１）。

表６－１　茶の栽培面積（全国）

単位：ha

区　　分	栽　培　面　積
令和２年	39,100
3	38,000
対前年比（％）	97

注：　茶の栽培面積については、令和２年調査は全国、３年調査は主産県調査であり、３年の全国値は主産県の調査結果から推計したものである。

イ　摘採実面積

主産県の摘採実面積は２万8,800haで、前年産に比べ900ha（３％）減少した（表６－２）。

ウ　生葉収穫量

主産県の生葉収穫量は33万2,200ｔで、需要の低迷を受けた前年産に比べ３万4,200ｔ（11％）増加した。

これは、主産地である静岡県において二番茶以降おおむね天候に恵まれたことに加え、ドリンク原料用の生産が増加したこと等による（表６－２）。

エ　荒茶生産量

主産県の荒茶生産量は７万700ｔで、前年産に比べ7,600ｔ（12％）増加した。

図６－１　茶の府県別荒茶生産量及び割合（主産県）

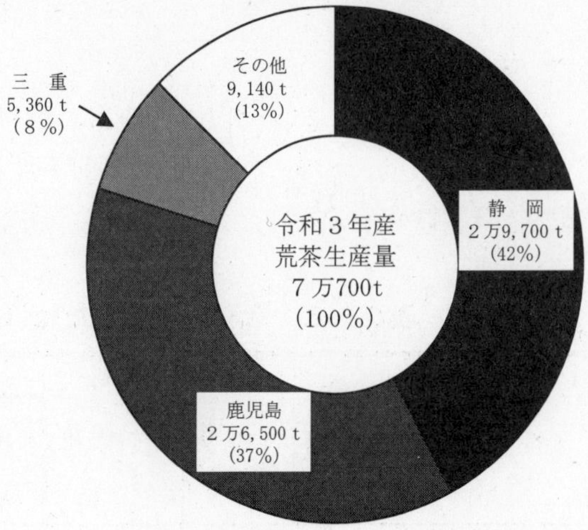

府県別にみると、静岡県が２万9,700ｔ（主産県計に占める割合は42％）、次いで鹿児島県が２万6,500ｔ（同37％）、三重県が5,360ｔ（同８％）となっている（表６－２、図６－１）。

表６－２　令和３年産茶の摘採面積、10ａ当たり生葉収量、生葉収穫量及び荒茶生産量（主産県）

区　　分	摘採面積		10ａ当たり生葉収量		生葉収穫量		荒茶生産量	
	実面積	延べ面積		一番茶		一番茶		一番茶
	ha	ha	kg	kg	t	t	t	t
主産県計　令和２年産	29,700	70,000	1,000	408	298,000	121,100	63,100	23,800
3	28,800	73,300	1,150	415	332,200	119,200	70,700	23,600
対前年産比（％）	97	105	115	102	111	98	112	99

注：　茶の収穫量調査は主産県調査であり、６年周期で全国調査を実施している。令和３年産調査については主産県を対象に調査を実施した。なお、主産県は、埼玉県、静岡県、三重県、京都府、福岡県、熊本県、宮崎県及び鹿児島県の８府県である。

(2) なたね（子実用）

ア 作付面積

なたねの作付面積は1,640haで、前年産に比べ190ha（10%）減少した。

これは、北海道や青森県において、他作物への転換等があったためである（表6－3、図6－2）。

イ 10ａ当たり収量

10ａ当たり収量は197kgで、前年産を１%上回った。

なお、10ａ当たり平均収量対比は107%となった（表6－3、図6－2）。

図6－2 なたね（子実用）の作付面積、収穫量及び10ａ当たり収量の推移（全国）

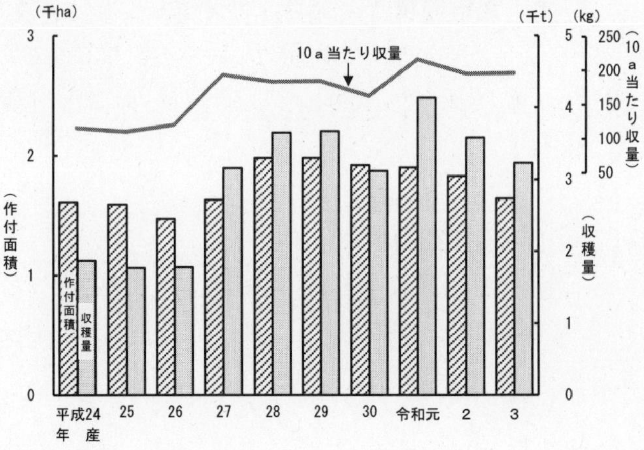

ウ 収穫量

収穫量は3,230ｔで、前年産に比べ350ｔ（10%）減少した。

これは、10ａ当たり収量が前年産を上回ったものの、作付面積が減少したためである（表6－3、図6－2）。

表6－3 令和３年産なたね（子実用）の作付面積、10ａ当たり収量及び収穫量

区分	作付面積	10ａ当たり収量	収穫量	前年産との比較					（参考）	
				作付面積		10ａ当たり収量	収穫量		10ａ当たり平均収量対比	10ａ当たり平均収量
				対差	対比	対比	対差	対比		
	ha	kg	t	ha	%	%	t	%	%	kg
全国	1,640	197	3,230	△ 190	90	101	△ 350	90	107	184

(3) てんさい（北海道）

ア　作付面積

北海道のてんさいの作付面積は５万7,700haで、前年産に比べ900ha（２％）増加した（表６－４、図６－３）。

イ　10ａ当たり収量

北海道の10ａ当たり収量は7,040kgで、前年産を２％上回った。

なお、10ａ当たり平均収量対比は107％となった（表６－４、図６－３）。

ウ　収穫量

北海道の収穫量は406万1,000ｔで、前年産に比べ14万9,000ｔ（４％）増加した（表６－４、図６－３）。

図６－３　てんさいの作付面積、収穫量及び10ａ当たり収量の推移（北海道）

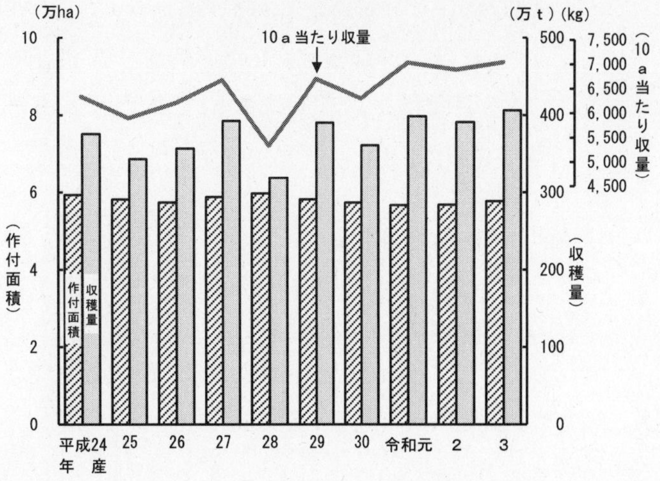

表６－４　令和３年産てんさいの作付面積、10ａ当たり収量及び収穫量（北海道）

区分	作付面積	10ａ当たり収量	収穫量	前年産との比較 作付面積 対差	作付面積 対比	10ａ当たり収量 対比	収穫量 対差	収穫量 対比	（参考）10ａ当たり平均収量対比	（参考）10ａ当たり平均収量
	ha	kg	t	ha	%	%	t	%	%	kg
北海道	57,700	7,040	4,061,000	900	102	102	149,000	104	107	6,560

注：てんさいの調査は、北海道を対象に実施した。

(4) さとうきび

ア 収穫面積

さとうきびの収穫面積は２万3,300haで、前年産に比べ800ha（４％）増加した。

これは、沖縄県において、夏植えと株出しの収穫面積が増加したためである（表６－５、図６－４）。

イ 10ａ当たり収量

10ａ当たり収量は5,830kgで、作柄の良かった前年産を２％下回った。

なお、10ａ当たり平均収量対比は106％となった（表６－５、図６－４）。

図６－４ さとうきびの収穫面積、収穫量及び10ａ当たり収量の推移

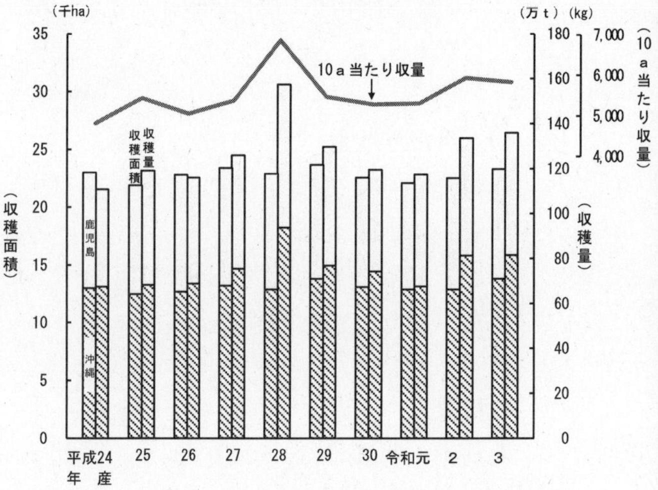

ウ 収穫量

収穫量は135万9,000ｔで、前年産に比べ２万3,000ｔ（２％）増加した（表６－５、図６－４）。

表６－５ 令和３年産さとうきびの作型別栽培・収穫面積、10ａ当たり収量及び収穫量

区分	栽培面積	収穫面積				10ａ当たり収量			
		計	夏植え	春植え	株出し	計	夏植え	春植え	株出し
	ha	ha	ha	ha	ha	kg	kg	kg	kg
全国 令和２年産	27,900	22,500	4,590	3,210	14,600	5,940	7,730	5,320	5,550
３	**28,400**	**23,300**	**4,660**	**3,040**	**15,600**	**5,830**	**7,410**	**5,520**	**5,420**
対前年産比（％）	102	104	102	95	107	98	96	104	98
鹿児島	11,000	9,520	1,020	1,680	6,820	5,710	7,160	5,730	5,490
対前年産比（％）	100	99	86	93	103	105	101	107	106
沖縄	17,500	13,800	3,640	1,360	8,790	5,910	7,480	5,260	5,370
対前年産比（％）	104	107	107	96	109	94	94	100	92

区分	収穫量			
	計	夏植え	春植え	株出し
	t	t	t	t
全国 令和２年産	1,336,000	354,900	170,700	810,800
３	**1,359,000**	**345,300**	**167,800**	**846,100**
対前年産比（％）	102	97	98	104
鹿児島	543,700	73,000	96,300	374,400
対前年産比（％）	104	87	100	110
沖縄	815,500	272,300	71,500	471,700
対前年産比（％）	100	101	97	101

注：さとうきびの作付面積調査及び収穫量調査は、鹿児島県及び沖縄県を対象に実施した。

(5)　こんにゃくいも

ア　栽培面積・収穫面積

全国のこんにゃくいもの栽培面積は3,430haで、前年産に比べ140ha（４％）減少した。

また、全国の収穫面積は2,050haで、前年産に比べ90ha（４％）減少した。

これは、主に生産者の高齢化による労働力不足に伴う作付中止等があったためである（表６－６、図６－５）。

図６－５　こんにゃくいもの収穫面積、収穫量及び10ａ当たり収量の推移（全国）

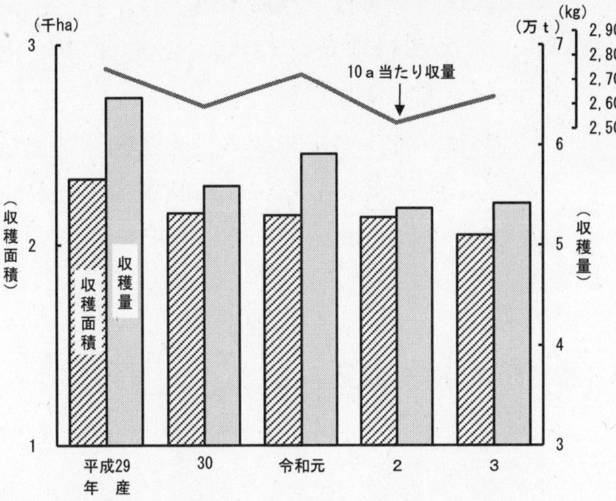

イ　10ａ当たり収量

全国の10ａ当たり収量は2,640kgで、前年産を５％上回った。

これは、主産地の群馬県において、低温・日照不足等の影響により、いもの肥大が抑制されたものの、作柄の悪かった前年産を上回ったためである。

なお、10ａ当たり平均収量対比は98％となった（表６－６、図６－５）。

ウ　収穫量

全国の収穫量は５万4,200ｔで、前年産に比べ500ｔ（１％）増加した（表６－６、図６－５）。

表６－６　令和３年産こんにゃくいもの栽培・収穫面積、10ａ当たり収量及び収穫量

区分	栽培面積	収穫面積	10ａ当たり収量	収穫量	前年産との比較 栽培面積		収穫面積		10ａ当たり収量	収穫量		（参考）10ａ当たり平均収量対比	10ａ当たり平均収量
					対差	対比	対差	対比	対比	対差	対比		
	ha	ha	kg	t	ha	%	ha	%	%	t	%	%	kg
全国	**3,430**	**2,050**	**2,640**	**54,200**	**△ 140**	**96**	**△ 90**	**96**	**105**	**500**	**101**	**98**	**2,700**
うち群馬	3,130	1,870	2,740	51,200	△ 80	98	△ 60	97	105	1,000	102	95	2,890

注：　こんにゃくいもの作付面積調査及び収穫量調査は主産県調査であり、３年又は６年周期で全国調査を実施している。令和３年産調査については、作付面積調査は全国、収穫量調査は主産県（群馬県）を対象に調査を実施した。なお、全国の栽培面積、収穫面積及び収穫量は、主産県の調査結果から推計したものである。

(6) い（主産県）

ア 作付面積

主産県（福岡県及び熊本県。以下同じ。）の「い」の作付面積は451haで、前年産に比べ27ha（６%）増加した。

これは、熊本県において、農業機械を新たに導入したこと等により生産体制が強化され規模拡大が図られたためである（表６－７、図６－６）。

図６－６ 「い」の作付面積、収穫量及び10ａ当たり収量の推移（主産県）

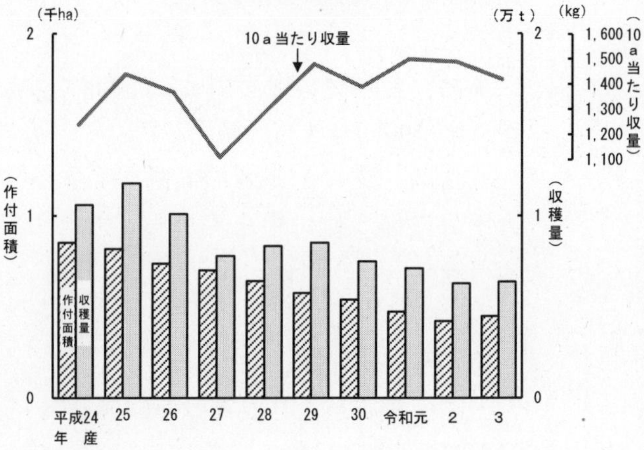

イ 10ａ当たり収量

主産県の10ａ当たり収量は1,420kgで、前年産を５%下回った。

これは、熊本県において、５月以降の低温・日照不足等の影響により茎の伸長が抑制されたためである。

なお、10ａ当たり平均収量対比は101%となった（表６－７、図６－６）。

ウ 収穫量

主産県の収穫量は6,390ｔで、前年産に比べ90ｔ（１%）増加した（表６－７、図６－６）。

エ い生産農家数、畳表生産農家数及び畳表生産量

主産県の「い」の生産農家数は346戸で、前年産に比べ17戸（５%）減少した。

このうち、畳表の生産まで一貫して行っている畳表生産農家数は344戸で、前年に比べ16戸（４%）減少した。

なお、令和２年７月から令和３年６月までの畳表生産量は195万枚で、前年に比べ31万枚（14%）減少した（表６－７）。

表６－７ 令和３年産「い」の作付面積、10ａ当たり収量、収穫量等（主産県）

区分	い生産農家数	作付面積	10ａ当たり収量	収穫量	前年産との比較					（参考）		畳表生産農家数	畳表生産量
					作付面積		10ａ当たり収量	収穫量		10ａ当たり平均収量対比	10ａ当たり平均収量		
					対差	対比	対比	対差	対比				
	戸	ha	kg	t	ha	%	%	t	%	%	kg	戸	千枚
主産県計	**346**	**451**	**1,420**	**6,390**	**27**	**106**	**95**	**90**	**101**	**101**	**1,410**	**344**	**1,950**
福岡	5	3	1,110	33	△ 1	75	101	△ 11	75	93	1,200	6	14
熊本	341	448	1,420	6,360	28	107	95	100	102	101	1,410	338	1,940

注：1 「い」の調査は、福岡県及び熊本県を対象に実施した。
2 い生産農家数は、令和３年産の「い」の生産を行った農家の数である。
3 畳表生産農家数は、「い」の生産から畳表の生産まで一貫して行っている農家で、令和２年７月から令和３年６月までに畳表の生産を行った農家の数である。
4 畳表生産量は、畳表生産農家によって令和２年７月から令和３年６月までに生産されたものである。
5 主産県計の10ａ当たり平均収量は、各県の10ａ当たり平均収量に当年産の作付面積を乗じて求めた収穫量（平均収穫量）を積上げ、当年産の主産県計作付面積で除して算出している。

Ⅱ　統　計　表

1 米

(1) 令和３年産水陸稲の収穫量（全国農業地域別・都道府県別）

ア 水稲

全国農業地域・都道府県	作付面積（子実用）	10 a 当たり収量	収穫量（子実用）	農家等が使用しているふるい目幅で選別		主食用作付面積	収穫量（主食用）
				10 a 当たり収量	作況指数		
	(1)	(2)	(3)	(4)	(5)	(6)	(7)
	ha	kg	t	kg		ha	t
全国 (1)	**1,403,000**	**539**	**7,563,000**	**515**	**101**	**1,303,000**	**7,007,000**
（全国農業地域）							
北海道 (2)	96,100	597	573,700	570	108	88,400	527,700
都府県 (3)	1,307,000	535	6,989,000	511	100	1,215,000	6,479,000
東北 (4)	363,000	581	2,110,000	552	102	322,400	1,870,000
北陸 (5)	201,800	531	1,072,000	505	97	177,900	944,600
関東・東山 (6)	253,100	545	1,380,000	525	101	240,100	1,309,000
東海 (7)	89,600	493	441,700	477	98	87,600	432,000
近畿 (8)	99,300	503	499,700	479	99	95,700	481,800
中国 (9)	98,800	517	511,000	492	99	95,900	496,100
四国 (10)	45,900	482	221,400	467	101	45,400	219,900
九州 (11)	155,100	485	752,000	467	99	149,300	723,800
沖縄 (12)	666	325	2,160	316	105	623	2,020
（都道府県）							
北海道 (13)	96,100	597	573,700	570	108	88,400	527,700
青森 (14)	41,700	616	256,900	584	102	34,200	210,700
岩手 (15)	48,400	555	268,600	528	103	46,200	256,400
宮城 (16)	64,600	547	353,400	520	101	61,000	333,700
秋田 (17)	84,800	591	501,200	555	102	71,400	422,000
山形 (18)	62,900	626	393,800	592	104	54,900	343,700
福島 (19)	60,500	555	335,800	536	101	54,700	303,600
茨城 (20)	63,500	543	344,800	521	103	61,400	333,400
栃木 (21)	54,800	549	300,900	520	101	50,600	277,800
群馬 (22)	14,900	492	73,300	476	99	13,000	64,000
埼玉 (23)	30,000	508	152,400	489	103	28,800	146,300
千葉 (24)	50,600	549	277,800	539	101	48,100	264,100
東京 (25)	120	405	486	394	98	120	486
神奈川 (26)	2,920	492	14,400	470	99	2,920	14,400
新潟 (27)	117,200	529	620,000	507	96	101,800	538,500
富山 (28)	36,300	551	200,000	515	99	32,200	177,400
石川 (29)	23,800	527	125,400	512	101	21,400	112,800
福井 (30)	24,500	515	126,200	478	99	22,500	115,900
山梨 (31)	4,850	532	25,800	516	97	4,760	25,300
長野 (32)	31,500	603	189,900	579	97	30,400	183,300
岐阜 (33)	21,600	478	103,200	466	98	20,700	98,900
静岡 (34)	15,300	506	77,400	495	97	15,200	76,900
愛知 (35)	26,400	496	130,900	480	98	25,800	128,000
三重 (36)	26,300	495	130,200	474	99	25,900	128,200
滋賀 (37)	30,100	519	156,200	483	100	28,900	150,000
京都 (38)	14,200	504	71,600	486	99	13,600	68,500
大阪 (39)	4,620	490	22,600	476	99	4,620	22,600
兵庫 (40)	35,800	491	175,800	468	98	34,100	167,400
奈良 (41)	8,440	512	43,200	502	100	8,400	43,000
和歌山 (42)	6,100	497	30,300	484	100	6,100	30,300
鳥取 (43)	12,600	505	63,600	485	98	12,400	62,600
島根 (44)	16,800	521	87,500	483	100	16,500	86,000
岡山 (45)	28,800	524	150,900	498	99	27,900	146,200
広島 (46)	22,200	522	115,900	502	99	21,700	113,300
山口 (47)	18,400	506	93,100	485	101	17,400	88,000
徳島 (48)	10,300	465	47,900	452	98	9,980	46,400
早期栽培 (49)	3,930	455	17,900	443	98	…	…
普通栽培 (50)	6,400	472	30,200	457	98	…	…
香川 (51)	11,300	501	56,600	485	101	11,300	56,600
愛媛 (52)	13,200	510	67,300	489	104	13,200	67,300
高知 (53)	11,000	451	49,600	439	98	11,000	49,600
早期栽培 (54)	6,190	475	29,400	463	98	…	…
普通栽培 (55)	4,850	420	20,400	407	98	…	…
福岡 (56)	34,600	473	163,700	447	98	34,100	161,300
佐賀 (57)	23,300	510	118,800	487	100	22,800	116,300
長崎 (58)	10,800	470	50,800	460	99	10,800	50,800
熊本 (59)	32,300	484	156,300	465	97	31,200	151,000
大分 (60)	19,600	487	95,500	471	99	19,400	94,500
宮崎 (61)	15,900	489	77,800	480	100	13,900	68,000
早期栽培 (62)	6,070	481	29,200	476	101	…	…
普通栽培 (63)	9,800	495	48,500	483	99	…	…
鹿児島 (64)	18,600	479	89,100	468	100	17,100	81,900
早期栽培 (65)	4,380	461	20,200	451	101	…	…
普通栽培 (66)	14,200	485	68,900	474	99	…	…
沖縄 (67)	666	325	2,160	316	105	623	2,020
第一期稲 (68)	481	355	1,710	349	99	…	…
第二期稲 (69)	185	248	459	222	149	…	…
関東農政局 (70)	268,400	543	1,457,000	523	101	255,200	1,386,000
東海農政局 (71)	74,300	490	364,300	474	98	72,400	355,100
中国四国農政局 (72)	144,700	506	732,400	484	100	141,400	716,000

注：1　作付面積（子実用）とは、青刈り面積（飼料用米等を含む。）を除いた面積である（以下１(1)及び(2)の各統計表において同じ。）。
2　10ａ当たり収量及び収穫量（子実用）は、1.70mmのふるい目幅で選別された玄米の重量である。
3　主食用作付面積とは、水稲作付面積（青刈り面積を含む。）から、備蓄米、加工用米、新規需要米等の作付面積を除いた面積である。
4　収穫量（子実用）及び収穫量（主食用）については都道府県ごとの積上げ値であるため、表頭の計算は一致しない場合がある。

前年産との比較						10ａ当たり平年収量	平年収量（子実用）	農家等が使用しているふるい目幅で選別		
作付面積		10ａ当たり収量		収穫量				10ａ当たり平年収量	平年収量（子実用）	
対差	対比	対差	対比	対差	対比					
(8)	(9)	(10)	(11)	(12)	(13)	(14)	(15)	(16)	(17)	
ha	%	kg	%	t	%	kg	t	kg	t	
△ 59,000	**96**	**8**	**102**	**△ 200,000**	**97**	**535**	**7,506,000**	**512**	**7,183,000**	(1)
△ 6,200	94	16	103	△ 20,700	97	552	530,500	526	505,500	(2)
△ 52,000	96	8	102	△ 179,000	98	534	6,979,000	511	6,679,000	(3)
△ 18,500	95	△ 5	99	△ 126,000	94	568	2,062,000	540	1,960,000	(4)
△ 4,600	98	△ 19	97	△ 63,000	94	540	1,090,000	520	1,049,000	(5)
△ 16,500	94	9	102	△ 64,000	96	538	1,362,000	520	1,316,000	(6)
△ 2,900	97	13	103	△ 2,300	99	502	449,800	487	436,400	(7)
△ 2,000	98	13	103	3,700	101	508	504,400	484	480,600	(8)
△ 2,400	98	33	107	21,300	104	519	512,800	496	490,000	(9)
△ 1,500	97	12	103	△ 1,400	99	482	221,200	464	213,000	(10)
△ 3,500	98	45	110	53,500	108	501	777,100	473	733,600	(11)
16	102	3	101	70	103	309	2,060	300	2,000	(12)
△ 6,200	94	16	103	△ 20,700	97	552	530,500	526	505,500	(13)
△ 3,500	92	△ 12	98	△ 27,000	90	602	251,000	574	239,400	(14)
△ 2,000	96	2	100	△ 10,100	96	540	261,400	514	248,800	(15)
△ 3,700	95	△ 5	99	△ 23,600	94	541	349,500	514	332,000	(16)
△ 2,800	97	△ 11	98	△ 26,200	95	577	489,300	543	460,500	(17)
△ 1,800	97	4	101	△ 8,600	98	598	376,100	568	357,300	(18)
△ 4,800	93	△ 7	99	△ 31,200	91	551	333,400	533	322,500	(19)
△ 4,300	94	12	102	△ 15,200	96	525	333,400	505	320,700	(20)
△ 4,400	93	11	102	△ 17,600	94	540	295,900	516	282,800	(21)
△ 600	96	△ 4	99	△ 3,600	95	498	74,200	482	71,800	(22)
△ 1,900	94	12	102	△ 5,800	96	492	147,600	477	143,100	(23)
△ 4,800	91	12	102	△ 19,700	93	544	275,300	534	270,200	(24)
△ 4	97	5	101	△ 10	98	414	497	403	484	(25)
△ 70	98	18	104	200	101	494	14,400	477	13,900	(26)
△ 2,300	98	△ 29	95	△ 46,800	93	546	639,900	529	620,000	(27)
△ 800	98	△ 5	99	△ 6,300	97	546	198,200	520	188,800	(28)
△ 1,000	96	△ 3	99	△ 6,000	95	523	124,500	509	121,100	(29)
△ 600	98	△ 3	99	△ 3,800	97	519	127,200	485	118,800	(30)
△ 30	99	3	101	0	100	547	26,500	532	25,800	(31)
△ 300	99	△ 3	100	△ 2,800	99	619	195,000	598	188,400	(32)
△ 900	96	8	102	△ 2,600	98	485	104,800	475	102,600	(33)
△ 200	99	28	106	3,300	104	520	79,600	511	78,200	(34)
△ 1,000	96	6	101	△ 3,400	97	507	133,800	491	129,600	(35)
△ 800	97	16	103	400	100	500	131,500	479	126,000	(36)
△ 1,000	97	10	102	△ 2,100	99	518	155,900	483	145,400	(37)
△ 100	99	3	101	0	100	510	72,400	493	70,000	(38)
△ 80	98	18	104	400	102	495	22,900	479	22,100	(39)
△ 700	98	14	103	1,700	101	501	179,400	477	170,800	(40)
△ 40	100	30	106	2,300	106	513	43,300	500	42,200	(41)
△ 150	98	35	108	1,400	105	497	30,300	486	29,600	(42)
△ 300	98	△ 7	99	△ 2,400	96	514	64,800	495	62,400	(43)
△ 300	98	10	102	100	100	511	85,800	483	81,100	(44)
△ 1,000	97	19	104	400	100	526	151,500	501	144,300	(45)
△ 400	98	23	105	3,100	103	528	117,200	509	113,000	(46)
△ 500	97	120	131	20,100	128	504	92,700	480	88,300	(47)
△ 700	94	△ 11	98	△ 4,500	91	474	48,800	462	47,600	(48)
△ 330	92	2	100	△ 1,400	93	463	18,200	453	17,800	(49)
△ 310	95	△ 20	96	△ 2,800	92	481	30,800	467	29,900	(50)
△ 400	97	5	101	△ 1,400	98	496	56,000	478	54,000	(51)
△ 200	99	36	108	3,800	106	498	65,700	469	61,900	(52)
△ 300	97	18	104	700	101	456	50,200	446	49,100	(53)
△ 190	97	21	105	400	101	479	29,700	471	29,200	(54)
△ 100	98	13	103	300	101	427	20,700	414	20,100	(55)
△ 300	99	57	114	18,500	113	496	171,600	457	158,100	(56)
△ 600	97	74	117	14,600	114	519	120,900	487	113,500	(57)
△ 300	97	48	111	4,000	109	482	52,100	463	50,000	(58)
△ 1,000	97	14	103	△ 200	100	513	165,700	479	154,700	(59)
△ 600	97	84	121	14,100	117	499	97,800	476	93,300	(60)
△ 100	99	14	103	1,800	102	496	78,900	482	76,600	(61)
△ 70	99	12	103	400	101	478	29,000	470	28,500	(62)
△ 70	99	16	103	1,200	103	508	49,800	490	48,000	(63)
△ 700	96	21	105	700	101	485	90,200	470	87,400	(64)
△ 70	98	18	104	500	103	457	20,000	446	19,500	(65)
△ 700	95	23	105	100	100	494	70,100	477	67,700	(66)
16	102	3	101	70	103	309	2,060	300	2,000	(67)
2	100	△ 12	97	△ 50	97	360	1,730	354	1,700	(68)
14	108	51	126	122	136	166	307	149	276	(69)
△ 16,700	94	11	102	△ 61,000	96	537	1,441,000	519	1,393,000	(70)
△ 2,700	96	10	102	△ 5,600	98	498	370,000	482	358,100	(71)
△ 3,900	97	27	106	19,900	103	507	733,600	485	701,800	(72)

5　農家等が使用しているふるい目幅で選別された10ａ当たり収量、作況指数、10ａ当たり平年収量及び平年収量（子実用）は、都道府県ごとに、過去５か年間に農家等が実際に使用したふるい目幅の分布において、最も多い使用割合の目幅以上に選別された玄米を基に算出した数値である。

6　徳島県、高知県、宮崎県、鹿児島県及び沖縄県の作期別の主食用作付面積は、備蓄米、加工用米、新規需要米等の面積を把握していないことから「…」で示している。

7　10ａ当たり収量及び収穫量の前年産との比較は、1.70㎜のふるい目幅で選別された玄米の重量で比較している。

1　米（続き）

(1)　令和３年産水陸稲の収穫量（全国農業地域別・都道府県別）（続き）

イ　水陸稲計・陸稲

全国農業地域・都道府県	水陸稲計		陸稲										
						前年産との比較						（参考）	
						作付面積		10 a 当たり収量		収穫量			
	作付面積（子実用）	収穫量（子実用）	作付面積（子実用）	10 a 当たり収量	収穫量（子実用）	対差	対比	対差	対比	対差	対比	10 a 当たり平均収量対比	10 a 当たり平均収量
	(1)	(2)	(3)	(4)	(5)	(6)	(7)	(8)	(9)	(10)	(11)	(12)	(13)
	ha	t	ha	kg	t	ha	%	kg	%	t	%	%	kg
全国	**1,404,000**	**7,564,000**	**553**	**230**	**1,270**	**△ 83**	**87**	**△ 6**	**97**	**△ 230**	**85**	**99**	**233**
（全国農業地域）													
北海道	…	…	…	…	…	nc	nc	nc	nc	nc	nc	nc	…
都府県	…	…	…	…	…	nc	nc	nc	nc	nc	nc	nc	…
東北	…	…	…	…	…	nc	nc	nc	nc	nc	nc	nc	…
北陸	…	…	…	…	…	nc	nc	nc	nc	nc	nc	nc	…
関東・東山	…	…	…	…	…	nc	nc	nc	nc	nc	nc	nc	…
東海	…	…	…	…	…	nc	nc	nc	nc	nc	nc	nc	…
近畿	…	…	…	…	…	nc	nc	nc	nc	nc	nc	nc	…
中国	…	…	…	…	…	nc	nc	nc	nc	nc	nc	nc	…
四国	…	…	…	…	…	nc	nc	nc	nc	nc	nc	nc	…
九州	…	…	…	…	…	nc	nc	nc	nc	nc	nc	nc	…
沖縄	…	…	…	…	…	nc	nc	nc	nc	nc	nc	nc	…
（都道府県）													
北海道	…	…	…	…	…	nc	nc	nc	nc	nc	nc	nc	…
青森	…	…	…	…	…	nc	nc	nc	nc	nc	nc	nc	…
岩手	…	…	…	…	…	nc	nc	nc	nc	nc	nc	nc	…
宮城	…	…	…	…	…	nc	nc	nc	nc	nc	nc	nc	…
秋田	…	…	…	…	…	nc	nc	nc	nc	nc	nc	nc	…
山形	…	…	…	…	…	nc	nc	nc	nc	nc	nc	nc	…
福島	…	…	…	…	…	nc	nc	nc	nc	nc	nc	nc	…
茨城	63,900	345,800	402	241	969	△ 45	90	△ 4	98	△ 131	88	100	242
栃木	55,000	301,200	130	199	259	△ 35	79	△ 12	94	△ 89	74	88	225
群馬	…	…	…	…	…	nc	nc	nc	nc	nc	nc	nc	…
埼玉	…	…	…	…	…	nc	nc	nc	nc	nc	nc	nc	…
千葉	…	…	…	…	…	nc	nc	nc	nc	nc	nc	nc	…
東京	…	…	…	…	…	nc	nc	nc	nc	nc	nc	nc	…
神奈川	…	…	…	…	…	nc	nc	nc	nc	nc	nc	nc	…
新潟	…	…	…	…	…	nc	nc	nc	nc	nc	nc	nc	…
富山	…	…	…	…	…	nc	nc	nc	nc	nc	nc	nc	…
石川	…	…	…	…	…	nc	nc	nc	nc	nc	nc	nc	…
福井	…	…	…	…	…	nc	nc	nc	nc	nc	nc	nc	…
山梨	…	…	…	…	…	nc	nc	nc	nc	nc	nc	nc	…
長野	…	…	…	…	…	nc	nc	nc	nc	nc	nc	nc	…
岐阜	…	…	…	…	…	nc	nc	nc	nc	nc	nc	nc	…
静岡	…	…	…	…	…	nc	nc	nc	nc	nc	nc	nc	…
愛知	…	…	…	…	…	nc	nc	nc	nc	nc	nc	nc	…
三重	…	…	…	…	…	nc	nc	nc	nc	nc	nc	nc	…
滋賀	…	…	…	…	…	nc	nc	nc	nc	nc	nc	nc	…
京都	…	…	…	…	…	nc	nc	nc	nc	nc	nc	nc	…
大阪	…	…	…	…	…	nc	nc	nc	nc	nc	nc	nc	…
兵庫	…	…	…	…	…	nc	nc	nc	nc	nc	nc	nc	…
奈良	…	…	…	…	…	nc	nc	nc	nc	nc	nc	nc	…
和歌山	…	…	…	…	…	nc	nc	nc	nc	nc	nc	nc	…
鳥取	…	…	…	…	…	nc	nc	nc	nc	nc	nc	nc	…
島根	…	…	…	…	…	nc	nc	nc	nc	nc	nc	nc	…
岡山	…	…	…	…	…	nc	nc	nc	nc	nc	nc	nc	…
広島	…	…	…	…	…	nc	nc	nc	nc	nc	nc	nc	…
山口	…	…	…	…	…	nc	nc	nc	nc	nc	nc	nc	…
徳島	…	…	…	…	…	nc	nc	nc	nc	nc	nc	nc	…
香川	…	…	…	…	…	nc	nc	nc	nc	nc	nc	nc	…
愛媛	…	…	…	…	…	nc	nc	nc	nc	nc	nc	nc	…
高知	…	…	…	…	…	nc	nc	nc	nc	nc	nc	nc	…
福岡	…	…	…	…	…	nc	nc	nc	nc	nc	nc	nc	…
佐賀	…	…	…	…	…	nc	nc	nc	nc	nc	nc	nc	…
長崎	…	…	…	…	…	nc	nc	nc	nc	nc	nc	nc	…
熊本	…	…	…	…	…	nc	nc	nc	nc	nc	nc	nc	…
大分	…	…	…	…	…	nc	nc	nc	nc	nc	nc	nc	…
宮崎	…	…	…	…	…	nc	nc	nc	nc	nc	nc	nc	…
鹿児島	…	…	…	…	…	nc	nc	nc	nc	nc	nc	nc	…
沖縄	…	…	…	…	…	nc	nc	nc	nc	nc	nc	nc	…
関東農政局	…	…	…	…	…	nc	nc	nc	nc	nc	nc	nc	…
東海農政局	…	…	…	…	…	nc	nc	nc	nc	nc	nc	nc	…
中国四国農政局	…	…	…	…	…	nc	nc	nc	nc	nc	nc	nc	…

注：1　陸稲の作付面積調査及び収穫量調査は主産県調査であり、３年又は６年周期で全国調査を実施している。
　　2　令和３年産調査については、作付面積調査及び収穫量調査ともに主産県を対象に調査を実施した。
　　3　主産県とは、直近の全国調査年である令和２年産調査における全国の作付面積のおおむね80%を占めるまでの上位都道府県である。
　　4　全国の作付面積及び収穫量については、主産県の調査結果から推計したものである。
　　5　「（参考）10a当たり平均収量対比」とは、10a当たり平均収量（原則として直近７か年のうち、最高及び最低を除いた５か年の平均値）に対する当年産の10a当たり収量の比率である。

(2)　令和３年産水稲の時期別作柄及び収穫量（全国農業地域別・都道府県別）

全国農業地域・都道府県	作付面積（子実用）	8月15日現在 作柄の良否（作況指数）	9月25日現在 10ａ当たり予想収量	9月25日現在 農家等が使用しているふるい目幅で選別 10ａ当たり予想収量	9月25日現在 農家等が使用しているふるい目幅で選別 作況指数	10月25日現在 10ａ当たり予想収量	10月25日現在 農家等が使用しているふるい目幅で選別 10ａ当たり予想収量	10月25日現在 農家等が使用しているふるい目幅で選別 作況指数	10月25日現在 予想収穫量（子実用）	収穫期（確定値） 10ａ当たり収量	収穫期（確定値） 農家等が使用しているふるい目幅で選別 10ａ当たり収量	収穫期（確定値） 農家等が使用しているふるい目幅で選別 作況指数	収穫期（確定値） 収穫量（子実用）
	(1)	(2)	(3)	(4)	(5)	(6)	(7)	(8)	(9)	(10)	(11)	(12)	(13)
	ha		kg	kg		kg	kg		t	kg	kg		t
全国	**1,403,000**	**…**	**539**	**514**	**100**	**539**	**515**	**101**	**7,563,000**	**539**	**515**	**101**	**7,563,000**
（全国農業地域）													
北海道	96,100	やや良	595	568	108	597	570	108	573,700	597	570	108	573,700
都府県	1,307,000	…	535	510	100	535	511	100	6,989,000	535	511	100	6,989,000
東北	363,000	…	581	552	102	581	552	102	2,110,000	581	552	102	2,110,000
北陸	201,800	…	533	508	98	531	505	97	1,072,000	531	505	97	1,072,000
関東・東山	253,100	…	545	526	101	545	525	101	1,380,000	545	525	101	1,380,000
東海	89,600	…	494	479	98	493	477	98	441,700	493	477	98	441,700
近畿	99,300	…	504	480	99	503	479	99	499,700	503	479	99	499,700
中国	98,800	…	516	491	99	517	492	99	511,000	517	492	99	511,000
四国	45,900	…	479	460	99	482	467	101	221,400	482	467	101	221,400
九州	155,100	…	481	454	96	485	467	99	752,000	485	467	99	752,000
沖縄	666	…	303	293	98	303	293	98	2,020	325	316	105	2,160
（都道府県）													
北海道	96,100	やや良	595	568	108	597	570	108	573,700	597	570	108	573,700
青森	41,700	良	617	588	102	616	584	102	256,900	616	584	102	256,900
岩手	48,400	やや良	555	528	103	555	528	103	268,600	555	528	103	268,600
宮城	64,600	平年並み	545	518	101	547	520	101	353,400	547	520	101	353,400
秋田	84,800	平年並み	591	556	102	591	555	102	501,200	591	555	102	501,200
山形	62,900	やや良	628	592	104	626	592	104	393,800	626	592	104	393,800
福島	60,500	平年並み	555	536	101	555	536	101	335,800	555	536	101	335,800
茨城	63,500	平年並み	544	522	103	543	521	103	344,800	543	521	103	344,800
栃木	54,800	平年並み	549	522	101	549	520	101	300,900	549	520	101	300,900
群馬	14,900	平年並み	493	477	99	492	476	99	73,300	492	476	99	73,300
埼玉	30,000	平年並み	505	490	103	508	489	103	152,400	508	489	103	152,400
千葉	50,600	やや不良	550	540	101	549	539	101	277,800	549	539	101	277,800
東京	120	やや不良	411	400	99	405	394	98	486	405	394	98	486
神奈川	2,920	やや不良	489	472	99	492	470	99	14,400	492	470	99	14,400
新潟	117,200	平年並み	531	509	96	529	507	96	620,000	529	507	96	620,000
富山	36,300	平年並み	554	521	100	551	515	99	200,000	551	515	99	200,000
石川	23,800	平年並み	527	513	101	527	512	101	125,400	527	512	101	125,400
福井	24,500	やや良	515	478	99	515	478	99	126,200	515	478	99	126,200
山梨	4,850	やや不良	533	518	97	532	516	97	25,800	532	516	97	25,800
長野	31,500	やや不良	605	585	98	603	579	97	189,900	603	579	97	189,900
岐阜	21,600	やや不良	477	467	98	478	466	98	103,200	478	466	98	103,200
静岡	15,300	やや不良	512	503	98	506	495	97	77,400	506	495	97	77,400
愛知	26,400	やや不良	497	481	98	496	480	98	130,900	496	480	98	130,900
三重	26,300	やや不良	495	473	99	495	474	99	130,200	495	474	99	130,200
滋賀	30,100	平年並み	520	485	100	519	483	100	156,200	519	483	100	156,200
京都	14,200	やや不良	503	486	99	504	486	99	71,600	504	486	99	71,600
大阪	4,620	平年並み	488	472	99	490	476	99	22,600	490	476	99	22,600
兵庫	35,800	やや不良	493	470	99	491	468	98	175,800	491	468	98	175,800
奈良	8,440	やや良	509	496	99	512	502	100	43,200	512	502	100	43,200
和歌山	6,100	平年並み	494	483	99	497	484	100	30,300	497	484	100	30,300
鳥取	12,600	やや不良	504	485	98	505	485	98	63,600	505	485	98	63,600
島根	16,800	平年並み	523	488	101	521	483	100	87,500	521	483	100	87,500
岡山	28,800	やや不良	520	493	98	524	497	99	150,900	524	498	99	150,900
広島	22,200	やや不良	518	499	98	522	502	99	115,900	522	502	99	115,900
山口	18,400	やや不良	509	484	101	506	485	101	93,100	506	485	101	93,100
徳島	10,300	…	465	452	98	465	452	98	47,900	465	452	98	47,900
早期栽培	3,930	99	455	443	98	455	443	98	17,900	455	443	98	17,900
普通栽培	6,400	平年並み	472	459	98	472	457	98	30,200	472	457	98	30,200
香川	11,300	平年並み	495	474	99	501	485	101	56,600	501	485	101	56,600
愛媛	13,200	やや不良	503	475	101	510	489	104	67,300	510	489	104	67,300
高知	11,000	…	452	439	98	451	439	98	49,600	451	439	98	49,600
早期栽培	6,190	99	475	463	98	475	463	98	29,400	475	463	98	29,400
普通栽培	4,850	平年並み	420	407	98	420	407	98	20,400	420	407	98	20,400
福岡	34,600	平年並み	473	435	95	473	447	98	163,700	473	447	98	163,700
佐賀	23,300	平年並み	501	470	97	510	487	100	118,800	510	487	100	118,800
長崎	10,800	やや不良	462	444	96	470	460	99	50,800	470	460	99	50,800
熊本	32,300	やや不良	482	450	94	484	465	97	156,300	484	465	97	156,300
大分	19,600	やや不良	479	457	96	487	471	99	95,500	487	471	99	95,500
宮崎	15,900	…	489	477	99	489	480	100	77,800	489	480	100	77,800
早期栽培	6,070	101	481	476	101	481	476	101	29,200	481	476	101	29,200
普通栽培	9,800	やや不良	494	477	97	495	483	99	48,500	495	483	99	48,500
鹿児島	18,600	…	475	460	98	479	468	100	89,100	479	468	100	89,100
早期栽培	4,380	101	461	451	101	461	451	101	20,200	461	451	101	20,200
普通栽培	14,200	平年並み	479	463	97	485	474	99	68,900	485	474	99	68,900
沖縄	666	…	303	293	98	303	293	98	2,020	325	316	105	2,160
第一期稲	481	99	355	349	99	355	349	99	1,710	355	349	99	1,710
第二期稲	185	…	…	…	…	…	…	…	…	248	222	149	459
関東農政局	268,400	…	544	525	101	543	523	101	1,457,000	543	523	101	1,457,000
東海農政局	74,300	…	490	474	98	490	474	98	364,300	490	474	98	364,300
中国四国農政局	144,700	…	504	481	99	506	484	100	732,400	506	484	100	732,400

注：1　8月15日現在の作柄の良否は、気象データ（降水量、気温、日照時間、風速等）及び人工衛星データ（降水量、地表面温度、日射量、植生指数等）を説明変数、10ａ当たり予想収量を目的変数として予測式（重回帰式）を作成し、作柄を予測したものである。
2　8月15日現在の作況指数は、早期栽培の面積割合がおおむね３割以上を占める徳島県、高知県、宮崎県及び鹿児島県における早期栽培並びに沖縄県の第一期稲を対象に算出している。
3　沖縄県の第二期稲については、８月15日現在では田植期前の地域があるため、８月15日現在の作柄予測を行っていない。
4　8月15日現在の作況指数、農家等が使用しているふるい目幅で選別された10ａ当たり予想収量、10ａ当たり収量及び作況指数は、都道府県ごとに、過去５か年間に農家等が実際に使用したふるい目幅の分布において、最も多い使用割合の目幅以上に選別された玄米を基に算出した数値である。
5　9月25日現在の10ａ当たり予想収量、10月25日現在の10ａ当たり予想収量及び予想収穫量（子実用）並びに収穫期の10ａ当たり収量及び収穫量（子実用）は1.70mmのふるい目幅で選別された玄米の重量である。
6　沖縄県計の作況指数の算出について、９月25日現在及び10月25日現在については、第一期稲は10ａ当たり収量を、第二期稲は未確定の要素が多いことから、10ａ当たり平年収量を用いた。

1 米（続き）

(3) 令和３年産水稲の収量構成要素（水稲作況標本筆調査成績）（全国農業地域別・都道府県別）

全国農業地域・都道府県		1㎡当たり株数		1株当たり有効穂数		1㎡当たり有効穂数		1穂当たりもみ数		1㎡当たり全もみ数		千もみ当
		本年	対平年比	本年	対平年比	本年	対平年比	本年	対平年比	本年	対平年比	本年
		(1)	(2)	(3)	(4)	(5)	(6)	(7)	(8)	(9)	(10)	(11)
		株	%	本	%	本	%	粒	%	100粒	%	g
全国	(1)	**17.1**	**98**	**23.4**	**101**	**400**	**100**	**76.0**	**101**	**304**	**101**	**18.1**
（全国農業地域）												
北海道	(2)	21.8	99	26.3	105	574	104	61.7	101	354	105	17.4
都府県	(3)	16.8	99	23.0	100	387	99	77.5	102	300	101	18.2
東北	(4)	18.0	98	24.3	103	438	101	72.4	101	317	103	18.7
北陸	(5)	17.3	99	21.6	99	374	98	79.1	102	296	101	18.3
関東・東山	(6)	16.4	99	23.3	101	382	100	82.7	102	316	103	17.6
東海	(7)	16.3	98	21.9	99	357	97	77.9	103	278	99	18.2
近畿	(8)	16.0	98	21.5	99	344	97	82.3	102	283	99	18.1
中国	(9)	15.6	98	22.6	102	353	99	82.2	103	290	102	18.3
四国	(10)	14.9	97	24.0	100	357	97	79.3	104	283	101	17.5
九州	(11)	16.0	98	23.1	97	370	96	75.4	98	279	94	17.8
沖縄	(12)	…	nc	…	nc	…	nc	…	nc	…	nc	…
（都道府県）												
北海道	(13)	21.8	99	26.3	105	574	104	61.7	101	354	105	17.4
青森	(14)	19.3	98	22.5	105	435	104	78.9	97	343	101	18.3
岩手	(15)	17.5	100	24.6	100	430	100	69.5	104	299	104	18.9
宮城	(16)	17.0	99	25.7	98	437	97	69.6	105	304	102	18.4
秋田	(17)	18.4	97	23.6	105	434	102	74.0	101	321	102	18.8
山形	(18)	19.5	101	25.2	103	491	104	67.6	100	332	104	19.2
福島	(19)	16.7	97	23.7	104	396	101	77.5	102	307	102	18.4
茨城	(20)	15.9	99	24.2	100	384	100	81.8	102	314	102	17.7
栃木	(21)	17.0	99	21.4	102	364	101	87.9	103	320	104	17.5
群馬	(22)	16.6	98	22.0	102	365	100	80.0	99	292	99	17.2
埼玉	(23)	16.1	99	24.3	107	391	105	78.3	100	306	105	16.9
千葉	(24)	15.7	98	24.8	102	390	100	80.8	101	315	102	17.8
東京	(25)	…	nc	…	nc	…	nc	…	nc	…	nc	…
神奈川	(26)	16.4	96	20.3	104	333	99	83.2	101	277	100	18.0
新潟	(27)	16.5	98	22.5	100	371	98	80.9	102	300	100	18.1
富山	(28)	19.3	102	18.9	97	365	99	79.2	104	289	102	19.5
石川	(29)	17.6	100	21.3	96	374	96	76.5	103	286	99	18.8
福井	(30)	17.5	99	22.8	99	399	99	73.7	102	294	101	17.9
山梨	(31)	16.7	98	22.7	98	379	96	78.6	103	298	99	18.1
長野	(32)	17.5	97	23.0	99	402	96	84.8	107	341	103	18.0
岐阜	(33)	15.6	97	22.0	98	343	95	76.4	103	262	98	18.7
静岡	(34)	16.9	97	21.1	99	356	96	79.2	104	282	100	18.4
愛知	(35)	16.9	99	21.8	99	368	98	77.4	102	285	100	17.8
三重	(36)	16.0	99	22.4	98	359	98	78.6	102	282	99	18.0
滋賀	(37)	17.0	102	21.3	94	362	96	81.5	102	295	98	17.9
京都	(38)	16.1	98	21.2	102	341	99	81.8	100	279	100	18.4
大阪	(39)	15.3	97	22.3	97	341	95	84.8	105	289	100	17.2
兵庫	(40)	15.6	97	21.2	100	330	97	81.8	103	270	100	18.5
奈良	(41)	15.0	95	23.3	103	349	97	84.5	103	295	100	17.6
和歌山	(42)	15.6	97	21.6	96	337	93	84.0	107	283	99	17.9
鳥取	(43)	16.1	99	21.4	96	344	95	79.4	105	273	100	18.9
島根	(44)	16.0	96	22.1	105	354	101	83.3	103	295	104	18.2
岡山	(45)	15.1	98	23.0	102	348	100	84.8	104	295	104	18.2
広島	(46)	15.0	96	23.9	104	359	100	80.2	100	288	100	18.6
山口	(47)	16.3	99	22.1	100	361	100	81.4	105	294	105	17.8
徳島	(48)	15.0	95	24.3	102	365	97	80.0	105	292	102	16.2
早期栽培	(49)	14.5	97	23.8	96	345	93	80.0	107	276	99	16.7
普通栽培	(50)	15.3	94	24.7	106	378	99	79.9	104	302	104	15.9
香川	(51)	15.5	97	24.1	102	373	98	78.6	103	293	102	17.7
愛媛	(52)	14.9	100	23.5	97	350	97	82.0	103	287	100	18.1
高知	(53)	14.2	97	24.2	100	343	96	75.5	104	259	100	17.8
早期栽培	(54)	14.6	98	25.1	97	366	95	73.8	108	270	102	18.0
普通栽培	(55)	13.7	94	22.8	105	313	99	78.3	99	245	99	17.6
福岡	(56)	16.1	99	22.7	99	365	97	75.9	96	277	94	17.5
佐賀	(57)	16.4	97	23.4	96	383	93	75.2	101	288	93	18.1
長崎	(58)	16.0	98	22.2	97	355	94	74.6	97	265	92	18.1
熊本	(59)	15.2	99	25.3	100	384	98	73.4	95	282	94	17.8
大分	(60)	14.8	96	23.0	97	341	93	83.9	103	286	96	17.3
宮崎	(61)	16.2	98	22.8	95	370	93	74.9	103	277	96	18.0
早期栽培	(62)	17.7	100	23.5	93	416	93	67.3	106	280	99	17.5
普通栽培	(63)	15.3	96	22.4	97	342	93	80.4	101	275	95	18.4
鹿児島	(64)	17.7	101	21.2	97	375	98	70.9	96	266	94	18.3
早期栽培	(65)	19.9	102	20.2	94	401	95	70.1	101	281	97	16.6
普通栽培	(66)	17.0	99	21.6	99	368	99	70.9	95	261	94	18.9
沖縄	(67)	…	nc	…	nc	…	nc	…	nc	…	nc	…
関東農政局	(68)	16.4	98	23.2	102	381	100	82.4	102	314	102	17.6
東海農政局	(69)	16.2	99	22.1	99	358	97	77.4	102	277	99	18.1
中国四国農政局	(70)	15.4	97	23.1	102	355	99	81.1	103	288	102	18.1

注：1　対平年比とは、過年次の水稲作況標本筆結果から作成した各収量構成要素（1㎡当たり株数等）の平年値との対比である。
　　2　徳島県、高知県、宮崎県及び鹿児島県については作期別（早期栽培・普通栽培）の平均値である。
　　3　東京都及び沖縄県については、水稲作況標本筆を設置していないことから「…」で示した。
　　4　千もみ当たり収量、玄米千粒重及び10ａ当たり玄米重は、1.70㎜のふるい目幅で選別された玄米の重量である。

たり収量	粗玄米粒数歩合		玄米粒数歩合		玄米千粒重		10a当たり未調製乾燥もみ重		10a当たり粗玄米重		玄米重歩合		10a当たり玄米重		
対平年比	本年	対平年比	本年	対平年比	本年	対平年比	本年	対平年比	本年	対平年比	本年	対平年比	本年	対平年比	
(12)	(13)	(14)	(15)	(16)	(17)	(18)	(19)	(20)	(21)	(22)	(23)	(24)	(25)	(26)	
%	%	%	%	%	g	%	kg	%	kg	%	%	%	kg	%	
99	**87.5**	**99**	**95.5**	**100**	**21.7**	**101**	**711**	**101**	**565**	**101**	**97.5**	**100**	**551**	**101**	(1)
103	82.5	101	96.6	101	21.8	100	779	107	627	108	98.2	100	616	108	(2)
99	88.0	99	95.5	100	21.7	100	706	100	560	100	97.5	100	546	100	(3)
99	88.6	99	96.4	100	21.9	100	759	103	605	102	98.0	100	593	102	(4)
97	87.8	97	95.8	100	21.8	100	699	99	557	99	97.5	99	543	98	(5)
99	88.0	99	95.0	100	21.1	101	725	102	573	102	97.0	100	556	101	(6)
99	85.6	99	95.4	99	22.2	101	655	99	516	99	97.9	100	505	99	(7)
99	87.6	99	94.0	99	22.0	101	668	99	529	99	96.8	99	512	99	(8)
98	87.6	98	94.9	99	22.1	101	687	101	546	101	97.4	99	532	100	(9)
99	84.5	96	94.6	100	21.9	103	649	101	510	100	97.1	100	495	100	(10)
103	87.1	100	95.1	101	21.5	101	646	95	510	96	97.3	101	496	97	(11)
nc	…	nc	…	nc	…	nc	…	nc	…	nc	…	nc	…	nc	(12)
103	82.5	101	96.6	101	21.8	100	779	107	627	108	98.2	100	616	108	(13)
102	84.8	100	96.6	101	22.3	100	809	103	638	102	98.4	100	628	102	(14)
99	91.6	101	95.6	99	21.6	99	722	103	577	103	97.9	100	565	103	(15)
99	88.8	100	96.7	100	21.4	99	721	101	568	101	98.2	100	558	101	(16)
100	87.9	99	96.5	100	22.2	101	764	102	615	102	98.2	100	604	103	(17)
101	91.3	100	96.7	101	21.8	100	819	105	651	104	98.2	100	639	105	(18)
98	87.9	99	95.6	99	21.9	100	727	102	580	101	97.6	100	566	101	(19)
102	88.9	101	96.4	101	20.6	100	722	103	568	103	97.7	100	555	104	(20)
98	90.0	99	93.8	98	20.7	100	725	102	581	103	96.4	99	560	101	(21)
100	87.7	101	93.0	100	21.1	99	667	99	523	98	95.8	100	501	98	(22)
98	87.9	99	92.9	98	20.7	101	699	105	540	104	95.9	99	518	103	(23)
99	87.3	99	95.6	100	21.3	100	712	100	573	101	97.9	100	561	101	(24)
nc	…	nc	…	nc	…	nc	…	nc	…	nc	…	nc	…	nc	(25)
99	89.2	98	93.5	100	21.6	101	676	101	519	100	96.1	100	499	100	(26)
97	87.3	96	95.8	100	21.6	100	702	99	555	97	97.7	100	542	97	(27)
98	91.0	98	95.4	98	22.4	102	717	101	578	102	97.4	99	563	101	(28)
102	86.4	99	97.2	100	22.4	102	686	102	545	101	98.5	100	537	101	(29)
98	88.4	99	93.5	98	21.6	101	671	99	544	99	96.7	100	526	99	(30)
99	88.9	98	94.7	100	21.4	101	724	99	553	97	97.3	100	538	97	(31)
95	85.3	93	95.2	99	22.2	103	806	100	632	98	97.3	100	615	98	(32)
101	85.1	100	96.4	100	22.7	100	634	99	499	99	98.0	100	489	99	(33)
98	85.1	96	96.3	99	22.4	102	674	98	528	97	98.1	100	518	97	(34)
98	83.9	98	95.8	99	22.1	100	652	97	518	98	97.9	100	507	98	(35)
100	87.6	100	94.7	99	21.7	102	664	101	522	100	97.1	99	507	99	(36)
102	86.8	102	94.1	99	22.0	102	686	100	547	101	96.7	99	529	100	(37)
99	86.7	97	95.5	100	22.2	102	660	98	525	99	97.5	100	512	99	(38)
99	84.1	95	94.2	100	21.7	104	648	98	513	98	96.7	101	496	99	(39)
97	90.7	100	93.5	98	21.8	99	661	98	517	98	96.5	99	499	97	(40)
99	84.1	97	94.8	100	22.1	103	671	99	533	99	97.4	100	519	100	(41)
101	85.2	99	94.2	100	22.3	102	647	99	523	100	96.9	100	507	100	(42)
99	87.9	98	95.4	99	22.5	101	662	99	528	99	97.7	100	516	99	(43)
99	88.5	99	95.0	99	21.7	100	686	102	553	104	97.3	99	538	103	(44)
96	87.8	97	93.8	98	22.1	100	698	101	555	101	96.9	99	538	100	(45)
98	87.5	99	96.4	99	22.1	100	693	99	547	99	98.2	100	537	99	(46)
97	86.4	97	94.1	98	21.8	101	679	102	538	102	97.0	100	522	101	(47)
96	78.4	94	95.6	100	21.6	103	625	100	486	98	97.3	100	473	98	(48)
99	80.8	97	96.4	100	21.5	102	606	100	472	98	97.9	100	462	98	(49)
95	77.2	92	94.8	99	21.7	103	636	100	495	99	97.0	100	480	98	(50)
101	82.6	91	94.2	102	22.7	108	682	100	535	100	96.8	102	518	102	(51)
102	88.9	100	94.5	100	21.5	101	679	102	535	102	97.0	100	519	102	(52)
98	87.6	98	94.3	98	21.6	102	601	100	477	99	96.9	99	462	99	(53)
97	87.8	97	94.5	98	21.7	103	628	101	500	100	97.0	99	485	99	(54)
99	87.3	100	94.4	99	21.4	100	567	98	447	98	96.6	99	432	98	(55)
102	85.2	99	94.5	102	21.7	101	635	95	499	94	97.0	101	484	95	(56)
105	89.9	105	93.1	100	21.6	100	692	96	540	97	96.5	101	521	98	(57)
105	87.5	102	96.1	102	21.5	102	616	94	491	95	97.8	101	480	97	(58)
102	87.2	99	95.5	102	21.4	101	650	93	515	95	97.5	101	502	96	(59)
101	85.7	98	94.3	101	21.4	101	651	95	510	96	96.9	101	494	97	(60)
102	87.7	100	96.3	101	21.3	101	637	97	509	98	98.0	101	499	99	(61)
102	85.0	99	97.9	102	21.0	101	616	100	495	100	98.8	101	489	100	(62)
103	89.5	101	95.5	102	21.5	101	650	96	518	97	97.7	101	506	98	(63)
103	89.1	103	96.6	101	21.2	99	625	96	496	97	98.0	101	486	98	(64)
102	80.8	99	96.5	101	21.3	103	608	98	476	99	98.1	101	467	99	(65)
104	92.0	104	96.7	102	21.2	98	630	95	502	97	98.0	101	492	97	(66)
nc	…	nc	…	nc	…	nc	…	nc	…	nc	…	nc	…	nc	(67)
99	87.9	98	94.9	100	21.1	100	722	102	570	101	97.2	100	554	101	(68)
99	85.6	99	95.8	99	22.1	101	651	99	514	99	97.7	100	502	99	(69)
98	86.8	98	94.8	99	21.9	101	675	101	535	101	97.2	100	520	100	(70)

1 米（続き）

(4) 令和３年産水稲の都道府県別作柄表示地帯別作況指数（農家等使用ふるい目幅ベース）

都道府県・作柄表示地帯	作況指数	都道府県・作柄表示地帯	作況指数	都道府県・作柄表示地帯	作況指数	都道府県・作柄表示地帯	作況指数
北海道	**108**	**栃木**	**101**	**静岡**	**97**	**愛媛**	**104**
石狩	109	北部	100	東部	97	東予	107
南空知	107	中部	101	西部	97	中予	104
北空知	108	南部	102	**愛知**	**98**	南予	100
上川	108	**群馬**	**99**	尾張	98	**高知**	**98**
留萌	107	中毛	99	西三河	98	中東部	99
渡島	106	北毛	98	東三河	98	西部	98
檜山	108	東毛	99	**三重**	**99**	**福岡**	**98**
後志	108	**埼玉**	**103**	北勢	99	福岡	98
胆振	110	東部	103	中勢	99	北東部	98
日高	109	西部	101	南勢	97	筑後	98
オホーツク・十勝	113	**千葉**	**101**	伊賀	100	**佐賀**	**100**
青森	**102**	京葉	102	**滋賀**	**100**	佐賀	101
青森	102	九十九里	100	湖南	100	松浦	97
津軽	102	南房総	102	湖北	100	**長崎**	**99**
南部・下北	100	**東京**	**98**	**京都**	**99**	南部	98
岩手	**103**	**神奈川**	**99**	南部	99	北部	101
北上川上流	102	**新潟**	**96**	北部	98	五島	95
北上川下流	103	岩船	96	**大阪**	**99**	壱岐・対馬	101
東部	101	下越北	96	**兵庫**	**98**	**熊本**	**97**
北部	100	下越南	95	県南	98	県北	98
宮城	**101**	中越	95	県北	97	阿蘇	97
南部	100	魚沼	96	淡路	100	県南	95
中部	101	上越	99	**奈良**	**100**	天草	99
北部	101	佐渡	95	**和歌山**	**100**	**大分**	**99**
東部	101	**富山**	**99**	**鳥取**	**98**	北部	98
秋田	**102**	**石川**	**101**	東部	98	湾岸	98
県北	103	加賀	101	西部	98	南部	99
県中央	102	能登	100	**島根**	**100**	日田	100
県南	102	**福井**	**99**	出雲	101	**宮崎**	**100**
山形	**104**	嶺北	99	石見	100	広域沿海	100
村山	104	嶺南	99	**岡山**	**99**	広域霧島	99
最上	103	**山梨**	**97**	南部	100	西北山間	95
置賜	102	**長野**	**97**	中北部	99	**鹿児島**	**100**
庄内	105	東信	95	**広島**	**99**	薩摩半島	97
福島	**101**	南信	95	南部	101	出水薩摩	102
中通り	101	中信	100	北部	97	伊佐姶良	98
浜通り	100	北信	97	**山口**	**101**	大隅半島	103
会津	100	**岐阜**	**98**	東部	99	熊毛・大島	98
茨城	**103**	西南濃	99	西部	101	**沖縄**	**105**
北部	104	中濃	98	長北	105	沖縄諸島	111
鹿行	104	東濃	98	**徳島**	**98**	八重山	103
南部	102	飛騨	98	北部	98		
西部	103			南部	98		
				香川	**101**		

注：1　作況指数は、10 a 当たり平年収量に対する10 a 当たり収量の比率であり、都道府県ごとに、過去５か年間に農家等が実際に使用したふるい目幅の分布において、最も多い使用割合の目幅以上に選別された玄米を基に算出した数値である。
　　2　徳島県、高知県、宮崎県、鹿児島県及び沖縄県の作況指数は早期栽培（第一期稲）と普通栽培（第二期稲）を合算したものである。

(5)　令和３年産水稲玄米のふるい目幅別重量分布（全国農業地域別・都道府県別）

単位：%

全国農業地域 ・ 都道府県	計	1.70mm以上～ 1.75mm未満	1.75～1.80	1.80～1.85	1.85～1.90	1.90～2.00	2.00mm 以上
	(1)	(2)	(3)	(4)	(5)	(6)	(7)
全国	**100.0**	**0.8**	**1.4**	**1.8**	**2.8**	**14.7**	**78.5**
（全国農業地域）							
北海道	100.0	0.6	0.9	1.2	1.9	8.6	86.8
都府県	100.0	0.8	1.4	1.8	2.9	15.2	77.9
東北	100.0	0.6	1.1	1.5	2.4	13.3	81.1
北陸	100.0	0.9	1.4	1.6	3.1	16.1	76.9
関東・東山	100.0	1.0	1.6	2.2	3.5	18.3	73.4
東海	100.0	0.8	1.3	1.8	2.4	11.7	82.0
近畿	100.0	1.0	1.6	1.9	2.7	14.3	78.5
中国	100.0	0.9	1.6	1.9	2.5	12.9	80.2
四国	100.0	1.1	1.7	2.1	2.8	14.8	77.5
九州	100.0	0.9	1.7	2.1	3.4	18.1	73.8
沖縄	100.0	0.7	1.3	1.8	2.6	11.5	82.1
（都道府県）							
北海道	100.0	0.6	0.9	1.2	1.9	8.6	86.8
青森	100.0	0.6	1.1	1.5	2.0	11.1	83.7
岩手	100.0	0.5	1.1	1.3	2.0	10.6	84.5
宮城	100.0	0.5	1.0	1.5	2.0	13.0	82.0
秋田	100.0	0.8	1.2	1.6	2.5	14.2	79.7
山形	100.0	0.5	1.1	1.3	2.6	15.1	79.4
福島	100.0	0.5	1.3	1.6	2.9	14.2	79.5
茨城	100.0	1.0	1.4	1.7	3.0	15.8	77.1
栃木	100.0	1.1	1.7	2.5	3.5	21.9	69.3
群馬	100.0	1.5	1.8	5.2	7.8	27.6	56.1
埼玉	100.0	1.6	2.2	3.2	4.7	24.4	63.9
千葉	100.0	0.7	1.1	1.5	2.6	14.4	79.7
東京	100.0	2.3	3.5	4.8	6.0	24.7	58.7
神奈川	100.0	1.5	2.9	3.3	4.9	22.7	64.7
新潟	100.0	1.0	1.5	1.7	3.4	17.7	74.7
富山	100.0	0.8	1.3	1.7	2.8	14.1	79.3
石川	100.0	0.6	1.1	1.2	2.3	12.0	82.8
福井	100.0	1.0	1.5	1.6	3.0	15.0	77.9
山梨	100.0	1.2	1.9	2.1	3.7	16.8	74.3
長野	100.0	0.9	1.6	1.5	3.0	14.5	78.5
岐阜	100.0	0.9	1.6	2.1	2.2	12.1	81.1
静岡	100.0	0.8	1.3	1.5	2.8	13.6	80.0
愛知	100.0	0.7	1.1	1.5	2.7	11.6	82.4
三重	100.0	0.9	1.4	2.0	2.1	10.5	83.1
滋賀	100.0	1.1	1.6	2.0	2.3	14.9	78.1
京都	100.0	0.8	1.3	1.5	2.8	11.9	81.7
大阪	100.0	1.1	1.8	2.9	3.3	15.6	75.3
兵庫	100.0	1.1	1.7	1.9	3.2	15.6	76.5
奈良	100.0	0.6	1.3	1.5	2.4	12.0	82.2
和歌山	100.0	1.0	1.6	1.9	2.2	12.1	81.2
鳥取	100.0	0.9	1.5	1.5	2.5	12.6	81.0
島根	100.0	0.9	1.5	2.1	2.7	13.8	79.0
岡山	100.0	1.0	1.7	2.3	2.7	13.4	78.9
広島	100.0	0.7	1.4	1.7	2.1	11.7	82.4
山口	100.0	0.9	1.6	1.7	2.6	12.8	80.4
徳島	100.0	1.1	1.8	2.5	2.6	14.5	77.5
香川	100.0	1.3	1.8	2.4	3.0	16.5	75.0
愛媛	100.0	0.9	1.5	1.8	3.0	16.1	76.7
高知	100.0	1.1	1.6	2.0	2.7	11.4	81.2
福岡	100.0	1.0	2.0	2.4	3.5	18.3	72.8
佐賀	100.0	1.1	1.6	1.8	2.9	14.8	77.8
長崎	100.0	0.7	1.5	2.0	3.5	19.1	73.2
熊本	100.0	0.8	1.5	1.6	2.8	15.5	77.8
大分	100.0	1.2	2.1	2.8	4.9	22.9	66.1
宮崎	100.0	0.7	1.2	1.7	2.7	17.2	76.5
鹿児島	100.0	0.8	1.5	2.4	3.5	21.2	70.6
沖縄	100.0	0.7	1.3	1.8	2.6	11.5	82.1
関東農政局	100.0	1.0	1.6	2.1	3.5	18.1	73.7
東海農政局	100.0	0.8	1.3	1.8	2.3	11.3	82.5
中国四国農政局	100.0	0.9	1.6	2.0	2.6	13.4	79.5

注：　未熟粒・被害粒等の混入が多く農産物規格規程に定める三等の品位に達しない場合は、再選別を行っており、その選別後の値を含んでいる（以下１(5)から(7)の各統計表において同じ。）。

1　米（続き）

(6)　令和３年産水稲玄米のふるい目幅別10ａ当たり収量（全国農業地域別・都道府県別）

単位：kg

全国農業地域・都道府県	1.70mm以上 (1)	1.75mm以上 (2)	1.80mm以上 (3)	1.85mm以上 (4)	1.90mm以上 (5)	2.00mm以上 (6)
全国	**539**	**535**	**527**	**517**	**502**	**423**
（全国農業地域）						
北海道	597	593	588	581	570	518
都府県	535	531	523	514	498	417
東北	581	578	571	562	548	471
北陸	531	526	519	510	494	408
関東・東山	545	540	531	519	500	400
東海	493	489	483	474	462	404
近畿	503	498	490	480	467	395
中国	517	512	504	494	481	415
四国	482	477	469	458	445	374
九州	485	481	472	462	446	358
沖縄	325	323	319	313	304	267
（都道府県）						
北海道	597	593	588	581	570	518
青森	616	612	606	596	584	516
岩手	555	552	546	539	528	469
宮城	547	544	539	531	520	449
秋田	591	586	579	570	555	471
山形	626	623	616	608	592	497
福島	555	552	545	536	520	441
茨城	543	538	530	521	504	419
栃木	549	543	534	520	501	380
群馬	492	485	476	450	412	276
埼玉	508	500	489	472	449	325
千葉	549	545	539	531	517	438
東京	405	396	382	362	338	238
神奈川	492	485	470	454	430	318
新潟	529	524	516	507	489	395
富山	551	547	539	530	515	437
石川	527	524	518	512	500	436
福井	515	510	502	494	478	401
山梨	532	526	516	504	485	395
長野	603	598	588	579	561	473
岐阜	478	474	466	456	445	388
静岡	506	502	495	488	474	405
愛知	496	493	487	480	466	409
三重	495	491	484	474	463	411
滋賀	519	513	505	495	483	405
京都	504	500	493	486	472	412
大阪	490	485	476	462	445	369
兵庫	491	486	477	468	452	376
奈良	512	509	502	495	482	421
和歌山	497	492	484	475	464	404
鳥取	505	500	493	485	473	409
島根	521	516	508	498	483	412
岡山	524	519	510	498	484	413
広島	522	518	511	502	491	430
山口	506	501	493	485	472	407
徳島	465	460	452	440	428	360
香川	501	494	485	473	458	376
愛媛	510	505	498	489	473	391
高知	451	446	439	430	418	366
福岡	473	468	459	447	431	344
佐賀	510	504	496	487	472	397
長崎	470	467	460	450	434	344
熊本	484	480	473	465	452	377
大分	487	481	471	457	433	322
宮崎	489	486	480	471	458	374
鹿児島	479	475	468	456	440	338
沖縄	325	323	319	313	304	267
関東農政局	543	538	529	517	498	400
東海農政局	490	486	480	471	460	404
中国四国農政局	506	501	493	483	470	402

注：　ふるい目幅別の10ａ当たり収量とは、全国、全国農業地域別、都道府県別又は地方農政局別の10ａ当たり収量にふるい目幅別重量割合を乗じて算出したものである。

(7)　令和３年産水稲玄米のふるい目幅別収穫量（子実用）（全国農業地域別・都道府県別）

単位：t

全国農業地域・都道府県	1.70mm以上	1.75mm以上	1.80mm以上	1.85mm以上	1.90mm以上	2.00mm以上
	(1)	(2)	(3)	(4)	(5)	(6)
全国	**7,563,000**	**7,502,000**	**7,397,000**	**7,260,000**	**7,049,000**	**5,937,000**
（全国農業地域）						
北海道	573,700	570,300	565,100	558,200	547,300	498,000
都府県	6,989,000	6,933,000	6,835,000	6,709,000	6,507,000	5,444,000
東北	2,110,000	2,097,000	2,074,000	2,042,000	1,992,000	1,711,000
北陸	1,072,000	1,062,000	1,047,000	1,030,000	997,000	824,400
関東・東山	1,380,000	1,366,000	1,344,000	1,314,000	1,265,000	1,013,000
東海	441,700	438,200	432,400	424,500	413,900	362,200
近畿	499,700	494,700	486,700	477,200	463,700	392,300
中国	511,000	506,400	498,200	488,500	475,700	409,800
四国	221,400	219,000	215,200	210,600	204,400	171,600
九州	752,000	745,200	732,400	716,700	691,100	555,000
沖縄	2,160	2,150	2,120	2,080	2,020	1,770
（都道府県）						
北海道	573,700	570,300	565,100	558,200	547,300	498,000
青森	256,900	255,400	252,500	248,700	243,500	215,000
岩手	268,600	267,300	264,300	260,800	255,400	227,000
宮城	353,400	351,600	348,100	342,800	335,700	289,800
秋田	501,200	497,200	491,200	483,200	470,600	399,500
山形	393,800	391,800	387,500	382,400	372,100	312,700
福島	335,800	334,100	329,800	324,400	314,600	267,000
茨城	344,800	341,400	336,500	330,700	320,300	265,800
栃木	300,900	297,600	292,500	285,000	274,400	208,500
群馬	73,300	72,200	70,900	67,100	61,400	41,100
埼玉	152,400	150,000	146,600	141,700	134,600	97,400
千葉	277,800	275,900	272,800	268,600	261,400	221,400
東京	486	475	458	434	405	285
神奈川	14,400	14,200	13,800	13,300	12,600	9,320
新潟	620,000	613,800	604,500	594,000	572,900	463,100
富山	200,000	198,400	195,800	192,400	186,800	158,600
石川	125,400	124,600	123,300	121,800	118,900	103,800
福井	126,200	124,900	123,000	121,000	117,200	98,300
山梨	25,800	25,500	25,000	24,500	23,500	19,200
長野	189,900	188,200	185,200	182,300	176,600	149,100
岐阜	103,200	102,300	100,600	98,500	96,200	83,700
静岡	77,400	76,800	75,800	74,600	72,400	61,900
愛知	130,900	130,000	128,500	126,600	123,000	107,900
三重	130,200	129,000	127,200	124,600	121,900	108,200
滋賀	156,200	154,500	152,000	148,900	145,300	122,000
京都	71,600	71,000	70,100	69,000	67,000	58,500
大阪	22,600	22,400	21,900	21,300	20,500	17,000
兵庫	175,800	173,900	170,900	167,500	161,900	134,500
奈良	43,200	42,900	42,400	41,700	40,700	35,500
和歌山	30,300	30,000	29,500	28,900	28,300	24,600
鳥取	63,600	63,000	62,100	61,100	59,500	51,500
島根	87,500	86,700	85,400	83,600	81,200	69,100
岡山	150,900	149,400	146,800	143,400	139,300	119,100
広島	115,900	115,100	113,500	111,500	109,100	95,500
山口	93,100	92,300	90,800	89,200	86,800	74,900
徳島	47,900	47,400	46,500	45,300	44,100	37,100
香川	56,600	55,900	54,800	53,500	51,800	42,500
愛媛	67,300	66,700	65,700	64,500	62,500	51,600
高知	49,600	49,100	48,300	47,300	45,900	40,300
福岡	163,700	162,100	158,800	154,900	149,100	119,200
佐賀	118,800	117,500	115,600	113,500	110,000	92,400
長崎	50,800	50,400	49,700	48,700	46,900	37,200
熊本	156,300	155,100	152,700	150,200	145,800	121,600
大分	95,500	94,400	92,300	89,700	85,000	63,100
宮崎	77,800	77,300	76,300	75,000	72,900	59,500
鹿児島	89,100	88,400	87,100	84,900	81,800	62,900
沖縄	2,160	2,150	2,120	2,080	2,020	1,770
関東農政局	1,457,000	1,442,000	1,419,000	1,389,000	1,338,000	1,074,000
東海農政局	364,300	361,400	356,700	350,100	341,700	300,500
中国四国農政局	732,400	725,800	714,100	699,400	680,400	582,300

注：　ふるい目幅別の収穫量（子実用）とは、全国、全国農業地域別、都道府県別又は地方農政局別の収穫量にふるい目幅別重量割合を乗じて算出したものである。

1 米（続き）

(8) 令和３年産水稲における農家等が使用した選別ふるい目幅の分布（全国農業地域別・都道府県別）

単位：%

全国農業地域・都道府県	計	1.70mm以上 1.75mm未満	1.75～1.80	1.80～1.85	1.85～1.90	1.90～2.00	2.00mm 以上
	(1)	(2)	(3)	(4)	(5)	(6)	(7)
全国	**100.0**	**0.2**	**2.1**	**24.5**	**37.9**	**34.7**	**0.6**
（全国農業地域）							
北海道	100.0	0.2	-	0.2	19.6	77.3	2.7
都府県	100.0	0.2	2.3	26.2	39.0	31.8	0.5
東北	100.0	-	-	0.7	16.5	82.6	0.2
北陸	100.0	-	0.1	1.9	35.9	61.5	0.6
関東・東山	100.0	0.3	4.8	41.0	51.5	2.2	0.2
東海	100.0	0.3	2.0	27.1	59.2	10.9	0.5
近畿	100.0	0.7	8.7	39.3	33.9	15.8	1.6
中国	100.0	0.1	0.2	15.6	59.5	23.6	1.0
四国	100.0	-	5.1	72.1	22.1	0.7	-
九州	100.0	0.3	0.7	45.5	46.4	7.0	0.1
沖縄	100.0	-	14.3	85.7	-	-	-
（都道府県）							
北海道	100.0	0.2	-	0.2	19.6	77.3	2.7
青森	100.0	-	-	-	0.6	99.4	-
岩手	100.0	-	-	0.3	7.4	92.3	-
宮城	100.0	-	-	-	2.6	97.4	-
秋田	100.0	-	-	1.8	17.6	80.3	0.3
山形	100.0	-	-	0.3	16.5	82.6	0.6
福島	100.0	-	-	2.0	58.5	39.5	-
茨城	100.0	-	0.8	14.7	83.3	1.2	-
栃木	100.0	-	0.7	4.9	94.1	0.3	-
群馬	100.0	1.6	6.3	87.4	3.9	0.8	-
埼玉	100.0	1.7	28.2	63.7	5.2	0.6	0.6
千葉	100.0	-	1.9	87.0	10.0	0.7	0.4
東京	100.0	-	50.0	50.0	-	-	-
神奈川	100.0	-	6.7	88.9	2.2	2.2	-
新潟	100.0	-	0.2	4.0	62.6	31.8	1.4
富山	100.0	-	-	-	8.8	90.7	0.5
石川	100.0	-	-	0.9	46.4	52.7	-
福井	100.0	-	-	0.9	2.1	97.0	-
山梨	100.0	-	-	44.7	55.3	-	-
長野	100.0	-	-	13.5	77.1	9.0	0.4
岐阜	100.0	-	1.7	49.1	45.8	1.7	1.7
静岡	100.0	1.2	7.8	38.6	50.6	1.2	0.6
愛知	100.0	-	-	8.3	59.8	31.9	-
三重	100.0	-	-	19.6	74.9	5.5	-
滋賀	100.0	-	0.5	13.4	40.1	46.0	-
京都	100.0	-	-	22.4	55.8	21.2	0.6
大阪	100.0	1.6	23.8	66.7	6.3	1.6	-
兵庫	100.0	1.3	5.2	40.3	44.6	3.0	5.6
奈良	100.0	1.9	3.8	79.1	15.2	-	-
和歌山	100.0	-	41.7	56.4	-	1.9	-
鳥取	100.0	-	-	5.8	89.3	4.1	0.8
島根	100.0	-	0.5	0.5	9.6	88.9	0.5
岡山	100.0	-	-	36.7	59.9	0.4	3.0
広島	100.0	-	0.5	25.3	72.2	2.0	-
山口	100.0	0.5	-	0.5	79.2	19.8	-
徳島	100.0	-	12.9	74.2	12.3	0.6	-
香川	100.0	-	6.6	82.1	11.3	-	-
愛媛	100.0	-	-	48.1	50.6	1.3	-
高知	100.0	-	-	87.1	12.1	0.8	-
福岡	100.0	-	-	15.5	83.4	1.1	-
佐賀	100.0	-	-	-	59.6	39.9	0.5
長崎	100.0	3.8	8.8	54.9	27.5	5.0	-
熊本	100.0	0.4	0.4	47.6	51.6	-	-
大分	100.0	-	0.5	41.5	58.0	-	-
宮崎	100.0	-	-	100.0	-	-	-
鹿児島	100.0	-	-	95.3	4.7	-	-
沖縄	100.0	-	14.3	85.7	-	-	-
関東農政局	100.0	0.4	5.1	40.8	51.4	2.1	0.2
東海農政局	100.0	-	0.5	24.1	61.4	13.5	0.5
中国四国農政局	100.0	0.1	2.1	37.3	45.1	14.8	0.6

注：1 水稲作況標本（基準）筆農家からの聞き取り結果である。
2 農家等が使用した選別ふるい目幅の分布とは、水稲作況標本（基準）筆農家が使用した選別ふるい目幅別の農家数割合を示したものである。

(9)　令和３年産水稲の作況標本筆の10ａ当たり玄米重の分布状況（全国農業地域別・都道府県別）

単位：％

全国農業地域・都道府県	計	100kg未満	100～200	200～300	300～400	400～500	500～600	600～700	700～800	800kg以上
	(1)	(2)	(3)	(4)	(5)	(6)	(7)	(8)	(9)	(10)
全国	**100.0**	**0.1**	**0.2**	**1.1**	**6.6**	**23.7**	**41.6**	**22.8**	**3.7**	**0.2**
（全国農業地域）										
北海道	100.0	0.2	－	0.2	1.2	7.5	33.7	50.7	6.3	0.2
都府県	100.0	0.1	0.3	1.2	7.0	24.7	42.0	21.0	3.5	0.2
東北	100.0	－	0.2	0.8	3.1	12.5	34.3	37.8	10.4	0.9
北陸	100.0	－	0.2	0.6	4.2	22.6	49.0	21.8	1.6	－
関東・東山	100.0	－	0.1	0.4	5.0	18.6	45.2	26.6	3.9	0.2
東海	100.0	－	0.1	1.9	10.1	31.8	44.9	10.6	0.5	0.1
近畿	100.0	0.4	0.1	1.8	7.7	29.5	46.6	13.1	0.8	－
中国	100.0	0.1	1.1	1.3	7.9	25.2	42.8	18.7	2.9	－
四国	100.0	0.3	0.5	2.6	13.8	35.6	35.1	11.1	0.8	0.2
九州	100.0	0.4	0.1	1.7	10.6	37.3	41.4	8.2	0.3	－
沖縄	…	…	…	…	…	…	…	…	…	…
（都道府県）										
北海道	100.0	0.2	－	0.2	1.2	7.5	33.7	50.7	6.3	0.2
青森	100.0	－	0.3	0.6	3.3	10.0	24.2	35.3	23.6	2.7
岩手	100.0	－	0.6	2.4	6.8	15.0	36.1	32.6	6.5	－
宮城	100.0	－	－	0.9	2.7	17.0	50.3	28.8	0.3	－
秋田	100.0	－	－	－	2.2	8.1	35.0	46.9	7.2	0.6
山形	100.0	－	－	0.3	0.3	6.3	20.0	53.1	17.8	2.2
福島	100.0	－	－	0.3	3.1	19.1	40.3	30.4	6.8	－
茨城	100.0	－	－	0.7	2.1	17.1	54.3	25.4	0.4	－
栃木	100.0	－	－	－	3.6	16.4	49.3	28.9	1.8	－
群馬	100.0	－	－	－	12.9	30.0	46.4	10.7	－	－
埼玉	100.0	－	－	0.6	9.4	28.3	44.5	16.1	1.1	－
千葉	100.0	－	－	0.4	1.9	14.3	52.8	30.2	0.4	－
東京	…	…	…	…	…	…	…	…	…	…
神奈川	100.0	－	1.7	1.7	10.0	33.3	38.3	15.0	－	－
新潟	100.0	－	－	0.5	4.1	24.5	48.4	20.5	2.0	－
富山	100.0	－	0.5	0.5	4.1	10.9	49.0	31.8	3.2	－
石川	100.0	－	－	0.9	4.5	23.2	48.7	21.8	0.9	－
福井	100.0	－	0.4	0.9	3.9	29.4	50.9	14.5	－	－
山梨	100.0	－	－	－	11.3	18.8	41.1	25.0	3.8	－
長野	100.0	－	－	0.4	2.6	10.6	27.7	40.1	17.5	1.1
岐阜	100.0	－	－	4.9	10.8	35.7	36.7	11.9	－	－
静岡	100.0	－	－	1.3	10.0	28.8	44.9	13.8	0.6	0.6
愛知	100.0	－	－	1.0	6.2	30.0	58.5	4.3	－	－
三重	100.0	－	0.4	0.9	13.0	32.6	38.8	13.0	1.3	－
滋賀	100.0	1.0	0.5	2.4	5.2	21.4	48.1	19.5	1.9	－
京都	100.0	－	－	0.7	12.9	26.4	44.3	15.7	－	－
大阪	100.0	－	－	－	8.0	48.0	38.0	6.0	－	－
兵庫	100.0	－	－	3.0	7.4	37.0	42.1	9.6	0.9	－
奈良	100.0	－	－	－	5.0	28.0	58.0	8.0	1.0	－
和歌山	100.0	1.0	－	2.0	9.0	26.0	49.0	13.0	－	－
鳥取	100.0	－	2.0	3.3	6.7	27.3	40.7	17.3	2.7	－
島根	100.0	0.5	0.5	2.6	5.1	22.1	46.1	20.5	2.6	－
岡山	100.0	－	1.3	0.8	7.5	22.5	47.1	18.3	2.5	－
広島	100.0	－	－	－	11.4	26.8	36.3	20.0	5.5	－
山口	100.0	－	2.2	0.6	8.3	28.3	42.8	16.7	1.1	－
徳島	100.0	－	0.7	3.3	15.3	38.0	36.0	6.7	－	－
香川	100.0	1.3	0.7	2.7	5.3	30.0	42.6	14.7	2.0	0.7
愛媛	100.0	－	－	2.0	10.0	32.0	38.7	16.0	1.3	－
高知	100.0	－	0.6	2.5	23.8	41.8	23.8	7.5	－	－
福岡	100.0	－	－	0.8	13.8	40.8	40.4	4.2	－	－
佐賀	100.0	－	1.0	1.4	7.7	24.9	46.3	17.7	1.0	－
長崎	100.0	－	－	2.0	11.3	48.0	32.7	6.0	－	－
熊本	100.0	2.1	－	2.5	8.2	34.3	41.8	10.7	0.4	－
大分	100.0	－	－	3.2	9.7	33.5	48.2	4.9	0.5	－
宮崎	100.0	－	－	0.5	12.0	36.8	41.6	9.1	－	－
鹿児島	100.0	－	－	1.5	11.6	45.7	37.2	4.0	－	－
沖縄	…	…	…	…	…	…	…	…	…	…
関東農政局	100.0	－	0.1	0.5	5.5	19.5	45.2	25.4	3.6	0.2
東海農政局	100.0	－	0.2	2.1	10.1	32.6	44.7	9.8	0.5	－
中国四国農政局	100.0	0.2	0.9	1.8	10.2	29.2	39.7	15.8	2.1	0.1

注：1　10ａ当たり玄米重は、1.70㎜のふるい目幅で選別された玄米の重量である。
　　2　東京都及び沖縄県については、水稲作況標本筆を設置していないことから「…」で示した。

1　米（続き）

(10)　令和３年産水稲の玄米品位の状況（重量割合）（全国農業地域別）

単位：％

全国農業地域	整粒	未熟粒	乳白粒・腹白粒	被害粒	死米・着色粒
	(1)	(2)	(3)	(4)	(5)
全国	**70.4**	**23.2**	**2.7**	**6.4**	**0.8**
北海道	63.0	24.5	6.3	12.5	1.1
東北	75.9	19.2	1.7	4.9	0.6
北陸	71.2	18.9	1.7	9.9	0.4
関東・東山	64.9	28.6	3.5	6.5	1.3
東海	70.1	26.1	2.7	3.8	1.0
近畿	72.6	22.3	1.6	5.1	0.2
中国	71.5	24.7	3.0	3.8	0.9
四国	69.3	28.3	3.7	2.4	0.9
九州	68.1	26.1	2.3	5.8	0.6

注：1　作況基準筆の刈取試料を穀粒判別器を用いて品位分析したものである（九州には沖縄県のデータを含む。）。

2　当該品位分析は、都道府県ごとに、過去５か年間に農家等が実際に使用したふるい目幅の分布において、最も多い使用割合の目幅以上に選別された玄米を基に算出した数値である。

1　米（続き）

(11)　令和３年産水稲の被害面積及び被害量（全国農業地域別・都道府県別）

全国農業地域・都道府県		気象被害											
		冷害				日照不足				高温障害			
		被害面積	被害量	被害率		被害面積	被害量	被害率		被害面積	被害量	被害率	
				実数	対前年差			実数	対前年差			実数	対前年差
		(1)	(2)	(3)	(4)	(5)	(6)	(7)	(8)	(9)	(10)	(11)	(12)
		ha	t	%	ﾎﾟｲﾝﾄ	ha	t	%	ﾎﾟｲﾝﾄ	ha	t	%	ﾎﾟｲﾝﾄ
全国	(1)	**19,800**	**4,610**	**0.1**	**0.0**	**1,107,000**	**220,900**	**2.9**	**△ 0.1**	**330,800**	**36,800**	**0.5**	**△ 0.3**
(全国農業地域)													
北海道	(2)	2,800	243	0.0	△ 0.7	3,970	581	0.1	△ 2.5	26,000	2,490	0.5	0.4
都府県	(3)	17,000	4,370	0.1	0.0	1,103,000	220,300	3.2	0.1	304,800	34,300	0.5	△ 0.4
東北	(4)	8,980	1,510	0.1	0.0	362,900	65,000	3.2	1.0	85,900	2,460	0.1	△ 0.1
北陸	(5)	-	-	-	-	167,300	21,800	2.0	0.9	114,400	18,300	1.7	1.1
関東・東山	(6)	7,990	2,860	0.2	0.0	175,200	38,000	2.8	△ 0.1	29,300	6,380	0.5	△ 0.6
東海	(7)	-	-	-	0.0	76,300	14,800	3.3	△ 0.1	20,000	2,190	0.5	△ 0.9
近畿	(8)	-	-	-	-	74,100	11,300	2.2	△ 0.3	7,830	723	0.1	△ 1.0
中国	(9)	-	-	-	-	58,500	10,700	2.1	△ 0.6	14,800	1,870	0.4	△ 0.9
四国	(10)	-	-	-	-	38,600	8,010	3.6	0.0	12,000	1,060	0.5	△ 1.0
九州	(11)	-	-	-	-	149,800	50,800	6.5	△ 2.3	20,500	1,330	0.2	△ 1.4
沖縄	(12)	-	-	-	-	-	-	-	-	10	1	0.0	0.0
(都道府県)													
北海道	(13)	2,800	243	0.0	△ 0.7	3,970	581	0.1	△ 2.5	26,000	2,490	0.5	0.4
青森	(14)	4,300	500	0.2	△ 0.4	41,700	3,500	1.4	0.3	-	-	-	△ 0.1
岩手	(15)	152	66	0.0	0.0	48,400	10,600	4.1	1.3	-	-	-	△ 0.1
宮城	(16)	-	-	-	-	64,600	16,400	4.7	0.7	-	-	-	△ 0.1
秋田	(17)	-	-	-	-	84,800	17,100	3.5	2.0	50,900	1,020	0.2	0.1
山形	(18)	-	-	-	-	62,900	4,770	1.3	0.1	35,000	1,440	0.4	△ 0.1
福島	(19)	4,530	940	0.3	0.3	60,500	12,600	3.8	0.9	-	-	-	△ 0.4
茨城	(20)	-	-	-	-	24,000	8,120	2.4	△ 0.5	9,530	2,340	0.7	△ 0.2
栃木	(21)	-	-	-	-	54,800	9,800	3.3	△ 0.5	-	-	-	△ 0.3
群馬	(22)	175	100	0.1	0.0	5,060	3,610	4.9	1.7	2,020	1,180	1.6	△ 0.8
埼玉	(23)	-	-	-	-	20,600	4,170	2.8	2.1	4,490	469	0.3	△ 3.7
千葉	(24)	-	-	-	-	42,800	5,600	2.0	△ 1.2	6,900	1,600	0.6	△ 0.1
東京	(25)	-	-	-	-	72	6	1.2	△ 1.7	-	-	-	-
神奈川	(26)	-	-	-	-	1,400	418	2.9	0.1	423	29	0.2	△ 1.1
新潟	(27)	-	-	-	-	99,600	14,000	2.2	0.8	114,400	18,300	2.9	2.3
富山	(28)	-	-	-	-	32,700	5,250	2.6	2.2	-	-	-	△ 0.9
石川	(29)	-	-	-	-	17,600	870	0.7	△ 0.3	-	-	-	△ 0.1
福井	(30)	-	-	-	-	17,400	1,680	1.3	0.6	-	-	-	△ 0.4
山梨	(31)	450	230	0.9	0.2	2,910	430	1.6	0.2	1,190	180	0.7	△ 0.5
長野	(32)	7,360	2,530	1.3	△ 0.2	23,600	5,840	3.0	0.2	4,720	580	0.3	△ 0.3
岐阜	(33)	-	-	-	-	17,000	2,900	2.8	△ 0.1	2,030	167	0.2	△ 0.4
静岡	(34)	-	-	-	△ 0.1	6,590	2,680	3.4	△ 0.4	1,950	407	0.5	△ 2.4
愛知	(35)	-	-	-	-	26,400	6,230	4.7	1.8	8,070	577	0.4	0.0
三重	(36)	-	-	-	-	26,300	2,950	2.2	△ 1.8	7,980	1,040	0.8	△ 1.2
滋賀	(37)	-	-	-	-	14,800	2,240	1.4	△ 1.0	5,940	574	0.4	△ 0.6
京都	(38)	-	-	-	-	14,200	2,100	2.9	0.2	700	70	0.1	△ 0.4
大阪	(39)	-	-	-	-	3,780	450	2.0	1.4	400	20	0.1	0.0
兵庫	(40)	-	-	-	-	33,100	5,550	3.1	0.1	-	-	-	△ 1.7
奈良	(41)	-	-	-	-	5,380	370	0.9	0.1	240	10	0.0	△ 0.1
和歌山	(42)	-	-	-	-	2,870	573	1.9	△ 2.1	549	49	0.2	△ 1.1
鳥取	(43)	-	-	-	-	8,890	1,860	2.9	1.8	-	-	-	△ 1.1
島根	(44)	-	-	-	-	14,400	2,050	2.4	△ 0.2	2,780	625	0.7	△ 0.5
岡山	(45)	-	-	-	-	13,100	2,350	1.6	△ 0.6	1,320	190	0.1	△ 1.4
広島	(46)	-	-	-	-	11,600	2,600	2.2	△ 2.0	10,700	1,050	0.9	△ 0.7
山口	(47)	-	-	-	-	10,500	1,860	2.0	△ 1.1	-	-	-	△ 1.0
徳島	(48)	-	-	-	-	10,300	1,880	3.9	1.8	670	30	0.1	△ 0.7
香川	(49)	-	-	-	-	11,300	2,800	5.0	1.7	2,800	85	0.2	△ 1.3
愛媛	(50)	-	-	-	-	6,030	1,730	2.6	△ 0.3	4,190	726	1.1	△ 0.9
高知	(51)	-	-	-	-	11,000	1,600	3.2	△ 3.2	4,370	219	0.4	△ 1.0
福岡	(52)	-	-	-	-	32,800	8,400	4.9	△ 5.6	4,330	219	0.1	△ 4.7
佐賀	(53)	-	-	-	-	22,300	6,070	5.0	△ 2.9	2,580	322	0.3	△ 0.3
長崎	(54)	-	-	-	-	9,610	5,380	10.3	5.4	-	-	-	-
熊本	(55)	-	-	-	-	32,300	13,900	8.4	△ 0.3	6,150	422	0.3	△ 0.1
大分	(56)	-	-	-	-	18,300	5,470	5.6	△ 4.4	-	-	-	△ 2.3
宮崎	(57)	-	-	-	-	15,900	5,260	6.7	△ 2.1	2,600	249	0.3	△ 0.2
鹿児島	(58)	-	-	-	-	18,600	6,300	7.0	△ 0.9	4,820	117	0.1	△ 0.5
沖縄	(59)	-	-	-	-	-	-	-	-	10	1	0.0	0.0
関東農政局	(60)	7,990	2,860	0.2	0.0	181,800	40,700	2.8	△ 0.1	31,200	6,790	0.5	△ 0.7
東海農政局	(61)	-	-	-	-	69,700	12,100	3.3	0.0	18,100	1,780	0.5	△ 0.5
中国四国農政局	(62)	-	-	-	-	97,100	18,700	2.6	△ 0.4	26,800	2,930	0.4	△ 1.0

注：被害率とは、平年収量（作付面積×10ａ当たり平年収量）に対する被害量の割合（百分率）である。

病害				虫害								
いもち病				ウンカ				カメムシ				
被害面積	被害量	被害率		被害面積	被害量	被害率		被害面積	被害量	被害率		
		実数	対前年差			実数	対前年差			実数	対前年差	
(13)	(14)	(15)	(16)	(17)	(18)	(19)	(20)	(21)	(22)	(23)	(24)	
ha	t	%	ポイント	ha	t	%	ポイント	ha	t	%	ポイント	
300,200	**82,600**	**1.1**	**0.1**	**39,300**	**5,370**	**0.1**	**△ 0.8**	**115,200**	**12,400**	**0.2**	**0.0**	(1)
645	54	0.0	0.0	443	51	0.0	0.0	3,190	294	0.1	0.1	(2)
299,600	82,500	1.2	0.1	38,800	5,320	0.1	△ 0.9	112,000	12,100	0.2	0.0	(3)
64,200	13,200	0.6	△ 0.7	1,960	84	0.0	0.0	22,700	1,550	0.1	△ 0.1	(4)
19,000	4,100	0.4	0.2	4,960	592	0.1	0.1	11,900	1,370	0.1	0.0	(5)
61,600	16,900	1.2	0.1	11,900	1,280	0.1	0.0	23,300	2,850	0.2	△ 0.1	(6)
24,200	6,220	1.4	0.4	3,160	450	0.1	△ 1.9	16,100	2,000	0.4	△ 0.2	(7)
21,100	8,570	1.7	0.8	4,040	441	0.1	△ 2.1	8,850	699	0.1	△ 0.2	(8)
29,600	8,950	1.7	0.7	3,830	591	0.1	△ 4.6	7,740	1,400	0.3	0.0	(9)
16,900	4,170	1.9	0.6	3,500	536	0.2	△ 1.5	10,400	618	0.3	0.0	(10)
63,000	20,500	2.6	0.8	5,460	1,350	0.2	△ 2.3	11,000	1,610	0.2	0.0	(11)
13	9	0.4	△ 0.2	1	1	0.0	0.0	−	−	−	△ 0.3	(12)
645	54	0.0	0.0	443	51	0.0	0.0	3,190	294	0.1	0.1	(13)
2,000	200	0.1	△ 0.4	450	20	0.0	0.0	1,600	150	0.1	△ 0.4	(14)
3,240	1,890	0.7	△ 1.3	64	3	0.0	0.0	1,040	108	0.0	△ 0.2	(15)
7,630	1,620	0.5	△ 0.2	80	3	0.0	0.0	2,400	170	0.0	△ 0.2	(16)
16,100	868	0.2	△ 1.5	627	6	0.0	0.0	6,410	128	0.0	△ 0.1	(17)
18,000	4,400	1.2	△ 0.1	409	26	0.0	0.0	7,000	566	0.2	0.1	(18)
17,200	4,180	1.3	0.1	333	26	0.0	0.0	4,290	426	0.1	△ 0.1	(19)
10,800	3,090	0.9	0.1	1,170	220	0.1	0.0	8,890	1,440	0.4	△ 0.1	(20)
18,000	4,100	1.4	△ 0.2	2,450	220	0.1	0.0	3,300	240	0.1	△ 0.2	(21)
2,280	1,100	1.5	0.5	1,670	280	0.4	0.0	772	145	0.2	0.0	(22)
9,480	1,340	0.9	△ 0.1	3,530	380	0.3	0.2	1,490	187	0.1	0.0	(23)
6,800	2,200	0.8	0.0	100	30	0.0	0.0	5,900	410	0.1	0.0	(24)
11	1	0.2	△ 0.2	1	0	0.0	△ 0.2	6	0	0.0	0.0	(25)
254	45	0.3	0.3	88	40	0.3	△ 0.2	12	1	0.0	0.0	(26)
10,400	2,170	0.3	0.0	4,400	568	0.1	0.0	6,730	825	0.1	0.0	(27)
550	143	0.1	0.1	179	1	0.0	0.0	313	360	0.2	0.2	(28)
2,600	370	0.3	0.3	50	1	0.0	0.0	330	10	0.0	0.0	(29)
5,400	1,420	1.1	0.6	330	22	0.0	0.0	4,550	170	0.1	△ 0.1	(30)
1,160	520	2.0	0.1	120	15	0.1	0.0	300	55	0.2	0.0	(31)
12,800	4,490	2.3	0.8	2,800	90	0.0	△ 0.1	2,600	370	0.2	△ 0.1	(32)
6,200	1,930	1.8	0.1	1,140	172	0.2	△ 0.4	5,270	770	0.7	△ 0.1	(33)
5,120	1,220	1.5	0.6	1,010	150	0.2	△ 4.9	3,480	428	0.5	0.0	(34)
6,540	1,140	0.9	0.1	253	76	0.1	△ 2.9	4,540	325	0.2	△ 0.1	(35)
6,320	1,930	1.5	0.6	754	52	0.0	△ 0.1	2,800	472	0.4	△ 0.3	(36)
9,040	3,320	2.1	1.0	2,200	179	0.1	△ 0.5	2,920	134	0.1	0.0	(37)
1,280	220	0.3	0.2	60	20	0.0	△ 0.5	990	150	0.2	0.0	(38)
900	430	1.9	0.6	100	20	0.1	△ 5.9	200	20	0.1	0.0	(39)
6,510	2,880	1.6	1.2	1,000	50	0.0	△ 2.1	3,400	250	0.1	△ 0.5	(40)
1,760	1,260	2.9	0.0	250	50	0.1	△ 6.9	610	90	0.2	0.0	(41)
1,650	458	1.5	0.6	427	122	0.4	△ 5.2	732	55	0.2	△ 0.1	(42)
1,740	704	1.1	0.3	125	30	0.0	△ 0.3	500	35	0.1	0.0	(43)
1,840	325	0.4	△ 0.1	120	50	0.1	△ 0.5	800	85	0.1	0.0	(44)
9,580	2,650	1.7	0.0	2,170	400	0.3	△ 2.1	2,400	460	0.3	0.0	(45)
11,700	3,560	3.0	2.2	711	44	0.0	△ 2.6	2,330	67	0.1	△ 0.4	(46)
4,750	1,710	1.8	1.1	706	67	0.1	△ 17.9	1,710	752	0.8	0.5	(47)
3,960	1,300	2.7	2.1	630	190	0.4	0.2	3,210	180	0.4	0.1	(48)
3,700	780	1.4	0.0	1,900	130	0.2	△ 0.6	2,100	130	0.2	△ 0.1	(49)
4,490	890	1.4	0.3	132	132	0.2	△ 3.3	1,590	131	0.2	△ 0.1	(50)
4,790	1,200	2.4	0.1	839	84	0.2	△ 1.7	3,530	177	0.4	0.1	(51)
10,400	2,570	1.5	0.5	785	132	0.1	△ 1.6	2,560	532	0.3	0.2	(52)
4,290	1,980	1.6	0.9	467	108	0.1	△ 1.1	400	20	0.0	0.0	(53)
881	183	0.4	△ 0.3	506	98	0.2	△ 2.7	797	96	0.2	0.0	(54)
16,600	6,220	3.8	2.3	1,500	649	0.4	△ 2.5	1,160	114	0.1	0.1	(55)
10,700	2,830	2.9	△ 0.1	624	225	0.2	△ 4.3	909	90	0.1	0.0	(56)
9,620	3,240	4.1	0.7	1,330	112	0.1	△ 2.0	3,100	142	0.2	△ 0.2	(57)
10,500	3,450	3.8	0.5	251	28	0.0	△ 2.8	2,060	615	0.7	△ 0.1	(58)
13	9	0.4	△ 0.2	1	1	0.0	0.0	−	−	−	△ 0.3	(59)
66,700	18,100	1.3	0.2	12,900	1,430	0.1	△ 0.3	26,800	3,280	0.2	△ 0.1	(60)
19,100	5,000	1.4	0.3	2,150	300	0.1	△ 1.2	12,600	1,570	0.4	△ 0.2	(61)
46,600	13,100	1.8	0.7	7,330	1,130	0.2	△ 3.6	18,200	2,020	0.3	0.0	(62)

2　麦類

(1)　令和3年産麦類（子実用）の収穫量（全国農業地域別・都道府県別）

ア　4麦計

全国農業地域・都道府県	作付面積	収穫量	前年産との比較 作付面積 対差	作付面積 対比	収穫量 対差	収穫量 対比
	(1)	(2)	(3)	(4)	(5)	(6)
	ha	t	ha	%	t	%
全国	**283,000**	**1,332,000**	**6,800**	**102**	**161,000**	**114**
（全国農業地域）						
北海道	128 300	737,700	4,100	103	99,600	116
都府県	154,700	594,400	2,600	102	61,400	112
東北	7,760	20,800	100	101	200	101
北陸	9,990	29,200	250	103	500	102
関東・東山	37,500	135,800	△ 100	100	9,200	107
東海	17,400	66,800	400	102	△ 1,700	98
近畿	10,400	32,700	0	100	△ 2,000	94
中国	6,740	23,900	160	102	1,200	105
四国	5,340	20,100	210	104	700	104
九州	59,500	265,100	1,500	103	53,400	125
沖縄	14	18	x	x	x	x
（都道府県）						
北海道	128,300	737,700	4,100	103	99,600	116
青森	x	x	x	x	x	x
岩手	3,790	8,050	△ 20	99	100	101
宮城	2,410	8,880	140	106	390	105
秋田	272	626	-12	96	-222	74
山形	x	x	x	x	x	x
福島	x	x	x	x	x	x
茨城	7,380	22,300	△ 210	97	2,900	115
栃木	12,600	48,100	△ 100	99	4,200	110
群馬	7,630	29,500	△ 20	100	△ 300	99
埼玉	6,050	24,000	60	101	1,700	108
千葉	830	2,910	58	108	1120	163
東京	x	x	x	x	x	x
神奈川	43	113	-1	98	6	106
新潟	201	492	x	x	x	x
富山	3,360	10,300	90	103	1,500	117
石川	1,550	4,890	120	108	△ 140	97
福井	4,890	13,500	90	102	△ 700	95
山梨	117	325	3	103	△ 3	99
長野	2,830	8,520	80	103	△ 440	95
岐阜	3,650	11,200	50	101	△ 800	93
静岡	x	x	x	x	x	x
愛知	5,900	29,900	180	103	△ 400	99
三重	7,140	23,300	230	103	△ 1,200	95
滋賀	7,840	26,500	160	102	△ 800	97
京都	270	585	23	109	26	105
大阪	3	4	1	150	2	200
兵庫	2,170	5,280	△ 180	92	△ 1,260	81
奈良	x	x	x	x	x	x
和歌山	4	6	x	x	x	x
鳥取	x	x	x	x	x	x
島根	688	1,910	14	102	70	104
岡山	3,320	13,400	70	102	0	100
広島	x	x	x	x	x	x
山口	2,210	7,440	90	104	1,320	122
徳島	x	x	x	x	x	x
香川	3,130	12,100	230	108	900	108
愛媛	2,070	7,680	△ 40	98	△ 160	98
高知	12	29	x	x	x	x
福岡	22,300	105,500	200	101	20,500	124
佐賀	21,800	103,500	600	103	22,700	128
長崎	2,040	7,270	70	104	1,070	117
熊本	7,520	29,400	350	105	6,100	126
大分	5,350	18,200	240	105	3,000	120
宮崎	x	x	x	x	x	x
鹿児島	x	x	x	x	x	x
沖縄	14	18	x	x	x	x
関東農政局	38,300	138,200	0	100	9,900	108
東海農政局	16,700	64,400	500	103	△ 2,400	96
中国四国農政局	12,100	44,100	400	103	2,000	105

イ　小麦

全国農業地域・都道府県	作付面積	10a当たり収量	収穫量	前年産との比較 作付面積 対差	前年産との比較 作付面積 対比	前年産との比較 10a当たり収量 対比	前年産との比較 収穫量 対差	前年産との比較 収穫量 対比	（参考） 10a当たり平均収量対比	（参考） 10a当たり平均収量
	(1)	(2)	(3)	(4)	(5)	(6)	(7)	(8)	(9)	(10)
	ha	kg	t	ha	%	%	t	%	%	kg
全国	**220,000**	**499**	**1,097,000**	**7,400**	**103**	**112**	**147,700**	**116**	**118**	**423**
（全国農業地域）										
北海道	126,100	578	728,400	3,900	103	112	98,500	116	118	489
都府県	93,900	393	368,900	3,500	104	111	49,500	115	119	329
東北	6,290	251	15,800	△ 10	100	99	△ 200	99	105	238
北陸	331	198	657	△ 24	93	112	30	105	95	208
関東・東山	20,400	354	72,200	△ 100	100	104	2,400	103	96	368
東海	16,900	386	65,200	700	104	95	△ 700	99	108	356
近畿	8,230	313	25,800	140	102	98	0	100	118	266
中国	2,890	360	10,400	200	107	103	1,030	111	122	296
四国	2,490	406	10,100	90	104	105	810	109	120	337
九州	36,300	465	168,700	2,400	107	129	46,200	138	138	338
沖縄	12	133	16	△ 1	92	91	△ 3	84	92	144
（都道府県）										
北海道	126,100	578	728,400	3,900	103	112	98,500	116	118	489
青森	701	245	1,720	△ 15	98	94	△ 150	92	107	228
岩手	3,720	211	7,850	△ 20	99	102	110	101	107	197
宮城	1,110	393	4,360	10	101	98	△ 50	99	99	398
秋田	272	230	626	△ 3	99	75	△ 216	74	112	205
山形	83	225	187	15	122	91	20	112	92	245
福島	408	262	1,070	△ 1	100	115	142	115	125	210
茨城	4,510	305	13,800	△ 100	98	114	1,500	112	97	315
栃木	2,290	352	8,060	△ 10	100	104	260	103	95	370
群馬	5,430	387	21,000	△ 70	99	96	△ 1,200	95	93	415
埼玉	5,080	393	20,000	60	101	105	1,200	106	101	389
千葉	791	348	2,750	60	108	153	1,080	165	110	317
東京	14	164	23	△ 1	93	66	△ 14	62	65	253
神奈川	42	260	109	△ 1	98	107	5	105	93	279
新潟	69	230	159	8	113	98	16	111	107	214
富山	50	196	98	2	104	147	34	153	98	201
石川	102	180	184	9	110	77	△ 33	85	90	200
福井	110	196	216	△ 43	72	147	13	106	92	213
山梨	76	312	237	2	103	96	△ 3	99	106	294
長野	2,220	282	6,260	40	102	92	△ 390	94	87	325
岐阜	3,370	318	10,700	40	101	93	△ 700	94	103	309
静岡	744	311	2,310	17	102	138	670	141	141	221
愛知	5,780	509	29,400	190	103	95	△ 400	99	111	457
三重	6,980	327	22,800	430	107	93	△ 300	99	104	313
滋賀	6,210	337	20,900	50	101	99	0	100	119	283
京都	174	184	320	15	109	92	4	101	127	145
大阪	2	122	2	1	200	78	0	100	90	136
兵庫	1,730	243	4,200	80	105	92	△ 140	97	111	219
奈良	117	287	336	4	104	120	65	124	123	234
和歌山	3	144	5	1	150	138	3	250	116	124
鳥取	77	331	255	6	108	97	12	105	119	277
島根	132	190	251	11	109	116	53	127	121	157
岡山	968	401	3,880	80	109	88	△ 150	96	113	356
広島	167	177	296	18	112	106	47	119	95	187
山口	1,550	369	5,720	80	105	117	1,070	123	131	282
徳島	54	361	195	1	102	120	35	122	127	285
香川	2,220	413	9,170	120	106	105	870	110	122	339
愛媛	214	347	743	△ 34	86	104	△ 83	90	108	321
高知	4	146	6	0	100	91	0	100	90	163
福岡	16,000	488	78,100	1,300	109	126	21,200	137	137	356
佐賀	11,600	489	56,700	1,000	109	133	17,600	145	140	350
長崎	651	346	2,250	52	109	128	630	139	130	266
熊本	5,150	419	21,600	140	103	127	5,100	131	136	309
大分	2,790	352	9,820	20	101	122	1,840	123	135	260
宮崎	103	129	133	△ 10	91	37	△ 258	34	61	211
鹿児島	33	221	73	1	103	123	16	128	144	153
沖縄	12	133	16	△ 1	92	91	△ 3	84	92	144
関東農政局	21,200	351	74,500	0	100	104	3,100	104	97	362
東海農政局	16,100	391	62,900	600	104	94	△ 1,400	98	107	364
中国四国農政局	5,380	381	20,500	280	105	104	1,800	110	121	314

注：1　「（参考）10 a 当たり平均収量対比」とは、10 a 当たり平均収量（原則として直近7か年のうち、最高及び最低を除いた5か年の平均値をいう。ただし、直近7か年全ての10 a 当たり収量が確保できない場合は、6か年又は5か年の最高及び最低を除いた平均とし、4か年又は3か年の場合は、単純平均である。）に対する当年産の10 a 当たり収量の比率である。なお、直近7か年のうち、3か年分の10 a 当たり収量のデータが確保できない場合は、10 a 当たり平均収量を作成していない（以下各統計表において同じ。）。

2　全国農業地域別（都府県を除く。）の10 a 当たり平均収量は、各都府県の10 a 当たり平均収量に当年産の作付面積を乗じて求めた収穫量（平均収穫量）を全国農業地域別に積上げ、当年産の全国農業地域別作付面積で除して算出している（以下各統計表において同じ。）。

2 麦類（続き）

(1) 令和３年産麦類（子実用）の収穫量（全国農業地域別・都道府県別）（続き）

ウ 二条大麦

全国農業地域・都道府県	作付面積	10a当たり収量	収穫量	前年産との比較					（参考）	
				作付面積		10a当たり収量	収穫量		10a当たり平均収量対比	10a当たり平均収量
				対差	対比	対比	対差	対比		
	(1)	(2)	(3)	(4)	(5)	(6)	(7)	(8)	(9)	(10)
	ha	kg	t	ha	%	%	t	%	%	kg
全国	**38,200**	**413**	**157,600**	**△ 1,100**	**97**	**112**	**12,900**	**109**	**130**	**317**
（全国農業地域）										
北海道	1,740	446	7,760	△ 20	99	103	160	102	117	380
都府県	36,400	412	149,800	△ 1,100	97	113	12,700	109	131	315
東北	x	342	x	x	x	137	x	x	133	258
北陸	2	200	4	0	100	80	△ 1	80	133	150
関東・東山	12,000	401	48,100	△ 200	98	117	6,100	115	112	358
東海	18	256	46	7	164	128	24	209	187	137
近畿	155	338	524	x	x	102	x	x	nc	…
中国	2,950	386	11,400	90	103	103	700	107	120	323
四国	x	226	x	x	x	48	x	x	69	326
九州	21,200	423	89,600	△ 1,100	95	113	5,800	107	141	299
沖縄	2	87	2	x	x	x	x	x	140	62
（都道府県）										
北海道	1,740	446	7,760	△ 20	99	103	160	102	117	380
青森	-	-	-	-	nc	nc	-	nc	nc	-
岩手	-	-	-	-	nc	nc	-	nc	-	362
宮城	x	x	x	x	x	x	x	x	x	304
秋田	-	-	-	x	x	x	x	x	-	205
山形	-	-	-	-	nc	nc	-	nc	nc	-
福島	7	178	12	x	x	x	x	x	123	145
茨城	1,010	308	3,110	△ 150	87	129	350	113	122	253
栃木	8,650	408	35,300	△ 10	100	114	4,400	114	111	368
群馬	1,670	403	6,730	40	102	113	910	116	116	346
埼玉	702	419	2,940	7	101	118	480	120	109	383
千葉	-	-	-	-	nc	nc	-	nc	-	254
東京	1	162	2	x	x	75	x	x	83	196
神奈川	-	-	-	x	x	x	x	x	-	189
新潟	-	-	-	x	x	x	x	x	-	40
富山	x	x	x	x	x	x	x	x	x	150
石川	x	x	x	x	x	x	x	x	x	165
福井	-	-	-	-	nc	nc	-	nc	nc	-
山梨	-	-	-	-	nc	nc	-	nc	nc	…
長野	10	220	22	3	143	110	8	157	74	299
岐阜	-	-	-	-	nc	nc	-	nc	nc	-
静岡	18	256	46	7	164	128	24	209	187	137
愛知	-	-	-	-	nc	nc	-	nc	-	193
三重	-	-	-	-	nc	nc	-	nc	nc	-
滋賀	58	445	258	△ 1	98	107	13	105	113	393
京都	96	276	265	8	109	100	22	109	132	209
大阪	-	-	-	x	x	x	x	x	nc	…
兵庫	1	112	1	0	100	104	0	100	nc	…
奈良	-	-	-	x	x	x	x	x	nc	…
和歌山	-	-	-	-	nc	nc	-	nc	nc	-
鳥取	89	291	259	△ 4	96	81	△ 74	78	103	283
島根	502	300	1,510	5	101	98	△ 10	99	109	275
岡山	2,120	419	8,880	50	102	104	540	106	121	347
広島	x	x	x	x	x	x	x	x	x	103
山口	232	316	733	37	119	117	205	139	137	230
徳島	45	210	95	32	346	41	28	142	64	328
香川	x	x	x	x	x	x	x	x	x	312
愛媛	-	-	-	-	nc	nc	-	nc	nc	-
高知	5	360	18	x	x	x	x	x	122	294
福岡	5,790	438	25,400	△ 1,090	84	114	△ 1,100	96	144	305
佐賀	9,970	458	45,700	△ 330	97	116	4,900	112	145	315
長崎	1,160	390	4,520	△ 150	89	114	50	101	134	292
熊本	2,230	331	7,380	230	112	102	920	114	121	273
大分	1,740	324	5,640	190	112	103	770	116	137	236
宮崎	67	300	201	7	112	87	△ 5	98	109	274
鹿児島	225	330	743	53	131	121	275	159	155	213
沖縄	2	87	2	x	x	x	x	x	140	62
関東農政局	12,100	398	48,200	△ 100	99	116	6,200	115	112	355
東海農政局	-	-	-	-	nc	nc	-	nc	nc	-
中国四国農政局	3,000	383	11,500	130	105	102	700	106	119	323

エ　六条大麦

全国農業地域・都道府県	作付面積	10a当たり収量	収穫量	前年産との比較					（参考）	
				作付面積		10a当たり収量	収穫量		10a当たり平均収量対比	10a当たり平均収量
				対差	対比	対比	対差	対比		
	(1)	(2)	(3)	(4)	(5)	(6)	(7)	(8)	(9)	(10)
	ha	kg	t	ha	%	%	t	%	%	kg
全国	**18,100**	**304**	**55,100**	**100**	**101**	**97**	**△ 1,500**	**97**	**104**	**292**
（全国農業地域）										
北海道	x	x	x	x	x	x	x	x	x	288
都府県	18,000	306	55,000	0	100	97	△ 1,600	97	105	292
東北	1,450	337	4,890	110	108	98	280	106	111	304
北陸	9,660	295	28,500	280	103	98	400	101	101	293
関東・東山	4,530	311	14,100	10	100	104	600	104	103	302
東海	511	276	1,410	△ 192	73	83	△ 930	60	106	260
近畿	1,760	332	5,840	△ 170	91	84	△ 1,830	76	111	298
中国	x	192	x	x	x	89	x	x	98	195
四国	x	x	x	x	x	x	x	x	x	217
九州	28	257	72	9	147	71	3	104	nc	…
沖縄	−	−	−	−	nc	nc	−	nc	nc	−
（都道府県）										
北海道	x	x	x	x	x	x	x	x	x	288
青森	x	x	x	x	x	x	x	x	x	346
岩手	76	264	201	2	103	95	△ 5	98	109	242
宮城	1,280	348	4,450	120	110	100	400	110	112	310
秋田	−	−	−	x	x	x	x	x	−	153
山形	x	x	x	x	x	x	x	x	x	117
福島	33	179	59	13	165	107	25	174	66	273
茨城	1,530	291	4,450	0	100	126	920	126	119	245
栃木	1,640	279	4,580	△ 30	98	92	△ 460	91	90	311
群馬	520	345	1,790	5	101	101	30	102	104	333
埼玉	160	483	773	△ 16	91	119	57	108	122	396
千葉	34	425	145	2	106	140	48	149	142	300
東京	−	−	−	−	nc	nc	−	nc	nc	−
神奈川	x	x	x	x	x	x	x	x	x	315
新潟	132	252	333	△ 43	75	78	△ 232	59	103	244
富山	3,310	309	10,200	100	103	114	1,470	117	105	294
石川	1,440	327	4,710	100	107	91	△ 100	98	103	316
福井	4,780	279	13,300	130	103	93	△ 700	95	97	287
山梨	41	215	88	1	103	98	0	100	104	207
長野	603	371	2,240	41	107	91	△ 60	97	98	380
岐阜	274	175	480	12	105	72	△ 157	75	97	181
静岡	1	129	1	△ 6	14	82	△ 10	9	85	152
愛知	104	444	462	△ 6	95	113	31	107	109	408
三重	132	350	462	△ 192	41	90	△ 798	37	115	305
滋賀	1,480	340	5,030	100	107	81	△ 770	87	110	309
京都	−	−	−	−	nc	nc	−	nc	−	103
大阪	x	x	x	x	x	x	x	x	x	81
兵庫	276	294	811	△ 270	51	86	△ 1,060	43	120	245
奈良	−	−	−	x	x	x	x	x	−	112
和歌山	1	121	1	x	x	x	x	x	90	134
鳥取	x	x	x	x	x	x	x	x	x	121
島根	12	92	11	△ 3	80	66	△ 10	52	67	137
岡山	1	175	2	x	x	172	x	x	120	146
広島	104	203	211	12	113	89	1	100	100	203
山口	−	−	−	−	nc	nc	−	nc	nc	−
徳島	x	x	x	x	x	x	x	x	x	217
香川	−	−	−	−	nc	nc	−	nc	nc	−
愛媛	−	−	−	−	nc	nc	−	nc	nc	−
高知	−	−	−	−	nc	nc	−	nc	nc	−
福岡	−	−	−	−	nc	nc	−	nc	nc	−
佐賀	−	−	−	−	nc	nc	−	nc	nc	−
長崎	−	−	−	−	nc	nc	−	nc	nc	−
熊本	14	243	34	5	156	68	2	106	72	338
大分	8	286	23	0	100	83	△ 4	85	82	349
宮崎	x	x	x	x	x	x	x	x	nc	…
鹿児島	x	x	x	x	x	x	x	x	x	358
沖縄	−	−	−	−	nc	nc	−	nc	nc	−
関東農政局	4,530	311	14,100	0	100	104	600	104	103	302
東海農政局	510	275	1,400	△ 186	73	82	△ 930	60	106	259
中国四国農政局	119	193	230	x	x	89	x	x	99	195

2　麦類（続き）

(1)　令和３年産麦類（子実用）の収穫量（全国農業地域別・都道府県別）（続き）

オ　はだか麦

全国農業地域・都道府県	作付面積	10a当たり収量	収穫量	前年産との比較					（参考）	
				作付面積		10a当たり収量	収穫量		10a当たり平均収量対比	10a当たり平均収量
				対差	対比	対比	対差	対比		
	(1)	(2)	(3)	(4)	(5)	(6)	(7)	(8)	(9)	(10)
	ha	kg	t	ha	%	%	t	%	%	kg
全国	**6,820**	**324**	**22,100**	**490**	**108**	**101**	**1,700**	**108**	**122**	**266**
（全国農業地域）										
北海道	498	293	1,460	303	255	102	903	262	96	306
都府県	6,320	326	20,600	180	103	101	700	104	123	266
東北	x	x	x	x	x	x	x	x	x	123
北陸	2	150	3	0	100	100	0	100	nc	…
関東・東山	x	286	x	x	x	98	x	x	95	302
東海	x	269	x	x	x	107	x	x	nc	…
近畿	x	219	x	x	x	74	x	x	nc	…
中国	790	247	1,950	△ 137	85	96	△ 430	82	129	191
四国	2,800	353	9,880	90	103	96	△ 120	99	122	290
九州	1,940	347	6,730	180	110	114	1,360	125	137	254
沖縄	−	−	−	−	nc	nc	−	nc	nc	−
（都道府県）										
北海道	498	293	1,460	303	255	102	903	262	96	306
青森	−	−	−	−	nc	nc	−	nc	nc	−
岩手	−	−	−	−	nc	nc	−	nc	nc	−
宮城	−	−	−	−	nc	nc	−	nc	nc	…
秋田	−	−	−	−	nc	nc	−	nc	nc	−
山形	−	−	−	x	x	x	x	x	−	61
福島	x	x	x	x	x	x	x	x	x	123
茨城	325	285	926	34	112	104	132	117	90	315
栃木	42	279	117	1	102	91	△ 9	93	128	218
群馬	3	293	9	0	100	159	3	150	137	214
埼玉	111	288	320	9	109	83	△ 36	90	94	306
千葉	5	340	17	△ 4	56	153	△ 3	85	139	244
東京	x	x	x	x	x	x	x	x	x	230
神奈川	x	x	x	x	x	x	x	x	x	153
新潟	−	−	−	−	nc	nc	−	nc	nc	−
富山	x	x	x	x	x	x	x	x	x	147
石川	−	−	−	−	nc	nc	−	nc	nc	−
福井	x	x	x	x	x	x	x	x	nc	…
山梨	−	−	−	−	nc	nc	−	nc	nc	−
長野	−	−	−	−	nc	nc	−	nc	nc	−
岐阜	−	−	−	−	nc	nc	−	nc	nc	…
静岡	x	x	x	x	x	x	x	x	nc	…
愛知	19	258	49	0	100	109	4	109	108	240
三重	29	276	80	△ 8	78	107	△ 16	83	111	248
滋賀	90	316	284	15	120	67	△ 68	81	84	376
京都	−	−	−	−	nc	nc	−	nc	nc	−
大阪	x	x	x	x	x	x	x	x	nc	…
兵庫	164	165	271	7	104	79	△ 59	82	96	171
奈良	x	x	x	x	x	x	x	x	x	150
和歌山	0	74	0	0	nc	73	0	nc	58	127
鳥取	5	200	10	△ 4	56	100	△ 8	56	90	221
島根	42	326	137	1	102	134	37	137	150	218
岡山	225	298	671	△ 65	78	84	△ 359	65	116	257
広島	83	175	145	△ 40	67	75	△ 143	50	111	157
山口	435	226	983	△ 29	94	111	41	104	140	161
徳島	32	100	32	△ 18	64	40	△ 94	25	55	182
香川	909	319	2,900	107	113	89	30	101	106	300
愛媛	1,860	373	6,940	0	100	99	△ 70	99	130	286
高知	3	174	5	0	100	70	△ 2	71	101	172
福岡	482	408	1,970	1	100	120	330	120	141	290
佐賀	249	442	1,100	△ 3	99	122	188	121	139	318
長崎	227	221	502	158	329	136	390	448	136	162
熊本	131	297	389	△ 15	90	151	101	135	146	203
大分	813	331	2,690	39	105	110	350	115	131	252
宮崎	14	129	18	△ 1	93	73	△ 9	67	112	115
鹿児島	25	222	56	3	114	100	7	114	134	166
沖縄	−	−	−	−	nc	nc	−	nc	nc	−
関東農政局	x	286	x	x	x	98	x	x	nc	…
東海農政局	48	269	129	△ 8	86	107	△ 12	91	109	246
中国四国農政局	3,590	329	11,800	△ 50	99	96	△ 600	95	123	268

(2)　令和３年産小麦の秋まき、春まき別収穫量（北海道）

区分	作付面積	10a当たり収量	収穫量	前年産との比較					（参考）	
				作付面積		10a当たり収量	収穫量		10a当たり平均収量対比	10a当たり平均収量
				対差	対比	対比	対差	対比		
	(1)	(2)	(3)	(4)	(5)	(6)	(7)	(8)	(9)	(10)
	ha	kg	t	ha	%	%	t	%	%	kg
北海道	**126,100**	**578**	**728,400**	**3,900**	**103**	**112**	**98,500**	**116**	**118**	**489**
秋まき	108,500	612	664,000	3,100	103	113	94,800	117	119	513
春まき	17,600	366	64,400	800	105	101	3,700	106	111	330

3 豆類・そば

(1) 令和3年産豆類（乾燥子実）及びそば（乾燥子実）の収穫量（全国農業地域別・都道府県別）

ア 大豆

全国農業地域・都道府県	作付面積	10a当たり収量	収穫量	前年産との比較						(参考)	
				作付面積		10a当たり収量	収穫量			10a当たり平均収量対比	10a当たり平均収量
				対差	対比	対比	対差	対比			
	(1)	(2)	(3)	(4)	(5)	(6)	(7)	(8)		(9)	(10)
	ha	kg	t	ha	%	%	t	%		%	kg
全国	**146,200**	**169**	**246,500**	**4,500**	**103**	**110**	**27,600**	**113**		**105**	**161**
（全国農業地域）											
北海道	42,000	251	105,400	3,100	108	105	12,400	113		107	235
都府県	104,200	135	141,100	1,500	101	110	15,200	112		101	134
東北	35,600	169	60,100	700	102	127	13,700	130		117	144
北陸	11,700	170	19,900	△ 200	98	134	4,800	132		107	159
関東・東山	9,740	129	12,600	170	102	102	500	104		96	134
東海	12,200	111	13,500	400	103	118	2,400	122		107	104
近畿	9,270	118	10,900	170	102	104	500	105		95	124
中国	4,280	94	4,010	30	101	101	50	101		89	106
四国	501	124	619	8	102	94	△ 31	95		110	113
九州	21,000	93	19,600	200	101	74	△ 6,600	75		65	142
沖縄	x	x	x	x	x	x	x	x		x	37
（都道府県）											
北海道	42,000	251	105,400	3,100	108	105	12,400	113		107	235
青森	5,070	162	8,210	230	105	130	2,160	136		116	140
岩手	4,530	147	6,660	210	105	112	1,000	118		106	139
宮城	11,000	202	22,200	200	102	116	3,400	118		130	155
秋田	8,820	158	13,900	170	102	158	5,250	161		115	137
山形	4,740	154	7,300	△ 90	98	134	1,750	132		105	146
福島	1,410	129	1,820	20	101	107	140	108		103	125
茨城	3,360	118	3,960	10	100	103	110	103		103	115
栃木	2,350	148	3,480	100	104	95	△ 10	100		91	163
群馬	278	150	417	3	101	106	29	107		118	127
埼玉	619	94	582	△ 38	94	107	4	101		94	100
千葉	876	96	841	54	107	109	118	116		93	103
東京	4	125	5	0	100	71	△ 2	71		98	127
神奈川	37	149	55	0	100	95	△ 3	95		97	153
新潟	4,090	190	7,770	△ 90	98	135	1,880	132		107	177
富山	4,250	167	7,100	△ 20	100	130	1,630	130		111	150
石川	1,620	138	2,240	△ 10	99	117	320	117		98	141
福井	1,740	158	2,750	△ 60	97	156	930	151		103	154
山梨	212	114	242	△ 4	98	107	11	105		93	122
長野	2,010	149	2,990	50	103	104	190	107		92	162
岐阜	2,960	102	3,020	100	103	103	190	107		95	107
静岡	244	82	200	21	109	108	31	118		98	84
愛知	4,470	138	6,170	100	102	125	1,360	128		111	124
三重	4,530	90	4,080	180	104	120	820	125		108	83
滋賀	6,490	133	8,630	△ 20	100	107	560	107		98	136
京都	318	97	308	16	105	83	△ 45	87		83	117
大阪	15	73	11	0	100	84	△ 2	85		68	108
兵庫	2,280	76	1,730	170	108	88	△ 80	96		82	93
奈良	134	112	150	△ 3	98	117	18	114		105	107
和歌山	27	93	25	△ 1	96	104	0	100		97	96
鳥取	667	110	734	43	107	121	166	129		88	125
島根	783	103	806	3	100	84	△ 153	84		83	124
岡山	1,550	82	1,270	10	101	90	△ 130	91		86	95
広島	408	67	273	△ 22	95	93	△ 37	88		71	95
山口	870	107	931	0	100	129	209	129		105	102
徳島	15	93	14	5	150	116	6	175		169	55
香川	67	72	48	7	112	74	△ 10	83		80	90
愛媛	346	148	512	△ 2	99	95	△ 27	95		111	133
高知	73	62	45	△ 2	97	103	0	100		117	53
福岡	8,190	88	7,210	△ 30	100	70	△ 3,090	70		61	144
佐賀	7,850	96	7,540	100	101	74	△ 2,560	75		61	157
長崎	400	41	164	△ 9	98	111	13	109		49	84
熊本	2,500	109	2,730	80	103	70	△ 1,020	73		76	143
大分	1,440	96	1,380	30	102	102	50	104		105	91
宮崎	218	115	251	△ 5	98	92	△ 28	90		103	112
鹿児島	345	99	342	△ 1	100	132	82	132		104	95
沖縄	x	x	x	x	x	x	x	x		x	37
関東農政局	9,980	128	12,800	190	102	102	500	104		96	134
東海農政局	12,000	111	13,300	400	103	118	2,400	122		107	104
中国四国農政局	4,780	97	4,630	40	101	100	20	100		91	107

イ　小豆

全国農業地域・都道府県	作付面積	10a当たり収量	収穫量	前年産との比較					（参考）	
				作付面積		10a当たり収量	収穫量		10a当たり平均収量対比	10a当たり平均収量
				対差	対比	対比	対差	対比		
	(1)	(2)	(3)	(4)	(5)	(6)	(7)	(8)	(9)	(10)
	ha	kg	t	ha	%	%	t	%	%	kg
全国	**23,300**	**181**	**42,200**	**△ 3,300**	**88**	**93**	**△ 9,700**	**81**	**84**	**215**
（全国農業地域）										
北海道	19,000	206	39,100	△ 3,100	86	94	△ 9,500	80	83	247
都府県	4,300	…	…	nc	nc	nc	nc	nc	nc	…
東北	735	…	…	nc	nc	nc	nc	nc	nc	…
北陸	322	…	…	nc	nc	nc	nc	nc	nc	…
関東・東山	683	…	…	nc	nc	nc	nc	nc	nc	…
東海	107	…	…	nc	nc	nc	nc	nc	nc	…
近畿	1,430	…	…	nc	nc	nc	nc	nc	nc	…
中国	699	…	…	nc	nc	nc	nc	nc	nc	…
四国	66	…	…	nc	nc	nc	nc	nc	nc	…
九州	264	…	…	nc	nc	nc	nc	nc	nc	…
沖縄	-	…	…	nc	nc	nc	nc	nc	nc	…
（都道府県）										
北海道	19,000	206	39,100	△ 3,100	86	94	△ 9,500	80	83	247
青森	119	…	…	nc	nc	nc	nc	nc	nc	…
岩手	200	…	…	nc	nc	nc	nc	nc	nc	…
宮城	99	…	…	nc	nc	nc	nc	nc	nc	…
秋田	104	…	…	nc	nc	nc	nc	nc	nc	…
山形	50	…	…	nc	nc	nc	nc	nc	nc	…
福島	163	…	…	nc	nc	nc	nc	nc	nc	…
茨城	113	…	…	nc	nc	nc	nc	nc	nc	…
栃木	61	…	…	nc	nc	nc	nc	nc	nc	…
群馬	165	…	…	nc	nc	nc	nc	nc	nc	…
埼玉	95	…	…	nc	nc	nc	nc	nc	nc	…
千葉	73	…	…	nc	nc	nc	nc	nc	nc	…
東京	-	…	…	nc	nc	nc	nc	nc	nc	…
神奈川	10	…	…	nc	nc	nc	nc	nc	nc	…
新潟	96	…	…	nc	nc	nc	nc	nc	nc	…
富山	17	…	…	nc	nc	nc	nc	nc	nc	…
石川	157	…	…	nc	nc	nc	nc	nc	nc	…
福井	52	…	…	nc	nc	nc	nc	nc	nc	…
山梨	40	…	…	nc	nc	nc	nc	nc	nc	…
長野	126	…	…	nc	nc	nc	nc	nc	nc	…
岐阜	47	…	…	nc	nc	nc	nc	nc	nc	…
静岡	12	…	…	nc	nc	nc	nc	nc	nc	…
愛知	22	…	…	nc	nc	nc	nc	nc	nc	…
三重	26	…	…	nc	nc	nc	nc	nc	nc	…
滋賀	189	108	204	△ 2	99	106	9	105	146	74
京都	458	79	362	7	102	136	100	138	152	52
大阪	0	…	…	nc	nc	nc	nc	nc	nc	…
兵庫	754	69	520	△ 53	93	86	△ 126	80	99	70
奈良	24	…	…	nc	nc	nc	nc	nc	nc	…
和歌山	1	…	…	nc	nc	nc	nc	nc	nc	…
鳥取	133	…	…	nc	nc	nc	nc	nc	nc	…
島根	156	…	…	nc	nc	nc	nc	nc	nc	…
岡山	277	…	…	nc	nc	nc	nc	nc	nc	…
広島	107	…	…	nc	nc	nc	nc	nc	nc	…
山口	26	…	…	nc	nc	nc	nc	nc	nc	…
徳島	8	…	…	nc	nc	nc	nc	nc	nc	…
香川	18	…	…	nc	nc	nc	nc	nc	nc	…
愛媛	32	…	…	nc	nc	nc	nc	nc	nc	…
高知	8	…	…	nc	nc	nc	nc	nc	nc	…
福岡	31	…	…	nc	nc	nc	nc	nc	nc	…
佐賀	31	…	…	nc	nc	nc	nc	nc	nc	…
長崎	33	…	…	nc	nc	nc	nc	nc	nc	…
熊本	95	…	…	nc	nc	nc	nc	nc	nc	…
大分	53	…	…	nc	nc	nc	nc	nc	nc	…
宮崎	20	…	…	nc	nc	nc	nc	nc	nc	…
鹿児島	1	…	…	nc	nc	nc	nc	nc	nc	…
沖縄	-	…	…	nc	nc	nc	nc	nc	nc	…
関東農政局	695	…	…	nc	nc	nc	nc	nc	nc	…
東海農政局	95	…	…	nc	nc	nc	nc	nc	nc	…
中国四国農政局	765	…	…	nc	nc	nc	nc	nc	nc	…

注：1　小豆の作付面積調査及び収穫量調査は主産県調査であり、3年又は6年周期で全国調査を実施している。
2　令和3年産調査については、作付面積調査は全国、収穫量調査は主産県を対象に調査を実施した。
3　主産県とは、直近の全国調査年である平成30年産調査における全国の作付面積のおおむね80％を占めるまでの上位都道府県及び畑作物共済事業を実施する都道府県である。
4　全国の収穫量については、主産県の調査結果から推計したものである。

3 豆類・そば（続き）

(1) 令和３年産豆類（乾燥子実）及びそば（乾燥子実）の収穫量（全国農業地域別・都道府県別）（続き）

ウ いんげん

全国農業地域・都道府県	作付面積	10a当たり収量	収穫量	前年産との比較 作付面積 対差	前年産との比較 作付面積 対比	前年産との比較 10a当たり収量 対比	前年産との比較 収穫量 対差	前年産との比較 収穫量 対比	（参考） 10a当たり平均収量対比	（参考） 10a当たり平均収量
	(1)	(2)	(3)	(4)	(5)	(6)	(7)	(8)	(9)	(10)
	ha	kg	t	ha	%	%	t	%	%	kg
全国	**7,130**	**101**	**7,200**	**△ 240**	**97**	**151**	**2,280**	**146**	**59**	**170**
（全国農業地域）										
北海道	6,660	103	6,860	△ 220	97	151	2,180	147	58	177
都府県	466	…	…	nc	nc	nc	nc	nc	nc	…
東北	58	…	…	nc	nc	nc	nc	nc	nc	…
北陸	61	…	…	nc	nc	nc	nc	nc	nc	…
関東・東山	334	…	…	nc	nc	nc	nc	nc	nc	…
東海	1	…	…	nc	nc	nc	nc	nc	nc	…
近畿	4	…	…	nc	nc	nc	nc	nc	nc	…
中国	4	…	…	nc	nc	nc	nc	nc	nc	…
四国	4	…	…	nc	nc	nc	nc	nc	nc	…
九州	−	…	…	nc	nc	nc	nc	nc	nc	…
沖縄	−	…	…	nc	nc	nc	nc	nc	nc	…
（都道府県）										
北海道	6,660	103	6,860	△ 220	97	151	2,180	147	58	177
青森	4	…	…	nc	nc	nc	nc	nc	nc	…
岩手	13	…	…	nc	nc	nc	nc	nc	nc	…
宮城	1	…	…	nc	nc	nc	nc	nc	nc	…
秋田	16	…	…	nc	nc	nc	nc	nc	nc	…
山形	9	…	…	nc	nc	nc	nc	nc	nc	…
福島	15	…	…	nc	nc	nc	nc	nc	nc	…
茨城	36	…	…	nc	nc	nc	nc	nc	nc	…
栃木	3	…	…	nc	nc	nc	nc	nc	nc	…
群馬	98	…	…	nc	nc	nc	nc	nc	nc	…
埼玉	−	…	…	nc	nc	nc	nc	nc	nc	…
千葉	−	…	…	nc	nc	nc	nc	nc	nc	…
東京	−	…	…	nc	nc	nc	nc	nc	nc	…
神奈川	1	…	…	nc	nc	nc	nc	nc	nc	…
新潟	20	…	…	nc	nc	nc	nc	nc	nc	…
富山	7	…	…	nc	nc	nc	nc	nc	nc	…
石川	25	…	…	nc	nc	nc	nc	nc	nc	…
福井	9	…	…	nc	nc	nc	nc	nc	nc	…
山梨	45	…	…	nc	nc	nc	nc	nc	nc	…
長野	151	…	…	nc	nc	nc	nc	nc	nc	…
岐阜	0	…	…	nc	nc	nc	nc	nc	nc	…
静岡	−	…	…	nc	nc	nc	nc	nc	nc	…
愛知	1	…	…	nc	nc	nc	nc	nc	nc	…
三重	−	…	…	nc	nc	nc	nc	nc	nc	…
滋賀	1	…	…	nc	nc	nc	nc	nc	nc	…
京都	2	…	…	nc	nc	nc	nc	nc	nc	…
大阪	−	…	…	nc	nc	nc	nc	nc	nc	…
兵庫	1	…	…	nc	nc	nc	nc	nc	nc	…
奈良	−	…	…	nc	nc	nc	nc	nc	nc	…
和歌山	−	…	…	nc	nc	nc	nc	nc	nc	…
鳥取	−	…	…	nc	nc	nc	nc	nc	nc	…
島根	1	…	…	nc	nc	nc	nc	nc	nc	…
岡山	0	…	…	nc	nc	nc	nc	nc	nc	…
広島	3	…	…	nc	nc	nc	nc	nc	nc	…
山口	−	…	…	nc	nc	nc	nc	nc	nc	…
徳島	1	…	…	nc	nc	nc	nc	nc	nc	…
香川	0	…	…	nc	nc	nc	nc	nc	nc	…
愛媛	1	…	…	nc	nc	nc	nc	nc	nc	…
高知	2	…	…	nc	nc	nc	nc	nc	nc	…
福岡	−	…	…	nc	nc	nc	nc	nc	nc	…
佐賀	−	…	…	nc	nc	nc	nc	nc	nc	…
長崎	−	…	…	nc	nc	nc	nc	nc	nc	…
熊本	−	…	…	nc	nc	nc	nc	nc	nc	…
大分	−	…	…	nc	nc	nc	nc	nc	nc	…
宮崎	−	…	…	nc	nc	nc	nc	nc	nc	…
鹿児島	−	…	…	nc	nc	nc	nc	nc	nc	…
沖縄	−	…	…	nc	nc	nc	nc	nc	nc	…
関東農政局	334	…	…	nc	nc	nc	nc	nc	nc	…
東海農政局	1	…	…	nc	nc	nc	nc	nc	nc	…
中国四国農政局	8	…	…	nc	nc	nc	nc	nc	nc	…

注：1 いんげんの作付面積調査及び収穫量調査は主産県調査であり、３年又は６年周期で全国調査を実施している。
2 令和３年産調査については、作付面積調査は全国、収穫量調査は主産県を対象に調査を実施した。
3 主産県とは、直近の全国調査年である平成30年産調査における全国の作付面積のおおむね80%を占めるまでの上位都道府県及び畑作物共済事業を実施する都道府県である。
4 全国の収穫量については、主産県の調査結果から推計したものである。

エ　らっかせい

全国農業地域・都道府県	作付面積	10a当たり収量	収穫量	前年産との比較 作付面積 対差	前年産との比較 作付面積 対比	前年産との比較 10a当たり収量 対比	前年産との比較 収穫量 対差	前年産との比較 収穫量 対比	（参考） 10a当たり平均収量対比	（参考） 10a当たり平均収量
	(1)	(2)	(3)	(4)	(5)	(6)	(7)	(8)	(9)	(10)
	ha	kg	t	ha	%	%	t	%	%	kg
全国	**6,020**	**246**	**14,800**	**△ 200**	**97**	**116**	**1,600**	**112**	**110**	**224**
（全国農業地域）										
北海道	8	…	…	nc	nc	nc	nc	nc	nc	…
都府県	6,010	…	…	nc	nc	nc	nc	nc	nc	…
東北	x	…	…	nc	nc	nc	nc	nc	nc	…
北陸	27	…	…	nc	nc	nc	nc	nc	nc	…
関東・東山	5,650	…	…	nc	nc	nc	nc	nc	nc	…
東海	75	…	…	nc	nc	nc	nc	nc	nc	…
近畿	9	…	…	nc	nc	nc	nc	nc	nc	…
中国	18	…	…	nc	nc	nc	nc	nc	nc	…
四国	14	…	…	nc	nc	nc	nc	nc	nc	…
九州	194	…	…	nc	nc	nc	nc	nc	nc	…
沖縄	8	…	…	nc	nc	nc	nc	nc	nc	…
（都道府県）										
北海道	8	…	…	nc	nc	nc	nc	nc	nc	…
青森	x	…	…	nc	nc	nc	nc	nc	nc	…
岩手	0	…	…	nc	nc	nc	nc	nc	nc	…
宮城	1	…	…	nc	nc	nc	nc	nc	nc	…
秋田	0	…	…	nc	nc	nc	nc	nc	nc	…
山形	5	…	…	nc	nc	nc	nc	nc	nc	…
福島	8	…	…	nc	nc	nc	nc	nc	nc	…
茨城	489	280	1,370	△ 26	95	113	100	108	102	275
栃木	33	…	…	nc	nc	nc	nc	nc	nc	…
群馬	30	…	…	nc	nc	nc	nc	nc	nc	…
埼玉	27	…	…	nc	nc	nc	nc	nc	nc	…
千葉	4,890	255	12,500	△ 90	98	116	1,500	114	112	228
東京	0	…	…	nc	nc	nc	nc	nc	nc	…
神奈川	140	…	…	nc	nc	nc	nc	nc	nc	…
新潟	21	…	…	nc	nc	nc	nc	nc	nc	…
富山	3	…	…	nc	nc	nc	nc	nc	nc	…
石川	1	…	…	nc	nc	nc	nc	nc	nc	…
福井	2	…	…	nc	nc	nc	nc	nc	nc	…
山梨	39	…	…	nc	nc	nc	nc	nc	nc	…
長野	3	…	…	nc	nc	nc	nc	nc	nc	…
岐阜	22	…	…	nc	nc	nc	nc	nc	nc	…
静岡	16	…	…	nc	nc	nc	nc	nc	nc	…
愛知	15	…	…	nc	nc	nc	nc	nc	nc	…
三重	22	…	…	nc	nc	nc	nc	nc	nc	…
滋賀	3	…	…	nc	nc	nc	nc	nc	nc	…
京都	1	…	…	nc	nc	nc	nc	nc	nc	…
大阪	0	…	…	nc	nc	nc	nc	nc	nc	…
兵庫	4	…	…	nc	nc	nc	nc	nc	nc	…
奈良	1	…	…	nc	nc	nc	nc	nc	nc	…
和歌山	0	…	…	nc	nc	nc	nc	nc	nc	…
鳥取	5	…	…	nc	nc	nc	nc	nc	nc	…
島根	0	…	…	nc	nc	nc	nc	nc	nc	…
岡山	3	…	…	nc	nc	nc	nc	nc	nc	…
広島	9	…	…	nc	nc	nc	nc	nc	nc	…
山口	1	…	…	nc	nc	nc	nc	nc	nc	…
徳島	0	…	…	nc	nc	nc	nc	nc	nc	…
香川	5	…	…	nc	nc	nc	nc	nc	nc	…
愛媛	3	…	…	nc	nc	nc	nc	nc	nc	…
高知	6	…	…	nc	nc	nc	nc	nc	nc	…
福岡	5	…	…	nc	nc	nc	nc	nc	nc	…
佐賀	3	…	…	nc	nc	nc	nc	nc	nc	…
長崎	32	…	…	nc	nc	nc	nc	nc	nc	…
熊本	18	…	…	nc	nc	nc	nc	nc	nc	…
大分	23	…	…	nc	nc	nc	nc	nc	nc	…
宮崎	28	…	…	nc	nc	nc	nc	nc	nc	…
鹿児島	85	…	…	nc	nc	nc	nc	nc	nc	…
沖縄	8	…	…	nc	nc	nc	nc	nc	nc	…
関東農政局	5,670	…	…	nc	nc	nc	nc	nc	nc	…
東海農政局	59	…	…	nc	nc	nc	nc	nc	nc	…
中国四国農政局	32	…	…	nc	nc	nc	nc	nc	nc	…

注：1　らっかせいの作付面積調査及び収穫量調査は主産県調査であり、３年又は６年周期で全国調査を実施している。
　　2　令和３年産調査については、作付面積調査は全国、収穫量調査は主産県を対象に調査を実施した。
　　3　主産県とは、直近の全国調査年である平成30年産調査における全国の作付面積のおおむね80%を占めるまでの上位都道府県である。
　　4　全国の収穫量については、主産県の調査結果から推計したものである。

3 豆類・そば（続き）

(1) 令和３年産豆類（乾燥子実）及びそば（乾燥子実）の収穫量（全国農業地域別・都道府県別）（続き）

オ そば

全国農業地域・都道府県	作付面積	10 a 当たり収量	収穫量	前年産との比較 作付面積 対差	前年産との比較 作付面積 対比	前年産との比較 10 a 当たり収量 対比	前年産との比較 収穫量 対差	前年産との比較 収穫量 対比	（参考） 10 a 当たり平均収量対比	（参考） 10 a 当たり平均収量
	(1)	(2)	(3)	(4)	(5)	(6)	(7)	(8)	(9)	(10)
	ha	kg	t	ha	%	%	t	%	%	kg
全国	**65,500**	**62**	**40,900**	**△ 1,100**	**98**	**93**	**△ 3,900**	**91**	**111**	**56**
（全国農業地域）										
北海道	24,300	71	17,300	△ 1,400	95	95	△ 2,000	90	103	69
都府県	41,200	57	23,600	300	101	92	△ 1,900	93	119	48
東北	17,600	61	10,700	600	104	130	2,790	135	145	42
北陸	5,540	42	2,350	△ 30	99	74	△ 830	74	114	37
関東・東山	12,300	61	7,480	△ 200	98	72	△ 3,120	71	91	67
東海	534	44	236	△ 35	94	75	△ 99	70	122	36
近畿	x	53	x	x	x	62	x	x	120	44
中国	1,490	25	372	△ 40	97	44	△ 505	42	78	32
四国	119	46	55	13	112	79	△ 7	89	128	36
九州	2,640	72	1,890	40	102	113	220	113	141	51
沖縄	46	73	34	△ 23	67	109	△ 12	74	133	55
（都道府県）										
北海道	24,300	71	17,300	△ 1,400	95	95	△ 2,000	90	103	69
青森	1,700	57	969	30	102	143	301	145	163	35
岩手	1,660	85	1,410	△ 20	99	123	250	122	139	61
宮城	621	26	161	15	102	67	△ 75	68	104	25
秋田	4,240	51	2,160	260	107	131	610	139	128	40
山形	5,430	67	3,640	110	102	163	1,460	167	181	37
福島	3,910	59	2,310	120	103	105	190	109	126	47
茨城	3,430	60	2,060	△ 80	98	76	△ 710	74	91	66
栃木	3,090	69	2,130	60	102	73	△ 720	75	90	77
群馬	585	69	404	△ 2	100	83	△ 83	83	78	89
埼玉	331	54	179	△ 11	97	78	△ 57	76	92	59
千葉	206	43	89	△ 13	94	64	△ 58	61	91	47
東京	3	40	1	0	100	60	△ 1	50	83	48
神奈川	33	34	11	8	132	65	△ 2	85	76	45
新潟	1,250	51	638	△ 20	98	113	66	112	131	39
富山	544	68	370	27	105	78	△ 80	82	174	39
石川	354	34	120	△ 23	94	85	△ 31	79	162	21
福井	3,390	36	1,220	△ 10	100	61	△ 790	61	95	38
山梨	183	58	106	△ 10	95	83	△ 29	79	112	52
長野	4,460	56	2,500	△ 140	97	65	△ 1,460	63	92	61
岐阜	349	36	126	8	102	57	△ 89	59	100	36
静岡	85	56	48	14	120	102	9	123	187	30
愛知	21	27	6	△ 12	64	113	△ 2	75	108	25
三重	79	71	56	△ 45	64	120	△ 17	77	169	42
滋賀	563	63	355	△ 2	100	64	△ 199	64	117	54
京都	126	41	52	5	104	64	△ 25	68	132	31
大阪	x	42	x	x	x	82	x	x	111	38
兵庫	201	34	68	△ 10	95	52	△ 71	49	131	26
奈良	27	42	11	1	104	79	△ 3	79	120	35
和歌山	3	46	1	0	100	511	1	nc	256	18
鳥取	337	32	108	7	102	64	△ 57	65	103	31
島根	608	23	140	△ 30	95	44	△ 192	42	72	32
岡山	172	35	60	△ 20	90	57	△ 57	51	90	39
広島	308	16	49	6	102	23	△ 159	24	55	29
山口	68	22	15	△ 3	96	29	△ 40	27	81	27
徳島	46	30	14	6	115	60	△ 6	70	68	44
香川	38	32	12	7	123	43	△ 11	52	107	30
愛媛	31	87	27	0	100	158	10	159	235	37
高知	4	46	2	0	100	100	0	100	164	28
福岡	85	44	37	△ 4	96	119	4	112	119	37
佐賀	34	59	20	0	100	95	△ 1	95	118	50
長崎	159	48	76	△ 3	98	114	8	112	109	44
熊本	661	85	562	△ 9	99	106	26	105	135	63
大分	217	48	104	△ 11	95	102	△ 3	97	137	35
宮崎	235	90	212	△ 7	97	125	38	122	173	52
鹿児島	1,240	71	880	60	105	115	148	120	142	50
沖縄	46	73	34	△ 23	67	109	△ 12	74	133	55
関東農政局	12,400	61	7,530	△ 200	98	73	△ 3,070	71	91	67
東海農政局	449	42	188	△ 49	90	71	△ 108	64	114	37
中国四国農政局	1,610	27	427	△ 30	98	47	△ 512	45	84	32

(2)　令和３年産いんげん（乾燥子実）の種類別収穫量（北海道）

区分	作付面積	10a当たり収量	収穫量	前年産との比較					（参考）	
				作付面積		10a当たり収量	収穫量		10a当たり平均収量対比	10a当たり平均収量
				対差	対比	対比	対差	対比		
	(1)	(2)	(3)	(4)	(5)	(6)	(7)	(8)	(9)	(10)
	ha	kg	t	ha	%	%	t	%	%	kg
いんげん	6,660	103	6,860	△ 220	97	151	2,180	147	58	177
うち金時	4,830	76	3,670	50	101	123	710	124	47	162
手亡	1,500	193	2,900	△ 280	84	247	1,510	209	83	233

注：「金時」には、「きたロッソ」を含んでいない。

4　かんしょ

(1)　令和3年産かんしょの収穫量（全国農業地域別・都道府県別）

全国農業地域・都道府県	作付面積	10a当たり収量	収穫量	前年産との比較					（参考）	
				作付面積		10a当たり収量	収穫量		10a当たり平均収量対比	10a当たり平均収量
				対差	対比	対比	対差	対比		
	(1)	(2)	(3)	(4)	(5)	(6)	(7)	(8)	(9)	(10)
	ha	kg	t	ha	%	%	t	%	%	kg
全国	**32,400**	**2,070**	**671,900**	**△ 700**	**98**	**100**	**△ 15,700**	**98**	**92**	**2,250**
（全国農業地域）										
北海道	…	…	…	nc	nc	nc	nc	nc	nc	…
都府県	…	…	…	nc	nc	nc	nc	nc	nc	…
東北	…	…	…	nc	nc	nc	nc	nc	nc	…
北陸	…	…	…	nc	nc	nc	nc	nc	nc	…
関東・東山	…	…	…	nc	nc	nc	nc	nc	nc	…
東海	…	…	…	nc	nc	nc	nc	nc	nc	…
近畿	…	…	…	nc	nc	nc	nc	nc	nc	…
中国	…	…	…	nc	nc	nc	nc	nc	nc	…
四国	…	…	…	nc	nc	nc	nc	nc	nc	…
九州	…	…	…	nc	nc	nc	nc	nc	nc	…
沖縄	…	…	…	nc	nc	nc	nc	nc	nc	…
（都道府県）										
北海道	…	…	…	nc	nc	nc	nc	nc	nc	…
青森	…	…	…	nc	nc	nc	nc	nc	nc	…
岩手	…	…	…	nc	nc	nc	nc	nc	nc	…
宮城	…	…	…	nc	nc	nc	nc	nc	nc	…
秋田	…	…	…	nc	nc	nc	nc	nc	nc	…
山形	…	…	…	nc	nc	nc	nc	nc	nc	…
福島	…	…	…	nc	nc	nc	nc	nc	nc	…
茨城	7,220	2,620	189,200	220	103	101	7,200	104	102	2,560
栃木	…	…	…	nc	nc	nc	nc	nc	nc	…
群馬	…	…	…	nc	nc	nc	nc	nc	nc	…
埼玉	…	…	…	nc	nc	nc	nc	nc	nc	…
千葉	3,800	2,300	87,400	△ 140	96	100	△ 2,800	97	95	2,430
東京	…	…	…	nc	nc	nc	nc	nc	nc	…
神奈川	…	…	…	nc	nc	nc	nc	nc	nc	…
新潟	…	…	…	nc	nc	nc	nc	nc	nc	…
富山	…	…	…	nc	nc	nc	nc	nc	nc	…
石川	…	…	…	nc	nc	nc	nc	nc	nc	…
福井	…	…	…	nc	nc	nc	nc	nc	nc	…
山梨	…	…	…	nc	nc	nc	nc	nc	nc	…
長野	…	…	…	nc	nc	nc	nc	nc	nc	…
岐阜	…	…	…	nc	nc	nc	nc	nc	nc	…
静岡	…	…	…	nc	nc	nc	nc	nc	nc	…
愛知	…	…	…	nc	nc	nc	nc	nc	nc	…
三重	…	…	…	nc	nc	nc	nc	nc	nc	…
滋賀	…	…	…	nc	nc	nc	nc	nc	nc	…
京都	…	…	…	nc	nc	nc	nc	nc	nc	…
大阪	…	…	…	nc	nc	nc	nc	nc	nc	…
兵庫	…	…	…	nc	nc	nc	nc	nc	nc	…
奈良	…	…	…	nc	nc	nc	nc	nc	nc	…
和歌山	…	…	…	nc	nc	nc	nc	nc	nc	…
鳥取	…	…	…	nc	nc	nc	nc	nc	nc	…
島根	…	…	…	nc	nc	nc	nc	nc	nc	…
岡山	…	…	…	nc	nc	nc	nc	nc	nc	…
広島	…	…	…	nc	nc	nc	nc	nc	nc	…
山口	…	…	…	nc	nc	nc	nc	nc	nc	…
徳島	1,090	2,490	27,100	0	100	100	0	100	100	2,500
香川	…	…	…	nc	nc	nc	nc	nc	nc	…
愛媛	…	…	…	nc	nc	nc	nc	nc	nc	…
高知	…	…	…	nc	nc	nc	nc	nc	nc	…
福岡	…	…	…	nc	nc	nc	nc	nc	nc	…
佐賀	…	…	…	nc	nc	nc	nc	nc	nc	…
長崎	…	…	…	nc	nc	nc	nc	nc	nc	…
熊本	782	2,300	18,000	△ 42	95	110	700	104	104	2,220
大分	…	…	…	nc	nc	nc	nc	nc	nc	…
宮崎	3,020	2,350	71,000	30	101	102	1,900	103	95	2,480
鹿児島	10,300	1,850	190,600	△ 600	94	94	△ 24,100	89	78	2,380
沖縄	…	…	…	nc	nc	nc	nc	nc	nc	…
関東農政局	…	…	…	nc	nc	nc	nc	nc	nc	…
東海農政局	…	…	…	nc	nc	nc	nc	nc	nc	…
中国四国農政局	…	…	…	nc	nc	nc	nc	nc	nc	…

注：1　かんしょの作付面積調査及び収穫量調査は、3年又は6年周期で全国調査を実施している。
　　2　令和3年産調査については、作付面積調査及び収穫量調査ともに主産県を対象に調査を実施した。
　　3　主産県とは、直近の全国調査年である令和2年産調査における全国の作付面積のおおむね80%を占めるまでの上位都道府県である。
　　4　全国の作付面積及び収穫量については、主産県の調査結果から推計したものである。

(2)　令和３年産でんぷん原料仕向けかんしょの収穫量（宮崎県及び鹿児島県）

区分	作付面積		10 a 当たり収量	収穫量		前年産との比較				
	実数	かんしょの作付面積に占める割合		実数	かんしょの収穫量に占める割合	作付面積		10 a 当たり収量	収穫量	
						対差	対比	対比	対差	対比
	(1)	(2)	(3)	(4)	(5)	(6)	(7)	(8)	(9)	(10)
	ha	%	kg	t	%	ha	%	%	t	%
計	**4,230**	**32**	**1,790**	**75,900**	**29**	**50**	**101**	**98**	**△ 400**	**99**
宮崎	112	4	2,030	2,270	3	△ 85	57	102	△ 1,670	58
鹿児島	4,110	40	1,790	73,600	39	130	103	98	1,200	102

注：1　作付面積及び収穫量は、宮崎県及び鹿児島県の数値の内数である。
　　2　「かんしょの作付面積に占める割合」及び「かんしょの収穫量に占める割合」は、県別のかんしょの作付面積及び収穫量に占めるでんぷん原料仕向けかんしょの割合である。

5　飼料作物

令和３年産飼料作物の収穫量（全国農業地域別・都道府県別）

(1)　牧草

全国農業地域・都道府県	作付(栽培)面積	10a当たり収量	収穫量	前年産との比較 作付(栽培)面積 対差	作付(栽培)面積 対比	10a当たり収量 対比	収穫量 対差	収穫量 対比	(参考) 10a当たり平均収量対比	(参考) 10a当たり平均収量
	(1)	(2)	(3)	(4)	(5)	(6)	(7)	(8)	(9)	(10)
	ha	kg	t	ha	%	%	t	%	%	kg
全国	**717,600**	**3,340**	**23,979,000**	**△ 1,600**	**100**	**99**	**△ 265,000**	**99**	**98**	**3,420**
（全国農業地域）										
北海道	529,700	3,150	16,686,000	△ 700	100	98	△ 287,000	98	97	3,250
都府県	…	…	…	nc	nc	nc	nc	nc	nc	…
東北	…	…	…	nc	nc	nc	nc	nc	nc	…
北陸	…	…	…	nc	nc	nc	nc	nc	nc	…
関東・東山	…	…	…	nc	nc	nc	nc	nc	nc	…
東海	…	…	…	nc	nc	nc	nc	nc	nc	…
近畿	…	…	…	nc	nc	nc	nc	nc	nc	…
中国	…	…	…	nc	nc	nc	nc	nc	nc	…
四国	…	…	…	nc	nc	nc	nc	nc	nc	…
九州	…	…	…	nc	nc	nc	nc	nc	nc	…
沖縄	5,840	11,200	654,100	10	100	106	36,100	106	107	10,500
（都道府県）										
北海道	529,700	3,150	16,686,000	△ 700	100	98	△ 287,000	98	97	3,250
青森	…	…	…	nc	nc	nc	nc	nc	nc	…
岩手	35,400	2,640	934,600	△ 100	100	100	△ 6,200	99	95	2,770
宮城	…	…	…	nc	nc	nc	nc	nc	nc	…
秋田	…	…	…	nc	nc	nc	nc	nc	nc	…
山形	…	…	…	nc	nc	nc	nc	nc	nc	…
福島	…	…	…	nc	nc	nc	nc	nc	nc	…
茨城	1,430	4,510	64,500	△ 20	99	95	△ 4,400	94	98	4,620
栃木	7,490	3,550	265,900	50	101	88	△ 33,900	89	84	4,220
群馬	2,620	3,790	99,300	△ 60	98	87	△ 17,300	85	77	4,940
埼玉	…	…	…	nc	nc	nc	nc	nc	nc	…
千葉	949	3,460	32,800	△ 5	99	113	3,700	113	87	3,990
東京	…	…	…	nc	nc	nc	nc	nc	nc	…
神奈川	…	…	…	nc	nc	nc	nc	nc	nc	…
新潟	…	…	…	nc	nc	nc	nc	nc	nc	…
富山	…	…	…	nc	nc	nc	nc	nc	nc	…
石川	…	…	…	nc	nc	nc	nc	nc	nc	…
福井	…	…	…	nc	nc	nc	nc	nc	nc	…
山梨	…	…	…	nc	nc	nc	nc	nc	nc	…
長野	…	…	…	nc	nc	nc	nc	nc	nc	…
岐阜	…	…	…	nc	nc	nc	nc	nc	nc	…
静岡	…	…	…	nc	nc	nc	nc	nc	nc	…
愛知	688	3,220	22,200	△ 5	99	95	△ 1,300	94	82	3,950
三重	…	…	…	nc	nc	nc	nc	nc	nc	…
滋賀	…	…	…	nc	nc	nc	nc	nc	nc	…
京都	…	…	…	nc	nc	nc	nc	nc	nc	…
大阪	…	…	…	nc	nc	nc	nc	nc	nc	…
兵庫	901	3,520	31,700	11	101	103	1,300	104	99	3,570
奈良	…	…	…	nc	nc	nc	nc	nc	nc	…
和歌山	…	…	…	nc	nc	nc	nc	nc	nc	…
鳥取	…	…	…	nc	nc	nc	nc	nc	nc	…
島根	1,370	3,050	41,800	△ 10	99	101	300	101	100	3,060
岡山	…	…	…	nc	nc	nc	nc	nc	nc	…
広島	…	…	…	nc	nc	nc	nc	nc	nc	…
山口	1,140	2,140	24,400	△ 70	94	91	△ 4,200	85	81	2,630
徳島	…	…	…	nc	nc	nc	nc	nc	nc	…
香川	…	…	…	nc	nc	nc	nc	nc	nc	…
愛媛	…	…	…	nc	nc	nc	nc	nc	nc	…
高知	…	…	…	nc	nc	nc	nc	nc	nc	…
福岡	…	…	…	nc	nc	nc	nc	nc	nc	…
佐賀	903	3,250	29,300	18	102	84	△ 5,000	85	89	3,660
長崎	5,770	4,970	286,800	120	102	97	△ 1,400	100	103	4,810
熊本	14,400	3,910	563,000	0	100	94	△ 36,000	94	95	4,120
大分	5,070	4,330	219,500	10	100	101	1,900	101	102	4,250
宮崎	15,600	5,890	918,800	△ 200	99	102	8,700	101	97	6,080
鹿児島	18,600	6,010	1,118,000	△ 400	98	104	18,000	102	100	6,000
沖縄	5,840	11,200	654,100	10	100	106	36,100	106	107	10,500
関東農政局	…	…	…	nc	nc	nc	nc	nc	nc	…
東海農政局	…	…	…	nc	nc	nc	nc	nc	nc	…
中国四国農政局	…	…	…	nc	nc	nc	nc	nc	nc	…

注：1　牧草の作付面積調査及び収穫量調査は主産県調査であり、３年又は６年周期で全国調査を実施している。
　2　令和３年産調査については、作付（栽培）面積調査及び収穫量調査ともに主産県を対象に調査を実施した。
　3　主産県とは、直近の全国調査年である令和２年産調査における全国の作付（栽培）面積のおおむね80%を占めるまでの上位都道府県及び農業競争力強化基盤整備事業のうち飼料作物に係るものを実施する都道府県である。
　4　全国の作付（栽培）面積及び収穫量については、主産県の調査結果から推計したものである。

(2) 青刈りとうもろこし

全国農業地域・都道府県	作付面積	10a当たり収量	収穫量	前年産との比較					（参考）	
				作付面積		10a当たり収量	収穫量		10a当たり平均収量対比	10a当たり平均収量
				対差	対比	対比	対差	対比		
	(1)	(2)	(3)	(4)	(5)	(6)	(7)	(8)	(9)	(10)
	ha	kg	t	ha	%	%	t	%	%	kg
全国	**95,500**	**5,140**	**4,904,000**	**300**	**100**	**104**	**186,000**	**104**	**103**	**5,010**
（全国農業地域）										
北海道	58,000	5,470	3,173,000	600	101	101	73,000	102	102	5,370
都府県	…	…	…	nc	nc	nc	nc	nc	nc	…
東北	…	…	…	nc	nc	nc	nc	nc	nc	…
北陸	…	…	…	nc	nc	nc	nc	nc	nc	…
関東・東山	…	…	…	nc	nc	nc	nc	nc	nc	…
東海	…	…	…	nc	nc	nc	nc	nc	nc	…
近畿	…	…	…	nc	nc	nc	nc	nc	nc	…
中国	…	…	…	nc	nc	nc	nc	nc	nc	…
四国	…	…	…	nc	nc	nc	nc	nc	nc	…
九州	…	…	…	nc	nc	nc	nc	nc	nc	…
沖縄	1	6,400	32	1	nc	101	13	168	100	6,400
（都道府県）										
北海道	58,000	5,470	3,173,000	600	101	101	73,000	102	102	5,370
青森	…	…	…	nc	nc	nc	nc	nc	nc	…
岩手	5,000	4,180	209,000	△ 90	98	115	23,700	113	103	4,040
宮城	…	…	…	nc	nc	nc	nc	nc	nc	…
秋田	…	…	…	nc	nc	nc	nc	nc	nc	…
山形	…	…	…	nc	nc	nc	nc	nc	nc	…
福島	…	…	…	nc	nc	nc	nc	nc	nc	…
茨城	2,480	5,270	130,700	40	102	100	2,400	102	104	5,080
栃木	5,200	4,880	253,800	140	103	138	75,200	142	108	4,520
群馬	2,470	4,840	119,500	△ 110	96	98	△ 8,500	93	89	5,420
埼玉	…	…	…	nc	nc	nc	nc	nc	nc	…
千葉	946	4,590	43,400	20	102	90	△ 3,800	92	85	5,380
東京	…	…	…	nc	nc	nc	nc	nc	nc	…
神奈川	…	…	…	nc	nc	nc	nc	nc	nc	…
新潟	…	…	…	nc	nc	nc	nc	nc	nc	…
富山	…	…	…	nc	nc	nc	nc	nc	nc	…
石川	…	…	…	nc	nc	nc	nc	nc	nc	…
福井	…	…	…	nc	nc	nc	nc	nc	nc	…
山梨	…	…	…	nc	nc	nc	nc	nc	nc	…
長野	…	…	…	nc	nc	nc	nc	nc	nc	…
岐阜	…	…	…	nc	nc	nc	nc	nc	nc	…
静岡	…	…	…	nc	nc	nc	nc	nc	nc	…
愛知	178	3,660	6,510	3	102	96	△ 190	97	85	4,310
三重	…	…	…	nc	nc	nc	nc	nc	nc	…
滋賀	…	…	…	nc	nc	nc	nc	nc	nc	…
京都	…	…	…	nc	nc	nc	nc	nc	nc	…
大阪	…	…	…	nc	nc	nc	nc	nc	nc	…
兵庫	141	3,070	4,330	3	102	105	300	107	99	3,100
奈良	…	…	…	nc	nc	nc	nc	nc	nc	…
和歌山	…	…	…	nc	nc	nc	nc	nc	nc	…
鳥取	…	…	…	nc	nc	nc	nc	nc	nc	…
島根	48	3,150	1,510	△ 2	96	116	150	111	98	3,210
岡山	…	…	…	nc	nc	nc	nc	nc	nc	…
広島	…	…	…	nc	nc	nc	nc	nc	nc	…
山口	8	2,660	213	△ 2	80	83	△ 107	67	89	3,000
徳島	…	…	…	nc	nc	nc	nc	nc	nc	…
香川	…	…	…	nc	nc	nc	nc	nc	nc	…
愛媛	…	…	…	nc	nc	nc	nc	nc	nc	…
高知	…	…	…	nc	nc	nc	nc	nc	nc	…
福岡	…	…	…	nc	nc	nc	nc	nc	nc	…
佐賀	9	1,850	167	2	129	59	△ 51	77	55	3,360
長崎	430	4,330	18,600	△ 16	96	105	200	101	100	4,340
熊本	3,060	4,240	129,700	△ 150	95	99	△ 8,300	94	97	4,360
大分	645	4,290	27,700	△ 26	96	101	△ 800	97	103	4,180
宮崎	4,700	4,370	205,400	△ 10	100	97	△ 7,500	96	94	4,640
鹿児島	1,600	4,510	72,200	△ 100	94	95	△ 8,600	89	97	4,640
沖縄	1	6,400	32	1	nc	101	13	168	100	6,400
関東農政局	…	…	…	nc	nc	nc	nc	nc	nc	…
東海農政局	…	…	…	nc	nc	nc	nc	nc	nc	…
中国四国農政局	…	…	…	nc	nc	nc	nc	nc	nc	…

注：1　青刈りとうもろこしの作付面積調査及び収穫量調査は主産県調査であり、3年又は6年周期で全国調査を実施している。
　　2　令和3年産調査については、作付面積調査及び収穫量調査ともに主産県を対象に調査を実施した。
　　3　主産県とは、直近の全国調査年である令和2年産調査における全国の作付面積のおおむね80%を占めるまでの上位都道府県及び農業競争力強化基盤整備事業のうち飼料作物に係るものを実施する都道府県である。
　　4　全国の作付面積及び収穫量については、主産県の調査結果から推計したものである。

5 飼料作物（続き）

令和３年産飼料作物の収穫量（全国農業地域別・都道府県別）（続き）

(3) ソルゴー

全国農業地域・都道府県	作付面積	10a当たり収量	収穫量	前年産との比較 作付面積 対差	前年産との比較 作付面積 対比	前年産との比較 10a当たり収量 対比	前年産との比較 収穫量 対差	前年産との比較 収穫量 対比	（参考）10a当たり平均収量対比	（参考）10a当たり平均収量
	(1)	(2)	(3)	(4)	(5)	(6)	(7)	(8)	(9)	(10)
	ha	kg	t	ha	%	%	t	%	%	kg
全国	**12,500**	**4,110**	**514,300**	**△ 500**	**96**	**99**	**△ 23,300**	**96**	**91**	**4,520**
（全国農業地域）										
北海道	x	x	x	x	x	x	x	x	x	4,800
都府県	…	…	…	nc	nc	nc	nc	nc	nc	…
東北	…	…	…	nc	nc	nc	nc	nc	nc	…
北陸	…	…	…	nc	nc	nc	nc	nc	nc	…
関東・東山	…	…	…	nc	nc	nc	nc	nc	nc	…
東海	…	…	…	nc	nc	nc	nc	nc	nc	…
近畿	…	…	…	nc	nc	nc	nc	nc	nc	…
中国	…	…	…	nc	nc	nc	nc	nc	nc	…
四国	…	…	…	nc	nc	nc	nc	nc	nc	…
九州	…	…	…	nc	nc	nc	nc	nc	nc	…
沖縄	2	6,410	109	△ 5	29	218	△ 97	53	149	4,310
（都道府県）										
北海道	x	x	x	x	x	x	x	x	x	4,800
青森	…	…	…	nc	nc	nc	nc	nc	nc	…
岩手	8	2,340	187	6	400	79	128	317	75	3,110
宮城	…	…	…	nc	nc	nc	nc	nc	nc	…
秋田	…	…	…	nc	nc	nc	nc	nc	nc	…
山形	…	…	…	nc	nc	nc	nc	nc	nc	…
福島	…	…	…	nc	nc	nc	nc	nc	nc	…
茨城	272	4,700	12,800	△ 50	84	100	△ 2,400	84	101	4,660
栃木	316	2,170	6,860	12	104	87	△ 740	90	63	3,450
群馬	69	3,150	2,170	△ 3	96	95	△ 220	91	72	4,360
埼玉	…	…	…	nc	nc	nc	nc	nc	nc	…
千葉	416	4,240	17,600	△ 15	97	101	△ 400	98	75	5,630
東京	…	…	…	nc	nc	nc	nc	nc	nc	…
神奈川	…	…	…	nc	nc	nc	nc	nc	nc	…
新潟	…	…	…	nc	nc	nc	nc	nc	nc	…
富山	…	…	…	nc	nc	nc	nc	nc	nc	…
石川	…	…	…	nc	nc	nc	nc	nc	nc	…
福井	…	…	…	nc	nc	nc	nc	nc	nc	…
山梨	…	…	…	nc	nc	nc	nc	nc	nc	…
長野	…	…	…	nc	nc	nc	nc	nc	nc	…
岐阜	…	…	…	nc	nc	nc	nc	nc	nc	…
静岡	…	…	…	nc	nc	nc	nc	nc	nc	…
愛知	338	2,550	8,620	△ 7	98	95	△ 630	93	70	3,660
三重	…	…	…	nc	nc	nc	nc	nc	nc	…
滋賀	…	…	…	nc	nc	nc	nc	nc	nc	…
京都	…	…	…	nc	nc	nc	nc	nc	nc	…
大阪	…	…	…	nc	nc	nc	nc	nc	nc	…
兵庫	696	2,450	17,100	△ 13	98	107	900	106	93	2,640
奈良	…	…	…	nc	nc	nc	nc	nc	nc	…
和歌山	…	…	…	nc	nc	nc	nc	nc	nc	…
鳥取	…	…	…	nc	nc	nc	nc	nc	nc	…
島根	136	2,950	4,010	△ 30	82	98	△ 990	80	98	3,020
岡山	…	…	…	nc	nc	nc	nc	nc	nc	…
広島	…	…	…	nc	nc	nc	nc	nc	nc	…
山口	370	1,510	5,590	△ 12	97	60	△ 4,000	58	59	2,580
徳島	…	…	…	nc	nc	nc	nc	nc	nc	…
香川	…	…	…	nc	nc	nc	nc	nc	nc	…
愛媛	…	…	…	nc	nc	nc	nc	nc	nc	…
高知	…	…	…	nc	nc	nc	nc	nc	nc	…
福岡	…	…	…	nc	nc	nc	nc	nc	nc	…
佐賀	317	3,490	11,100	△ 5	98	114	1,280	113	109	3,210
長崎	2,100	4,310	90,500	0	100	106	5,200	106	95	4,550
熊本	713	5,090	36,300	△ 43	94	99	△ 2,400	94	97	5,250
大分	735	5,100	37,500	△ 31	96	101	△ 1,100	97	101	5,030
宮崎	2,490	4,950	123,300	△ 50	98	94	△ 10,100	92	91	5,430
鹿児島	1,330	5,180	68,900	△ 100	93	112	2,700	104	99	5,240
沖縄	2	6,410	109	△ 5	29	218	△ 97	53	149	4,310
関東農政局	…	…	…	nc	nc	nc	nc	nc	nc	…
東海農政局	…	…	…	nc	nc	nc	nc	nc	nc	…
中国四国農政局	…	…	…	nc	nc	nc	nc	nc	nc	…

注：1 ソルゴーの作付面積調査及び収穫量調査は主産県調査であり、３年又は６年周期で全国調査を実施している。
　　2 令和３年産調査については、作付面積調査及び収穫量調査ともに主産県を対象に調査を実施した。
　　3 主産県とは、直近の全国調査年である令和２年産調査における全国の作付面積のおおむね80%を占めるまでの上位都道府県及び農業競争力強化基盤整備事業のうち飼料作物に係るものを実施する都道府県である。
　　4 全国の作付面積及び収穫量については、主産県の調査結果から推計したものである。

6　工芸農作物

令和３年産工芸農作物の収穫量

(1)　茶

ア　栽培面積（全国農業地域別・都道府県別）

全国農業地域・都道府県	栽培面積	対前年比
	(1)	(2)
	ha	%
全国	**38,000**	**97**
（全国農業地域）		
北海道	…	nc
都府県	…	nc
東北	…	nc
北陸	…	nc
関東・東山	…	nc
東海	…	nc
近畿	…	nc
中国	…	nc
四国	…	nc
九州	…	nc
沖縄	…	nc
（都道府県）		
北海道	…	nc
青森	…	nc
岩手	…	nc
宮城	…	nc
秋田	…	nc
山形	…	nc
福島	…	nc
茨城	…	nc
栃木	…	nc
群馬	…	nc
埼玉	783	95
千葉	…	nc
東京	…	nc
神奈川	…	nc
新潟	…	nc
富山	…	nc
石川	…	nc
福井	…	nc
山梨	…	nc
長野	…	nc
岐阜	…	nc
静岡	14,500	95
愛知	…	nc
三重	2,640	97
滋賀	…	nc
京都	1,550	99
大阪	…	nc
兵庫	…	nc
奈良	…	nc
和歌山	…	nc
鳥取	…	nc
島根	…	nc
岡山	…	nc
広島	…	nc
山口	…	nc
徳島	…	nc
香川	…	nc
愛媛	…	nc
高知	…	nc
福岡	1,520	99
佐賀	…	nc
長崎	…	nc
熊本	1,130	97
大分	…	nc
宮崎	1,270	95
鹿児島	8,300	99
沖縄	…	nc
関東農政局	…	nc
東海農政局	…	nc
中国四国農政局	…	nc

注：1　茶の栽培面積については主産県調査であり、6年周期で全国調査を実施している。なお、主産県とは、直近の全国調査年である令和２年調査における全国の栽培面積のおおむね80%を占めるまでの上位都道府県及び茶の畑作物共済事業を実施し、半相殺方式を採用している都道府県である。
　　2　令和３年調査については、主産県を対象に調査を実施した。
　　3　全国の栽培面積については、主産県の調査結果から推計したものである。

6　工芸農作物（続き）

令和３年産工芸農作物の収穫量（続き）

(1)　茶（続き）

イ　摘採面積・10ａ当たり生葉収量・生葉収穫量・荒茶生産量（主産県別）

全国農業地域・都道府県	年間計								
						一番茶			
	摘採面積（実面積）	摘採延べ面積	10ａ当たり生葉収量	生葉収穫量	荒茶生産量	摘採面積	10ａ当たり生葉収量	生葉収穫量	荒茶生産量
	(1)	(2)	(3)	(4)	(5)	(6)	(7)	(8)	(9)
	ha	ha	kg	t	t	ha	kg	t	t
全国 (1)	…	…	…	…	78,100	…	…	…	…
主産県計 (2)	28,800	73,300	1,150	332,200	70,700	28,700	415	119,200	23,600
（全国農業地域）									
北海道 (3)	…	…	…	…	…	…	…	…	…
都府県 (4)	…	…	…	…	…	…	…	…	…
東北 (5)	…	…	…	…	…	…	…	…	…
北陸 (6)	…	…	…	…	…	…	…	…	…
関東・東山 (7)	…	…	…	…	…	…	…	…	…
東海 (8)	…	…	…	…	…	…	…	…	…
近畿 (9)	…	…	…	…	…	…	…	…	…
中国 (10)	…	…	…	…	…	…	…	…	…
四国 (11)	…	…	…	…	…	…	…	…	…
九州 (12)	…	…	…	…	…	…	…	…	…
沖縄 (13)	…	…	…	…	…	…	…	…	…
（都道府県）									
北海道 (14)	…	…	…	…	…	…	…	…	…
青森 (15)	…	…	…	…	…	…	…	…	…
岩手 (16)	…	…	…	…	…	…	…	…	…
宮城 (17)	…	…	…	…	…	…	…	…	…
秋田 (18)	…	…	…	…	…	…	…	…	…
山形 (19)	…	…	…	…	…	…	…	…	…
福島 (20)	…	…	…	…	…	…	…	…	…
茨城 (21)	…	…	…	…	…	…	…	…	…
栃木 (22)	…	…	…	…	…	…	…	…	…
群馬 (23)	…	…	…	…	…	…	…	…	…
埼玉 (24)	595	941	571	3,400	728	595	306	1,820	381
千葉 (25)	…	…	…	…	…	…	…	…	…
東京 (26)	…	…	…	…	…	…	…	…	…
神奈川 (27)	…	…	…	…	…	…	…	…	…
新潟 (28)	…	…	…	…	…	…	…	…	…
富山 (29)	…	…	…	…	…	…	…	…	…
石川 (30)	…	…	…	…	…	…	…	…	…
福井 (31)	…	…	…	…	…	…	…	…	…
山梨 (32)	…	…	…	…	…	…	…	…	…
長野 (33)	…	…	…	…	…	…	…	…	…
岐阜 (34)	…	…	…	…	…	…	…	…	…
静岡 (35)	13,000	29,900	1,040	134,700	29,700	13,000	369	48,000	9,680
愛知 (36)	…	…	…	…	…	…	…	…	…
三重 (37)	2,400	5,020	1,070	25,700	5,360	2,400	417	10,000	1,980
滋賀 (38)	…	…	…	…	…	…	…	…	…
京都 (39)	1,370	2,720	847	11,600	2,450	1,330	383	5,090	1,060
大阪 (40)	…	…	…	…	…	…	…	…	…
兵庫 (41)	…	…	…	…	…	…	…	…	…
奈良 (42)	…	…	…	…	…	…	…	…	…
和歌山 (43)	…	…	…	…	…	…	…	…	…
鳥取 (44)	…	…	…	…	…	…	…	…	…
島根 (45)	…	…	…	…	…	…	…	…	…
岡山 (46)	…	…	…	…	…	…	…	…	…
広島 (47)	…	…	…	…	…	…	…	…	…
山口 (48)	…	…	…	…	…	…	…	…	…
徳島 (49)	…	…	…	…	…	…	…	…	…
香川 (50)	…	…	…	…	…	…	…	…	…
愛媛 (51)	…	…	…	…	…	…	…	…	…
高知 (52)	…	…	…	…	…	…	…	…	…
福岡 (53)	1,450	2,740	598	8,670	1,650	1,450	330	4,790	888
佐賀 (54)	…	…	…	…	…	…	…	…	…
長崎 (55)	…	…	…	…	…	…	…	…	…
熊本 (56)	920	1,600	673	6,190	1,280	920	360	3,310	669
大分 (57)	…	…	…	…	…	…	…	…	…
宮崎 (58)	1,060	3,260	1,360	14,400	3,050	1,060	470	4,980	1,000
鹿児島 (59)	7,960	27,100	1,600	127,500	26,500	7,960	518	41,200	7,950
沖縄 (60)	…	…	…	…	…	…	…	…	…
関東農政局 (61)	…	…	…	…	…	…	…	…	…
東海農政局 (62)	…	…	…	…	…	…	…	…	…
中国四国農政局 (63)	…	…	…	…	…	…	…	…	…

注：１　茶の収穫量調査は主産県調査であり、６年周期で全国調査を実施している。
　　　なお、主産県とは、直近の全国調査年である令和２年調査における全国の栽培面積のおおむね80％を占めるまでの上位都道府県及び茶の畑作物共済事業を実施し、半相殺方式を採用している都道府県である。
　　２　令和３年産調査については、主産県を対象に調査を実施した。
　　３　全国の荒茶生産量（年間計）については、主産県の調査結果から推計したものである。
　　４　10ａ当たり生葉収量とは、生葉収穫量を摘採実面積（一番茶は摘採面積）で除して求めたものである。

対前年産比									
年間計					一番茶				
摘採面積（実面積）	摘採延べ面積	10 a 当たり生葉収量	生葉収穫量	荒茶生産量	摘採面積	10 a 当たり生葉収量	生葉収穫量	荒茶生産量	
(10)	(11)	(12)	(13)	(14)	(15)	(16)	(17)	(18)	
%	%	%	%	%	%	%	%	%	
nc	nc	nc	nc	112	nc	nc	nc	nc	(1)
97	105	115	111	112	97	102	98	99	(2)
nc	nc	nc	nc	nc	nc	nc	nc	nc	(3)
nc	nc	nc	nc	nc	nc	nc	nc	nc	(4)
nc	nc	nc	nc	nc	nc	nc	nc	nc	(5)
nc	nc	nc	nc	nc	nc	nc	nc	nc	(6)
nc	nc	nc	nc	nc	nc	nc	nc	nc	(7)
nc	nc	nc	nc	nc	nc	nc	nc	nc	(8)
nc	nc	nc	nc	nc	nc	nc	nc	nc	(9)
nc	nc	nc	nc	nc	nc	nc	nc	nc	(10)
nc	nc	nc	nc	nc	nc	nc	nc	nc	(11)
nc	nc	nc	nc	nc	nc	nc	nc	nc	(12)
nc	nc	nc	nc	nc	nc	nc	nc	nc	(13)
nc	nc	nc	nc	nc	nc	nc	nc	nc	(14)
nc	nc	nc	nc	nc	nc	nc	nc	nc	(15)
nc	nc	nc	nc	nc	nc	nc	nc	nc	(16)
nc	nc	nc	nc	nc	nc	nc	nc	nc	(17)
nc	nc	nc	nc	nc	nc	nc	nc	nc	(18)
nc	nc	nc	nc	nc	nc	nc	nc	nc	(19)
nc	nc	nc	nc	nc	nc	nc	nc	nc	(20)
nc	nc	nc	nc	nc	nc	nc	nc	nc	(21)
nc	nc	nc	nc	nc	nc	nc	nc	nc	(22)
nc	nc	nc	nc	nc	nc	nc	nc	nc	(23)
98	102	100	98	97	98	89	87	87	(24)
nc	nc	nc	nc	nc	nc	nc	nc	nc	(25)
nc	nc	nc	nc	nc	nc	nc	nc	nc	(26)
nc	nc	nc	nc	nc	nc	nc	nc	nc	(27)
nc	nc	nc	nc	nc	nc	nc	nc	nc	(28)
nc	nc	nc	nc	nc	nc	nc	nc	nc	(29)
nc	nc	nc	nc	nc	nc	nc	nc	nc	(30)
nc	nc	nc	nc	nc	nc	nc	nc	nc	(31)
nc	nc	nc	nc	nc	nc	nc	nc	nc	(32)
nc	nc	nc	nc	nc	nc	nc	nc	nc	(33)
nc	nc	nc	nc	nc	nc	nc	nc	nc	(34)
95	103	127	120	118	95	109	103	103	(35)
nc	nc	nc	nc	nc	nc	nc	nc	nc	(36)
95	96	112	107	106	95	99	94	95	(37)
nc	nc	nc	nc	nc	nc	nc	nc	nc	(38)
99	120	105	104	104	96	88	85	85	(39)
nc	nc	nc	nc	nc	nc	nc	nc	nc	(40)
nc	nc	nc	nc	nc	nc	nc	nc	nc	(41)
nc	nc	nc	nc	nc	nc	nc	nc	nc	(42)
nc	nc	nc	nc	nc	nc	nc	nc	nc	(43)
nc	nc	nc	nc	nc	nc	nc	nc	nc	(44)
nc	nc	nc	nc	nc	nc	nc	nc	nc	(45)
nc	nc	nc	nc	nc	nc	nc	nc	nc	(46)
nc	nc	nc	nc	nc	nc	nc	nc	nc	(47)
nc	nc	nc	nc	nc	nc	nc	nc	nc	(48)
nc	nc	nc	nc	nc	nc	nc	nc	nc	(49)
nc	nc	nc	nc	nc	nc	nc	nc	nc	(50)
nc	nc	nc	nc	nc	nc	nc	nc	nc	(51)
nc	nc	nc	nc	nc	nc	nc	nc	nc	(52)
98	104	107	104	103	98	107	105	103	(53)
nc	nc	nc	nc	nc	nc	nc	nc	nc	(54)
nc	nc	nc	nc	nc	nc	nc	nc	nc	(55)
97	103	118	115	114	97	117	113	113	(56)
nc	nc	nc	nc	nc	nc	nc	nc	nc	(57)
98	100	101	99	100	98	93	92	92	(58)
100	108	107	108	111	100	96	96	99	(59)
nc	nc	nc	nc	nc	nc	nc	nc	nc	(60)
nc	nc	nc	nc	nc	nc	nc	nc	nc	(61)
nc	nc	nc	nc	nc	nc	nc	nc	nc	(62)
nc	nc	nc	nc	nc	nc	nc	nc	nc	(63)

6　工芸農作物（続き）

令和３年産工芸農作物の収穫量（続き）

(1)　茶（続き）

ウ　摘採面積率（主産県別）　　　　エ　製茶歩留まり（主産県別）

単位：%　　　　単位：%

都道府県	ウ 摘採面積率 年間（実面積） (1)	ウ 摘採面積率 一番茶 (2)	エ 製茶歩留まり 年間平均 (3)	エ 製茶歩留まり 一番茶 (4)
全国	**…**	**…**	**…**	**…**
主産県計	**91**	**90**	**21**	**20**
（全国農業地域）				
北海道	…	…	…	…
都府県	…	…	…	…
東北	…	…	…	…
北陸	…	…	…	…
関東・東山	…	…	…	…
東海	…	…	…	…
近畿	…	…	…	…
中国	…	…	…	…
四国	…	…	…	…
九州	…	…	…	…
沖縄	…	…	…	…
（都道府県）				
北海道	…	…	…	…
青森	…	…	…	…
岩手	…	…	…	…
宮城	…	…	…	…
秋田	…	…	…	…
山形	…	…	…	…
福島	…	…	…	…
茨城	…	…	…	…
栃木	…	…	…	…
群馬	…	…	…	…
埼玉	76	76	21	21
千葉	…	…	…	…
東京	…	…	…	…
神奈川	…	…	…	…
新潟	…	…	…	…
富山	…	…	…	…
石川	…	…	…	…
福井	…	…	…	…
山梨	…	…	…	…
長野	…	…	…	…
岐阜	…	…	…	…
静岡	89	89	22	20
愛知	…	…	…	…
三重	91	91	21	20
滋賀	…	…	…	…
京都	88	86	21	21
大阪	…	…	…	…
兵庫	…	…	…	…
奈良	…	…	…	…
和歌山	…	…	…	…
鳥取	…	…	…	…
島根	…	…	…	…
岡山	…	…	…	…
広島	…	…	…	…
山口	…	…	…	…
徳島	…	…	…	…
香川	…	…	…	…
愛媛	…	…	…	…
高知	…	…	…	…
福岡	96	96	19	19
佐賀	…	…	…	…
長崎	…	…	…	…
熊本	81	81	21	20
大分	…	…	…	…
宮崎	83	83	21	20
鹿児島	96	96	21	19
沖縄	…	…	…	…
関東農政局	…	…	…	…
東海農政局	…	…	…	…
中国四国農政局	…	…	…	…

注：1　摘採面積率は、茶栽培面積に占める摘採面積の比率である。
　　2　製茶歩留まりは、生葉収穫量に占める荒茶生産量の比率である。

(2) なたね（子実用）（全国農業地域別・都道府県別）

全国農業地域・都道府県	作付面積	10 a 当たり収量	収穫量	前年産との比較					（参考）	
				作付面積		10 a 当たり収量	収穫量		10 a 当たり平均収量対比	10 a 当たり平均収量
				対差	対比	対比	対差	対比		
	(1)	(2)	(3)	(4)	(5)	(6)	(7)	(8)	(9)	(10)
	ha	kg	t	ha	%	%	t	%	%	kg
全国	**1,640**	**197**	**3,230**	**△ 190**	**90**	**101**	**△ 350**	**90**	**107**	**184**
（全国農業地域）										
北海道	907	280	2,540	△ 133	87	103	△ 290	90	100	281
都府県	733	94	692	△ 60	92	99	△ 60	92	98	96
東北	x	118	x	x	x	91	x	x	96	123
北陸	22	55	12	△ 7	76	89	△ 6	67	122	45
関東・東山	60	82	49	△ 17	78	144	5	111	93	88
東海	x	53	x	x	x	104	x	x	nc	…
近畿	x	67	x	x	x	92	x	x	72	93
中国	x	24	x	x	x	44	x	x	63	38
四国	x	x	x	x	x	x	x	x	x	56
九州	156	96	149	△ 22	88	126	13	110	123	78
沖縄	−	−	−	−	nc	nc	−	nc	nc	−
（都道府県）										
北海道	907	280	2,540	△ 133	87	103	△ 290	90	100	281
青森	171	186	318	△ 31	85	94	△ 80	80	93	201
岩手	23	70	16	1	105	81	△ 3	84	92	76
宮城	x	x	x	x	x	x	x	x	x	12
秋田	21	34	7	△ 4	84	121	0	100	79	43
山形	6	83	5	△ 1	86	89	△ 2	71	169	49
福島	114	43	49	14	114	116	12	132	119	36
茨城	6	25	1	△ 2	75	81	△ 1	50	54	46
栃木	10	26	3	△ 15	40	137	△ 2	60	50	52
群馬	10	89	9	△ 1	91	90	△ 2	82	93	96
埼玉	16	55	9	△ 2	89	102	△ 1	90	51	107
千葉	3	111	4	1	150	198	3	400	258	43
東京	x	x	x	x	x	x	x	x	x	74
神奈川	x	x	x	x	x	x	x	x	x	75
新潟	x	x	x	x	x	x	x	x	x	41
富山	15	35	5	△ 4	79	69	△ 5	50	67	52
石川	x	x	x	x	x	x	x	x	x	42
福井	x	x	x	x	x	x	x	x	x	13
山梨	x	x	x	x	x	x	x	x	x	34
長野	14	158	22	2	117	137	8	157	137	115
岐阜	x	x	x	x	x	x	x	x	nc	…
静岡	2	83	2	0	100	2 767	2	nc	377	22
愛知	41	58	24	1	103	109	3	114	83	70
三重	31	52	16	△ 3	91	98	△ 2	89	100	52
滋賀	41	68	28	10	132	77	1	104	62	110
京都	−	−	−	−	nc	nc	−	nc	−	1
大阪	x	x	x	x	x	x	x	x	x	91
兵庫	16	60	10	3	123	143	5	200	122	49
奈良	1	84	1	0	100	125	0	100	133	63
和歌山	−	−	−	−	nc	nc	−	nc	nc	−
鳥取	3	12	0	△ 2	60	30	△ 2	0	43	28
島根	8	63	5	0	100	94	0	100	107	59
岡山	7	2	0	△ 1	88	3	△ 6	0	6	34
広島	x	x	x	x	x	x	x	x	x	5
山口	x	x	x	x	x	x	x	x	x	48
徳島	−	−	−	−	nc	nc	−	nc	−	20
香川	x	x	x	x	x	x	x	x	x	57
愛媛	x	x	x	x	x	x	x	x	x	53
高知	−	−	−	−	nc	nc	−	nc	−	12
福岡	28	155	43	△ 4	88	105	△ 4	91	124	125
佐賀	31	128	40	△ 9	78	156	7	121	144	89
長崎	7	48	3	△ 5	58	137	△ 1	75	104	46
熊本	39	83	32	△ 3	93	138	7	128	138	60
大分	28	50	14	△ 3	90	116	1	108	91	55
宮崎	3	67	2	△ 1	75	97	△ 1	67	83	81
鹿児島	20	76	15	3	118	115	4	136	103	74
沖縄	−	−	−	−	nc	nc	−	nc	nc	−
関東農政局	62	82	51	△ 17	78	146	7	116	96	85
東海農政局	x	52	x	x	x	98	x	x	nc	…
中国四国農政局	22	27	6	x	x	54	x	x	66	41

6　工芸農作物（続き）

令和３年産工芸農作物の収穫量（続き）

(3)　てんさい（北海道）

都道府県	作付面積	10a当たり収量	収穫量	前年産との比較					（参考）	
				作付面積		10a当たり収量	収穫量		10a当たり平均収量対比	10a当たり平均収量
				対差	対比	対比	対差	対比		
	(1)	(2)	(3)	(4)	(5)	(6)	(7)	(8)	(9)	(10)
	ha	kg	t	ha	%	%	t	%	%	kg
北海道	**57,700**	**7,040**	**4,061,000**	**900**	**102**	**102**	**149,000**	**104**	**107**	**6,560**

注：てんさいの調査は、北海道を対象に行っている。

(4)　さとうきび

区分	栽培面積	収穫面積				10a当たり収量			
		計	夏植え	春植え	株出し	計	夏植え	春植え	株出し
	(1)	(2)	(3)	(4)	(5)	(6)	(7)	(8)	(9)
	ha	ha	ha	ha	ha	kg	kg	kg	kg
全国	**28,400**	**23,300**	**4,660**	**3,040**	**15,600**	**5,830**	**7,410**	**5,520**	**5,420**
鹿児島	11,000	9,520	1,020	1,680	6,820	5,710	7,160	5,730	5,490
沖縄	17,500	13,800	3,640	1,360	8,790	5,910	7,480	5,260	5,370

区分	収穫量				前年産との比較				（参考）	
	計	夏植え	春植え	株出し	栽培面積	収穫面積	10a当たり収量	収穫量	10a当たり平均収量対比	10a当たり平均収量
	(10)	(11)	(12)	(13)	(14)	(15)	(16)	(17)	(18)	(19)
	t	t	t	t	%	%	%	%	%	kg
全国	**1,359,000**	**345,300**	**167,800**	**846,100**	**102**	**104**	**98**	**102**	**106**	**5,480**
鹿児島	543,700	73,000	96,300	374,400	100	99	105	104	110	5,190
沖縄	815,500	272,300	71,500	471,700	104	107	94	100	103	5,740

注：さとうきびの調査は、鹿児島県及び沖縄県を対象に行っている。

(5)　い（主産県別）

主産県	い生産農家数	作付面積	10a当たり収量	収穫量	前年産との比較					（参考）		畳表生産農家数	畳表生産量
					作付面積		10a当たり収量	収穫量		10a当たり平均収量対比	10a当たり平均収量		
					対差	対比	対比	対差	対比				
	(1)	(2)	(3)	(4)	(5)	(6)	(7)	(8)	(9)	(10)	(11)	(12)	(13)
	戸	ha	kg	t	ha	%	%	t	%	%	kg	戸	千枚
主産県計	**346**	**451**	**1,420**	**6,390**	**27**	**106**	**95**	**90**	**101**	**101**	**1,410**	**344**	**1,950**
福岡	5	3	1,110	33	△ 1	75	101	△ 11	75	93	1,200	6	14
熊本	341	448	1,420	6,360	28	107	95	100	102	101	1,410	338	1,940

注：1　「い」の調査は、福岡県及び熊本県を対象に行っている。
　　2　い生産農家数は、令和３年産の「い」の生産を行った農家の数である。
　　3　畳表生産農家数は、「い」の生産から畳表の生産まで一貫して行っている農家で、令和２年７月から令和３年６月までに畳表の生産を行った農家の数である。
　　4　畳表生産量は、畳表生産農家によって令和２年７月から令和３年６月までに生産されたものである。
　　5　主産県計の10ａ当たり平均収量は、各県の10ａ当たり平均収量に当年産の作付面積を乗じて求めた収穫量（平均収穫量）を積上げ、当年産の主産県計作付面積で除して算出している。

(6)　こんにゃくいも（全国農業地域別・都道府県別）

全国農業地域・都道府県	栽培面積	収穫面積	10a当たり収量	収穫量	前年産との比較 栽培面積 対差	前年産との比較 栽培面積 対比	前年産との比較 収穫面積 対差	前年産との比較 収穫面積 対比	前年産との比較 10a当たり収量 対比	前年産との比較 収穫量 対差	前年産との比較 収穫量 対比	（参考）10a当たり平均収量対比	（参考）10a当たり平均収量
	(1)	(2)	(3)	(4)	(5)	(6)	(7)	(8)	(9)	(10)	(11)	(12)	(13)
	ha	ha	kg	t	ha	%	ha	%	%	t	%	%	kg
全国	**3,430**	**2,050**	**2,640**	**54,200**	**△ 140**	**96**	**△ 90**	**96**	**105**	**500**	**101**	**98**	**2,700**
（全国農業地域）													
北海道	6	…	…	…	nc	nc	nc	nc	nc	nc	nc	nc	…
都府県	3,420	…	…	…	nc	nc	nc	nc	nc	nc	nc	nc	…
東北	15	…	…	…	nc	nc	nc	nc	nc	nc	nc	nc	…
北陸	8	…	…	…	nc	nc	nc	nc	nc	nc	nc	nc	…
関東・東山	3,250	…	…	…	nc	nc	nc	nc	nc	nc	nc	nc	…
東海	12	…	…	…	nc	nc	nc	nc	nc	nc	nc	nc	…
近畿	x	…	…	…	nc	nc	nc	nc	nc	nc	nc	nc	…
中国	50	…	…	…	nc	nc	nc	nc	nc	nc	nc	nc	…
四国	31	…	…	…	nc	nc	nc	nc	nc	nc	nc	nc	…
九州	29	…	…	…	nc	nc	nc	nc	nc	nc	nc	nc	…
沖縄	－	…	…	…	nc	nc	nc	nc	nc	nc	nc	nc	…
（都道府県）													
北海道	6	…	…	…	nc	nc	nc	nc	nc	nc	nc	nc	…
青森	0	…	…	…	nc	nc	nc	nc	nc	nc	nc	nc	…
岩手	1	…	…	…	nc	nc	nc	nc	nc	nc	nc	nc	…
宮城	2	…	…	…	nc	nc	nc	nc	nc	nc	nc	nc	…
秋田	－	…	…	…	nc	nc	nc	nc	nc	nc	nc	nc	…
山形	5	…	…	…	nc	nc	nc	nc	nc	nc	nc	nc	…
福島	7	…	…	…	nc	nc	nc	nc	nc	nc	nc	nc	…
茨城	29	…	…	…	nc	nc	nc	nc	nc	nc	nc	nc	…
栃木	64	…	…	…	nc	nc	nc	nc	nc	nc	nc	nc	…
群馬	3,130	1,870	2,740	51,200	△ 80	98	△ 60	97	105	1,000	102	95	2,890
埼玉	3	…	…	…	nc	nc	nc	nc	nc	nc	nc	nc	…
千葉	8	…	…	…	nc	nc	nc	nc	nc	nc	nc	nc	…
東京	1	…	…	…	nc	nc	nc	nc	nc	nc	nc	nc	…
神奈川	3	…	…	…	nc	nc	nc	nc	nc	nc	nc	nc	…
新潟	7	…	…	…	nc	nc	nc	nc	nc	nc	nc	nc	…
富山	0	…	…	…	nc	nc	nc	nc	nc	nc	nc	nc	…
石川	0	…	…	…	nc	nc	nc	nc	nc	nc	nc	nc	…
福井	1	…	…	…	nc	nc	nc	nc	nc	nc	nc	nc	…
山梨	9	…	…	…	nc	nc	nc	nc	nc	nc	nc	nc	…
長野	10	…	…	…	nc	nc	nc	nc	nc	nc	nc	nc	…
岐阜	3	…	…	…	nc	nc	nc	nc	nc	nc	nc	nc	…
静岡	2	…	…	…	nc	nc	nc	nc	nc	nc	nc	nc	…
愛知	2	…	…	…	nc	nc	nc	nc	nc	nc	nc	nc	…
三重	5	…	…	…	nc	nc	nc	nc	nc	nc	nc	nc	…
滋賀	8	…	…	…	nc	nc	nc	nc	nc	nc	nc	nc	…
京都	2	…	…	…	nc	nc	nc	nc	nc	nc	nc	nc	…
大阪	x	…	…	…	nc	nc	nc	nc	nc	nc	nc	nc	…
兵庫	2	…	…	…	nc	nc	nc	nc	nc	nc	nc	nc	…
奈良	7	…	…	…	nc	nc	nc	nc	nc	nc	nc	nc	…
和歌山	4	…	…	…	nc	nc	nc	nc	nc	nc	nc	nc	…
鳥取	2	…	…	…	nc	nc	nc	nc	nc	nc	nc	nc	…
島根	14	…	…	…	nc	nc	nc	nc	nc	nc	nc	nc	…
岡山	2	…	…	…	nc	nc	nc	nc	nc	nc	nc	nc	…
広島	31	…	…	…	nc	nc	nc	nc	nc	nc	nc	nc	…
山口	1	…	…	…	nc	nc	nc	nc	nc	nc	nc	nc	…
徳島	13	…	…	…	nc	nc	nc	nc	nc	nc	nc	nc	…
香川	0	…	…	…	nc	nc	nc	nc	nc	nc	nc	nc	…
愛媛	4	…	…	…	nc	nc	nc	nc	nc	nc	nc	nc	…
高知	14	…	…	…	nc	nc	nc	nc	nc	nc	nc	nc	…
福岡	9	…	…	…	nc	nc	nc	nc	nc	nc	nc	nc	…
佐賀	1	…	…	…	nc	nc	nc	nc	nc	nc	nc	nc	…
長崎	0	…	…	…	nc	nc	nc	nc	nc	nc	nc	nc	…
熊本	12	…	…	…	nc	nc	nc	nc	nc	nc	nc	nc	…
大分	4	…	…	…	nc	nc	nc	nc	nc	nc	nc	nc	…
宮崎	2	…	…	…	nc	nc	nc	nc	nc	nc	nc	nc	…
鹿児島	1	…	…	…	nc	nc	nc	nc	nc	nc	nc	nc	…
沖縄	－	…	…	…	nc	nc	nc	nc	nc	nc	nc	nc	…
関東農政局	3,260	…	…	…	nc	nc	nc	nc	nc	nc	nc	nc	…
東海農政局	10	…	…	…	nc	nc	nc	nc	nc	nc	nc	nc	…
中国四国農政局	81	…	…	…	nc	nc	nc	nc	nc	nc	nc	nc	…

注：1　こんにゃくいもの作付面積調査及び収穫量調査は主産県調査であり、3年又は6年周期で全国調査を実施している。
　　2　令和3年産調査については、作付面積調査は全国、収穫量調査は主産県を対象に調査を実施した。
　　3　全国の収穫面積及び収穫量については、主産県の調査結果から推計したものである。

Ⅲ　累年統計表

全国累年統計表

全国農業地域別・都道府県別累年統計表
（平成29年産～令和３年産）

全国累年統計表
1　米
(1)　水陸稲の収穫量

年　産	水陸稲計		水稲						陸稲			
	作付面積（子実用）	収穫量（子実用）	作付面積（子実用）	10 a 当たり収量	収穫量（子実用）	主食用作付面積	収穫量（主食用）	作況指数	作付面積（子実用）	10 a 当たり収量	収穫量（子実用）	作況指数
	(1)	(2)	(3)	(4)	(5)	(6)	(7)	(8)	(9)	(10)	(11)	(12)
	ha	t	ha	kg	t	ha	t		ha	kg	t	
明治11年産	…	3,792,000	…	…	…	…	…	…	…	…	…	…
12	2,516,000	4,753,000	…	…	…	…	…	…	…	…	…	…
13	2,549,000	4,715,000	…	…	…	…	…	…	…	…	…	…
14	2,538,000	4,487,000	…	…	…	…	…	…	…	…	…	…
15	2,571,000	4,560,000	…	…	…	…	…	…	…	…	…	…
16	2,586,000	4,587,000	2,565,000	178	4,566,000	…	…	…	20,700	103	21,300	…
17	2,594,000	4,070,000	2,551,000	158	4,041,000	…	…	…	42,400	69	29,000	…
18	2,590,000	5,106,000	2,552,000	198	5,063,000	…	…	…	38,100	114	43,300	…
19	2,606,000	5,583,000	2,576,000	216	5,557,000	…	…	…	29,800	87	26,000	…
20	2,620,000	6,004,000	2,591,000	230	5,970,000	…	…	…	29,300	114	33,500	…
21	2,670,000	5,803,000	2,643,000	218	5,772,000	…	…	…	26,700	115	30,800	…
22	2,709,000	4,957,000	2,678,000	184	4,926,000	…	…	…	31,100	101	31,400	…
23	2,729,000	6,463,000	2,694,000	238	6,422,000	…	…	…	34,900	117	40,700	…
24	2,740,000	5,727,000	2,701,000	211	5,686,000	…	…	…	39,700	105	41,400	…
25	2,738,000	6,214,000	2,692,000	229	6,160,000	…	…	…	46,100	118	54,500	…
26	2,752,000	5,590,000	2,707,000	205	5,545,000	…	…	…	44,700	100	44,600	…
27	2,714,000	6,279,000	2,664,000	234	6,236,000	…	…	…	49,400	88	43,300	…
28	2,762,000	5,994,000	2,708,000	219	5,933,000	…	…	…	53,500	114	60,700	…
29	2,769,000	5,436,000	2,713,000	198	5,376,000	…	…	…	56,100	111	60,300	…
30	2,764,000	4,956,000	2,703,000	181	4,890,000	…	…	…	61,500	107	65,600	…
31	2,794,000	7,108,000	2,727,000	257	7,015,000	…	…	…	66,800	139	92,900	…
32	2,816,000	5,955,000	2,745,000	214	5,872,000	…	…	…	70,700	117	82,700	…
33	2,805,000	6,220,000	2,731,000	224	6,122,000	…	…	…	74,200	132	98,200	…
34	2,824,000	7,037,000	2,745,000	252	6,929,000	…	…	…	79,200	136	108,100	…
35	2,824,000	5,540,000	2,740,000	199	5,449,000	…	…	…	83,500	109	91,000	…
36	2,840,000	6,971,000	2,755,000	249	6,872,000	…	…	…	85,500	116	99,300	…
37	2,857,000	7,715,000	2,775,000	275	7,627,000	…	…	…	82,000	106	87,300	…
38	2,858,000	5,726,000	2,783,000	203	5,637,000	…	…	…	74,500	120	89,000	…
39	2,875,000	6,945,000	2,799,000	244	6,842,000	…	…	…	75,800	136	103,400	…
40	2,882,000	7,358,000	2,804,000	258	7,238,000	…	…	…	78,200	153	119,600	…
41	2,898,000	7,790,000	2,815,000	272	7,658,000	…	…	…	83,100	159	132,400	…
42	2,914,000	7,866,000	2,827,000	273	7,732,000	…	…	…	86,500	154	133,600	…
43	2,925,000	6,995,000	2,834,000	242	6,855,000	…	…	…	91,400	153	139,600	…
44	2,949,000	7,757,000	2,852,000	267	7,602,000	…	…	…	96,500	160	154,300	…
大正元	2,978,000	7,533,000	2,869,000	258	7,389,000	…	…	…	109,000	132	144,200	…
2	3,005,000	7,539,000	2,886,000	255	7,374,000	…	…	…	118,500	139	165,000	…
3	3,008,000	8,551,000	2,886,000	290	8,382,000	…	…	…	122,500	133	169,400	…
4	3,031,000	8,389,000	2,907,000	282	8,189,000	…	…	…	124,400	161	199,900	…
5	3,046,000	8,768,000	2,918,000	292	8,534,000	…	…	…	127,600	183	233,500	…
6	3,058,000	8,185,000	2,928,000	274	8,015,000	…	…	…	130,200	131	170,400	…
7	3,067,000	8,205,000	2,935,000	273	8,021,000	…	…	…	131,900	139	183,600	…
8	3,079,000	9,123,000	2,943,000	302	8,887,000	…	…	…	135,600	174	236,100	…
9	3,101,000	9,481,000	2,960,000	311	9,205,000	…	…	…	140,300	197	276,200	…
10	3,109,000	8,277,000	2,968,000	271	8,055,000	…	…	…	141,000	157	221,700	…
11	3,115,000	9,104,000	2,972,000	300	8,901,000	…	…	…	143,200	142	203,400	…
12	3,121,000	8,317,000	2,982,000	272	8,120,000	…	…	…	139,500	141	196,800	…
13	3,116,000	8,576,000	2,980,000	283	8,425,000	…	…	…	136,700	110	150,500	…
14	3,128,000	8,956,000	2,992,000	291	8,717,000	…	…	…	135,200	177	239,000	…
昭和元	3,132,000	8,339,000	2,996,000	272	8,150,000	…	…	94	136,100	138	188,500	…
2	3,147,000	9,315,000	3,013,000	301	9,083,000	…	…	106	134,200	173	232,300	…
3	3,165,000	9,045,000	3,030,000	291	8,812,000	…	…	102	135,500	172	233,000	…
4	3,184,000	8,934,000	3,049,000	289	8,802,000	…	…	101	134,500	98	131,700	…
5	3,212,000	10,031,000	3,079,000	318	9,790,000	…	…	112	133,400	181	241,800	…

注：1　この統計表は、明治11年産から大正12年産までは『農商務統計表』から、大正13年産から昭和32年産までは『農林省統計表』（昭和17年及び昭和18年産のみ『農商省統計表』）からそれぞれ作成した（昭和33年産から『作物統計』を発刊）。
2　昭和29年産までの数値は農作物累年統計表・稲（農林省統計調査部編）の全国数値を ha あるいは t に換算した。
また、昭和29年産以後は『農林省統計表』から作成した。
3　昭和元年産から昭和22年産までの水稲の作況指数は、過去7か年の実績値のうち、最高及び最低を除いた5か年の平均値を10 a 当たり平年収量とみなして算出した。
また、昭和23年産から平成26年産までの水稲の作況指数は1.70㎜のふるい目幅以上に選別された玄米をもとに算出し、平成27年以降の作況指数は農家等使用ふるい目幅ベースで算出した数値である。
4　明治11年産から明治15年産までは北海道及び沖縄県を含まない。明治17年産及び明治18年産並びに昭和19年産から昭和48年産までは沖縄県を含まない。
5　四捨五入のため、水稲・陸稲の計と水陸稲計とは一致しないことがある。

年産	水陸稲計		水稲						陸稲			
	作付面積（子実用）	収穫量（子実用）	作付面積（子実用）	10 a当たり収量	収穫量（子実用）	主食用作付面積	収穫量（主食用）	作況指数	作付面積（子実用）	10 a当たり収量	収穫量（子実用）	作況指数
	(1)	(2)	(3)	(4)	(5)	(6)	(7)	(8)	(9)	(10)	(11)	(12)
	ha	t	ha	kg	t	ha	t		ha	kg	t	
昭和6年産	3,222,000	8,282,000	3,089,000	262	8,098,000	…	…	90	132,900	138	184,000	…
7	3,230,000	9,059,000	3,097,000	286	8,852,000	…	…	99	133,200	155	206,300	…
8	3,147,000	10,624,000	3,022,000	345	10,439,000	…	…	120	124,600	148	184,900	…
9	3,146,000	7,776,000	3,022,000	253	7,634,000	…	…	85	124,600	114	141,800	…
10	3,178,000	8,619,000	3,044,000	276	8,414,000	…	…	96	133,900	153	204,700	…
11	3,180,000	10,101,000	3,042,000	323	9,836,000	…	…	113	138,800	191	265,100	…
12	3,190,000	9,948,000	3,044,000	321	9,766,000	…	…	110	146,300	125	182,300	…
13	3,194,000	9,880,000	3,048,000	316	9,628,000	…	…	107	146,100	172	251,900	…
14	3,166,000	10,345,000	3,016,000	333	10,052,000	…	…	110	150,500	194	292,400	…
15	3,152,000	9,131,000	3,004,000	298	8,955,000	…	…	95	147,700	119	175,600	…
16	3,156,000	8,263,000	3,011,000	269	8,111,000	…	…	88	144,700	105	152,200	…
17	3,138,000	10,016,000	3,001,000	329	9,859,000	…	…	107	137,000	115	157,000	…
18	3,084,000	9,433,000	2,967,000	313	9,273,000	…	…	99	117,300	136	159,700	…
19	2,955,000	8,784,000	2,852,000	304	8,666,000	…	…	97	102,800	115	118,100	…
20	2,869,000	5,872,000	2,798,000	208	5,823,000	…	…	67	71,000	69	49,100	…
21	2,781,000	9,208,000	2,719,000	336	9,124,000	…	…	111	61,300	136	83,500	…
22	2,883,000	8,798,000	2,811,000	311	8,746,000	…	…	103	72,700	72	52,100	…
23	2,957,000	9,966,000	2,866,000	342	9,792,000	…	…	112	90,900	191	173,700	…
24	2,987,000	9,383,000	2,875,000	322	9,243,000	…	…	100	112,100	125	140,500	…
25	3,011,000	9,651,000	2,877,000	327	9,412,000	…	…	99	133,900	178	238,400	…
26	3,016,000	9,042,000	2,877,000	309	8,888,000	…	…	93	139,200	110	153,800	…
27	3,009,000	9,923,000	2,872,000	337	9,676,000	…	…	101	137,500	180	247,000	…
28	3,014,000	8,239,000	2,866,000	280	8,038,000	…	…	84	148,400	135	200,500	…
29	3,051,000	9,113,000	2,888,000	308	8,895,000	…	…	92	163,400	133	218,000	…
30	3,222,000	12,385,000	3,045,000	396	12,073,000	…	…	118	177,200	175	311,600	…
31	3,243,000	10,899,000	3,059,000	348	10,647,000	…	…	104	183,200	138	252,200	…
32	3,239,000	11,464,000	3,075,000	364	11,188,000	…	…	107	164,000	168	276,100	…
33	3,253,000	11,993,000	3,080,000	379	11,689,000	…	…	108	173,700	175	304,000	109
34	3,288,000	12,501,000	3,105,000	391	12,158,000	…	…	109	182,800	188	343,100	115
35	3,308,000	12,858,000	3,124,000	401	12,539,000	…	…	108	184,000	173	319,900	101
36	3,301,000	12,419,000	3,134,000	387	12,138,000	…	…	102	166,700	168	280,700	98
37	3,285,000	13,009,000	3,134,000	407	12,762,000	…	…	105	150,300	164	247,300	91
38	3,272,000	12,812,000	3,133,000	400	12,529,000	…	…	101	139,100	203	282,600	111
39	3,260,000	12,584,000	3,126,000	396	12,362,000	…	…	99	134,700	165	222,100	89
40	3,255,000	12,409,000	3,123,000	390	12,181,000	…	…	97	132,400	172	228,100	91
41	3,254,000	12,745,000	3,129,000	400	12,526,000	…	…	99	125,300	175	219,400	93
42	3,263,000	14,453,000	3,149,000	453	14,257,000	…	…	112	113,600	172	195,800	91
43	3,280,000	14,449,000	3,171,000	449	14,223,000	…	…	109	108,800	207	225,700	108
44	3,274,000	14,003,000	3,173,000	435	13,797,000	…	…	102	101,300	203	205,800	106
45	2,923,000	12,689,000	2,836,000	442	12,528,000	…	…	103	87,400	184	160,800	94
46	2,695,000	10,887,000	2,626,000	411	10,782,000	…	…	93	68,500	153	104,900	78
47	2,640,000	11,889,000	2,581,000	456	11,766,000	…	…	103	58,600	210	123,100	108
48	2,620,000	12,144,000	2,568,000	470	12,068,000	…	…	106	52,400	145	76,000	74
49	2,724,000	12,292,000	2,675,000	455	12,182,000	…	…	102	48,800	225	109,700	116
50	2,764,000	13,165,000	2,719,000	481	13,085,000	…	…	107	44,900	179	80,400	90
51	2,779,000	11,772,000	2,741,000	427	11,699,000	…	…	94	37,700	194	73,200	95
52	2,757,000	13,095,000	2,723,000	478	13,022,000	…	…	105	33,500	218	73,000	107
53	2,548,000	12,589,000	2,516,000	499	12,546,000	…	…	108	31,900	135	43,000	66
54	2,497,000	11,958,000	2,468,000	482	11,898,000	…	…	103	29,200	207	60,400	101
55	2,377,000	9,751,000	2,350,000	412	9,692,000	…	…	87	27,200	215	58,600	106
56	2,278,000	10,259,000	2,251,000	453	10,204,000	…	…	96	27,000	202	54,500	100
57	2,257,000	10,270,000	2,230,000	458	10,212,000	…	…	96	27,300	212	58,000	104
58	2,273,000	10,366,000	2,246,000	459	10,308,000	…	…	96	27,000	216	58,300	106
59	2,315,000	11,878,000	2,290,000	517	11,832,000	…	…	108	25,200	181	45,700	89
60	2,342,000	11,662,000	2,318,000	501	11,613,000	…	…	104	23,600	206	48,500	100
61	2,303,000	11,647,000	2,280,000	508	11,592,000	…	…	105	22,500	244	54,800	118
62	2,146,000	10,627,000	2,123,000	498	10,571,000	…	…	102	23,000	243	56,000	116
63	2,110,000	9,935,000	2,087,000	474	9,888,000	…	…	97	22,800	205	46,800	97

6　平成16年産から平成19年産までの主食用作付面積及び収穫量（主食用）は、農林水産省生産局資料による。
　平成20年産以降は、水稲作付面積（青刈り面積を含む。）から、生産数量目標の外数として取り扱う米穀等（備蓄米、加工用米、新規需要米等）の作付面積を除いた面積である（以下水稲の各統計表において同じ。）。
7　平成17年産以降の陸稲の作況指数は、10a当たり平均収量対比（過去７か年の実績のうち、最高及び最低を除いた５か年の平均値と当年産の10a当たり収量との対比）である。

全国累年統計表
1 米（続き）
(1) 水陸稲の収穫量（続き）

年産	水陸稲計		水稲						陸稲			
	作付面積（子実用）	収穫量（子実用）	作付面積（子実用）	10 a 当たり収量	収穫量（子実用）	主食用作付面積	収穫量（主食用）	作況指数	作付面積（子実用）	10 a 当たり収量	収穫量（子実用）	作況指数
	(1)	(2)	(3)	(4)	(5)	(6)	(7)	(8)	(9)	(10)	(11)	(12)
	ha	t	ha	kg	t	ha	t		ha	kg	t	
平成元年産	2,097,000	10,347,000	2,076,000	496	10,297,000	…	…	101	21,600	229	49,500	107
2	2,074,000	10,499,000	2,055,000	509	10,463,000	…	…	103	18,900	189	35,700	88
3	2,049,000	9,604,000	2,033,000	470	9,565,000	…	…	95	16,100	243	39,200	112
4	2,106,000	10,573,000	2,092,000	504	10,546,000	…	…	101	13,700	196	26,900	89
5	2,139,000	7,834,000	2,127,000	367	7,811,000	…	…	74	12,400	183	22,700	83
6	2,212,000	11,981,000	2,200,000	544	11,961,000	…	…	109	12,300	160	19,700	72
7	2,118,000	10,748,000	2,106,000	509	10,724,000	…	…	102	11,600	209	24,300	95
8	1,977,000	10,344,000	1,967,000	525	10,328,000	…	…	105	9,440	166	15,700	75
9	1,953,000	10,025,000	1,944,000	515	10,004,000	…	…	102	8,600	243	20,900	117
10	1,801,000	8,960,000	1,793,000	499	8,939,000	…	…	98	8,040	256	20,600	122
11	1,788,000	9,175,000	1,780,000	515	9,159,000	…	…	101	7,470	214	16,000	102
12	1,770,000	9,490,000	1,763,000	537	9,472,000	…	…	104	7,060	256	18,100	121
13	1,706,000	9,057,000	1,700,000	532	9,048,000	…	…	103	6,380	144	9,170	68
14	1,688,000	8,889,000	1,683,000	527	8,876,000	…	…	101	5,560	225	12,500	106
15	1,665,000	7,792,000	1,660,000	469	7,779,000	…	…	90	5,010	250	12,500	117
16	1,701,000	8,730,000	1,697,000	514	8,721,000	1,658,000	8,600,000	98	4,690	200	9,400	92
17	1,706,000	9,074,000	1,702,000	532	9,062,000	1,652,000	8,930,000	101	4,470	266	11,900	116
18	1,688,000	8,556,000	1,684,000	507	8,546,000	1,643,000	8,400,000	96	4,100	246	10,100	106
19	1,673,000	8,714,000	1,669,000	522	8,705,000	1,637,000	8,540,000	99	3,640	257	9,370	108
20	1,627,000	8,823,000	1,624,000	543	8,815,000	1,596,000	8,658,000	102	3,200	265	8,490	111
21	1,624,000	8,474,000	1,621,000	522	8,466,000	1,592,000	8,309,000	98	3,000	276	8,280	110
22	1,628,000	8,483,000	1,625,000	522	8,478,000	1,580,000	8,239,000	98	2,890	189	5,460	72
23	1,576,000	8,402,000	1,574,000	533	8,397,000	1,526,000	8,133,000	101	2,370	220	5,220	88
24	1,581,000	8,523,000	1,579,000	540	8,519,000	1,524,000	8,210,000	102	2,110	172	3,630	68
25	1,599,000	8,607,000	1,597,000	539	8,603,000	1,522,000	8,182,000	102	1,720	249	4,290	104
26	1,575,000	8,439,000	1,573,000	536	8,435,000	1,474,000	7,882,000	101	1,410	257	3,630	107
27	1,506,000	7,989,000	1,505,000	531	7,986,000	1,406,000	7,442,000	100	1,160	233	2,700	97
28	1,479,000	8,044,000	1,478,000	544	8,042,000	1,381,000	7,496,000	103	944	218	2,060	94
29	1,466,000	7,824,000	1,465,000	534	7,822,000	1,370,000	7,306,000	100	813	236	1,920	106
30	1,470,000	7,782,000	1,470,000	529	7,780,000	1,386,000	7,327,000	98	750	232	1,740	100
令和元	1,470,000	7,764,000	1,469,000	528	7,762,000	1,379,000	7,261,000	99	702	228	1,600	97
2	1,462,000	7,765,000	1,462,000	531	7,763,000	1,366,000	7,226,000	99	636	236	1,500	100
3	**1,404,000**	**7,564,000**	**1,403,000**	**539**	**7,563,000**	**1,303,000**	**7,007,000**	**101**	**553**	**230**	**1,270**	**99**

1　米（続き）

(2)　水稲の被害

年産	合計				気象被害											
	被害面積	被害量	被害面積率	被害率	計		風水害		干害		冷害		日照不足		高温障害	
					被害面積	被害量	被害面積	被害量	被害面積	被害量	被害面積	被害量	被害面積	被害量	被害面積	被害量
	(1)	(2)	(3)	(4)	(5)	(6)	(7)	(8)	(9)	(10)	(11)	(12)	(13)	(14)	(15)	(16)
	千ha	千t	%	%	千ha	千t	千ha	千t	千ha	千t	千ha	千t	千ha	千t	千ha	千t
昭和24年産	1,499.0	896.1	51.7	9.7	…	…	500.4	288.8	74.1	53.7	41.6	23.0	…	…	…	…
25	1,318.0	732.1	45.4	7.7	…	…	757.8	440.4	28.8	20.0	1.9	1.2	…	…	…	…
26	2,526.0	1,047.0	87.1	11.0	…	…	568.7	207.3	141.1	87.0	497.0	195.3	…	…	…	…
27	1,697.0	630.8	58.6	6.6	…	…	269.1	121.6	12.5	5.1	70.8	25.0	…	…	…	…
28	4,180.0	2,019.0	144.6	21.2	…	…	950.9	471.8	9.8	3.4	777.0	539.9	…	…	…	…
29	5,536.0	1,455.0	190.1	15.1	…	…	2,198.0	573.3	33.5	9.5	955.4	373.4	…	…	…	…
30	3,270.0	645.9	106.5	6.3	809.8	247.1	714.2	204.6	86.5	39.6	4.5	1.3	…	…	…	…
31	4,765.0	1,394.0	154.5	13.6	1,477.0	677.7	1,000.0	308.4	45.7	22.5	410.5	341.6	…	…	…	…
32	4,498.0	1,129.0	145.1	10.8	1,144.0	447.1	846.9	291.5	5.1	2.7	284.4	148.8	…	…	…	…
33	4,691.0	1,443.0	151.1	13.4	1,384.0	784.0	1,098.0	599.6	200.2	135.0	75.4	40.5	…	…	…	…
34	4,830.0	1,395.0	154.3	12.5	1,489.0	813.5	1,367.0	755.9	55.6	19.5	58.2	30.8	…	…	…	…
35	4,836.0	1,099.0	153.5	9.5	758.5	316.9	578.6	196.2	144.8	103.2	22.6	8.4	…	…	…	…
36	6,093.0	1,975.0	192.8	16.6	1,998.0	1,176.0	1,895.0	1,118.0	95.7	55.3	5.6	2.2	…	…	…	…
37	4,869.0	1,105.0	154.0	9.1	752.7	342.3	511.7	201.0	86.4	49.7	122.0	75.9	…	…	…	…
38	5,262.0	1,342.0	166.6	10.8	918.0	317.5	536.3	155.5	17.7	11.9	128.9	115.8	…	…	…	…
39	5,592.0	1,719.0	178.9	13.8	1,666.0	995.3	1,093.0	487.0	185.0	112.6	232.1	332.6	…	…	…	…
40	5,861.0	1,828.0	187.7	14.5	2,360.0	1,184.0	1,379.0	612.1	131.2	68.7	769.6	467.0	…	…	…	…
41	4,885.0	1,647.0	156.1	13.1	1,131.0	739.9	667.6	313.6	50.1	31.4	383.3	381.3	…	…	…	…
42	3,929.0	1,057.0	124.8	8.3	804.8	469.2	450.7	179.6	321.0	268.8	20.9	13.1	…	…	…	…
43	4,194.0	1,058.0	132.4	8.1	1,101.0	433.3	634.9	243.5	50.9	23.0	263.7	124.4	…	…	…	…
44	4,326.0	1,381.0	136.3	10.2	1,201.0	709.3	554.7	221.3	44.8	20.8	506.0	445.6	…	…	…	…
45	4,505.0	1,127.0	158.9	9.2	1,173.0	369.9	750.9	228.7	62.0	37.4	38.8	19.4	…	…	…	…
46	4,839.0	1,758.0	184.3	15.2	2,032.0	1,090.0	941.4	361.4	18.6	10.2	727.1	606.9	…	…	…	…
47	3,056.0	835.9	118.4	7.3	722.9	358.5	585.8	286.8	24.0	12.5	90.4	47.6	…	…	…	…
48	2,819.0	757.1	109.8	6.6	544.2	275.3	300.6	116.1	192.5	136.5	15.1	6.6	…	…	…	…
49	3,435.0	1,113.0	128.4	9.3	736.6	308.6	458.8	177.6	18.5	10.3	252.3	117.2	…	…	…	…
50	3,233.0	778.4	118.9	6.4	898.0	298.0	474.8	172.1	83.6	47.5	156.9	42.7	…	…	…	…
51	4,557.0	2,071.0	166.3	16.6	1,963.0	1,321.0	547.4	261.3	5.5	3.6	1,394.0	1,052.0	…	…	…	…
52	2,775.0	735.0	101.9	5.9	517.2	213.9	204.9	84.9	86.5	24.5	157.8	81.8	…	…	…	…
53	2,312.0	644.7	91.9	5.6	664.2	294.6	422.2	154.8	156.1	110.8	1.9	0.5	…	…	…	…
54	2,766.0	820.9	112.1	7.1	976.8	420.4	741.0	302.8	20.9	10.1	208.7	102.8	…	…	…	…
55	4,449.0	2,431.0	189.3	22.0	1,992.0	1,603.0	376.2	163.9	1.2	0.4	1,613.0	1,438.0	…	…	…	…
56	3,361.0	1,390.0	149.3	13.0	1,504.0	956.3	602.6	326.1	15.4	7.2	868.4	618.1	…	…	…	…
57	3,888.0	1,434.0	174.3	13.5	1,792.0	896.9	777.6	325.0	46.0	16.1	658.6	472.5	…	…	…	…
58	4,100.0	1,323.0	182.5	12.3	1,646.0	711.5	486.5	173.5	11.5	5.0	563.8	395.8	…	…	…	…
59	2,217.0	440.5	96.8	4.0	508.8	142.5	370.8	103.9	50.4	16.5	49.8	12.8	…	…	…	…
60	2,854.0	714.5	123.1	6.4	671.1	271.1	534.6	159.4	51.5	23.9	16.1	5.2	…	…	…	…
61	2,577.0	651.4	113.0	5.9	880.9	366.1	294.9	139.9	15.7	6.0	407.4	184.9	…	…	…	…
62	3,173.0	795.8	149.5	7.7	1,360.0	463.3	767.7	273.3	19.7	5.1	173.8	84.5	…	…	…	…
63	3,478.0	1,325.0	166.7	13.0	1,487.0	830.7	347.1	108.6	2.8	0.7	1,031.0	707.1	…	…	…	…
平成元	3,367.0	828.9	162.2	8.1	1,525.0	467.4	599.0	194.9	30.3	14.8	430.6	157.7	…	…	…	…
2	2,988.0	677.8	145.4	6.7	1,248.0	362.4	531.3	184.2	44.3	13.8	59.6	10.9	…	…	…	…
3	4,178.0	1,452.0	205.5	14.4	2,112.0	948.2	859.6	431.6	12.1	3.5	413.0	247.1	…	…	…	…
4	3,115.0	791.9	148.9	7.6	1,495.0	506.3	496.0	111.8	35.8	8.6	559.3	325.3	…	…	…	…
5	5,305.0	3,834.0	249.4	36.1	2,798.0	3,031.0	746.9	303.3	2.0	0.3	1,090.0	2,325.0	…	…	…	…
6	2,174.0	434.9	98.8	4.0	887.2	279.6	469.4	127.5	131.3	100.4	1.8	0.5	…	…	…	…
7	3,352.0	819.4	159.2	7.8	1,440.0	473.0	345.9	84.9	13.0	6.4	228.6	72.4	…	…	…	…
8	2,766.0	591.6	140.6	6.0	1,279.0	382.8	432.0	87.9	22.7	7.7	220.6	94.1	…	…	…	…
9	3,165.0	672.8	162.8	6.9	1,569.0	404.3	527.4	138.3	43.7	4.8	176.8	65.7	…	…	…	…
10	3,584.0	998.7	199.9	11.0	1,887.0	644.9	513.7	229.2	5.6	1.6	294.9	129.4	…	…	…	…
11	3,157.0	728.7	177.4	8.0	1,605.0	486.4	577.8	258.7	40.7	9.9	31.7	8.4	…	…	…	…
12	2,455.0	416.6	139.3	4.6	1,068.0	220.4	440.2	113.1	21.1	6.1	34.0	6.7	…	…	…	…
13	2,546.0	507.7	149.8	5.8	1,048.0	283.1	363.1	90.7	12.5	4.2	235.5	100.6	…	…	…	…
14	2,653.0	601.4	157.6	6.8	1,182.0	367.5	468.2	113.7	44.2	9.6	160.6	118.7	284.8	92.9	185.4	25.6
15	3,891.0	1,657.0	234.4	19.0	1,974.0	1,191.0	288.5	77.6	0.7	0.3	684.6	830.4	953.0	276.0	29.9	3.4

注：1　昭和39年産以前の被害面積は尺貫法（町歩）によって調査したものをそのまま ha に読み替え、昭和40年産以降はメートル法によって調査したものを表示した。
2　被害面積率とは、作付面積に対する被害面積の割合（百分率）である。
3　被害率とは、平年収量（作付面積×10 a 当たり平年収量）に対する被害量の割合（百分率）である。
4　昭和48年産以前は、沖縄県を含まない。
5　平成29年産からは、6種類（冷害、日照不足、高温障害、いもち病、ウンカ及びカメムシ）の被害について調査を実施し、公表をしている。

年産	合計				気象被害											
	被害面積	被害量	被害面積率	被害率	計		風水害		干害		冷害		日照不足		高温障害	
					被害面積	被害量	被害面積	被害量	被害面積	被害量	被害面積	被害量	被害面積	被害量	被害面積	被害量
	(1)	(2)	(3)	(4)	(5)	(6)	(7)	(8)	(9)	(10)	(11)	(12)	(13)	(14)	(15)	(16)
	千ha	千t	%	%	千ha	千t	千ha	千t	千ha	千t	千ha	千t	千ha	千t	千ha	千t
平成16年産	3,260.0	970.6	192.1	10.9	1,766.0	739.3	956.0	503.6	13.0	4.1	93.1	21.4	479.9	165.2	209.8	42.6
17	3,337.0	636.9	196.1	7.1	1,713.0	371.2	607.8	154.8	24.8	6.7	264.0	48.9	528.2	97.9	284.9	62.4
18	3,966.0	1,072.0	235.5	12.0	2,336.0	790.0	453.4	260.6	4.7	1.1	171.8	42.8	1,512.0	468.3	185.2	16.3
19	4,209.0	851.2	252.2	9.6	2,520.0	579.7	456.1	134.3	10.9	2.9	281.9	120.0	1,248.0	241.3	519.2	80.8
20	3,119.0	518.1	192.1	6.0	1,620.0	314.1	363.1	88.2	7.0	2.7	348.7	82.4	688.0	116.7	207.9	21.8
21	3,478.0	807.9	214.6	9.4	2,014.0	588.9	363.9	83.9	12.7	3.9	287.9	154.5	1,329.0	344.5	16.7	1.3
22	4,913.0	826.8	302.3	9.6	3,363.0	600.0	445.1	78.3	19.7	5.3	1.5	0.2	952.6	161.2	979.5	176.2
23	3,947.0	630.1	250.8	7.6	2,552.0	426.4	586.2	144.4	5.1	1.5	301.2	24.5	1,036.0	183.2	126.7	13.1
24	3,083.0	526.0	195.3	6.3	1,729.0	329.9	260.4	56.8	19.6	6.6	75.5	14.1	666.7	149.0	454.6	44.5
25	3,067.0	563.0	192.0	6.7	1,530.0	297.8	404.8	101.4	15.4	7.2	86.0	20.1	421.6	92.4	475.3	51.8
26	3,268.0	594.5	207.8	7.1	1,737.0	342.2	348.8	75.8	3.7	1.4	50.7	11.3	1,217.0	239.5	77.3	5.8
27	3,259.0	647.4	216.5	8.1	1,924.0	432.7	401.7	102.7	6.9	2.7	123.9	24.6	1,227.0	280.9	124.9	17.6
28	2,746.0	478.0	185.8	6.1	1,503.0	294.8	309.4	66.5	9.4	2.4	125.2	26.9	808.5	170.6	189.1	23.2
29	…	…	…	…	…	…	…	…	…	…	211.7	44.8	1,070.0	243.1	105.3	11.8
30	…	…	…	…	…	…	…	…	…	…	110.9	36.4	1,045.0	251.5	653.3	94.3
令和元	…	…	…	…	…	…	…	…	…	…	80.6	12.4	1,185.0	237.6	699.2	94.1
2	…	…	…	…	…	…	…	…	…	…	47.0	8.7	1,235.0	238.1	568.4	63.2
3	**…**	**…**	**…**	**…**	**…**	**…**	**…**	**…**	**…**	**…**	**19.8**	**4.6**	**1,107.0**	**220.9**	**330.8**	**36.8**

1　米（続き）

(2)　水稲の被害（続き）

年産	病害						虫害								その他	
	計		いもち病		紋枯病		計		ニカメイチュウ		ウンカ		カメムシ		被害面積	被害量
	被害面積	被害量	被害面積	被害量	被害面積	被害量	被害面積	被害量	被害面積	被害量	被害面積	被害量	被害面積	被害量		
	(17)	(18)	(19)	(20)	(21)	(22)	(23)	(24)	(25)	(26)	(27)	(28)	(29)	(30)	(31)	(32)
	千ha	千t	千ha	千t	千ha	千t	千ha	千t	千ha	千t	千ha	千t	千ha	千t	千ha	千t
昭和24年産	587.5	402.7	438.9	366.9	…	…	252.8	104.0	107.1	38.3	72.4	35.2	…	…	…	…
25	379.0	208.3	253.6	158.1	…	…	109.4	43.7	67.0	26.1	17.2	7.0	…	…	…	…
26	495.5	234.0	353.0	193.7	…	…	626.2	280.0	279.6	107.9	296.7	160.8	…	…	…	…
27	616.5	231.5	385.1	179.4	…	…	694.7	230.2	460.0	165.2	97.6	34.9	…	…	…	…
28	1,473.0	751.9	1,167.0	693.0	…	…	885.2	234.5	609.2	177.3	110.3	26.2	…	…	…	…
29	1,082.0	235.4	558.8	139.8	…	…	1,202.0	239.5	592.4	104.9	206.6	67.0	…	…	…	…
30	1,502.0	254.9	753.0	144.0	281.3	36.0	944.0	136.0	631.7	83.0	156.9	34.1	…	…	…	…
31	2,216.0	532.7	1,377.0	406.7	341.4	51.1	1,055.0	174.8	789.8	121.5	121.8	35.8	…	…	…	…
32	2,187.0	480.2	1,120.0	304.8	351.5	47.8	1,141.0	189.5	873.1	128.5	129.9	43.9	…	…	…	…
33	2,135.0	454.6	968.5	270.2	549.5	92.4	1,144.0	190.6	779.8	106.6	257.1	70.5	…	…	…	…
34	2,180.0	408.7	861.5	214.6	625.7	98.5	1,138.0	165.5	724.4	88.3	219.2	56.4	…	…	…	…
35	2,604.4	539.5	987.0	273.2	826.3	143.4	1,448.0	233.3	973.6	137.1	283.5	73.1	…	…	…	…
36	2,685.0	540.3	1,023.0	263.0	801.2	131.9	1,387.0	245.5	1,040.0	185.3	152.2	36.6	…	…	…	…
37	2,712.0	529.7	1,028.0	298.7	714.4	93.1	1,368.0	218.5	1,034.0	166.9	154.8	28.4	…	…	…	…
38	3,169.0	876.4	1,559.0	649.1	697.0	93.2	1,143.0	136.9	820.7	95.9	118.2	18.2	…	…	…	…
39	2,850.0	585.7	1,126.0	323.5	931.5	162.1	1,042.0	126.4	644.9	67.9	235.8	39.4	…	…	…	…
40	2,465.0	515.0	1,015.0	304.6	543.4	72.3	1,009.0	119.0	670.5	77.1	202.6	27.8	…	…	…	…
41	2,209.0	470.5	856.2	242.9	685.8	103.2	1,514.0	429.0	560.1	62.9	780.5	348.9	…	…	…	…
42	2,010.0	422.4	673.9	174.9	707.1	110.8	1,070.0	157.2	545.3	68.1	345.0	72.3	…	…	…	…
43	2,154.0	478.8	926.1	290.4	644.3	97.8	891.4	131.2	614.6	88.8	169.7	33.7	…	…	…	…
44	1,859.0	389.3	736.4	212.9	608.2	97.3	1,224.0	272.5	534.7	74.9	516.9	176.5	…	…	41.3	9.7
45	2,265.0	536.6	829.4	252.6	779.5	155.8	1,023.0	203.7	551.0	79.8	338.3	111.1	…	…	43.4	10.3
46	2,034.0	553.4	754.3	302.4	587.0	109.8	717.6	99.5	432.3	54.2	164.9	33.4	…	…	55.4	14.4
47	1,672.0	376.6	576.4	181.7	515.4	89.7	589.2	83.2	298.4	35.9	182.4	32.9	…	…	71.2	17.7
48	1,432.0	321.7	516.6	172.8	530.5	91.2	761.3	138.9	280.1	31.7	284.0	83.4	…	…	80.1	21.1
49	2,038.0	692.5	1,120.0	544.5	470.0	77.7	614.0	101.8	265.2	30.1	176.3	52.0	…	…	47.2	10.9
50	1,574.0	350.1	689.2	202.0	482.1	73.7	709.7	119.5	211.9	25.4	229.6	66.7	…	…	50.7	10.7
51	2,054.0	679.4	1,194.0	531.4	396.8	61.8	495.0	60.2	186.4	21.0	110.4	19.0	…	…	45.2	10.3
52	1,681.0	432.0	750.1	255.7	478.9	83.9	531.5	79.3	165.4	18.6	176.7	41.1	…	…	45.6	9.8
53	1,115.0	250.4	430.7	109.4	379.4	65.8	484.8	89.0	130.2	14.6	178.3	55.3	…	…	48.2	10.7
54	1,214.0	296.9	526.3	160.2	373.1	66.3	529.7	94.3	145.3	17.9	191.4	59.5	…	…	45.2	9.3
55	1,791.0	729.5	1,031.0	576.2	340.4	58.8	624.8	90.9	129.2	17.6	126.3	26.7	…	…	40.8	7.2
56	1,283.0	354.9	566.9	196.6	321.3	53.5	530.2	71.9	123.6	14.6	154.8	33.7	…	…	44.0	7.4
57	1,526.0	463.7	687.7	280.4	499.6	99.1	515.1	65.2	113.5	13.0	147.6	32.7	…	…	54.6	7.9
58	1,610.0	437.1	584.2	200.3	618.6	134.2	802.2	167.9	86.9	10.3	363.8	123.9	…	…	41.8	6.6
59	1,212.0	246.8	435.3	109.7	419.4	68.4	454.4	44.8	82.6	9.7	105.3	18.7	…	…	42.0	6.6
60	1,199.0	275.2	372.3	100.9	462.5	93.9	742.3	162.0	81.1	9.7	371.6	133.0	…	…	41.8	6.2
61	1,074.0	219.8	371.2	98.7	355.6	64.2	574.5	59.1	86.0	10.5	151.5	23.9	…	…	47.5	6.4
62	1,004.0	204.3	320.2	79.8	410.0	75.1	755.5	121.5	76.3	9.0	289.8	79.9	…	…	53.4	6.7
63	1,343.0	422.3	641.0	308.7	395.6	72.0	586.5	64.9	71.5	9.2	151.6	27.6	…	…	61.4	7.1
平成元	1,262.0	305.1	522.8	166.4	445.4	90.2	516.9	48.2	74.6	8.2	114.5	16.8	…	…	62.6	8.2
2	1,065.0	231.0	414.6	116.1	379.9	70.1	609.7	75.9	73.6	9.8	206.3	39.7	…	…	65.1	8.5
3	1,295.0	406.6	719.2	305.3	312.1	58.3	696.7	87.6	76.4	9.7	235.8	48.2	…	…	74.4	9.8
4	1,022.0	222.5	374.9	104.4	405.1	77.4	520.9	52.0	74.6	10.1	115.0	16.4	…	…	77.5	11.1
5	1,774.0	725.8	1,097.0	597.8	290.1	54.1	659.1	66.8	65.7	8.2	116.7	18.7	…	…	74.1	10.3
6	693.8	104.9	280.9	54.1	285.1	37.0	515.1	41.3	58.7	6.1	84.3	8.3	…	…	77.8	9.1
7	1,109.0	270.9	576.0	191.0	286.5	44.5	716.7	64.5	75.9	9.9	109.7	13.2	…	…	85.9	11.0
8	829.4	153.5	405.5	95.9	239.2	34.1	567.3	43.8	70.0	8.2	69.0	7.3	…	…	90.4	11.5
9	975.3	216.8	498.5	146.1	268.5	42.3	524.0	40.8	71.2	7.3	76.9	9.7	…	…	97.1	10.9
10	1,022.0	268.7	572.9	201.2	272.0	45.7	589.8	74.1	65.9	7.3	144.1	40.4	…	…	85.6	11.0
11	795.6	165.1	319.0	84.2	302.3	57.6	657.3	64.3	61.5	6.9	82.9	13.0	…	…	98.7	12.9
12	755.5	138.8	303.2	71.2	283.5	43.3	534.1	43.3	57.1	6.0	75.2	9.6	…	…	97.4	14.1
13	871.2	164.4	337.6	85.2	281.3	45.4	516.2	45.7	57.4	6.4	68.8	10.2	…	…	110.1	14.5
14	859.0	174.4	324.9	92.2	288.9	48.5	485.8	41.5	52.8	6.0	65.0	8.0	114.3	9.9	125.7	18.0
15	1,160.0	390.0	652.6	317.5	240.9	42.2	635.2	59.7	64.3	6.7	70.0	9.2	95.8	9.5	121.8	16.4

年産	病害						虫害								その他	
	計		いもち病		紋枯病		計		ニカメイチュウ		ウンカ		カメムシ		被害面積	被害量
	被害面積	被害量	被害面積	被害量	被害面積	被害量	被害面積	被害量	被害面積	被害量	被害面積	被害量	被害面積	被害量		
	(17)	(18)	(19)	(20)	(21)	(22)	(23)	(24)	(25)	(26)	(27)	(28)	(29)	(30)	(31)	(32)
	千ha	千t	千ha	千t	千ha	千t	千ha	千t	千ha	千t	千ha	千t	千ha	千t	千ha	千t
平成16年産	840.0	170.9	341.9	89.1	291.8	58.5	523.0	42.1	58.5	5.9	64.6	6.9	113.9	11.5	130.6	18.3
17	814.4	167.8	266.1	79.0	336.7	62.5	663.6	80.1	60.8	6.5	112.4	30.8	155.2	19.1	146.3	17.8
18	848.7	199.0	338.1	116.6	277.7	51.5	662.1	66.0	59.9	6.8	88.1	13.6	135.3	19.8	119.1	16.6
19	849.3	177.2	314.3	93.0	295.9	54.5	721.9	78.4	62.3	6.6	108.4	28.5	124.6	11.6	117.4	15.9
20	793.4	141.0	274.4	67.0	274.8	44.5	579.8	45.9	57.3	5.4	57.5	6.2	121.1	11.7	125.9	17.1
21	795.2	147.0	311.7	81.7	239.3	35.3	546.6	52.7	53.9	5.2	83.0	17.4	95.4	10.2	122.2	19.3
22	749.6	138.9	268.8	66.5	267.9	46.8	672.8	64.4	54.8	5.5	82.4	15.3	121.3	11.7	127.6	23.5
23	731.3	135.2	276.8	73.2	248.9	39.2	538.9	44.6	64.6	6.8	60.6	7.5	92.7	9.2	124.6	23.9
24	701.8	123.7	239.3	56.8	235.5	37.4	532.2	49.7	58.9	5.6	80.0	15.3	113.1	11.1	120.0	22.7
25	784.5	150.3	284.0	72.4	251.6	39.6	632.7	91.6	64.2	6.4	152.3	55.0	105.2	10.1	119.7	23.3
26	910.1	172.6	383.3	102.6	258.4	40.1	508.6	55.4	60.8	5.9	96.8	23.9	104.7	10.4	112.0	24.3
27	774.7	154.6	324.3	92.0	245.8	37.7	446.8	36.8	53.5	5.4	52.1	7.2	108.0	9.7	113.5	23.3
28	683.3	118.6	237.1	58.9	218.0	34.2	449.3	41.1	50.3	5.4	61.9	11.9	104.8	8.9	110.6	23.5
29	…	…	238.8	60.9	…	…	…	…	…	…	69.8	14.6	110.3	10.6	…	…
30	…	…	211.3	49.1	…	…	…	…	…	…	48.3	6.5	109.3	12.8	…	…
令和元	…	…	239.5	55.9	…	…	…	…	…	…	110.6	40.6	143.1	17.6	…	…
2	…	…	294.2	78.2	…	…	…	…	…	…	128.4	70.6	140.7	17.0	…	…
3	**…**	**…**	**300.2**	**82.6**	**…**	**…**	**…**	**…**	**…**	**…**	**39.3**	**5.4**	**115.2**	**12.4**	**…**	**…**

2　麦類

(1)　4麦計

年産	作付面積			収穫量		
	計	田	畑	計	田	畑
	(1)	(2)	(3)	(4)	(5)	(6)
	ha	ha	ha	t	t	t
明治11年産	1,354,000	…	…	1,163,000	…	…
12	1,405,000	…	…	1,220,000	…	…
13	1,417,000	…	…	1,517,000	…	…
14	1,419,000	…	…	1,304,000	…	…
15	1,452,000	…	…	1,572,000	…	…
16	1,475,000	…	…	1,491,000	…	…
17	1,478,000	…	…	1,608,000	…	…
18	1,523,000	…	…	1,492,000	…	…
19	1,574,000	…	…	1,993,000	…	…
20	1,578,000	…	…	1,977,000	…	…
21	1,608,000	…	…	1,906,000	…	…
22	1,643,000	519,300	1,124,000	1,903,000	594,600	1,309,000
23	1,690,000	555,600	1,134,000	1,321,000	386,900	933,700
24	1,702,000	581,000	1,121,000	2,261,000	796,900	1,464,000
25	1,725,000	595,300	1,130,000	2,003,000	758,300	1,245,000
26	1,732,000	583,200	1,149,000	2,086,000	734,400	1,352,000
27	1,739,000	611,800	1,127,000	2,487,000	903,900	1,583,000
28	1,759,000	628,100	1,131,000	2,447,000	897,700	1,550,000
29	1,752,000	631,400	1,121,000	2,164,000	774,700	1,389,000
30	1,735,000	649,300	1,086,000	2,250,000	854,900	1,395,000
31	1,792,000	646,600	1,145,000	2,564,000	967,500	1,596,000
32	1,788,000	650,000	1,138,000	2,407,000	881,800	1,525,000
33	1,782,000	655,200	1,127,000	2,556,000	964,800	1,592,000
34	1,801,000	654,300	1,147,000	2,588,000	977,600	1,611,000
35	1,790,000	676,400	1,114,000	2,305,000	875,200	1,430,000
36	1,784,000	648,400	1,136,000	1,652,000	519,800	1,132,000
37	1,785,000	663,900	1,122,000	2,450,000	916,000	1,534,000
38	1,802,000	682,900	1,120,000	2,337,000	914,300	1,422,000
39	1,799,000	686,600	1,112,000	2,535,000	964,900	1,570,000
40	1,783,000	682,700	1,100,000	2,758,000	1,056,000	1,702,000
41	1,768,000	679,600	1,088,000	2,683,000	1,061,000	1,621,000
42	1,757,000	677,600	1,080,000	2,699,000	1,068,000	1,631,000
43	1,757,000	683,100	1,074,000	2,572,000	984,500	1,588,000
44	1,751,000	686,600	1,064,000	2,748,000	1,105,000	1,643,000
大正元	1,760,000	695,100	1,065,000	2,870,000	1,150,000	1,720,000
2	1,813,000	727,700	1,086,000	3,147,000	1,301,000	1,845,000
3	1,807,000	742,700	1,064,000	2,653,000	1,069,000	1,584,000
4	1,797,000	729,300	1,067,000	2,982,000	1,228,000	1,754,000
5	1,772,000	726,000	1,046,000	2,941,000	1,226,000	1,715,000
6	1,732,000	722,100	1,010,000	3,063,000	1,300,000	1,763,000
7	1,720,000	723,800	996,600	2,869,000	1,239,000	1,631,000
8	1,715,000	714,600	1,000,000	2,998,000	1,207,000	1,790,000
9	1,738,000	727,900	1,010,000	2,859,000	1,269,000	1,590,000
10	1,697,000	705,600	991,000	2,725,000	1,100,000	1,625,000
11	1,608,000	662,900	945,600	2,727,000	1,140,000	1,587,000
12	1,515,000	621,500	894,000	2,349,000	948,000	1,401,000
13	1,460,000	600,500	859,500	2,396,000	959,200	1,436,000
14	1,463,000	615,000	848,100	2,877,000	1,253,000	1,625,000
昭和元	1,448,000	624,600	823,000	2,771,000	1,228,000	1,543,000
2	1,418,000	614,100	804,000	2,667,000	1,217,000	1,450,000
3	1,393,000	618,300	774,700	2,690,000	1,247,000	1,443,000
4	1,379,000	622,700	756,200	2,656,000	1,282,000	1,373,000
5	1,343,000	623,300	720,000	2,454,000	1,153,000	1,301,000

注：1　4麦計は、小麦、大麦（二条大麦＋六条大麦）及びはだか麦の計である。
　　2　昭和32年産以降の作付面積は、子実用作付面積である（以下2の各統計表において同じ。）。
　　3　明治22年産以前及び昭和19年産から昭和48年産までは沖縄県を含まない。
　　4　平成19年産から麦類の田畑別の収穫量調査は行っていない。

年産	作付面積			収穫量		
	計	田	畑	計	田	畑
	(1)	(2)	(3)	(4)	(5)	(6)
	ha	ha	ha	t	t	t
昭和6年産	1,346,000	626,300	719,400	2,583,000	1,229,000	1,354,000
7	1,357,000	631,900	725,200	2,623,000	1,253,000	1,370,000
8	1,390,000	651,800	738,000	2,591,000	1,158,000	1,433,000
9	1,393,000	659,800	733,200	2,887,000	1,384,000	1,503,000
10	1,434,000	675,600	757,900	3,032,000	1,470,000	1,562,000
11	1,457,000	685,000	772,100	2,728,000	1,330,000	1,398,000
12	1,472,000	699,700	772,200	2,943,000	1,433,000	1,510,000
13	1,485,000	711,400	773,700	2,625,000	1,286,000	1,340,000
14	1,497,000	723,700	772,900	3,436,000	1,760,000	1,676,000
15	1,574,000	775,100	798,600	3,479,000	1,770,000	1,710,000
16	1,639,000	812,100	827,100	3,104,000	1,667,000	1,436,000
17	1,753,000	844,900	907,900	3,037,000	1,558,000	1,479,000
18	1,664,000	804,700	859,100	2,399,000	1,241,000	1,158,000
19	1,758,000	866,000	892,100	3,078,000	1,625,000	1,453,000
20	1,602,000	803,600	798,100	2,199,000	1,203,000	995,500
21	1,446,000	713,600	732,200	1,483,000	776,400	707,000
22	1,333,000	…	…	1,923,000	…	…
23	1,727,000	814,100	913,300	3,025,000	…	…
24	1,766,000	828,600	937,100	3,300,000	…	…
25	1,784,000	826,700	957,300	3,298,000	…	…
26	1,714,000	763,800	950,200	3,659,000	1,573,000	2,085,000
27	1,651,000	728,000	922,600	3,695,000	1,588,000	2,107,000
28	1,607,000	711,200	895,900	3,465,000	1,470,000	1,995,000
29	1,686,000	753,900	932,100	4,098,000	1,842,000	2,256,000
30	1,659,000	751,500	907,300	3,875,000	1,794,000	2,081,000
31	1,639,000	742,900	896,000	3,716,000	1,681,000	2,035,000
32	1,548,000	698,000	849,600	3,490,000	1,508,000	1,982,000
33	1,513,000	687,100	825,900	3,348,000	1,524,000	1,824,000
34	1,494,000	677,200	817,000	3,724,000	1,632,000	2,092,000
35	1,440,000	653,500	786,700	3,831,000	1,733,000	2,098,000
36	1,341,000	605,100	735,900	3,758,000	1,716,000	2,042,000
37	1,255,000	563,500	691,400	3,357,000	1,499,000	1,858,000
38	1,149,000	513,500	635,400	1,474,000	385,500	1,089,000
39	986,500	422,800	563,700	2,446,000	994,300	1,452,000
40	898,100	381,900	516,400	2,521,000	1,084,000	1,437,000
41	809,100	337,300	471,900	2,129,000	859,900	1,269,000
42	718,900	302,100	416,700	2,029,000	804,400	1,225,000
43	638,300	267,300	371,000	2,033,000	872,500	1,160,000
44	569,600	242,600	327,000	1,570,000	657,800	911,700
45	455,000	198,500	256,500	1,046,000	400,400	645,700
46	329,700	146,500	183,200	943,100	422,000	520,900
47	234,800	108,800	126,000	608,800	262,700	346,300
48	154,800	67,700	87,100	418,600	174,700	243,900
49	160,200	76,800	83,400	464,800	231,800	233,000
50	167,700	82,600	85,100	461,600	226,800	234,700
51	169,300	88,400	80,900	432,700	199,800	232,900
52	163,900	86,200	77,700	442,200	214,300	228,000
53	208,000	124,700	83,300	692,700	411,600	280,700
54	264,600	169,200	95,400	947,700	592,500	355,100
55	313,300	206,500	106,800	968,100	609,100	358,800
56	346,800	232,300	114,500	970,400	690,900	279,500
57	350,700	240,100	110,600	1,132,000	734,600	396,800
58	353,300	245,000	108,300	1,075,000	789,200	285,500
59	348,700	241,500	107,200	1,136,000	814,500	321,200
60	346,900	237,100	109,800	1,252,000	812,800	438,700
61	352,800	236,900	115,900	1,220,000	790,600	429,500
62	382,600	256,600	126,000	1,217,000	780,100	436,500
63	396,000	262,400	133,600	1,420,000	872,900	547,500

2　麦類（続き）

(1)　４麦計（続き）

年産	作付面積			収穫量		
	計	田	畑	計	田	畑
	(1)	(2)	(3)	(4)	(5)	(6)
	ha	ha	ha	t	t	t
平成元年産	396,700	262,200	134,500	1,356,000	849,200	506,900
2	366,400	241,500	124,900	1,297,000	789,500	507,700
3	333,800	217,400	116,400	1,042,000	582,100	460,100
4	298,900	184,400	114,500	1,045,000	590,400	454,400
5	260,800	157,200	103,600	921,200	540,500	381,200
6	214,300	115,500	98,700	789,600	401,400	388,200
7	210,200	113,700	96,500	661,800	412,000	250,000
8	215,600	117,800	97,700	711,300	438,000	273,000
9	214,900	118,600	96,300	766,200	389,300	377,000
10	217,000	121,900	95,100	713,100	306,800	406,300
11	220,700	126,600	94,100	788,400	466,200	321,900
12	236,600	139,600	96,900	902,500	516,000	386,500
13	257,400	161,100	96,400	906,300	507,000	399,600
14	271,500	173,500	98,000	1,047,000	573,800	472,500
15	275,800	177,500	98,300	1,054,000	565,500	488,900
16	272,400	173,900	98,600	1,059,000	569,200	489,700
17	268,300	167,100	101,200	1,058,000	575,100	483,200
18	272,100	167,300	104,800	1,012,000	546,300	465,200
19	264,000	162,900	101,100	1,105,000	…	…
20	265,400	165,900	99,500	1,098,000	…	…
21	266,200	167,100	99,100	853,300	…	…
22	265,700	167,300	98,400	732,100	…	…
23	271,700	170,600	101,100	917,800	…	…
24	269,500	168,300	101,300	1,030,000	…	…
25	269,500	166,600	102,900	994,600	…	…
26	272,700	168,700	104,000	1,022,000	…	…
27	274,400	171,300	103,100	1,181,000	…	…
28	275,900	173,200	102,600	961,000	…	…
29	273,700	171,600	102,100	1,092,000	…	…
30	272,900	171,300	101,600	939,600	…	…
令和元	273,000	172,300	100,800	1,260,000	…	…
2	276,200	176,400	99,800	1,171,000	…	…
3	**283,000**	**180,400**	**102,600**	**1,332,000**	**…**	**…**

(2)　小麦

年産	作付面積			10 a 当たり収量			収穫量			作況指数
	計	田	畑	平均	田	畑	計	田	畑	(対平年比)
	(1)	(2)	(3)	(4)	(5)	(6)	(7)	(8)	(9)	(10)
	ha	ha	ha	kg	kg	kg	t	t	t	
明治11年産	343,900	…	…	71	…	…	244,800	…	…	…
12	366,400	…	…	72	…	…	263,700	…	…	…
13	356,900	…	…	87	…	…	310,500	…	…	…
14	357,700	…	…	78	…	…	279,700	…	…	…
15	369,900	…	…	90	…	…	331,900	…	…	…
16	385,700	…	…	88	…	…	340,300	…	…	…
17	388,200	…	…	94	…	…	363,900	…	…	…
18	394,700	…	…	84	…	…	330,400	…	…	…
19	399,900	…	…	110	…	…	439,900	…	…	…
20	387,200	…	…	108	…	…	416,300	…	…	…
21	401,600	…	…	106	…	…	424,900	…	…	…
22	433,400	109,200	324,200	102	108	100	441,800	118,000	323,800	…
23	454,800	114,300	340,500	74	73	74	336,700	84,000	252,700	…
24	423,400	108,300	315,000	115	130	109	485,400	140,900	344,500	…
25	431,600	109,500	322,100	98	121	90	421,400	133,000	288,400	…
26	433,900	108,600	325,300	104	125	97	451,000	136,000	314,900	…
27	438,900	119,000	319,900	124	142	117	543,700	168,600	375,100	…
28	444,100	120,600	323,600	123	138	117	544,600	166,300	378,400	…
29	439,600	119,800	319,900	111	122	107	487,200	145,900	341,300	…
30	454,400	133,200	321,200	115	122	112	521,600	162,000	359,600	…
31	461,700	128,800	333,000	124	141	117	572,400	181,900	390,500	…
32	461,500	127,600	333,900	123	135	118	566,800	171,900	394,900	…
33	464,800	134,700	330,100	125	141	119	582,500	189,500	393,000	…
34	483,300	141,600	341,700	124	144	116	598,900	204,200	394,700	…
35	480,200	158,400	321,800	113	120	109	541,300	190,200	351,100	…
36	466,000	142,400	323,600	55	39	62	256,700	55,300	201,400	…
37	454,800	136,600	318,200	116	129	111	528,200	176,300	351,900	…
38	449,700	139,400	310,300	110	128	101	493,000	178,600	314,300	…
39	439,500	140,500	299,000	123	136	117	542,300	191,400	351,000	…
40	440,300	143,900	296,500	138	152	132	609,500	219,400	390,200	…
41	445,800	147,000	298,900	135	152	127	604,000	223,900	380,100	…
42	447,600	149,400	298,200	137	154	129	614,100	229,500	384,600	…
43	471,500	165,800	305,700	134	145	128	629,900	240,100	389,800	…
44	495,100	174,800	320,300	139	155	130	685,800	270,100	415,700	…
大正元	492,200	171,800	320,400	144	159	136	708,900	273,400	435,500	…
2	479,400	162,800	316,600	149	168	140	715,400	272,900	442,500	…
3	474,700	166,400	308,300	129	141	123	614,300	234,400	380,000	…
4	496,600	177,100	319,500	144	159	136	716,000	281,300	434,800	…
5	527,600	194,900	332,700	153	169	143	805,800	328,500	477,400	…
6	563,700	218,600	345,100	165	182	154	929,000	398,400	530,700	…
7	562,400	218,900	343,500	157	174	145	880,300	381,600	498,700	…
8	544,000	206,100	337,900	160	164	157	870,600	338,600	532,100	…
9	529,500	196,200	333,300	152	169	142	806,300	331,700	474,600	…
10	511,400	185,000	326,400	149	155	146	764,100	285,900	478,100	…
11	497,200	182,500	314,700	158	170	150	783,800	311,100	472,800	…
12	483,800	182,100	301,700	147	155	142	710,500	283,100	427,400	…
13	465,100	175,600	289,600	155	161	151	721,100	282,900	438,200	…
14	464,900	180,100	284,800	180	197	169	837,900	355,200	482,600	…
昭和元	463,700	184,600	279,100	174	190	163	807,200	351,500	455,700	…
2	469,800	191,500	278,300	176	201	159	829,000	385,200	443,800	…
3	485,900	207,600	278,300	180	201	164	874,500	418,000	456,600	…
4	490,900	214,200	276,600	176	200	158	865,500	428,000	437,500	…
5	487,400	220,300	267,100	172	184	162	838,300	405,400	432,900	…

注：1　明治23年産から明治29年産、明治33年産、明治34年産及び明治40年産の作付面積は、後年その総数のみ訂正したが、田畑別作付面積が不明であるので、便宜案分をもって総数に符合させた。
2　明治23年産から明治30年産、明治32年産から明治34年産の収穫量は、後年その総数のみ訂正したが、田畑別収穫量が不明であるので、便宜案分をもって総数に符合させた。
3　明治22年産以前及び昭和19年産から昭和48年産までは沖縄県を含まない。
4　作況指数については、平成17年産からは平年収量を算出していないため、10 a 当たり平均収量（原則として直近7か年のうち、最高及び最低を除いた5か年の平均値）に対する当年産の10 a 当たり収量の比率（%）である（以下2の各統計表において同じ。）。
5　平成19年産から小麦の田畑別の収穫量調査は行っていない。

2 麦類（続き）

(2) 小麦（続き）

年産	作付面積			10a当たり収量			収穫量			作況指数
	計	田	畑	平均	田	畑	計	田	畑	(対平年比)
	(1)	(2)	(3)	(4)	(5)	(6)	(7)	(8)	(9)	(10)
	ha	ha	ha	kg	kg	kg	t	t	t	
昭和6年産	497,000	227,700	269,300	176	191	164	876,800	434,000	442,700	…
7	504,500	231,900	272,600	176	191	164	889,300	441,900	447,400	…
8	611,400	288,800	322,500	179	177	181	1,097,000	512,200	584,600	…
9	643,100	306,900	336,300	201	212	192	1,294,000	649,400	644,200	…
10	658,400	307,700	350,700	201	215	188	1,322,000	661,900	659,700	…
11	683,200	317,500	365,700	180	196	165	1,227,000	622,500	604,100	…
12	718,600	342,600	376,000	190	203	179	1,368,000	696,800	671,400	…
13	719,100	347,600	371,500	171	182	160	1,228,000	632,800	595,200	…
14	739,400	361,000	378,400	224	247	202	1,658,000	893,400	764,700	…
15	834,200	419,300	414,900	215	230	199	1,792,000	966,200	826,000	…
16	818,900	398,600	420,300	178	201	156	1,460,000	802,300	657,500	…
17	855,900	390,200	465,700	162	181	145	1,384,000	707,000	677,500	…
18	803,200	365,800	437,300	136	153	122	1,094,000	561,300	532,400	…
19	830,500	379,300	451,200	167	190	147	1,384,000	719,700	664,300	…
20	723,600	339,900	383,700	130	151	112	943,300	513,700	429,600	…
21	632,100	296,700	335,500	97	110	86	615,400	325,700	289,700	…
22	578,100	…	…	133	…	…	766,500	…	…	…
23	743,200	329,000	414,200	162	…	…	1,207,000	…	…	112
24	760,700	332,200	428,500	171	…	…	1,304,000	…	…	121
25	763,500	322,100	441,400	175	…	…	1,338,000	…	…	109
26	735,100	307,000	428,100	203	207	200	1,490,000	634,400	855,500	112
27	720,700	301,900	418,800	213	216	211	1,537,000	653,400	883,900	114
28	686,200	286,900	399,300	200	205	197	1,374,000	587,000	787,100	104
29	671,900	283,200	388,700	226	235	219	1,516,000	665,400	850,400	116
30	663,200	279,400	383,800	221	235	211	1,468,000	656,500	811,200	111
31	657,600	278,100	379,500	209	221	201	1,375,000	613,600	761,600	102
32	617,300	265,200	352,100	215	212	218	1,330,000	561,300	768,700	105
33	598,800	258,200	340,600	214	223	207	1,281,000	575,800	705,200	100
34	601,200	260,500	340,700	236	235	236	1,416,000	611,800	804,200	110
35	602,300	261,600	340,700	254	265	246	1,531,000	692,800	837,800	117
36	648,700	293,000	355,700	275	288	264	1,781,000	842,500	938,700	123
37	642,000	295,500	346,600	254	258	250	1,631,000	763,400	867,800	106
38	583,700	264,300	319,400	123	69	167	715,500	182,500	533,000	49
39	508,200	222,500	285,700	245	233	253	1,244,000	519,500	724,200	98
40	475,900	208,900	266,900	270	281	262	1,287,000	586,700	699,800	107
41	421,200	181,400	239,800	243	238	247	1,024,000	431,600	592,400	94
42	366,600	157,800	208,800	272	259	281	996,900	409,100	587,700	105
43	322,400	138,800	183,600	314	330	302	1,012,000	458,500	554,000	118
44	286,500	126,500	160,000	265	260	268	757,900	328,300	429,500	97
45	229,200	104,300	124,900	207	178	231	473,600	185,200	288,500	75
46	166,300	76,900	89,400	265	273	258	440,300	209,700	230,600	96
47	113,700	54,500	59,200	250	231	267	283,900	125,900	158,100	90
48	74,900	33,100	41,800	270	263	276	202,300	87,000	115,300	94
49	82,800	39,800	43,000	280	291	269	231,700	115,900	115,700	99
50	89,600	41,700	47,900	269	273	265	240,700	114,000	126,700	96
51	89,100	43,100	46,000	250	204	293	222,400	87,800	134,600	88
52	86,000	39,300	46,700	275	255	291	236,400	100,300	136,100	96
53	112,000	59,600	52,400	327	308	350	366,700	183,400	183,200	115
54	149,000	84,700	64,300	363	342	392	541,300	289,400	252,000	127
55	191,100	113,700	77,400	305	278	344	582,800	316,300	266,300	102
56	224,400	136,800	87,600	262	285	225	587,400	390,300	197,100	86
57	227,800	142,000	85,800	326	301	367	741,800	426,800	315,000	107
58	229,400	145,200	84,200	303	334	250	695,300	484,500	210,800	97
59	231,900	147,600	84,400	319	330	301	740,500	486,600	253,900	101
60	234,000	145,400	88,600	374	347	417	874,200	504,900	369,100	117
61	245,500	149,400	96,100	357	344	377	875,700	513,500	362,100	109
62	271,100	163,700	107,400	319	298	350	863,700	487,400	376,400	95
63	282,000	166,000	116,000	362	323	418	1,021,000	536,100	485,200	107

年産	作付面積			10a当たり収量			収穫量			作況指数
	計	田	畑	平均	田	畑	計	田	畑	(対平年比)
	(1)	(2)	(3)	(4)	(5)	(6)	(7)	(8)	(9)	(10)
	ha	ha	ha	kg	kg	kg	t	t	t	
平成元年産	283,800	165,700	118,100	347	321	383	984,500	531,900	452,800	101
2	260,400	150,400	109,900	365	328	417	951,500	492,900	458,400	105
3	238,700	135,000	103,700	318	255	400	759,000	344,100	415,000	89
4	214,500	110,800	103,700	354	310	401	758,700	343,300	415,500	96
5	183,600	90,100	93,500	347	327	367	637,800	294,900	343,200	94
6	151,900	62,700	89,300	372	336	396	564,800	210,800	353,900	98
7	151,300	63,700	87,600	293	351	251	443,600	223,500	220,100	77
8	158,500	68,900	89,700	302	338	273	478,100	233,200	244,700	80
9	157,500	69,100	88,400	364	322	397	573,100	222,200	351,000	97
10	162,200	74,400	87,800	351	251	436	569,500	186,500	382,900	94
11	168,800	81,600	87,100	345	348	343	583,100	284,100	298,800	92
12	183,000	92,500	90,600	376	349	403	688,200	322,800	365,400	100
13	196,900	107,000	90,000	355	301	420	699,900	322,600	377,600	95
14	206,900	115,200	91,700	401	330	490	829,000	379,600	449,400	108
15	212,200	119,900	92,300	403	323	508	855,900	387,000	468,900	109
16	212,600	119,800	92,700	405	325	509	860,300	388,800	471,400	109
17	213,500	118,000	95,500	410	348	486	874,700	410,900	463,900	108
18	218,300	119,100	99,200	384	327	452	837,200	388,900	448,400	98
19	209,700	114,000	95,700	434	…	…	910,100	…	…	110
20	208,800	114,700	94,100	422	…	…	881,200	…	…	104
21	208,300	114,600	93,700	324	…	…	674,200	…	…	79
22	206,900	113,700	93,200	276	…	…	571,300	…	…	68
23	211,500	115,800	95,700	353	…	…	746,300	…	…	91
24	209,200	113,200	96,000	410	…	…	857,800	…	…	108
25	210,200	112,300	97,900	386	…	…	811,700	…	…	102
26	212,600	113,600	99,000	401	…	…	852,400	…	…	106
27	213,100	115,100	98,000	471	…	…	1,004,000	…	…	127
28	214,400	117,000	97,400	369	…	…	790,800	…	…	99
29	212,300	115,500	96,800	427	…	…	906,700	…	…	111
30	211,900	115,600	96,300	361	…	…	764,900	…	…	90
令和元	211,600	116,100	95,500	490	…	…	1,037,000	…	…	123
2	212,600	118,100	94,500	447	…	…	949,300	…	…	109
3	**220,000**	**123,000**	**96,900**	**499**	**…**	**…**	**1,097,000**	**…**	**…**	**118**

2　麦類（続き）

(3)　二条大麦

年　産	作付面積			10 a 当たり収量			収穫量			作況指数
	計	田	畑	平 均	田	畑	計	田	畑	(対平年比)
	(1)	(2)	(3)	(4)	(5)	(6)	(7)	(8)	(9)	(10)
	ha	ha	ha	kg	kg	kg	t	t	t	
昭和33年産	63,300	…	…	238	…	…	150,900	…	…	…
34	77,300	33,900	43,400	273	255	287	211,000	86,300	124,600	…
35	82,700	38,500	44,200	279	261	295	230,800	100,600	130,200	…
36	95,800	46,200	49,600	299	287	309	286,100	132,600	153,400	113
37	113,800	55,300	58,500	288	278	298	328,100	153,700	174,400	106
38	124,700	59,900	64,800	162	117	205	202,400	69,900	132,500	56
39	112,100	50,200	61,900	273	239	301	305,900	119,700	186,200	94
40	113,300	45,400	67,900	281	261	295	318,100	118,300	200,000	97
41	110,200	40,800	69,500	297	275	309	327,000	112,400	214,800	102
42	112,000	41,000	70,900	307	269	329	343,400	110,200	233,200	105
43	108,300	38,300	70,000	333	321	339	360,100	122,900	237,200	113
44	107,400	39,200	68,200	296	286	302	318,400	112,100	206,100	98
45	99,300	39,400	59,900	271	263	276	269,400	103,800	165,500	88
46	82,000	37,100	44,900	317	318	317	260,300	118,100	142,200	105
47	68,000	34,500	33,500	265	247	284	180,400	85,300	95,100	88
48	47,500	23,300	24,200	262	242	280	124,300	56,400	67,800	87
49	48,000	25,900	22,100	302	312	290	144,800	80,900	64,000	102
50	49,700	28,800	20,900	276	267	288	137,000	76,800	60,200	93
51	53,200	33,300	19,900	254	241	275	135,200	80,400	54,800	87
52	53,300	35,500	17,800	252	230	298	134,500	81,500	53,000	86
53	69,800	51,300	18,500	342	352	311	238,500	180,800	57,600	116
54	83,500	64,300	19,200	352	358	333	294,100	230,100	63,900	119
55	84,900	67,300	17,600	317	318	312	269,200	214,300	54,900	105
56	83,000	66,800	16,200	318	322	299	263,600	215,100	48,400	104
57	81,900	67,200	14,700	317	315	326	259,400	211,600	47,900	103
58	83,900	69,400	14,500	297	297	299	249,200	205,900	43,400	95
59	81,500	67,200	14,400	362	372	309	294,800	250,100	44,500	116
60	79,600	66,000	13,600	331	332	328	263,800	219,100	44,600	104
61	75,700	62,400	13,300	329	326	344	249,200	203,300	45,800	102
62	76,100	63,500	12,600	312	310	319	237,200	196,900	40,200	95
63	74,200	62,100	12,100	356	357	356	264,500	221,500	43,100	107
平成元	75,500	64,000	11,500	344	348	327	260,000	222,400	37,600	103
2	73,900	63,100	10,700	344	346	333	253,900	218,300	35,600	102
3	68,200	58,400	9,730	303	293	367	206,800	171,100	35,700	88
4	63,000	54,600	8,400	357	355	370	224,900	193,900	31,100	103
5	60,600	52,400	8,200	375	375	380	227,500	196,500	31,200	108
6	55,100	47,300	7,810	362	362	366	199,500	171,100	28,600	103
7	51,300	44,000	7,350	375	381	339	192,400	167,700	24,900	106
8	46,100	39,600	6,510	411	422	347	189,600	167,000	22,600	115
9	43,800	37,600	6,150	337	340	322	147,600	127,800	19,800	92
10	39,200	33,700	5,500	273	263	342	107,200	88,500	18,800	74
11	36,600	31,200	5,330	411	426	328	150,500	133,000	17,500	112
12	36,700	32,000	4,710	419	433	327	153,900	138,600	15,400	113
13	39,500	35,000	4,460	351	352	343	138,600	123,200	15,300	94
14	40,700	36,700	4,030	334	330	365	136,100	121,200	14,700	89
15	39,500	36,000	3,470	312	310	337	123,300	111,700	11,700	84
16	37,200	33,700	3,480	355	355	353	131,900	119,700	12,300	96
17	34,800	31,300	3,520	357	359	335	124,300	112,500	11,800	101
18	34,100	30,600	3,540	347	347	347	118,300	106,100	12,300	95
19	34,500	31,100	3,470	372	…	…	128,200	…	…	106
20	35,400	32,000	3,380	410	…	…	145,100	…	…	119
21	36,000	32,500	3,470	322	…	…	115,800	…	…	91
22	36,600	33,200	3,390	285	…	…	104,300	…	…	81
23	37,600	34,200	3,410	317	…	…	119,100	…	…	91
24	38,300	34,800	3,460	293	…	…	112,400	…	…	86
25	37,500	34,300	3,200	311	…	…	116,600	…	…	94
26	37,600	34,400	3,180	288	…	…	108,200	…	…	89
27	37,900	34,800	3,130	299	…	…	113,300	…	…	96
28	38,200	35,000	3,240	280	…	…	106,800	…	…	92
29	38,300	34,900	3,410	313	…	…	119,700	…	…	106
30	38,300	34,900	3,330	318	…	…	121,700	…	…	106
令和元	38,000	34,600	3,360	386	…	…	146,600	…	…	128
2	39,300	35,900	3,440	368	…	…	144,700	…	…	120
3	**38,200**	**34,800**	**3,340**	**413**	**…**	**…**	**157,600**	**…**	**…**	**130**

注：1　昭和48年産以前は沖縄県を含まない。
　　2　平成19年産から二条大麦の田畑別の収穫量調査は行っていない。

(4)　六条大麦

年産	作付面積			10 a 当たり収量			収穫量			作況指数
	計	田	畑	平均	田	畑	計	田	畑	(対平年比)
	(1)	(2)	(3)	(4)	(5)	(6)	(7)	(8)	(9)	(10)
	ha	ha	ha	kg	kg	kg	t	t	t	
昭和33年産	354,500	…	…	277	…	…	981,400	…	…	…
34	344,600	102,800	241,700	299	285	305	1,030,000	293,500	736,300	…
35	319,300	95,200	224,100	305	289	313	974,800	272,800	702,000	…
36	261,500	75,500	186,000	322	321	322	841,100	242,600	598,500	112
37	223,300	61,100	162,300	311	308	312	695,100	188,100	507,000	106
38	191,900	51,500	140,400	231	172	253	443,200	88,500	354,800	74
39	160,500	39,800	120,800	315	307	318	506,500	122,100	384,400	101
40	131,900	30,800	101,200	305	287	311	402,600	88,300	314,300	96
41	115,200	25,300	89,900	333	335	333	383,900	84,800	299,000	105
42	95,200	20,700	74,500	346	335	349	329,500	69,300	260,200	108
43	81,100	16,800	64,300	345	349	343	279,400	58,600	220,800	106
44	66,400	12,500	53,900	331	327	331	219,500	40,900	178,500	98
45	46,300	6,970	39,300	320	310	322	148,100	21,600	126,500	95
46	30,700	3,640	27,100	338	349	336	103,800	12,700	91,100	100
47	21,300	2,120	19,200	329	349	327	70,000	7,400	62,700	97
48	14,100	1,410	12,700	332	356	330	46,800	5,020	41,900	99
49	12,000	1,260	10,700	308	322	307	36,900	4,060	32,800	93
50	11,100	1,540	9,570	334	353	330	37,100	5,440	31,600	100
51	10,600	1,720	8,830	328	312	334	34,900	5,360	29,500	98
52	9,710	1,840	7,870	336	344	334	32,600	6,340	26,300	100
53	11,100	3,540	7,570	336	336	334	37,300	11,900	25,300	101
54	15,400	8,110	7,320	347	343	351	53,500	27,800	25,700	107
55	19,300	11,800	7,450	325	313	348	62,800	36,900	25,900	100
56	23,300	16,100	7,150	286	266	334	66,700	42,800	23,900	90
57	26,400	19,400	6,940	312	295	362	82,400	57,200	25,100	98
58	26,500	19,500	6,960	343	337	359	90,900	65,800	25,000	107
59	24,100	17,800	6,340	241	233	263	58,200	41,500	16,700	74
60	22,900	17,100	5,820	331	325	345	75,700	55,600	20,100	101
61	22,100	17,000	5,100	295	279	349	65,200	47,500	17,800	89
62	27,000	22,100	4,930	330	325	349	89,200	71,900	17,200	102
63	31,100	26,500	4,640	339	333	366	105,300	88,300	17,000	107
平成元	28,900	24,600	4,230	298	289	352	86,000	71,100	14,900	95
2	24,600	20,900	3,760	282	272	332	69,400	56,900	12,500	89
3	20,800	18,200	2,570	300	296	335	62,500	53,900	8,620	96
4	17,000	14,900	2,120	291	284	337	49,400	42,300	7,140	93
5	13,300	11,500	1,730	328	325	359	43,600	37,400	6,210	104
6	4,000	2,520	1,480	345	338	355	13,800	8,510	5,260	100
7	3,770	2,400	1,370	324	317	334	12,200	7,610	4,580	93
8	6,930	5,490	1,440	374	375	366	25,900	20,600	5,270	113
9	8,650	7,080	1,570	334	326	368	28,900	23,100	5,780	99
10	10,100	8,600	1,540	253	248	277	25,600	21,300	4,270	74
11	10,300	8,860	1,440	338	336	347	34,800	29,800	5,000	100
12	11,400	9,970	1,430	336	334	347	38,300	33,300	4,960	100
13	15,100	13,400	1,670	320	317	353	48,300	42,500	5,900	95
14	17,600	15,700	1,970	348	341	391	61,300	53,600	7,700	102
15	18,200	15,900	2,320	312	308	333	56,800	49,000	7,730	90
16	17,600	15,500	2,160	291	294	261	51,200	45,600	5,640	86
17	15,500	13,400	2,070	303	298	344	47,000	39,900	7,130	95
18	15,300	13,400	1,920	278	285	222	42,500	38,200	4,270	85
19	15,700	13,900	1,850	332	…	…	52,100	…	…	105
20	16,900	15,000	1,860	331	…	…	56,000	…	…	107
21	17,600	15,800	1,820	297	…	…	52,200	…	…	96
22	17,400	15,700	1,780	257	…	…	44,800	…	…	84
23	17,400	15,600	1,790	222	…	…	38,700	…	…	74
24	17,100	15,400	1,690	280	…	…	47,800	…	…	97
25	16,900	15,200	1,700	305	…	…	51,500	…	…	105
26	17,300	15,500	1,710	272	…	…	47,000	…	…	93
27	18,200	16,400	1,820	287	…	…	52,300	…	…	100
28	18,200	16,500	1,790	295	…	…	53,600	…	…	105
29	18,100	16,300	1,760	290	…	…	52,400	…	…	104
30	17,300	15,600	1,710	225	…	…	39,000	…	…	79
令和元	17,700	16,000	1,650	315	…	…	55,800	…	…	111
2	18,000	16,400	1,580	314	…	…	56,600	…	…	108
3	**18,100**	**16,500**	**1,510**	**304**	**…**	**…**	**55,100**	**…**	**…**	**104**

注：1　昭和48年産以前は沖縄県を含まない。
　　2　平成19年産から六条大麦の田畑別の収穫量調査は行っていない。

2　麦類（続き）

(5)　はだか麦

年産	作付面積			10 a 当たり収量			収穫量			作況指数（対平年比）
	計	田	畑	平均	田	畑	計	田	畑	
	(1)	(2)	(3)	(4)	(5)	(6)	(7)	(8)	(9)	(10)
	ha	ha	ha	kg	kg	kg	t	t	t	
明治11年産	421,100	…	…	100	…	…	421,600	…	…	…
12	434,800	…	…	96	…	…	417,900	…	…	…
13	461,900	…	…	124	…	…	571,700	…	…	…
14	466,100	…	…	97	…	…	454,100	…	…	…
15	484,000	…	…	126	…	…	607,700	…	…	…
16	483,700	…	…	106	…	…	510,600	…	…	…
17	492,800	…	…	120	…	…	591,400	…	…	…
18	524,400	…	…	108	…	…	568,900	…	…	…
19	537,700	…	…	136	…	…	732,800	…	…	…
20	570,300	…	…	138	…	…	787,900	…	…	…
21	580,900	…	…	122	…	…	710,500	…	…	…
22	580,900	293,000	287,900	117	117	117	679,700	343,600	336,100	…
23	590,200	301,700	288,500	67	64	70	394,400	193,900	200,500	…
24	633,800	326,400	307,400	141	146	135	892,700	476,400	416,300	…
25	645,000	337,600	307,400	130	136	124	840,900	459,900	381,000	…
26	649,000	329,200	319,800	131	135	128	853,000	443,300	409,700	…
27	656,400	343,900	312,500	155	157	152	1,015,000	540,100	475,000	…
28	666,600	355,200	311,400	146	150	142	973,700	532,200	441,500	…
29	666,700	356,800	309,900	123	124	122	822,400	443,600	378,900	…
30	646,000	343,600	302,500	132	138	127	855,500	472,400	383,100	…
31	675,700	360,700	315,000	151	156	146	1,022,000	561,800	460,300	…
32	675,000	362,400	312,600	135	137	133	914,300	497,700	416,600	…
33	678,100	362,200	316,000	152	153	151	1,031,000	555,400	476,000	…
34	674,900	355,900	319,000	150	154	145	1,012,000	549,600	462,500	…
35	669,800	356,500	313,400	131	133	129	877,600	473,600	404,000	…
36	665,800	352,600	313,100	88	85	90	583,800	301,100	282,700	…
37	684,300	370,700	313,600	139	142	135	951,300	526,500	424,800	…
38	688,700	377,900	310,800	133	137	128	915,000	516,800	398,300	…
39	695,100	381,000	314,000	139	140	137	965,400	535,000	430,400	…
40	689,200	376,600	312,600	152	156	147	1,046,000	585,900	460,500	…
41	682,900	372,900	310,000	154	158	149	1,052,000	589,000	462,500	…
42	684,700	371,000	313,800	157	162	152	1,077,000	599,900	476,600	…
43	670,100	362,500	307,700	139	142	136	932,100	513,900	418,300	…
44	661,700	359,700	301,900	157	163	150	1,041,000	588,100	453,300	…
大正元	674,400	372,100	302,300	163	169	155	1,096,000	627,900	468,200	…
2	714,900	402,500	312,400	178	188	166	1,274,000	755,700	518,100	…
3	721,300	408,100	313,200	139	141	136	1,000,000	575,400	424,600	…
4	709,300	399,400	309,900	162	172	150	1,151,000	686,900	464,400	…
5	679,700	384,600	295,100	162	170	151	1,099,000	652,800	446,000	…
6	636,500	363,700	272,800	179	185	171	1,137,000	671,300	466,100	…
7	632,300	366,700	265,600	171	176	164	1,079,000	644,500	434,600	…
8	641,000	369,400	271,600	165	170	158	1,057,000	627,000	430,400	…
9	671,800	388,900	282,800	171	181	158	1,151,000	705,600	445,600	…
10	660,700	382,300	278,400	148	153	142	978,700	584,300	394,400	…
11	609,800	352,100	257,600	162	172	150	989,500	604,000	385,600	…
12	557,800	320,400	237,300	146	150	140	812,500	480,200	332,400	…
13	539,600	311,100	228,400	148	155	137	796,300	482,700	313,600	…
14	545,200	319,800	225,400	198	211	180	1,079,000	673,200	406,100	…
昭和元	540,000	324,400	215,600	191	202	175	1,032,000	654,200	378,100	…
2	526,300	313,900	212,300	193	202	180	1,015,000	633,100	381,700	…
3	506,700	306,400	200,400	195	206	178	988,700	631,900	356,800	…
4	496,900	304,500	192,400	204	215	187	1,016,000	655,500	360,600	…
5	478,800	298,900	179,900	176	185	163	844,700	551,900	292,900	…

注：1　明治23年産から明治30年産まで及び明治32年産から明治34年産までの作付面積は、後年その総数のみ訂正したが、田畑別作付面積が不明であるので、便宜案分をもって総数に符合させた。
2　明治23年産から明治29年産まで及び明治32年産から明治34年産までの収穫量は、後年その総数のみ訂正したが、田畑別収穫量が不明であるので、便宜案分をもって総数に符合させた。
3　明治22年産以前及び昭和19年産から昭和48年産までは沖縄県を含まない。
4　平成19年産から、はだか麦の田畑別の収穫量調査は行っていない。

年産	作付面積			10 a 当たり収量			収穫量			作況指数
	計	田	畑	平均	田	畑	計	田	畑	(対平年比)
	(1)	(2)	(3)	(4)	(5)	(6)	(7)	(8)	(9)	(10)
	ha	ha	ha	kg	kg	kg	t	t	t	
昭和6年産	471,400	293,000	178,500	192	202	175	903,500	591,800	311,800	…
7	475,700	294,000	181,700	191	205	169	909,700	603,200	306,500	…
8	434,000	265,400	168,600	171	174	166	742,100	462,900	279,200	…
9	420,900	259,500	161,300	203	212	190	854,800	548,900	305,800	…
10	436,100	270,900	165,200	211	224	189	918,000	605,600	312,500	…
11	435,900	268,800	167,100	186	195	171	810,000	524,000	285,900	…
12	425,900	261,100	164,800	194	206	175	827,000	538,400	288,600	…
13	411,400	252,700	158,700	172	180	160	709,600	455,500	254,100	…
14	406,300	251,800	154,500	230	246	203	933,900	619,900	314,000	…
15	401,600	249,600	152,000	217	231	193	869,500	575,700	293,800	…
16	465,600	297,000	168,600	201	215	177	937,000	637,800	299,200	…
17	504,600	320,300	184,400	182	194	162	919,100	620,600	298,500	…
18	481,200	307,600	173,600	152	162	135	732,700	499,100	233,600	…
19	503,600	326,400	177,300	181	192	161	912,600	628,000	284,600	…
20	477,300	312,300	165,000	151	159	135	720,400	497,200	223,300	…
21	445,500	292,600	152,800	101	108	89	450,800	315,100	135,700	…
22	415,900	…	…	154	…	…	642,200	…	…	…
23	536,000	350,700	185,400	181	…	…	972,700	…	…	111
24	564,900	369,400	195,500	184	…	…	1,041,000	…	…	116
25	591,200	385,100	206,000	180	…	…	1,063,000	…	…	98
26	558,700	340,200	218,500	199	198	201	1,111,000	672,800	438,200	104
27	522,400	314,300	208,000	207	211	200	1,080,000	664,600	415,500	106
28	516,300	311,100	205,200	192	196	186	992,100	610,000	382,100	97
29	567,600	338,000	229,500	233	241	222	1,322,000	813,000	508,600	118
30	562,000	337,700	224,400	224	233	211	1,260,000	785,400	474,400	110
31	556,300	333,400	223,000	217	221	211	1,208,000	736,900	471,300	105
32	516,400	308,600	207,800	200	204	194	1,031,000	628,000	403,400	96
33	496,500	296,400	200,000	188	195	178	934,600	578,400	356,200	88
34	471,200	280,000	191,200	227	229	223	1,067,000	640,600	426,700	107
35	435,900	258,200	177,700	251	258	241	1,095,000	666,900	427,700	116
36	335,000	190,300	144,700	253	262	243	849,100	497,900	351,200	113
37	275,700	151,600	124,100	255	260	249	703,000	394,200	308,800	114
38	248,500	137,800	110,800	46	32	62	113,300	44,700	68,600	18
39	205,700	110,400	95,400	190	211	165	390,400	233,100	157,300	76
40	177,000	96,800	80,200	290	300	277	513,300	290,800	222,400	116
41	162,500	89,800	72,700	242	257	224	394,000	231,200	162,800	94
42	145,100	82,600	62,500	248	261	230	359,400	215,800	143,600	96
43	126,500	73,400	53,100	301	317	279	381,000	232,500	148,400	116
44	109,300	64,400	44,900	251	274	217	274,200	176,500	97,600	95
45	80,200	47,800	32,400	193	188	201	155,000	89,800	65,200	72
46	50,700	28,900	21,800	274	282	261	138,700	81,500	57,000	102
47	31,900	17,700	14,100	233	250	214	74,400	44,200	30,200	86
48	18,400	9,880	8,470	246	266	223	45,200	26,300	18,900	90
49	17,500	9,870	7,610	294	313	269	51,400	30,900	20,500	107
50	17,300	10,600	6,740	271	289	240	46,800	30,600	16,200	99
51	16,500	10,300	6,200	244	254	226	40,200	26,200	14,000	88
52	14,800	9,520	5,280	261	275	239	38,700	26,200	12,600	93
53	15,200	10,300	4,860	330	345	300	50,200	35,500	14,600	116
54	16,700	12,100	4,580	352	374	295	58,800	45,200	13,500	123
55	18,000	13,800	4,230	296	301	277	53,300	41,600	11,700	101
56	16,100	12,600	3,520	327	339	287	52,700	42,700	10,100	109
57	14,700	11,500	3,110	326	339	283	47,900	39,000	8,810	107
58	13,500	10,900	2,560	291	303	246	39,300	33,000	6,300	94
59	11,100	9,040	2,080	383	403	291	42,500	36,400	6,050	122
60	10,400	8,690	1,740	366	383	277	38,100	33,300	4,820	114
61	9,550	8,140	1,410	314	321	274	30,000	26,100	3,870	95
62	8,370	7,340	1,030	317	324	263	26,500	23,800	2,710	94
63	8,580	7,760	821	340	348	270	29,200	27,000	2,220	100

2 麦類（続き）

(5) はだか麦（続き）

年産	作付面積			10 a 当たり収量			収穫量			作況指数（対平年比）
	計	田	畑	平均	田	畑	計	田	畑	
	(1)	(2)	(3)	(4)	(5)	(6)	(7)	(8)	(9)	(10)
	ha	ha	ha	kg	kg	kg	t	t	t	
平成元年産	8,570	7,930	644	296	300	253	25,400	23,800	1,630	85
2	7,590	7,130	460	298	300	261	22,600	21,400	1,200	85
3	6,080	5,710	376	225	228	199	13,700	13,000	750	65
4	4,280	4,020	257	269	271	243	11,500	10,900	625	78
5	3,280	3,070	206	375	381	280	12,300	11,700	576	112
6	3,230	3,070	160	356	358	291	11,500	11,000	466	106
7	3,800	3,630	164	358	364	285	13,600	13,200	467	107
8	4,040	3,900	144	438	441	326	17,700	17,200	469	130
9	5,000	4,780	217	332	339	198	16,600	16,200	430	98
10	5,420	5,160	259	199	203	141	10,800	10,500	366	58
11	5,100	4,850	249	392	398	260	20,000	19,300	648	114
12	5,400	5,170	239	409	412	328	22,100	21,300	784	117
13	5,940	5,660	282	328	330	299	19,500	18,700	842	92
14	6,190	5,910	273	325	328	258	20,100	19,400	703	91
15	5,900	5,660	233	312	314	232	18,400	17,800	541	88
16	5,060	4,880	176	306	309	220	15,500	15,100	387	87
17	4,540	4,420	121	267	267	265	12,100	11,800	321	80
18	4,420	4,290	121	303	305	229	13,400	13,100	277	90
19	4,020	3,920	99	356	…	…	14,300	…	…	113
20	4,350	4,240	106	370	…	…	16,100	…	…	119
21	4,350	4,260	93	257	…	…	11,200	…	…	82
22	4,720	4,640	81	250	…	…	11,800	…	…	81
23	5,130	4,950	178	267	…	…	13,700	…	…	91
24	4,970	4,840	130	245	…	…	12,200	…	…	84
25	5,010	4,880	135	293	…	…	14,700	…	…	102
26	5,250	5,100	149	276	…	…	14,500	…	…	97
27	5,200	5,060	141	217	…	…	11,300	…	…	80
28	4,990	4,820	169	200	…	…	10,000	…	…	78
29	4,970	4,800	175	256	…	…	12,700	…	…	102
30	5,420	5,200	212	258	…	…	14,000	…	…	102
令和元	5,780	5,520	259	351	…	…	20,300	…	…	140
2	6,330	6,070	265	322	…	…	20,400	…	…	124
3	**6,820**	**6,000**	**817**	**324**	**…**	**…**	**22,100**	**…**	**…**	**122**

〔参考〕　大麦

年産	作付面積			10a当たり収量			収穫量		
	計	田	畑	平均	田	畑	計	田	畑
	(1)	(2)	(3)	(4)	(5)	(6)	(7)	(8)	(9)
	ha	ha	ha	kg	kg	kg	t	t	t
大正元年産	593,100	151,300	441,800	180	165	185	1,065,000	248,900	815,900
2	618,900	162,300	456,600	187	168	194	1,157,000	272,800	884,600
3	611,200	168,200	443,000	170	154	176	1,038,000	259,400	779,100
4	590,900	152,900	438,000	189	170	195	1,115,000	259,700	855,400
5	564,600	146,500	418,100	184	167	189	1,037,000	245,100	791,500
6	532,300	139,800	392,400	187	165	195	997,100	230,700	766,500
7	525,600	138,200	387,500	173	154	180	910,100	212,600	697,500
8	529,800	139,200	390,700	202	174	212	1,070,000	241,800	827,800
9	536,800	142,800	394,100	168	162	170	901,500	231,800	669,700
10	524,500	138,300	386,200	187	166	195	981,800	229,700	752,100
11	501,400	128,200	373,200	190	176	195	953,900	225,100	728,800
12	473,800	118,900	354,900	174	155	181	826,000	184,800	641,200
13	455,300	113,800	341,500	193	170	200	878,200	193,500	684,700
14	453,000	115,100	337,900	212	195	218	960,200	224,200	735,900
昭和元	443,800	115,600	328,300	210	193	216	931,900	222,700	709,200
2	422,000	108,600	313,400	195	183	199	823,200	198,700	624,500
3	400,400	104,400	296,000	207	189	213	827,100	197,500	629,600
4	391,200	104,000	287,200	198	191	200	773,900	198,800	575,200
5	377,200	104,200	273,000	204	188	211	771,200	196,100	575,100
6	377,200	105,600	271,600	213	192	221	802,400	203,300	599,100
7	376,900	106,100	270,800	219	196	227	823,700	207,700	615,900
8	344,400	97,600	246,900	218	187	231	752,200	182,600	569,600
9	329,000	93,400	235,600	225	199	235	739,100	185,900	553,200
10	339,100	97,000	242,100	234	209	244	792,600	202,500	590,100
11	337,900	98,700	239,300	205	186	212	691,100	183,300	507,900
12	327,400	96,000	231,500	228	207	238	748,100	198,200	549,900
13	354,600	111,100	243,500	194	178	201	687,900	197,400	490,500
14	351,000	110,900	240,000	241	223	249	844,300	246,900	597,400
15	337,900	106,200	231,700	242	215	255	817,700	228,000	589,800
16	354,800	116,500	238,200	199	195	201	706,800	227,000	479,800
17	392,300	134,500	257,800	187	171	195	733,600	230,600	503,000
18	379,600	131,300	248,200	151	137	158	572,700	180,300	392,300
19	423,900	160,400	263,500	184	173	191	781,000	277,300	503,700
20	400,700	151,400	249,400	134	127	137	535,300	192,600	342,700
21	368,200	124,300	243,900	113	109	115	417,200	135,600	281,600
22	339,500	…	…	152	…	…	514,600	…	…
23	448,200	134,500	313,700	189	…	…	845,000	…	…
24	440,000	126,900	313,200	217	…	…	954,400	…	…
25	429,200	119,400	309,800	209	…	…	896,800	…	…
26	420,200	116,500	303,600	252	229	261	1,058,000	266,300	791,400
27	407,400	111,700	295,700	265	242	273	1,078,000	270,300	807,700
28	404,600	113,200	291,400	272	241	283	1,099,000	273,000	825,700
29	446,500	132,600	313,900	282	274	286	1,261,000	363,300	897,400
30	433,500	134,400	299,100	265	262	266	1,148,000	352,100	795,600
31	425,100	131,400	293,600	266	251	273	1,132,000	330,200	802,200
32	413,900	124,300	289,700	273	256	280	1,129,000	318,500	810,300

注：昭和19年産から32年産は沖縄県を含まない。

2　麦類（続き）

〔参考〕　えん麦

年産	作付面積	10 a 当たり収量	収穫量
	(1)	(2)	(3)
	ha	kg	t
昭和元年産	108,900	144	156,200
2	122,400	147	179,600
3	115,200	145	167,200
4	117,100	137	160,300
5	120,100	152	182,300
6	118,100	136	160,800
7	127,000	87	111,100
8	127,200	126	160,600
9	119,400	167	199,800
10	121,300	127	153,500
11	124,500	135	168,400
12	121,600	126	152,700
13	136,200	151	205,200
14	122,800	125	153,400
15	120,400	128	154,500
16	138,200	127	175,600
17	144,300	118	170,800
18	134,500	72	96,800
19	118,000	99	116,300
20	109,000	84	91,900
21	81,600	70	57,400
22	75,400	75	56,600
23	79,300	114	90,200
24	84,100	113	95,000
25	86,800	154	134,000
26	78,600	177	138,800
27	82,700	165	136,700
28	88,400	165	145,500
29	90,300	181	163,300
30	96,300	172	165,900
31	89,000	180	160,500
32	94,000	200	188,000
33	89,800	218	195,800
34	78,100	222	173,400
35	79,100	203	160,800
36	81,800	205	167,900
37	83,800	180	150,400
38	75,300	208	156,300
39	68,600	177	121,400
40	62,100	220	136,700
41	54,400	188	102,300
42	45,600	221	100,800
43	41,400	224	92,700
44	33,700	198	66,700
45	27,400	224	61,400
46	29,900	201	60,000
47	25,100	227	57,100
48	20,600	199	41,000
49	16,800	221	37,100
50	13,300	212	28,200

年産	作付面積	10 a 当たり収量	収穫量
	(1)	(2)	(3)
	ha	kg	t
昭和51年産	9,860	218	21,500
52	8,230	220	18,100
53	10,600	186	19,700
54	6,570	…	…
55	6,480	…	…
56	4,880	1) 156	1) 7,610
57	4,410	1) 216	1) 7,560
58	4,190	1) 228	1) 7,350
59	3,710	209	7,750
60	3,130	1) 234	1) 5,570
61	3,210	1) 221	1) 5,780
62	2,990	202	6,030
63	2,510	1) 216	1) 4,600
平成元	2,420	1) 223	1) 4,610
2	2,110	222	4,690
3	1,800	1) 220	1) 3,250
4	1) 1,350	1) 215	1) 2,240
5	1) 1,160	1) 226	1) 1,990
6	1,150	223	2,570
7	1) 1,090	…	…
8	1) 1,220	…	…
9	1,380	…	…
10	1) 1,440	…	…
11	1) 1,210	…	…
12	844	…	…
13	1) 938	…	…
14	1) 1,090	…	…
15	996	…	…
16	423	…	…
17	300	…	…
18	227	…	…
19	211	…	…
20	180	…	…
21	139	…	…
22	150	…	…
23	143	…	…
24	136	…	…
25	149	…	…
26	182	…	…
27	158	…	…
28	146	…	…

注：1　昭和48年産以前は沖縄県を含まない。
　　2　平成７年産以降は、収穫量調査を廃止した。
　　3　えん麦の作付面積調査は、平成29年産から廃止した。
　　1)については、主産県調査の合計値である。

3　豆類・そば

(1)　豆類

ア　大豆

年　産	作付面積	10a当たり収量	収穫量	作況指数(対平年比)
	(1)	(2)	(3)	(4)
	ha	kg	t	
明治11年産	411,200	51	211,700	…
12	438,000	67	294,100	…
13	420,200	72	301,300	…
14	424,000	66	280,600	…
15	429,300	71	303,300	…
16	437,000	66	287,300	…
17	439,100	69	302,700	…
18	…	…	…	…
19	…	…	…	…
20	462,400	91	419,700	…
21	…	…	…	…
22	…	…	…	…
23	…	…	…	…
24	…	…	…	…
25	439,800	91	401,300	…
26	…	…	…	…
27	432,200	88	379,700	…
28	427,700	95	408,100	…
29	437,100	89	386,900	…
30	432,000	93	400,000	…
31	478,000	84	401,000	…
32	451,800	97	440,000	…
33	453,900	101	459,500	…
34	470,000	112	525,000	…
35	462,300	88	404,700	…
36	461,200	102	470,600	…
37	443,100	108	478,600	…
38	454,900	92	420,800	…
39	457,100	99	453,700	…
40	468,000	101	473,100	…
41	491,700	102	502,200	…
42	475,800	102	485,900	…
43	474,200	92	438,200	…
44	485,300	98	476,400	…
大正元	471,700	96	453,000	…
2	471,300	82	386,100	…
3	460,700	103	472,700	…
4	466,900	105	491,200	…
5	462,300	105	483,700	…
6	430,600	108	465,000	…
7	428,600	104	445,200	…
8	425,900	119	507,100	…
9	472,000	117	550,900	…
10	469,600	114	534,200	…
11	442,800	107	473,200	…
12	422,200	105	443,000	…
13	405,300	103	418,200	…
14	393,800	118	465,500	…
昭和元	387,700	100	386,800	…
2	379,000	111	421,000	…
3	369,900	104	384,000	…
4	344,000	100	342,500	…
5	346,700	113	391,400	…
6	350,300	91	320,500	…
7	341,700	91	311,200	…
8	323,700	112	362,200	…
9	336,400	83	279,100	…
10	332,600	88	291,700	…
11	326,700	104	339,800	…
12	328,800	112	366,700	…
13	326,900	107	348,400	…
14	321,700	110	354,400	…
15	324,800	98	319,900	…
16	298,200	79	235,100	…
17	308,600	97	300,700	…
18	301,500	103	309,600	…
19	286,500	93	267,300	…
20	257,000	66	170,400	…
21	224,600	90	202,000	…
22	223,100	78	173,500	…
23	229,700	93	214,000	…
24	254,100	85	216,900	…
25	413,100	108	446,900	…

年　産	作付面積	10a当たり収量	収穫量	作況指数(対平年比)
	(1)	(2)	(3)	(4)
	ha	kg	t	
昭和26年産	422,000	112	474,400	…
27	409,900	127	521,500	…
28	421,400	102	429,400	88
29	429,900	87	376,000	74
30	385,200	132	507,100	112
31	383,400	119	455,500	99
32	363,700	126	458,500	104
33	346,500	113	391,200	92
34	338,600	126	426,200	102
35	306,900	136	417,600	109
36	286,700	135	386,900	105
37	265,500	127	335,800	98
38	233,400	136	317,900	104
39	216,600	111	239,800	83
40	184,100	125	229,700	94
41	168,800	118	199,200	89
42	141,300	135	190,400	103
43	122,400	137	167,500	104
44	102,600	132	135,700	100
45	95,500	132	126,000	100
46	100,500	122	122,400	92
47	89,100	142	126,500	108
48	88,400	134	118,200	101
49	92,800	143	132,800	106
50	86,900	145	125,600	105
51	82,900	132	109,500	95
52	79,300	140	110,800	103
53	127,000	150	189,900	111
54	130,300	147	191,700	107
55	142,200	122	173,900	88
56	148,800	142	211,700	104
57	147,100	154	226,300	113
58	143,400	151	217,200	109
59	134,300	177	238,000	123
60	133,500	171	228,300	112
61	138,400	177	245,200	111
62	162,700	177	287,200	107
63	162,400	171	276,900	99
平成元	151,600	179	271,700	102
2	145,900	151	220,400	85
3	140,800	140	197,300	77
4	109,900	171	188,100	96
5	87,400	115	100,600	66
6	60,900	162	98,800	95
7	68,600	173	119,000	100
8	81,800	181	148,100	105
9	83,200	174	144,600	99
10	109,100	145	158,000	81
11	108,200	173	187,200	97
12	122,500	192	235,000	108
13	143,900	189	271,400	104
14	149,900	180	270,200	101
15	151,900	153	232,200	85
16	136,800	119	163,200	68
17	134,000	168	225,000	99
18	142,100	161	229,200	91
19	138,300	164	226,700	97
20	147,100	178	261,700	109
21	145,400	158	229,900	96
22	137,700	162	222,500	100
23	136,700	160	218,800	96
24	131,100	180	235,900	105
25	128,800	155	199,900	91
26	131,600	176	231,800	104
27	142,000	171	243,100	99
28	150,000	159	238,000	92
29	150,200	168	253,000	101
30	146,600	144	211,300	86
令和元	143,500	152	217,800	92
2	141,700	154	218,900	96
3	**146,200**	**169**	**246,500**	**105**

注：1　明治23年産から明治29年産まで、明治33年産、明治34年産及び明治40年産の作付面積は、後年その総数のみ訂正したが田畑別作付面積が不明であるので便宜案分をもって総数に符合させた。
2　明治23年産から明治30年産まで、明治32年産から明治34年産までの収穫量は、後年その総数のみ訂正したが田畑別収穫量が不明であるので便宜案分をもって総数に符合させた。
3　昭和元年産から昭和15年産は、未成熟のまま採取したものを成熟した時の数量に見積もり、これを含めて計上した。ただし、それ以前は不詳である。
4　明治29年産以前及び昭和19年産から昭和48年産までは沖縄県を含まない。
5　作況指数については、平成14年産からは平年収量を算出していないため、10a当たり平均収量（原則として直近7か年のうち、最高及び最低を除いた5か年の平均値）に対する当年産の10a当たり収量の比率である（以下3の各統計表において同じ。）。

3 豆類・そば（続き）

(1) 豆類（続き）

イ 小豆

年産	作付面積	10 a 当たり収量	収穫量	作況指数（対平年比）
	(1)	(2)	(3)	(4)
	ha	kg	t	
明治11年産	…	…	…	…
12	…	…	…	…
13	…	…	…	…
14	…	…	…	…
15	…	…	…	…
16	44,200	68	29,900	…
17	63,800	72	46,300	…
18	…	…	…	…
19	…	…	…	…
20	…	…	…	…
21	…	…	…	…
22	…	…	…	…
23	…	…	…	…
24	…	…	…	…
25	…	…	…	…
26	…	…	…	…
27	100,600	80	80,700	…
28	104,800	85	88,700	…
29	103,100	81	83,000	…
30	108,400	82	89,100	…
31	118,300	80	94,300	…
32	119,700	99	118,500	…
33	121,800	102	124,800	…
34	128,100	104	133,100	…
35	128,200	80	102,100	…
36	127,400	104	132,200	…
37	125,000	84	105,100	…
38	124,700	93	115,800	…
39	129,400	100	129,100	…
40	134,700	99	133,300	…
41	138,800	91	126,000	…
42	134,100	97	130,000	…
43	139,900	99	139,100	…
44	139,900	98	137,600	…
大正元	135,600	101	136,400	…
2	139,800	62	86,600	…
3	128,900	102	131,400	…
4	129,800	107	138,500	…
5	131,400	97	127,700	…
6	122,200	103	125,500	…
7	118,800	98	116,800	…
8	125,000	101	126,400	…
9	136,700	113	153,800	…
10	150,600	118	177,300	…
11	142,500	97	137,800	…
12	134,900	95	128,000	…
13	129,300	100	129,600	…
14	128,500	119	152,800	…
昭和元	121,400	80	97,300	…
2	114,200	111	126,300	…
3	116,000	91	105,500	…
4	109,600	100	109,500	…
5	111,400	116	129,100	…
6	176,300	51	90,000	…
7	119,100	67	80,100	…
8	114,000	120	136,600	…
9	119,500	75	89,900	…
10	108,900	70	76,800	…
11	100,300	99	99,600	…
12	103,400	116	120,000	…
13	102,100	95	97,400	…
14	96,600	105	101,000	…
15	100,400	89	89,200	…
16	88,700	68	60,700	…
17	82,600	91	75,100	…
18	88,800	95	84,700	…
19	68,600	89	61,200	…
20	49,800	66	32,800	…
21	44,600	84	37,600	…
22	42,000	74	31,000	…
23	45,600	86	39,200	…
24	50,400	76	38,500	…
25	85,000	94	80,100	…

年産	作付面積	10 a 当たり収量	収穫量	作況指数（対平年比）
	(1)	(2)	(3)	(4)
	ha	kg	t	
昭和26年産	102,500	91	93,600	…
27	118,900	110	130,700	…
28	117,800	78	92,200	…
29	124,900	65	81,700	…
30	135,300	111	150,000	…
31	150,100	72	107,600	…
32	141,000	99	139,800	…
33	142,100	104	147,500	101
34	144,300	109	156,600	104
35	138,700	122	169,700	114
36	145,300	127	184,900	115
37	140,200	100	140,100	88
38	121,700	114	138,500	102
39	125,000	68	84,500	58
40	108,400	100	107,900	88
41	122,400	76	92,800	64
42	112,600	128	143,600	109
43	101,000	113	114,300	97
44	91,700	104	95,500	88
45	90,000	121	109,000	102
46	99,600	78	77,700	66
47	108,100	144	155,300	116
48	101,800	142	144,100	111
49	93,500	138	129,400	105
50	76,300	116	88,400	89
51	62,400	97	60,400	77
52	65,600	133	87,100	108
53	60,600	158	95,700	127
54	62,400	141	87,900	108
55	55,900	100	56,000	77
56	52,600	98	51,500	77
57	62,700	150	94,200	112
58	69,800	87	60,700	63
59	66,300	163	108,400	119
60	61,200	158	97,000	115
61	57,000	155	88,200	114
62	64,100	147	94,000	106
63	66,400	146	96,700	102
平成元	66,700	159	106,200	106
2	66,300	178	117,900	116
3	56,200	159	89,200	103
4	50,800	135	68,600	86
5	52,600	87	45,500	54
6	52,500	171	90,000	103
7	51,200	183	93,800	111
8	48,700	160	78,100	95
9	49,000	147	72,100	86
10	46,700	166	77,600	98
11	45,400	178	80,600	103
12	43,600	202	88,200	115
13	45,700	155	70,800	84
14	42,000	157	65,900	93
15	42,000	140	58,800	86
16	42,600	212	90,500	132
17	38,300	206	78,900	114
18	32,200	198	63,900	111
19	32,700	201	65,600	109
20	32,100	216	69,300	118
21	31,700	167	52,800	85
22	30,700	179	54,900	90
23	30,600	196	60,000	nc
24	30,700	222	68,200	nc
25	32,300	211	68,000	nc
26	32,000	240	76,800	nc
27	27,300	233	63,700	nc
28	21,300	138	29,500	nc
29	22,700	235	53,400	113
30	23,700	178	42,100	81
令和元	25,500	232	59,100	107
2	26,600	195	51,900	89
3	**23,300**	**181**	**42,200**	**84**

注：明治29年産以前及び昭和19年産から昭和48年産までは沖縄県を含まない。

ウ　いんげん

年産	作付面積	10 a 当たり収量	収穫量	作況指数(対平年比)
	(1)	(2)	(3)	(4)
	ha	kg	t	
昭和元年産	63,500	93	58,900	…
2	61,700	117	71,900	…
3	64,200	103	65,900	…
4	82,500	112	92,700	…
5	97,000	131	127,300	…
6	82,700	72	59,400	…
7	81,100	46	37,200	…
8	92,300	124	114,200	…
9	82,400	87	71,900	…
10	82,800	62	51,400	…
11	87,700	80	69,900	…
12	90,600	136	122,700	…
13	87,300	104	90,700	…
14	95,500	106	101,000	…
15	97,500	86	83,600	…
16	63,700	59	37,300	…
17	54,100	119	64,100	…
18	41,400	95	39,300	…
19	21,800	105	22,900	…
20	16,300	90	14,700	…
21	18,000	102	18,400	…
22	17,900	81	14,500	…
23	24,500	93	22,700	…
24	22,800	96	21,800	…
25	35,900	135	48,400	…
26	42,900	115	49,300	…
27	55,800	134	75,100	…
28	68,100	95	65,000	…
29	85,700	85	73,100	…
30	96,700	146	141,000	…
31	85,300	91	77,400	…
32	94,600	116	109,800	…
33	105,200	141	148,900	108
34	102,200	146	148,800	109
35	89,300	159	142,200	119
36	78,400	166	129,800	121
37	84,700	119	100,700	84
38	95,400	142	135,200	99
39	87,900	89	78,600	60
40	92,200	146	134,400	99
41	91,700	88	80,900	59
42	79,700	150	119,800	101
43	68,400	153	104,800	103
44	63,800	156	99,600	105
45	73,600	168	123,700	113
46	62,300	143	89,100	94
47	53,200	182	96,800	117
48	44,500	175	77,900	109
49	42,900	167	71,600	101
50	44,100	152	67,200	91
昭和51年産	46,600	179	83,400	107
52	43,700	194	84,800	114
53	26,800	193	51,600	114
54	21,200	193	40,900	112
55	23,400	143	33,400	79
56	26,400	139	36,700	76
57	30,300	191	57,900	104
58	28,600	114	32,700	62
59	29,800	201	60,000	109
60	23,600	185	43,700	101
61	20,600	193	39,700	106
62	20,700	182	37,700	99
63	20,100	174	34,900	95
平成元	23,800	151	36,000	81
2	22,700	143	32,400	76
3	20,200	216	43,600	115
4	17,600	192	33,800	100
5	17,200	152	26,200	79
6	19,500	96	18,700	50
7	19,600	226	44,300	118
8	18,900	173	32,700	90
9	16,300	200	32,600	104
10	13,300	186	24,800	97
11	12,400	173	21,400	91
12	12,900	119	15,300	63
13	13,300	179	23,800	95
14	14,700	231	34,000	127
15	12,800	180	23,000	99
16	11,800	231	27,300	126
17	11,200	229	25,700	121
18	10,000	191	19,100	96
19	10,400	211	21,900	104
20	10,900	225	24,500	107
21	11,200	142	15,900	65
22	11,600	190	22,000	90
23	10,200	97	9,870	nc
24	9,650	187	18,000	nc
25	9,120	168	15,300	nc
26	9,260	221	20,500	nc
27	10,200	250	25,500	nc
28	8,560	66	5,650	nc
29	7,150	236	16,900	136
30	7,350	133	9,760	73
令和元	6,860	195	13,400	103
2	7,370	67	4,920	35
3	**7,130**	**101**	**7,200**	**59**

注：1　昭和元年産から昭和15年産には未成熟のまま採取したものを成熟した時の数量に見積もり、これを含めて計上した。ただし、それ以前は不詳である。
　　2　昭和19年産から昭和48年産までは沖縄県を含まない。

3　豆類・そば（続き）

(1)　豆類（続き）

エ　らっかせい

年　産	作付面積	10 a 当たり収量	収穫量	作況指数（対平年比）
	(1)	(2)	(3)	(4)
	ha	kg	t	
明治38年産	5,410	206	11,200	…
39	5,730	251	14,400	…
40	6,010	186	11,200	…
41	5,950	177	10,500	…
42	6,540	170	11,100	…
43	7,040	150	10,500	…
44	7,750	166	12,900	…
大正元	9,960	165	16,400	…
2	9,120	198	18,100	…
3	9,450	192	18,200	…
4	10,000	169	16,900	…
5	12,200	165	20,100	…
6	13,300	144	19,100	…
7	12,500	187	23,300	…
8	11,800	159	18,700	…
9	11,300	150	16,900	…
10	11,000	129	14,200	…
11	10,200	163	16,500	…
12	9,340	181	16,900	…
13	9,440	177	16,700	…
14	8,320	171	14,200	…
昭和元	6,670	191	12,700	…
2	6,020	187	11,200	…
3	5,830	186	10,800	…
4	5,810	177	10,300	…
5	5,670	187	10,600	…
6	6,160	183	11,200	…
7	6,320	184	11,600	…
8	7,060	203	14,300	…
9	7,510	151	11,400	…
10	7,510	163	12,300	…
11	7,780	176	13,700	…
12	8,150	140	11,400	…
13	7,960	165	13,100	…
14	8,190	191	15,600	…
15	9,300	202	18,700	…
16	12,000	150	18,000	…
17	11,000	170	18,700	…
18	…	…	…	…
19	…	…	…	…
20	…	…	…	…
21	5,200	125	6,480	…
22	5,280	86	4,570	…
23	7,150	129	9,220	…
24	7,610	119	9,030	…
25	19,200	136	26,300	…
26	23,100	124	28,500	…
27	25,000	133	33,200	…
28	24,900	108	26,800	…
29	26,900	146	39,300	…
30	25,900	181	46,800	…
31	31,800	156	49,600	…
32	39,600	181	71,800	…
33	43,900	190	83,300	116
34	42,900	219	94,000	134
35	54,800	230	126,200	117
36	65,600	216	141,800	100
37	64,200	222	142,500	102
38	61,400	234	144,000	99
39	62,800	208	130,600	89
40	66,500	205	136,600	90
昭和41年産	64,900	214	138,800	94
42	61,500	221	135,900	100
43	59,100	207	122,400	93
44	59,500	211	125,600	97
45	60,100	207	124,200	95
46	57,300	193	110,800	88
47	52,000	221	115,000	105
48	47,900	203	97,200	95
49	46,100	196	90,500	91
50	40,500	174	70,500	82
51	37,800	173	65,400	83
52	35,000	197	68,900	99
53	34,700	179	62,100	91
54	33,700	199	66,900	103
55	33,200	165	54,800	87
56	31,700	193	61,100	104
57	30,200	154	46,600	83
58	29,700	166	49,400	89
59	28,700	179	51,300	97
60	26,800	188	50,500	102
61	24,300	192	46,600	103
62	22,700	203	46,100	110
63	20,700	154	31,800	83
平成元	19,000	196	37,300	105
2	18,400	218	40,100	112
3	17,100	175	30,000	90
4	16,200	191	30,900	98
5	15,400	153	23,500	77
6	14,400	242	34,900	117
7	13,800	189	26,100	88
8	13,100	226	29,600	102
9	12,400	245	30,400	110
10	11,800	210	24,800	95
11	11,300	234	26,400	105
12	10,800	247	26,700	108
13	10,300	224	23,100	96
14	9,950	241	24,000	106
15	9,530	231	22,000	99
16	9,110	234	21,300	100
17	8,990	238	21,400	103
18	8,600	233	20,000	99
19	8,310	226	18,800	96
20	8,070	240	19,400	103
21	7,870	258	20,300	109
22	7,720	210	16,200	88
23	7,440	273	20,300	nc
24	7,180	241	17,300	nc
25	6,970	232	16,200	nc
26	6,840	235	16,100	nc
27	6,700	184	12,300	nc
28	6,550	237	15,500	nc
29	6,420	240	15,400	104
30	6,370	245	15,600	103
令和元	6,330	196	12,400	83
2	6,220	212	13,200	93
3	**6,020**	**246**	**14,800**	**110**

注：1　収穫量はさや付きである。
　　2　昭和19年産から昭和48年産までは沖縄県を含まない。

(2)　そば

年産	作付面積	10 a 当たり収量	収穫量
	(1)	(2)	(3)
	ha	kg	t
明治11年産	146,000	44	64,300
12	154,600	53	82,400
13	155,000	51	78,600
14	157,600	50	78,500
15	157,000	49	77,700
16	158,200	51	81,200
17	152,500	48	73,500
18	…	…	…
19	…	…	…
20	157,100	80	125,700
21	…	…	…
22	…	…	…
23	…	…	…
24	…	…	…
25	160,500	81	130,100
26	…	…	…
27	170,900	79	135,300
28	174,500	77	134,100
29	169,800	72	122,700
30	172,700	65	111,400
31	178,500	75	134,200
32	174,700	64	112,400
33	167,600	86	144,600
34	164,600	82	134,300
35	164,400	65	106,800
36	165,600	80	131,900
37	166,300	80	132,300
38	163,100	77	125,900
39	159,700	85	135,300
40	165,300	84	139,300
41	164,200	85	138,800
42	155,900	92	143,300
43	155,300	95	147,600
44	149,800	91	136,800
大正元	145,400	77	112,100
2	150,200	78	117,100
3	160,200	96	154,000
4	152,900	92	141,300
5	147,600	89	131,800
6	141,600	74	105,200
7	135,200	71	95,900
8	135,600	94	127,500
9	136,800	99	135,900
10	130,400	98	128,400
11	126,500	99	125,300
12	119,000	98	116,700
13	116,000	87	100,700
14	113,700	102	116,200
昭和元	107,500	85	91,900
2	105,400	99	103,900
3	100,400	92	92,000
4	89,100	92	82,100
5	96,300	109	105,100
6	105,100	87	91,300
7	103,100	80	82,300
8	100,500	102	102,800
9	102,900	73	75,400
10	96,200	71	68,300
11	95,200	88	83,700
12	89,600	100	89,500
13	84,000	93	78,100
14	80,900	92	74,800
15	83,300	87	72,600
16	84,500	82	69,100
17	83,800	82	69,000
18	87,700	72	63,300
19	73,900	72	53,100
20	69,900	48	33,800
21	68,700	71	49,100
22	63,400	56	35,600
23	62,800	73	45,600
24	60,700	64	39,000
25	68,000	76	52,000
昭和26年産	63,700	71	45,500
27	57,000	92	52,300
28	52,400	79	41,700
29	50,600	55	28,000
30	48,000	82	39,300
31	48,700	80	39,100
32	47,800	84	40,400
33	47,900	90	43,000
34	46,700	96	44,900
35	47,300	110	52,200
36	43,500	98	42,800
37	39,500	94	37,200
38	37,500	108	40,500
39	34,700	78	27,100
40	31,300	96	30,100
41	28,100	99	27,700
42	25,100	110	27,500
43	23,800	93	22,100
44	20,500	107	21,900
45	18,500	93	17,200
46	…	…	…
47	…	…	…
48	26,500	…	…
49	23,300	122	28,400
50	18,300	…	…
51	14,700	…	…
52	16,600	122	20,200
53	25,100	…	…
54	22,500	…	…
55	24,200	67	16,100
56	23,100	…	…
57	23,700	…	…
58	21,100	82	17,200
59	19,200	…	…
60	18,700	…	…
61	19,600	94	18,400
62	23,600	…	…
63	25,700	…	…
平成元	25,900	79	20,500
2	27,800	…	…
3	28,100	…	…
4	24,200	90	21,700
5	22,600	…	…
6	20,200	…	…
7	22,600	93	21,100
8	26,500	…	…
9	27,700	…	…
10	34,400	52	17,900
11	37,100	…	…
12	37,400	…	…
13	(39,900) 41,800	(65)	(26,000)
14	(39,300) 41,400	(65)	(25,400)
15	(41,200) 43,500	(65)	(26,800)
16	(41,300) 43,500	(49)	(20,400)
17	(42,600) 44,700	(73)	(31,200)
18	(42,800) 44,800	(77)	(33,000)
19	(38,400) 46,100	(68)	(26,300)
20	(39,800) 47,300	(58)	(23,200)
21	(37,800) 45,400	(40)	(15,300)
22	47,700	62	29,700
23	56,400	57	32,000
24	61,000	73	44,600
25	61,400	54	33,400
26	59,900	52	31,100
27	58,200	60	34,800
28	60,600	48	28,800
29	62,900	55	34,400
30	63,900	45	29,000
令和元	65,400	65	42,600
2	66,600	67	44,800
3	**65,500**	**62**	**40,900**

注：1　明治29年産以前及び昭和19年産から昭和48年産までは沖縄県を含まない。
　　2　(　) 内は収穫量調査の調査対象県の合計値である。
　　3　収穫量調査は、平成13年産から主産県を調査対象県として実施しており、平成13年産から平成18年産における主産県は、作付面積が500ha以上の都道府県、事業（強い農業づくり交付金）実施県及び作付面積の増加が著しい府県である（27都道府県）。
　　　平成19年産からは主産県の範囲を変更し、前年産の作付面積が全国の作付面積のおおむね80%を占めるまでの都道府県及び事業実施県とした（11都道府県）。
　　　平成22年産からは全国調査である。

4　かんしょ

年　産	作付面積	10 a 当たり収量	収穫量
	(1)	(2)	(3)
	ha	kg	t
明治11年産	148,200	559	828,600
12	158,200	631	998,200
13	159,100	618	983,300
14	159,500	660	1,053,000
15	166,600	694	1,157,000
16	167,900	653	1,096,000
17	176,000	790	1,391,000
18	…	…	…
19	…	…	…
20	219,700	958	2,105,000
21	…	…	…
22	…	…	…
23	…	…	…
24	…	…	…
25	241,200	884	2,131,000
26	…	…	…
27	237,000	785	1,860,000
28	338,000	790	2,669,000
29	253,500	1,070	2,722,000
30	257,000	966	2,484,000
31	265,000	1,010	2,689,000
32	265,800	933	2,480,000
33	269,200	1,050	2,839,000
34	266,800	1,000	2,669,000
35	274,700	972	2,670,000
36	281,000	1,000	2,817,000
37	277,500	893	2,477,000
38	245,300	996	2,444,000
39	284,700	1,050	2,995,000
40	291,300	1,190	3,473,000
41	301,900	1,200	3,614,000
42	292,500	1,160	3,403,000
43	290,800	1,070	3,123,000
44	291,400	1,290	3,772,000
大正元	296,800	1,240	3,677,000
2	304,800	1,280	3,890,000
3	302,500	1,220	3,679,000
4	304,800	1,300	3,959,000
5	307,000	1,330	4,095,000
6	307,900	1,220	3,751,000
7	311,400	1,320	4,119,000
8	317,600	1,410	4,465,000
9	316,200	1,400	4,437,000
10	300,200	1,310	3,940,000
11	296,500	1,300	3,867,000
12	292,700	1,310	3,823,000
13	286,400	1,250	3,585,000
14	283,400	1,320	3,733,000
昭和元	274,400	1,210	3,322,000
2	270,700	1,220	3,296,000
3	268,000	1,270	3,413,000
4	250,300	1,200	3,005,000
5	259,500	1,310	3,402,000
6	262,200	1,290	3,382,000
7	265,800	1,310	3,471,000
8	269,400	1,370	3,699,000
9	266,000	1,140	3,037,000
10	275,600	1,300	3,583,000
11	282,500	1,330	3,748,000
12	286,400	1,350	3,863,000
13	279,500	1,350	3,782,000
14	275,500	1,270	3,499,000
15	273,200	1,290	3,534,000
16	308,300	1,300	4,017,000
17	320,700	1,180	3,771,000
18	325,400	1,390	4,540,000
19	307,100	1,290	3,951,000
20	400,200	974	3,897,000
21	372,600	1,480	5,515,000
22	377,800	1,170	4,415,000
23	427,600	1,420	6,067,000
24	440,800	1,340	5,912,000
25	398,000	1,580	6,290,000

年　産	作付面積	10 a 当たり収量	収穫量
	(1)	(2)	(3)
	ha	kg	t
昭和26年産	376,200	1,470	5,534,000
27	377,300	1,640	6,205,000
28	362,100	1,490	5,391,000
29	354,600	1,470	5,226,000
30	376,400	1,910	7,180,000
31	386,200	1,830	7,073,000
32	364,500	1,710	6,228,000
33	359,500	1,770	6,370,000
34	366,200	1,910	6,981,000
35	329,800	1,900	6,277,000
36	326,500	1,940	6,333,000
37	322,900	1,930	6,217,000
38	313,100	2,130	6,662,000
39	296,700	1,980	5,875,000
40	256,900	1,930	4,955,000
41	243,300	1,980	4,810,000
42	214,400	1,880	4,031,000
43	185,900	1,930	3,594,000
44	153,600	1,860	2,855,000
45	128,700	1,990	2,564,000
46	107,000	1,910	2,041,000
47	91,700	2,170	1,987,000
48	73,600	2,110	1,550,000
49	67,500	2,130	1,435,000
50	68,700	2,060	1,418,000
51	65,600	1,950	1,279,000
52	64,400	2,220	1,431,000
53	65,000	2,110	1,371,000
54	63,900	2,130	1,360,000
55	64,800	2,030	1,317,000
56	65,000	2,240	1,458,000
57	65,700	2,110	1,384,000
58	64,800	2,130	1,379,000
59	64,600	2,170	1,400,000
60	66,000	2,310	1,527,000
61	65,000	2,320	1,507,000
62	64,000	2,220	1,423,000
63	62,900	2,110	1,326,000
平成元	61,900	2,310	1,431,000
2	60,600	2,310	1,402,000
3	58,600	2,060	1,205,000
4	55,100	2,350	1,295,000
5	53,000	1,950	1,033,000
6	51,300	2,460	1,264,000
7	49,400	2,390	1,181,000
8	47,500	2,330	1,109,000
9	46,500	2,430	1,130,000
10	45,600	2,500	1,139,000
11	44,500	2,270	1,008,000
12	43,400	2,470	1,073,000
13	42,300	2,510	1,063,000
14	40,500	2,540	1,030,000
15	39,700	2,370	941,100
16	40,300	2,500	1,009,000
17	40,800	2,580	1,053,000
18	40,800	2,420	988,900
19	40,700	2,380	968,400
20	40,700	2,480	1,011,000
21	40,500	2,530	1,026,000
22	39,700	2,180	863,600
23	38,900	2,280	885,900
24	38,800	2,260	875,900
25	38,600	2,440	942,300
26	38,000	2,330	886,500
27	36,600	2,220	814,200
28	36,000	2,390	860,700
29	35,600	2,270	807,100
30	35,700	2,230	796,500
令和元	34,300	2,180	748,700
2	33,100	2,080	687,600
3	**32,400**	**2,070**	**671,900**

注：明治29年産以前及び昭和19年産から昭和48年産までは沖縄県を含まない。

5　飼料作物

(1)　牧草　(2)　青刈りとうもろこし　(3)　ソルゴー　(4)　青刈りえん麦

年　産		(1) 牧草 作付（栽培）面積	(1) 牧草 収穫量	(2) 青刈りとうもろこし 作付面積	(2) 青刈りとうもろこし 収穫量	(3) ソルゴー 作付面積	(3) ソルゴー 収穫量	(4) 青刈りえん麦 作付面積	(4) 青刈りえん麦 収穫量
		(1)	(2)	(1)	(2)	(1)	(2)	(1)	(2)
		ha	t	ha	t	ha	t	ha	t
昭和11年産	(1)	…	…	…	…	…	…	…	…
12	(2)	…	…	…	…	…	…	…	…
13	(3)	…	…	13,800	370,800	…	…	1,740	24,100
14	(4)	…	…	15,000	418,700	…	…	1,990	27,600
15	(5)	…	…	17,700	424,000	…	…	2,060	29,400
16	(6)	…	…	15,900	348,000	…	…	3,030	32,700
17	(7)	…	…	17,200	428,000	…	…	3,760	41,900
18	(8)	…	…	…	…	…	…	…	…
19	(9)	…	…	…	…	…	…	…	…
20	(10)	…	…	…	…	…	…	…	…
21	(11)	…	…	…	…	…	…	…	…
22	(12)	…	…	…	…	…	…	…	…
23	(13)	…	…	…	…	…	…	…	…
24	(14)	…	…	…	…	…	…	…	…
25	(15)	…	…	…	…	…	…	…	…
26	(16)	…	…	10,500	489,200	…	…	2,090	28,200
27	(17)	…	…	32,300	1,059,000	…	…	2,450	35,100
28	(18)	…	…	29,300	928,100	…	…	3,500	45,600
29	(19)	…	…	33,700	828,700	…	…	4,460	56,800
30	(20)	…	…	38,500	1,368,000	…	…	7,090	95,600
31	(21)	…	…	39,700	1,086,000	…	…	4,580	114,100
32	(22)	…	…	43,800	1,441,000	…	…	7,320	155,900
33	(23)	…	…	48,000	1,706,000	…	…	10,900	245,500
34	(24)	…	…	50,100	1,742,000	…	…	13,400	238,800
35	(25)	153,200	2,982,000	52,600	1,862,000	…	…	15,100	290,400
36	(26)	183,400	4,061,000	57,400	2,107,000	…	…	18,900	381,700
37	(27)	214,900	4,693,000	63,100	2,190,000	…	…	23,500	528,200
38	(28)	248,700	5,995,000	65,800	2,507,000	…	…	26,400	462,500
39	(29)	275,500	6,764,000	68,300	2,557,000	…	…	30,500	699,800
40	(30)	302,700	8,262,000	68,300	2,764,000	…	…	30,500	701,600
41	(31)	324,100	8,844,000	69,200	2,679,000	…	…	31,100	743,400
42	(32)	356,100	11,281,000	68,900	3,060,000	…	…	29,800	731,700
43	(33)	398,200	13,193,000	70,300	3,241,000	…	…	31,000	812,300
44	(34)	435,000	14,816,000	71,900	3,228,000	…	…	31,400	826,000
45	(35)	483,700	17,506,000	76,800	3,483,000	…	…	29,900	782,400
46	(36)	557,100	18,560,000	79,000	3,440,000	…	…	27,600	721,100
47	(37)	600,800	22,646,000	77,600	3,762,000	…	…	22,600	650,600
48	(38)	643,400	23,161,000	77,400	3,675,000	15,600	…	20,600	596,100
49	(39)	672,200	25,438,000	76,500	3,809,000	17,600	1,133,000	19,200	604,900
50	(40)	691,200	25,368,000	79,700	3,908,000	18,800	1,314,000	16,300	502,000
51	(41)	704,400	25,167,000	82,500	3,873,000	19,300	1,334,000	15,500	481,100
52	(42)	722,700	27,530,000	88,100	4,538,000	21,300	1,530,000	15,000	472,300
53	(43)	758,400	28,776,000	100,600	5,274,000	27,200	1,947,000	15,200	486,100
54	(44)	773,700	29,007,000	107,200	5,663,000	30,000	2,144,000	15,100	498,800
55	(45)	787,900	28,463,000	112,400	5,400,000	33,700	2,150,000	15,900	473,300
56	(46)	797,700	29,531,000	116,200	5,330,000	36,900	2,534,000	16,100	482,600
57	(47)	808,400	31,706,000	122,200	6,071,000	37,500	2,496,000	16,100	515,300
58	(48)	814,800	30,873,000	123,000	5,446,000	37,300	2,547,000	15,800	481,900
59	(49)	818,900	30,289,000	120,300	6,285,000	36,200	2,492,000	15,700	489,500
60	(50)	814,800	31,600,000	121,800	6,306,000	35,500	2,385,000	15,100	495,800
61	(51)	814,600	32,733,000	123,900	6,493,000	36,100	2,469,000	15,200	506,500
62	(52)	828,100	32,497,000	127,200	6,617,000	37,200	2,377,000	14,900	499,000
63	(53)	834,300	31,722,000	125,200	6,201,000	36,900	2,426,000	14,900	471,000

注：1　昭和30年産以前の作付面積は収穫面積である。
　　2　牧草、青刈りえん麦及び青刈りらい麦の昭和45年産以前の作付面積には肥料用を含む。
　　3　青刈りその他麦の昭和45年産以前の作付面積及び昭和44年産以前の収穫量には肥料用を含む。
　　4　昭和19年産から昭和48年産までは沖縄県を含まない。

(5) 家畜用ビート		(6) 飼料用かぶ		(7) れんげ		(8) 青刈りらい麦		(9) 青刈りその他麦		
作付面積	収穫量	作付面積	収穫量	作付面積	収穫量	作付面積	収穫量	作付面積	収穫量	
(1)	(2)	(1)	(2)	(1)	(2)	(1)	(2)	(1)	(2)	
ha	t	ha	t	ha	t	ha	t	ha	t	
…	…	…	…	…	…	…	…	…	…	(1)
…	…	…	…	…	…	…	…	…	…	(2)
…	…	…	…	23,400	358,800	…	…	…	…	(3)
…	…	…	…	27,500	432,800	…	…	…	…	(4)
…	…	…	…	31,200	449,800	…	…	…	…	(5)
…	…	…	…	28,400	400,100	…	…	…	…	(6)
…	…	…	…	30,900	417,600	…	…	…	…	(7)
…	…	…	…	28,300	387,600	…	…	…	…	(8)
…	…	…	…	25,500	341,100	…	…	…	…	(9)
…	…	…	…	26,100	259,900	…	…	…	…	(10)
…	…	…	…	23,300	297,300	…	…	…	…	(11)
…	…	…	…	24,100	320,700	…	…	…	…	(12)
…	…	…	…	25,400	328,600	…	…	…	…	(13)
…	…	…	…	28,300	428,900	…	…	…	…	(14)
…	…	…	…	32,000	492,500	…	…	…	…	(15)
…	…	…	…	33,500	563,800	…	…	…	…	(16)
…	…	…	…	57,200	985,900	…	…	…	…	(17)
…	…	…	…	55,000	991,600	…	…	…	…	(18)
…	…	…	…	56,500	990,700	…	…	…	…	(19)
…	…	…	…	54,800	994,300	…	…	…	…	(20)
…	…	…	…	48,700	922,500	…	…	…	…	(21)
…	…	…	…	49,200	981,400	…	…	…	…	(22)
…	…	…	…	63,300	1,209,000	…	…	…	…	(23)
…	…	…	…	69,300	1,317,000	5,230	96,700	3,690	55,200	(24)
3,250	82,000	6,770	155,400	108,400	1,746,000	6,710	133,800	3,530	63,200	(25)
3,220	84,300	8,600	228,300	107,100	1,839,000	8,130	172,600	3,570	69,800	(26)
3,340	86,200	10,400	273,500	111,600	2,050,000	10,100	229,900	3,610	74,300	(27)
3,800	108,100	11,800	340,200	97,700	1,264,000	10,700	240,600	4,170	71,500	(28)
3,880	114,100	12,200	360,800	89,400	1,822,000	11,400	171,600	3,970	78,700	(29)
4,100	135,000	13,600	444,000	85,000	1,790,000	11,000	240,900	3,070	56,500	(30)
4,380	136,300	13,800	446,600	81,200	1,805,000	11,200	272,200	2,820	56,000	(31)
4,550	169,800	14,400	500,900	71,100	1,565,000	10,800	258,600	2,700	47,900	(32)
4,520	175,200	14,400	526,600	67,400	1,492,000	10,800	257,600	2,230	40,700	(33)
4,460	167,000	15,300	591,800	61,100	1,375,000	10,600	253,500	1,730	33,800	(34)
4,520	183,200	14,800	590,800	52,500	1,216,000	9,520	201,200	1,270	21,500	(35)
4,350	174,300	14,000	546,000	44,800	1,039,000	7,310	195,400	1,140	22,900	(36)
4,200	186,000	13,700	585,700	31,400	779,400	6,340	174,900	935	…	(37)
3,720	159,100	12,500	542,400	24,900	614,400	5,230	149,500	596	…	(38)
3,450	147,800	11,800	520,000	20,500	…	4,850	…	489	…	(39)
2,990	127,300	11,100	492,200	15,800	…	4,370	…	458	…	(40)
2,520	112,300	10,800	471,600	13,600	…	4,100	…	631	…	(41)
2,290	107,500	11,000	502,100	11,200	…	4,030	…	757	…	(42)
2,250	108,300	11,200	516,100	11,200	…	4,010	…	739	…	(43)
2,070	100,000	11,100	532,300	10,100	…	3,850	…	983	…	(44)
1,840	86,700	10,900	508,800	8,090	…	3,760	…	1,040	…	(45)
1,670	74,300	10,300	492,700	7,130	…	3,530	…	1,190	…	(46)
1,480	75,600	10,200	499,700	6,240	…	3,410	…	1,460	…	(47)
1,240	57,200	10,100	480,500	5,640	…	3,360	…	1,730	…	(48)
1,080	50,500	9,380	446,300	5,080	…	3,580	…	1,870	…	(49)
962	47,700	8,960	447,400	4,540	…	3,410	…	1,960	…	(50)
835	42,700	8,220	422,800	4,370	…	3,350	…	1,830	…	(51)
625	32,600	7,200	369,700	3,700	…	3,070	…	1,910	…	(52)
504	25,700	5,990	289,800	3,320	…	2,890	…	1,590	…	(53)

5　飼料作物（続き）

(1) 牧草　(2) 青刈りとうもろこし　(3) ソルゴー　(4) 青刈りえん麦

年　産		(1) 牧草		(2) 青刈りとうもろこし		(3) ソルゴー		(4) 青刈りえん麦		
		作付（栽培）面積	収穫量	作付面積	収穫量	作付面積	収穫量	作付面積		収穫量
		(1)	(2)	(1)	(2)	(1)	(2)	(1)		(2)
		ha	t	ha	t	ha	t		ha	t
平成元年産	(54)	835,100	32,389,000	125,600	6,495,000	36,500	2,353,000	13,900		474,000
2	(55)	837,600	34,060,000	125,900	6,845,000	36,300	2,323,000	13,200		477,000
3	(56)	842,200	32,962,000	124,300	6,078,000	35,800	2,072,000	12,800		432,800
4	(57)	840,300	33,316,000	121,800	6,446,000	34,000	2,290,000	…	(8,800)	(315,400)
5	(58)	837,500	30,970,000	118,300	4,903,000	32,400	1,671,000	…	(8,400)	(304,400)
6	(59)	830,400	32,080,000	110,600	5,984,000	29,300	1,863,000	11,100		407,200
7	(60)	827,400	32,744,000	106,800	5,701,000	28,100	1,844,000	…	(7,580)	(273,300)
8	(61)	826,200	31,472,000	104,600	5,368,000	26,900	1,732,000	…	(7,140)	(256,100)
9	(62)	820,900	31,782,000	103,000	5,487,000	26,300	1,692,000	9,220		335,200
10	(63)	825,000	31,636,000	101,100	5,184,000	26,800	1,706,000	…	(6,860)	(245,600)
11	(64)	820,100	31,154,000	99,000	4,795,000	25,800	1,500,000	…	(6,610)	(249,200)
12	(65)	809,100	31,945,000	95,900	5,287,000	24,800	1,625,000	8,060	(6,580)	(249,600)
13	(66)	804,600	30,545,000	93,100	5,114,000	24,200	1,599,000	…	(6,570)	(248,300)
14	(67)	801,200	30,305,000	91,300	4,867,000	23,100	1,501,000	…	(6,050)	(229,100)
15	(68)	798,000	28,700,000	90,100	4,563,000	21,600	1,312,000	8,200	(6,310)	(229,900)
16	(69)	788,300	30,723,000	87,400	4,659,000	20,800	1,194,000	7,700	(6,460)	(239,700)
17	(70)	782,400	29,682,000	85,300	4,640,000	20,100	1,275,000	7,400	(5,880)	(221,000)
18	(71)	777,000	29,128,000	84,400	4,290,000	19,100	1,124,000	6,950	(5,510)	(194,700)
19	(72)	773,300	28,805,000	86,100	4,541,000	19,000	1,155,000	7,060		…
20	(73)	769,000	28,805,000	90,800	4,933,000	18,800	1,150,000	7,730		…
21	(74)	764,100	27,726,000	92,300	4,645,000	18,700	1,092,000	7,540		…
22	(75)	759,100	27,580,000	92,200	4,643,000	17,900	1,001,000	7,380		…
23	(76)	755,100	26,783,000	92,200	4,713,000	17,600	939,200	7,070		…
24	(77)	750,800	(24,243,000)	92,000	4,826,000	17,000	890,700	7,520		…
25	(78)	745,500	(23,454,000)	92,500	4,787,000	16,500	877,000	7,620		…
26	(79)	739,600	25,193,000	91,900	4,825,000	15,900	787,900	7,400		…
27	(80)	737,600	26,092,000	92,400	4,823,000	15,200	728,600	7,370		…
28	(81)	735,200	24,689,000	93,400	4,255,000	14,800	655,300	7,830		…
29	(82)	728,300	25,497,000	94,800	4,782,000	14,400	665,000	…		…
30	(83)	726,000	24,621,000	94,600	4,488,000	14,000	618,000	…		…
令和元	(84)	724,400	24,850,000	94,700	4,841,000	13,300	578,100	…		…
2	(85)	719,200	24,244,000	95,200	4,718,000	13,000	537,600	…		…
3	**(86)**	**717,600**	**23,979,000**	**95,500**	**4,904,000**	**12,500**	**514,300**	**…**		**…**

注：1　牧草の平成24年産及び平成25年産の収穫量は、放射性物質調査の結果により給与自粛措置が行われた地域があったことから、全国値の推計を行っていない。
　　2　飼料作物の青刈りえん麦、れんげ、青刈りらい麦及び青刈りその他麦の作付面積については、平成29年産から調査を廃止した。
　　3　(　)内の数値は収穫量調査の調査対象県の合計値である。
　　4　[　]内の数値は、面積調査の調査対象県の合計値である。

(5) 家畜用ビート　(6) 飼料用かぶ　(7) れんげ　(8) 青刈りらい麦　(9) 青刈りその他麦

(5) 家畜用ビート		(6) 飼料用かぶ		(7) れんげ		(8) 青刈りらい麦		(9) 青刈りその他麦		
作付面積	収穫量	作付面積	収穫量	作付面積	収穫量	作付面積	収穫量	作付面積	収穫量	
(1)	(2)	(1)	(2)	(1)	(2)	(1)	(2)	(1)	(2)	
ha	t	ha	t	ha	t	ha	t	ha	t	
415	21,700	5,220	266,500	2,870	…	2,750	…	1,430	…	(54)
325	17,200	4,360	221,700	2,320	…	2,680	…	1,320	…	(55)
304	16,100	3,760	184,300	2,010	…	2,400	…	1,260	…	(56)
177	…	3,350	…	[1,620]	…	[2,030]	…	[950]	…	(57)
126	…	2,620	…	[1,240]	…	[1,710]	…	[759]	…	(58)
73	…	2,200	…	993	…	1,750	…	836	…	(59)
45	…	1,840	…	[909]	…	[1,420]	…	[595]	…	(60)
53	…	1,540	…	[704]	…	[1,360]	…	[638]	…	(61)
33	…	1,300	…	503	…	1,370	…	677	…	(62)
21	…	1,130	…	[418]	…	[1,210]	…	[589]	…	(63)
14	…	997	…	[334]	…	[1,220]	…	[579]	…	(64)
9	…	862	…	225	…	1,240	…	540	…	(65)
8	…	793	…	[187]	…	[1,080]	…	[536]	…	(66)
…	…	678	…	[158]	…	[1,030]	…	[572]	…	(67)
…	…	557	…	122	…	1,090	…	555	…	(68)
…	…	463	…	103	…	1,070	…	594	…	(69)
…	…	389	…	78	…	1,010	…	631	…	(70)
…	…	339	…	58	…	970	…	652	…	(71)
…	…	…	…	46	…	933	…	641	…	(72)
…	…	…	…	32	…	965	…	711	…	(73)
…	…	…	…	35	…	938	…	780	…	(74)
…	…	…	…	19	…	918	…	704	…	(75)
…	…	…	…	41	…	903	…	719	…	(76)
…	…	…	…	59	…	889	…	686	…	(77)
…	…	…	…	60	…	877	…	917	…	(78)
…	…	…	…	53	…	845	…	925	…	(79)
…	…	…	…	49	…	807	…	977	…	(80)
…	…	…	…	48	…	876	…	977	…	(81)
…	…	…	…	…	…	…	…	…	…	(82)
…	…	…	…	…	…	…	…	…	…	(83)
…	…	…	…	…	…	…	…	…	…	(84)
…	…	…	…	…	…	…	…	…	…	(85)
…	…	…	…	…	…	…	…	…	…	(86)

6　工芸農作物

(1)　茶

ア　栽培農家数　　イ 栽培面積　　　　　　　　ウ　荒茶生産量

単位：戸　　　　　　　　　　単位：ha

年産		茶栽培農家数	茶栽培面積			荒　茶　生				
			計	専用茶園	兼用茶園	計	おおい茶			普通せん茶
							玉露	かぶせ茶	てん茶	
		(1)	(1)	(2)	(3)	(1)	(2)	(3)	(4)	(5)
昭和元年産	(1)	…	44,100	28,900	15,300	35,225.2	264.6	…	…	28,154.4
2	(2)	…	42,900	28,800	14,100	36,966.9	252.7	…	…	29,092.5
3	(3)	…	42,800	29,400	13,400	39,087.3	267.1	…	…	31,063.2
4	(4)	…	42,500	29,200	13,200	39,392.5	242.0	…	…	31,153.1
5	(5)	…	37,800	26,300	11,500	38,646.9	273.9	…	…	30,934.5
6	(6)	…	37,800	26,700	11,100	38,305.4	268.4	…	…	30,812.0
7	(7)	…	38,000	27,000	11,000	40,410.0	267.6	…	…	32,451.2
8	(8)	…	38,200	27,300	10,900	43,487.2	286.6	…	…	34,746.7
9	(9)	…	38,600	27,700	10,900	44,204.0	295.2	…	…	34,547.5
10	(10)	…	39,000	28,200	10,800	45,630.6	328.4	…	…	35,519.9
11	(11)	…	39,400	28,700	10,700	47,943.5	299.2	…	…	35,209.2
12	(12)	…	39,800	29,200	10,600	53,912.6	310.9	…	…	38,394.3
13	(13)	…	39,800	29,400	10,400	54,717.0	278.2	…	…	39,993.1
14	(14)	…	40,000	29,700	10,400	57,469.6	291.0	…	…	41,712.6
15	(15)	…	40,700	30,100	10,600	58,232.4	276.7	…	…	41,140.3
16	(16)	…	38,900	25,400	13,500	61,907.0	299.0	…	137.7	44,564.8
17	(17)	…	36,100	25,600	10,600	61,028.0	331.6	…	278.8	48,910.1
18	(18)	…	34,200	24,400	9,810	56,470.4	368.4	…	222.9	43,979.8
19	(19)	…	31,300	22,200	9,090	47,074.4	358.4	…	289.5	34,705.0
20	(20)	…	26,500	17,900	8,600	23,650.8	406.1	…	331.7	15,936.2
21	(21)	…	24,400	15,300	9,020	21,418.3	354.5	…	173.7	14,286.5
22	(22)	…	24,600	…	…	22,142.4	1,069.7	…	131.1	14,212.7
23	(23)	…	25,500	17,100	8,350	26,022.4	309.7	…	127.5	17,837.0
24	(24)	…	26,600	18,200	8,470	32,582.1	286.4	…	88.0	22,646.8
25	(25)	…	27,400	18,800	8,670	41,725.6	224.1	…	206.1	29,425.5
26	(26)	…	28,300	19,200	9,000	44,010.2	159.4	112.8	45.7	30,850.4
27	(27)	…	30,000	21,400	8,560	57,151.7	180.7	116.6	195.8	40,592.3
28	(28)	…	33,200	24,300	8,940	56,462.7	179.6	194.2	198.3	37,934.2
29	(29)	…	35,200	26,300	8,890	67,830.1	154.7	163.1	227.3	40,012.5
30	(30)	…	38,600	29,700	8,940	72,854.2	242.6	136.8	265.9	43,696.5
31	(31)	…	42,300	31,700	10,600	70,747.1	213.6	119.3	187.5	51,606.4
32	(32)	…	44,800	32,500	12,300	72,383.2	234.6	171.2	264.8	51,008.7
33	(33)	…	46,800	32,900	13,900	74,588.4	248.1	237.8	266.7	53,556.3
34	(34)	1,397,000	47,400	33,800	13,700	79,478.9	331.6	314.0	323.7	60,858.7
35	(35)	1,376,000	48,500	34,500	14,000	77,566.3	310.6	290.0	299.8	60,283.0
36	(36)	1,346,000	48,800	34,900	13,900	81,392.0	340.2	390.3	347.3	61,939.1
37	(37)	1,337,000	49,100	35,100	14,000	77,456.9	326.9	332.0	271.4	60,304.0
38	(38)	1,319,000	48,900	35,000	13,900	81,099.8	277.2	285.6	325.2	65,130.5
39	(39)	1,297,000	48,700	35,000	13,700	83,280.1	352.9	485.3	374.6	66,294.9
40	(40)	1,269,000	48,500	34,900	13,500	77,430.6	394.8	338.0	315.7	61,188.9
41	(41)	1,234,000	48,400	34,300	14,100	83,150.0	426.4	414.6	369.5	65,357.0
42	(42)	1,203,000	48,500	35,000	13,500	83,143.6	427.0	432.8	349.9	67,157.4
43	(43)	…	48,900	35,800	13,000	84,971.5	351.6	436.3	352.3	67,827.4
44	(44)	1,069,000	49,700	37,500	12,200	89,604.3	422.0	522.6	382.4	69,479.0
45	(45)	1,026,000	51,600	39,900	11,800	91,198.2	409.0	526.2	351.3	71,906.1
46	(46)	990,000	53,900	42,600	11,300	92,911.4	427.0	442.0	311.2	74,038.3
47	(47)	917,900	55,500	44,700	10,800	94,999.5	477.3	590.9	337.8	75,298.4
48	(48)	917,200	57,300	46,700	10,500	101,181.3	522.8	1,045.4	343.3	79,620.3
49	(49)	890,800	58,400	48,200	10,200	95,237.7	514.9	1,378.0	344.7	76,403.6
50	(50)	870,200	59,200	49,200	9,940	105,449	551	1,963	351	83,268
51	(51)	843,700	59,600	50,100	9,510	100,098	520	1,242	330	76,741
52	(52)	807,200	59,700	51,000	8,790	102,301	494	1,450	353	80,587
53	(53)	787,600	60,000	51,700	8,410	104,738	574	1,850	454	82,855
54	(54)	773,400	60,700	52,600	8,020	98,000	495	2,060	425	75,600
55	(55)	749,900	61,000	53,500	7,490	102,300	553	2,320	415	81,400
56	(56)	718,400	61,000	53,800	7,150	102,300	515	2,510	404	79,900
57	(57)	687,300	61,000	54,100	6,920	98,500	549	2,440	432	78,200
58	(58)	665,500	61,000	54,400	6,620	102,700	483	2,890	476	81,200
59	(59)	641,300	60,800	54,500	6,300	92,500	377	2,510	481	72,300
60	(60)	614,200	60,600	54,800	5,860	95,500	420	2,950	552	74,700
61	(61)	582,500	60,200	54,600	5,570	93,600	384	2,830	580	73,600
62	(62)	553,900	59,900	54,600	5,280	96,300	390	3,130	667	76,400
63	(63)	528,000	59,600	54,700	4,940	89,800	380	3,060	731	71,700

注：1　昭和30年産から奄美大島を含む。昭和19年産から昭和48年産までは沖縄県を含まない。
2　昭和15年産以前の普通せん茶には玉緑茶を、その他にはてん茶を含む。
3　昭和51年産からかぶせ茶は、一番茶のみと調査基準を改正した。
4　昭和25年産以前のかぶせ茶は普通せん茶又は玉露の一部として扱われていたが、昭和26年産からこれを区別して調査した。
5　荒茶工場数の昭和15年産までは、その間において製茶に従事した戸数であり、昭和16年産以降は、その年に製茶した工場数である。
また、昭和30年産以降は機械製茶工場のみ調査した数値である。
6　栽培面積は、平成13年までは８月１日現在、平成14年からは７月15日現在において調査したものである。

エ　荒茶工場数

単位：t　　　　単位：工場

産	量			荒茶工場数				
玉緑茶	番茶	その他	紅茶	計	機械製茶	半機械製茶	手もみ製茶	
(6)	(7)	(8)	(9)	(1)	(2)	(3)	(4)	
…	7,466.4	317.4	22.4	1,147,548	…	…	…	(1)
…	7,364.6	240.5	16.6	1,146,894	…	…	…	(2)
…	7,550.8	185.4	20.8	1,153,767	…	…	…	(3)
…	7,795.7	191.6	10.1	1,136,971	…	…	…	(4)
…	7,211.6	205.3	11.6	1,120,240	…	…	…	(5)
…	7,029.1	183.8	12.1	1,126,318	…	…	…	(6)
…	7,487.8	177.2	26.2	1,132,089	…	…	…	(7)
…	8,222.6	181.1	50.2	1,136,426	…	…	…	(8)
…	8,095.1	215.1	1,051.1	1,137,584	…	…	…	(9)
…	8,286.9	238.2	1,257.2	1,111,095	…	…	…	(10)
…	9,239.3	211.9	2,983.9	1,129,324	…	…	…	(11)
…	10,171.9	400.9	4,634.6	1,124,406	…	…	…	(12)
…	10,582.3	961.8	2,901.6	1,109,715	…	…	…	(13)
…	11,354.4	2,182.7	1,928.9	1,093,691	…	…	…	(14)
…	11,943.5	1,947.4	2,924.5	1,074,149	…	…	…	(15)
3,672.2	10,126.8	792.3	2,314.2	851,690	10,023	4,820	836,856	(16)
1,230.2	9,496.0	658.6	212.7	786,174	10,055	3,855	772,264	(17)
1,792.0	9,323.1	661.1	123.1	749,592	10,094	2,697	736,801	(18)
1,288.4	8,239.7	2,074.0	119.4	709,620	8,724	2,965	697,931	(19)
716.5	5,168.9	969.0	121.5	710,491	6,895	4,643	698,953	(20)
1,057.3	5,226.8	233.3	86.2	587,863	8,111	1,856	577,896	(21)
822.2	5,430.7	335.0	141.0	547,177	9,220	1,749	536,208	(22)
1,615.5	5,529.9	329.4	273.3	563,739	8,568	1,530	553,641	(23)
1,110.4	8,121.6	243.4	85.5	862,900	9,442	5,399	848,552	(24)
2,065.3	8,983.4	91.8	729.4	960,781	9,419	4,904	946,458	(25)
3,215.9	8,511.8	56.6	1,057.6	1,011,288	10,255	1,161	999,872	(26)
7,978.7	7,649.1	67.2	371.3	976,128	11,140	1,807	963,181	(27)
7,662.9	8,801.7	31.9	1,459.9	952,024	12,231	1,728	938,065	(28)
10,548.5	9,469.0	44.6	7,210.4	932,580	12,590	1,728	918,262	(29)
10,508.4	9,427.0	51.8	8,525.2	13,991	13,991	…	…	(30)
8,069.9	9,871.8	22.5	656.1	…	…	…	…	(31)
7,262.1	9,463.7	6.7	3,971.4	14,677	14,677	…	…	(32)
9,558.5	8,190.2	3.0	2,527.8	15,161	15,161	…	…	(33)
8,628.0	8,156.4	2.1	864.4	15,593	15,593	…	…	(34)
6,737.4	7,984.1	0.8	1,660.6	16,162	16,162	…	…	(35)
8,143.0	8,306.3	−	1,925.8	16,320	16,320	…	…	(36)
7,012.8	8,322.9	3.0	883.9	16,328	16,328	…	…	(37)
5,291.9	9,095.4	4.0	690.0	16,239	16,239	…	…	(38)
4,768.6	10,168.1	1.7	834.0	16,216	16,216	…	…	(39)
4,155.1	9,480.8	−	1,557.3	16,181	16,181	…	…	(40)
4,341.0	10,907.2	−	1,334.3	16,283	16,283	…	…	(41)
4,190.5	11,441.7	−	1,144.3	16,109	16,109	…	…	(42)
4,011.3	11,456.7	−	535.9	15,786	15,786	…	…	(43)
4,350.3	14,175.3	−	272.7	15,311	15,311	…	…	(44)
4,152.1	13,509.7	−	253.8	15,139	15,139	…	…	(45)
3,907.1	13,762.8	−	23.0	14,922	14,922	…	…	(46)
4,236.6	14,042.7	−	15.8	14,671	14,671	…	…	(47)
4,889.8	14,755.5	−	4.2	14,494	14,494	…	…	(48)
4,474.7	12,117.4	−	4.4	14,400	14,400	…	…	(49)
5,022	14,201	−	3	14,300	14,300	…	…	(50)
4,783	13,481	−	1	…	…	…	…	(51)
4,989	14,400	−	26	…	…	…	…	(52)
5,171	13,827	−	2	13,649	13,649	…	…	(53)
5,440	14,100	1	1	…	…	…	…	(54)
5,470	12,100	1	5	…	…	…	…	(55)
5,480	13,500	0	4	13,600	13,600	…	…	(56)
5,290	11,600	0	3	…	…	…	…	(57)
5,830	11,700	−	1	…	…	…	…	(58)
5,490	11,300	−	1	13,200	13,200	…	…	(59)
5,420	11,500	−	1	…	…	…	…	(60)
5,220	11,000	1	1	…	…	…	…	(61)
5,310	10,400	28	1	12,300	12,300	…	…	(62)
5,180	8,780	24	1	…	…	…	…	(63)

6　工芸農作物（続き）

(1)　茶（続き）

ア　栽培農家数　イ　栽培面積　ウ　荒茶生産量

単位：戸　単位：ha

年産		茶栽培農家数	茶栽培面積			荒茶生				
			計	専用茶園	兼用茶園	計	おおい茶			普通せん茶
							玉露	かぶせ茶	てん茶	
		(1)	(1)	(2)	(3)	(1)	(2)	(3)	(4)	(5)
平成元年産	(64)	502,600	59,000	54,400	4,530	90,500	339	2,510	796	71,800
2	(65)	466,800	58,500	54,200	4,260	89,900	357	3,180	896	72,700
3	(66)	433,700	57,600	53,700	3,950	87,800	384	3,100	811	69,400
4	(67)	410,300	56,700	53,000	3,700	92,100	346	3,290	837	71,800
5	(68)	381,500	55,700	52,200	3,490	92,100	326	3,250	820	72,200
6	(69)	(199,400)	54,500	51,300	3,270	(81,800)	(317)	(3,380)	(739)	(64,600)
7	(70)	(185,800)	53,700	50,700	3,060	(80,400)	(305)	(3,080)	(820)	(63,900)
8	(71)	307,300	52,700	49,900	2,720	88,600	299	3,400	955	66,600
9	(72)	(157,300)	51,800	49,300	2,520	(87,100)	(254)	(4,090)	(1,100)	(66,600)
10	(73)	(148,500)	51,200	48,900	2,320	(78,700)	(261)	(4,120)	(988)	(61,300)
11	(74)	238,600	50,700	48,600	…	88,500	236	3,920	925	65,800
12	(75)	(117,400)	50,400	48,500	…	(84,700)	(207)	(3,820)	(1,010)	(63,500)
13	(76)	(102,400)	50,100	48,200	…	(84,500)	(208)	(3,540)	(1,120)	(62,500)
14	(77)	…	49,700	48,000	…	84,200	196	3,630	1,350	63,200
15	(78)	…	49,500	47,800	…	91,900	208	3,910	1,420	67,100
16	(79)	…	49,100	47,600	…	100,700	213	3,740	1,490	70,800
17	(80)	…	48,700	47,200	…	100,000	227	4,040	1,630	70,200
18	(81)	…	48,500	47,100	…	91,800	222	3,650	1,650	64,900
19	(82)	…	48,200	46,900	…	94,100	277	3,920	1,660	65,400
20	(83)	…	48,000	46,700	…	95,500	412	4,220	1,780	65,300
21	(84)	…	47,300	46,100	…	86,000	…	1) 5,970	…	58,600
22	(85)	…	46,800	…	…	85,000	…	1) 5,840	…	54,400
23	(86)	…	46,200	…	…	(82,100)	…	1) (5,840)	…	(53,400)
24	(87)	…	45,900	…	…	(85,900)	…	1) (6,420)	…	(54,900)
25	(88)	…	45,400	…	…	84,800	…	1) 5,990	…	53,800
26	(89)	…	44,800	…	…	83,600	…	1) 6,260	…	52,400
27	(90)	…	44,000	…	…	79,500	…	1) 7,000	…	47,700
28	(91)	…	43,100	…	…	80,200	…	1) 6,980	…	47,300
29	(92)	…	42,400	…	…	82,000	…	…	…	…
30	(93)	…	41,500	…	…	86,300	…	…	…	…
令和元	(94)	…	40,600	…	…	81,700	…	…	…	…
2	(95)	…	39,100	…	…	69,800	…	…	…	…
3	**(96)**	**…**	**38,000**	**…**	**…**	**78,100**	**…**	**…**	**…**	**…**

注：1　(　)内の数値は主産県の合計値である。
2　全国の荒茶生産量（年間計）については、従来、主産県調査結果を基に推計していたが、平成23年産及び平成24年産は原子力災害対策特別措置法（平成11年法律第156号）に基づき、主産県以外の都道府県においても出荷制限が行われたことから推計を行わなかったため、主産県の合計値を掲載した。
3　栽培面積は、平成13年までは８月１日現在、平成14年からは７月15日現在において調査したものである。
4　平成19年産から「その他」には「紅茶」を含む。
5　平成29年産から茶種別荒茶生産量の調査は廃止した。
1)は、近年増加している20日前後の直接被覆による栽培方法の取扱いが明確化するまでの間、暫定的に玉露、かぶせ茶及びてん茶を一括しておおい茶として表章した。

エ　荒茶工場数

単位：t　　　単位：工場

産量				荒茶工場数				
玉緑茶	番茶	その他	紅茶	計	機械製茶	半機械製茶	手もみ製茶	
(6)	(7)	(8)	(9)	(1)	(2)	(3)	(4)	
5,000	10,000	31	1	…	…	…	…	(64)
4,780	8,020	26	3	11,700	11,700	…	…	(65)
4,640	9,500	29	3	…	…	…	…	(66)
4,610	11,200	75	0	…	…	…	…	(67)
4,510	11,100	44	3	…	…	…	…	(68)
(3,850)	(8,290)	(571)	(–)	…	…	…	…	(69)
(3,840)	(8,020)	(544)	(4)	…	…	…	…	(70)
4,060	12,500	909	9	…	…	…	…	(71)
(4,250)	(9,710)	(1,140)	(11)	…	…	…	…	(72)
(3,700)	(7,720)	(735)	(9)	…	…	…	…	(73)
3,870	12,600	1,230	12	…	…	…	…	(74)
(3,810)	(11,400)	(983)	(9)	…	…	…	…	(75)
(3,690)	(12,300)	(1,260)	(9)	…	…	…	…	(76)
3,660	11,000	1,140	15	…	…	…	…	(77)
3,490	14,500	1,220	23	…	…	…	…	(78)
3,930	19,300	1,350	20	…	…	…	…	(79)
3,720	18,200	1,830	16	…	…	…	…	(80)
3,410	16,400	1,650	15	…	…	…	…	(81)
3,200	17,600	1,990	…	…	…	…	…	(82)
2,930	19,100	1,780	…	…	…	…	…	(83)
2,560	17,600	1,320	…	…	…	…	…	(84)
2,310	21,000	1,460	…	…	…	…	…	(85)
(2,200)	(18,700)	(1,890)	…	…	…	…	…	(86)
(2,320)	(20,300)	(2,050)	…	…	…	…	…	(87)
2,270	21,000	1,860	…	…	…	…	…	(88)
2,060	20,800	2,070	…	…	…	…	…	(89)
1,790	20,300	2,680	…	…	…	…	…	(90)
1,760	21,800	2,320	…	…	…	…	…	(91)
…	…	…	…	…	…	…	…	(92)
…	…	…	…	…	…	…	…	(93)
…	…	…	…	…	…	…	…	(94)
…	…	…	…	…	…	…	…	(95)
…	…	…	…	…	…	…	…	(96)

6　工芸農作物（続き）

(2)　なたね　(3)　てんさい　(4)　さとうきび

年産		(2) なたね 作付面積（子実用）	(2) なたね 10a当たり収量	(2) なたね 収穫量	(3) てんさい 作付面積	(3) てんさい 10a当たり収量	(3) てんさい 収穫量	(4) さとうきび 収穫面積	(4) さとうきび 10a当たり収量	(4) さとうきび 収穫量
		(1)	(2)	(3)	(1)	(2)	(3)	(1)	(2)	(3)
		ha	kg	t	ha	kg	t	ha	kg	t
昭和元年産	(1)	72,400	96	69,700	7,400	1,960	145,200	26,600	3,300	878,000
2	(2)	71,600	100	71,600	9,900	1,870	185,000	26,500	3,760	997,100
3	(3)	70,000	102	71,500	10,300	2,030	208,900	27,300	3,530	963,400
4	(4)	70,600	106	74,600	8,700	2,250	195,800	25,800	3,300	851,300
5	(5)	74,700	104	77,800	9,100	2,090	190,400	24,600	3,500	860,300
6	(6)	73,900	104	77,200	9,700	1,830	177,500	24,900	4,270	1,063,000
7	(7)	81,600	112	91,500	8,600	1,990	170,800	23,900	4,530	1,083,000
8	(8)	80,800	109	87,900	10,100	1,850	187,000	22,800	4,280	975,600
9	(9)	90,600	119	108,100	10,000	2,420	241,700	22,700	4,590	1,043,000
10	(10)	98,700	123	121,400	12,700	1,800	228,900	22,400	5,010	1,123,000
11	(11)	106,400	114	121,200	18,900	1,700	321,400	21,100	4,820	1,016,000
12	(12)	111,000	119	132,300	17,800	1,660	295,300	20,000	5,350	1,069,000
13	(13)	110,500	105	116,500	17,800	1,940	345,300	20,000	6,560	1,312,000
14	(14)	95,400	126	120,300	16,500	1,300	214,500	20,200	5,140	1,038,000
15	(15)	89,400	122	108,800	14,500	1,320	190,900	19,800	3,950	782,500
16	(16)	87,600	121	105,900	16,500	1,520	251,000	21,500	3,260	700,600
17	(17)	78,700	106	83,500	16,300	1,540	251,500	…	…	…
18	(18)	62,000	85	53,000	14,100	916	129,100	…	…	…
19	(19)	38,800	84	32,500	15,600	702	109,500	…	…	…
20	(20)	35,300	57	20,000	14,800	587	86,900	…	…	…
21	(21)	14,800	47	6,930	12,800	696	89,100	…	…	…
22	(22)	24,500	56	13,600	17,300	719	124,400	…	…	…
23	(23)	35,200	77	27,200	12,000	553	66,300	…	…	…
24	(24)	46,600	83	38,800	11,400	1,170	133,800	…	…	108,100
25	(25)	118,400	101	119,200	14,100	1,240	174,800	…	…	105,300
26	(26)	146,000	122	178,500	13,300	1,610	214,500	…	…	98,200
27	(27)	221,700	127	282,300	12,700	1,890	240,100	…	…	63,700
28	(28)	244,800	118	288,900	13,800	1,930	266,000	…	…	68,600
29	(29)	174,500	126	219,700	14,400	2,080	299,000	…	…	61,600
30	(30)	207,700	130	269,500	16,800	2,230	374,500	6,900	3,400	234,600
31	(31)	252,000	127	320,200	20,700	2,240	463,100	7,050	3,180	224,100
32	(32)	258,600	111	286,200	28,700	2,340	672,800	7,020	3,250	228,300
33	(33)	225,200	119	266,900	35,800	2,540	910,500	6,760	2,900	196,300
34	(34)	188,200	139	261,900	39,900	2,500	999,100	6,810	3,580	244,000
35	(35)	191,400	138	263,600	47,700	2,250	1,074,000	7,850	4,750	372,800
36	(36)	194,900	140	273,500	48,200	2,360	1,136,000	8,150	5,550	452,100
37	(37)	173,100	143	246,800	52,100	2,420	1,261,000	9,560	4,910	469,200
38	(38)	140,700	77	108,900	49,800	2,410	1,200,000	9,470	6,780	641,900
39	(39)	119,600	113	134,600	49,200	2,450	1,203,000	11,700	7,110	832,200
40	(40)	85,400	147	125,500	60,400	3,000	1,813,000	13,100	6,030	789,500
41	(41)	66,500	142	94,600	61,100	2,680	1,639,000	13,100	6,520	853,800
42	(42)	54,400	146	79,400	59,800	3,320	1,984,000	13,000	6,690	869,700
43	(43)	39,500	173	68,400	54,900	3,840	2,110,000	13,000	5,840	759,200
44	(44)	29,600	162	48,000	58,900	3,540	2,083,000	13,000	6,270	815,100
45	(45)	19,200	157	30,100	54,100	4,310	2,332,000	12,200	5,580	680,800
46	(46)	13,700	166	22,800	54,300	4,050	2,197,000	10,700	5,990	640,900
47	(47)	10,800	150	16,200	57,800	4,780	2,760,000	10,400	6,200	644,800
48	(48)	7,810	163	12,700	61,800	4,780	2,951,000	9,940	6,690	664,600
49	(49)	5,280	172	9,100	47,500	3,950	1,878,000	30,000	6,080	1,823,000
50	(50)	4,410	165	7,270	48,100	3,660	1,759,000	30,600	6,450	1,973,000
51	(51)	3,740	166	6,210	42,400	5,120	2,169,000	31,900	6,210	1,981,000
52	(52)	3,140	165	5,190	49,300	4,730	2,333,000	32,600	7,140	2,328,000
53	(53)	2,690	177	4,760	57,800	4,990	2,884,000	34,100	7,460	2,544,000
54	(54)	2,600	175	4,540	58,900	5,680	3,344,000	35,200	6,570	2,311,000
55	(55)	2,420	171	4,140	65,000	5,460	3,550,000	33,800	6,200	2,095,000
56	(56)	2,310	162	3,740	74,000	4,530	3,355,000	35,000	6,390	2,237,000
57	(57)	2,090	180	3,760	69,700	5,890	4,108,000	33,900	6,650	2,256,000
58	(58)	1,980	163	3,220	73,000	4,630	3,377,000	35,200	7,180	2,526,000
59	(59)	1,710	158	2,700	75,200	5,370	4,040,000	35,100	7,270	2,553,000
60	(60)	1,570	174	2,730	72,500	5,410	3,921,000	35,700	7,390	2,638,000
61	(61)	1,330	168	2,230	72,100	5,360	3,862,000	34,800	6,440	2,240,000
62	(62)	1,150	171	1,970	71,500	5,350	3,827,000	34,900	6,800	2,374,000
63	(63)	1,030	169	1,740	71,900	5,360	3,849,000	34,000	6,650	2,261,000

注：1　さとうきびの昭和24年産から昭和30年産には奄美群島を含まない。
　　2　さとうきびの昭和24年産から昭和29年産までの収穫面積については、調査を行わなかったため「…」とした。
　　3　昭和19年産から昭和48年産までは沖縄県を含まない。

(5) こんにゃくいも　(6) い

(5) こんにゃくいも 栽培面積	収穫面積	10 a 当たり収量	収穫量	(6) い 作付面積	10 a 当たり収量	収穫量	
(1)	(2)	(3)	(4)	(1)	(2)	(3)	
ha	ha	kg	t	ha	kg	t	
7,150	…	…	55,000	4,580	934	42,800	(1)
7,200	…	…	54,000	4,350	952	41,400	(2)
7,570	…	…	56,100	4,720	979	46,200	(3)
7,710	…	…	53,200	5,320	1,020	54,400	(4)
7,790	…	…	52,800	5,270	983	51,800	(5)
8,080	…	…	56,600	4,610	974	44,900	(6)
8,260	…	…	57,400	5,340	978	52,200	(7)
8,560	…	…	59,000	6,200	939	58,200	(8)
8,590	…	…	55,100	7,210	1,030	74,400	(9)
8,650	…	…	55,500	6,910	1,040	71,500	(10)
8,910	…	…	55,100	5,950	946	56,300	(11)
9,200	…	…	57,400	6,030	1,070	64,700	(12)
9,290	…	…	57,900	6,070	1,010	61,300	(13)
10,100	…	…	59,000	6,420	1,130	72,700	(14)
10,200	…	…	65,300	7,390	1,080	79,500	(15)
11,900	9,770	702	68,600	5,060	1,010	51,200	(16)
11,900	9,190	656	60,300	4,480	1,100	49,200	(17)
10,400	7,360	769	56,600	4,350	805	35,000	(18)
8,190	5,980	592	35,400	2,410	763	18,400	(19)
5,510	3,770	594	22,400	986	763	7,520	(20)
3,230	2,320	496	11,500	454	650	2,950	(21)
2,510	1,800	572	10,300	792	585	4,630	(22)
2,500	1,790	724	12,900	1,930	731	14,100	(23)
2,370	1,630	687	11,200	3,400	753	25,600	(24)
2,430	1,790	793	14,200	4,080	870	35,500	(25)
2,940	2,210	1,110	24,500	7,290	908	66,200	(26)
3,630	2,880	1,060	30,400	10,600	980	103,900	(27)
5,000	3,500	994	34,800	8,310	812	67,500	(28)
6,220	3,690	1,020	37,600	7,590	939	71,300	(29)
9,550	4,630	1,140	52,800	6,080	982	59,700	(30)
11,300	5,210	1,150	59,800	6,840	985	67,400	(31)
13,000	6,330	1,260	79,600	8,730	1,060	92,600	(32)
14,400	7,110	1,190	84,900	10,600	1,060	112,500	(33)
15,400	7,860	1,030	81,000	7,610	1,070	81,300	(34)
14,400	7,170	1,290	92,300	7,540	1,050	79,000	(35)
15,000	7,480	1,330	99,200	8,130	1,070	86,700	(36)
14,900	7,540	1,360	102,700	9,010	1,070	96,000	(37)
13,800	7,100	1,330	94,100	10,400	876	91,100	(38)
14,300	7,470	1,340	100,300	12,300	1,150	141,100	(39)
15,300	7,940	1,300	103,100	9,280	1,060	98,600	(40)
16,100	8,270	1,490	123,000	8,860	1,130	99,900	(41)
17,600	8,920	1,470	131,300	9,020	1,180	106,000	(42)
17,300	8,860	1,470	129,800	10,300	1,170	120,800	(43)
16,900	8,760	1,440	125,900	10,300	1,160	119,400	(44)
16,800	8,670	1,320	114,200	9,540	1,040	99,100	(45)
16,100	8,430	1,250	105,000	11,100	1,040	114,900	(46)
15,600	8,170	1,230	100,500	11,800	1,110	130,500	(47)
15,800	8,330	1,210	101,000	10,400	1,020	105,700	(48)
15,800	8,240	1,180	97,600	10,700	1,140	122,200	(49)
15,800	8,110	1,300	105,300	8,610	1,060	91,000	(50)
15,400	8,100	1,310	106,500	8,350	1,030	86,100	(51)
14,800	7,780	1,310	102,100	9,510	1,020	96,600	(52)
14,200	7,280	1,290	93,900	9,620	1,140	109,600	(53)
13,700	6,870	1,460	100,400	9,720	1,150	111,800	(54)
13,400	6,840	1,340	91,600	9,370	1,010	94,200	(55)
12,600	6,550	1,360	88,900	8,470	1,060	90,200	(56)
11,800	6,170	1,090	67,000	7,530	1,150	86,300	(57)
11,300	5,940	1,160	69,100	7,820	1,040	81,700	(58)
11,000	5,610	1,340	74,900	7,510	1,160	87,000	(59)
11,800	6,200	1,590	98,300	7,420	1,090	80,700	(60)
12,200	6,370	1,700	108,200	7,430	1,090	81,200	(61)
12,100	6,420	1,830	117,400	7,770	1,070	83,300	(62)
11,300	5,860	1,620	95,200	8,360	1,010	84,400	(63)

6 工芸農作物（続き）

年産		(2) なたね			(3) てんさい			(4) さとうきび		
		作付面積（子実用）	10 a 当たり収量	収穫量	作付面積	10 a 当たり収量	収穫量	収穫面積	10 a 当たり収量	収穫量
		(1)	(2)	(3)	(1)	(2)	(3)	(1)	(2)	(3)
		ha	kg	t	ha	kg	t	ha	kg	t
平成元年産	(64)	1,040	174	1,810	71,900	5,100	3,664,000	33,600	7,990	2,684,000
2	(65)	925	179	1,660	72,000	5,550	3,994,000	32,800	6,050	1,983,000
3	(66)	915	177	1,620	71,900	5,720	4,115,000	30,100	6,290	1,894,000
4	(67)	827	193	1,600	70,600	5,070	3,581,000	27,700	6,420	1,779,000
5	(68)	753	171	1,290	70,100	4,830	3,388,000	25,900	6,330	1,640,000
6	(69)	(491)	(232)	(1,140)	69,800	5,520	3,853,000	24,800	6,460	1,602,000
7	(70)	(409)	(238)	(974)	70,000	5,450	3,813,000	24,100	6,730	1,622,000
8	(71)	593	185	1,100	69,700	4,730	3,295,000	23,800	5,390	1,284,000
9	(72)	(373)	(243)	(907)	68,500	5,380	3,685,000	22,500	6,420	1,445,000
10	(73)	(433)	(247)	(1,070)	70,200	5,930	4,164,000	22,400	7,440	1,666,000
11	(74)	607	129	783	70,000	5,410	3,787,000	22,800	6,890	1,571,000
12	(75)	(319)	(204)	(650)	69,200	5,310	3,673,000	23,100	6,040	1,395,000
13	(76)	(301)	(217)	(652)	66,000	5,750	3,796,000	22,800	6,570	1,499,000
14	(77)	…	…	…	66,600	6,150	4,098,000	23,800	5,580	1,328,000
15	(78)	…	…	…	67,900	6,130	4,161,000	23,900	5,810	1,389,000
16	(79)	…	…	…	68,000	6,850	4,656,000	23,200	5,120	1,187,000
17	(80)	…	…	…	67,500	6,220	4,201,000	21,300	5,700	1,214,000
18	(81)	…	…	…	67,400	5,820	3,923,000	21,700	6,040	1,310,000
19	(82)	…	…	…	66,600	6,450	4,297,000	22,100	6,790	1,500,000
20	(83)	…	…	…	66,000	6,440	4,248,000	22,200	7,200	1,598,000
21	(84)	…	…	…	64,500	5,660	3,649,000	23,000	6,590	1,515,000
22	(85)	1,690	93	1,570	62,600	4,940	3,090,000	23,200	6,330	1,469,000
23	(86)	1,700	115	1,950	60,500	5,860	3,547,000	22,600	4,420	1,000,000
24	(87)	1,610	116	1,870	59,300	6,340	3,758,000	23,000	4,820	1,108,000
25	(88)	1,590	111	1,770	58,200	5,900	3,435,000	21,900	5,440	1,191,000
26	(89)	1,470	121	1,780	57,400	6,210	3,567,000	22,900	5,060	1,159,000
27	(90)	1,630	194	3,160	58,800	6,680	3,925,000	23,400	5,380	1,260,000
28	(91)	1,980	184	3,650	59,700	5,340	3,189,000	22,900	6,870	1,574,000
29	(92)	1,980	185	3,670	58,200	6,700	3,901,000	23,700	5,470	1,297,000
30	(93)	1,920	163	3,120	57,300	6,300	3,611,000	22,600	5,290	1,196,000
令和元	(94)	1,900	217	4,130	56,700	7,030	3,986,000	22,100	5,310	1,174,000
2	(95)	1,830	196	3,580	56,800	6,890	3,912,000	22,500	5,940	1,336,000
3	**(96)**	**1,640**	**197**	**3,230**	**57,700**	**7,040**	**4,061,000**	**23,300**	**5,830**	**1,359,000**

注：1　なたねについては、平成14年産から平成21年産までは調査を実施していない。
　　2　(　)内の数値は主産県の合計値である。

(5) こんにゃくいも　　(6) い

(5) こんにゃくいも				(6) い			
栽培面積	収穫面積	10 a 当たり収量	収穫量	作付面積	10 a 当たり収量	収穫量	
(1)	(2)	(3)	(4)	(1)	(2)	(3)	
ha	ha	kg	t	ha	kg	t	
10,800	5,570	1,540	85,600	8,580	1,120	96,000	(64)
10,700	5,630	1,580	88,700	8,500	1,060	90,300	(65)
10,400	5,630	2,180	122,500	7,070	925	65,400	(66)
9,370	5,140	2,030	104,400	6,790	1,160	78,500	(67)
8,910	4,770	1,830	87,100	6,520	1,030	67,100	(68)
8,790	4,730	1,920	90,800	6,090	1,090	66,300	(69)
(6,280)	(3,440)	(1,990)	(68,600)	(5,610)	(1,150)	(64,500)	(70)
(5,950)	(3,380)	(2,430)	(82,100)	(5,210)	(1,120)	(58,400)	(71)
7,160	3,950	2,500	98,700	(5,020)	(1,150)	(57,700)	(72)
(5,620)	(3,250)	(2,640)	(85,700)	(4,420)	(1,060)	(47,000)	(73)
(5,190)	(2,790)	(2,060)	(57,400)	(3,490)	(1,040)	(36,300)	(74)
6,060	3,260	2,230	72,600	(2,730)	(1,080)	(29,400)	(75)
(4,710)	(2,660)	(2,630)	(69,900)	(1,870)	(1,140)	(21,300)	(76)
(4,590)	(2,560)	(2,550)	(65,200)	(1,810)	(1,140)	(20,700)	(77)
5,350	2,870	2,200	63,100	(1,870)	(1,100)	(20,500)	(78)
(4,260)	(2,400)	(2,800)	(67,100)	(1,800)	(1,150)	(20,700)	(79)
(4,160)	(2,380)	(2,820)	(67,000)	(1,700)	(1,280)	(21,800)	(80)
4,720	2,670	2,580	68,900	(1,370)	(1,120)	(15,300)	(81)
(3,780)	(2,290)	(2,680)	(61,400)	(1,110)	(1,370)	(15,200)	(82)
(3,720)	(2,090)	(2,660)	(55,500)	(1,070)	(1,280)	(13,700)	(83)
4,310	2,450	2,730	66,900	(1,000)	(1,430)	(14,300)	(84)
(3,690)	(2,150)	(3,000)	(64,600)	(899)	(1,280)	(11,500)	(85)
(3,660)	(2,010)	(2,880)	(57,800)	(838)	(1,150)	(9,640)	(86)
4,070	2,240	2,990	67,000	(854)	(1,240)	(10,600)	(87)
(3,570)	(2,000)	(3,110)	(62,200)	(818)	(1,440)	(11,800)	(88)
(3,490)	(1,930)	(2,910)	(56,100)	(739)	(1,370)	(10,100)	(89)
3,910	2,220	2,760	61,300	(701)	(1,110)	(7,800)	(90)
(3,470)	(2,060)	(3,460)	(71,300)	(643)	(1,300)	(8,340)	(91)
3,860	2,330	2,780	64,700	(578)	(1,480)	(8,530)	(92)
3,700	2,160	2,590	55,900	(541)	(1,390)	(7,500)	(93)
3,660	2,150	2,750	59,100	(476)	(1,500)	(7,130)	(94)
3,570	2,140	2,510	53,700	(424)	(1,490)	(6,300)	(95)
3,430	**2,050**	**2,640**	**54,200**	**(451)**	**(1,420)**	**(6,390)**	**(96)**

注：こんにゃくいもについては、平成11年産以降の主産県調査においては福島県を含まない。

全国農業地域別・都道府県別累年統計表（平成29年産～令和３年産）
1 米
(1) 水陸稲の収穫量及び水稲の作況指数
ア 水陸稲計

全国農業地域・都道府県	平成29年産 作付面積（子実用）	平成29年産 収穫量（子実用）	30 作付面積（子実用）	30 収穫量（子実用）	令和 作付面積（子実用）
	(1)	(2)	(3)	(4)	(5)
	ha	t	ha	t	ha
全国 (1)	1,466,000	7,824,000	1,470,000	7,782,000	1,470,000
（全国農業地域）					
北海道 (2)	103,900	581,800	…	…	…
都府県 (3)	1,362,000	7,242,000	…	…	…
東北 (4)	374,800	2,115,000	…	…	…
北陸 (5)	204,100	1,079,000	…	…	…
関東・東山 (6)	269,300	1,433,000	…	…	…
東海 (7)	92,400	460,100	…	…	…
近畿 (8)	103,200	526,600	…	…	…
中国 (9)	104,300	552,400	…	…	…
四国 (10)	49,900	242,400	…	…	…
九州 (11)	163,100	831,900	…	…	…
沖縄 (12)	727	2,190	…	…	…
（都道府県）					
北海道 (13)	103,900	581,800	…	…	…
青森 (14)	43,400	258,700	…	…	…
岩手 (15)	49,800	265,400	…	…	…
宮城 (16)	66,300	354,700	…	…	…
秋田 (17)	86,900	498,800	…	…	…
山形 (18)	64,500	385,700	…	…	…
福島 (19)	64,000	351,400	…	…	…
茨城 (20)	68,700	358,900	68,900	359,700	68,800
栃木 (21)	57,800	294,200	58,700	322,200	59,400
群馬 (22)	15,500	77,300	…	…	…
埼玉 (23)	31,600	156,100	…	…	…
千葉 (24)	55,200	299,700	…	…	…
東京 (25)	143	583	…	…	…
神奈川 (26)	3,100	15,700	…	…	…
新潟 (27)	116,300	611,700	…	…	…
富山 (28)	37,600	205,300	…	…	…
石川 (29)	25,300	131,300	…	…	…
福井 (30)	24,900	130,700	…	…	…
山梨 (31)	4,960	27,200	…	…	…
長野 (32)	32,300	203,200	…	…	…
岐阜 (33)	21,900	106,900	…	…	…
静岡 (34)	15,700	80,900	…	…	…
愛知 (35)	27,500	140,800	…	…	…
三重 (36)	27,400	131,500	…	…	…
滋賀 (37)	31,700	163,900	…	…	…
京都 (38)	14,700	75,000	…	…	…
大阪 (39)	5,150	26,100	…	…	…
兵庫 (40)	36,600	183,400	…	…	…
奈良 (41)	8,610	44,900	…	…	…
和歌山 (42)	6,560	33,300	…	…	…
鳥取 (43)	12,600	65,500	…	…	…
島根 (44)	17,500	90,800	…	…	…
岡山 (45)	30,100	163,700	…	…	…
広島 (46)	23,700	126,600	…	…	…
山口 (47)	20,300	105,800	…	…	…
徳島 (48)	11,500	55,200	…	…	…
香川 (49)	12,800	62,000	…	…	…
愛媛 (50)	13,900	70,600	…	…	…
高知 (51)	11,600	54,600	…	…	…
福岡 (52)	35,700	181,700	…	…	…
佐賀 (53)	24,600	130,600	…	…	…
長崎 (54)	11,600	57,400	…	…	…
熊本 (55)	33,300	175,500	…	…	…
大分 (56)	21,000	106,300	…	…	…
宮崎 (57)	16,300	81,300	…	…	…
鹿児島 (58)	20,400	99,100	…	…	…
沖縄 (59)	727	2,190	…	…	…

注：1　水陸稲計の全国値については、水稲の全国値と陸稲の全国値の合計である。
　　2　陸稲において、主産県調査を実施した年産の全国値については、主産県の調査結果から推計したものである。
　　3　陸稲において、平成29年産以降、作付面積は３年、収穫量は６年ごとに全国調査を実施し、全国調査以外の年にあっては主産県調査を実施することとしている。

元	2		3		
収穫量（子実用）	作付面積（子実用）	収穫量（子実用）	作付面積（子実用）	収穫量（子実用）	
(6)	(7)	(8)	(9)	(10)	
t	ha	t	ha	t	
7,764,000	**1,462,000**	**7,765,000**	**1,404,000**	**7,564,000**	(1)
…	102,300	…	…	…	(2)
…	1,360,000	…	…	…	(3)
…	381,500	…	…	…	(4)
…	206,400	…	…	…	(5)
…	270,200	…	…	…	(6)
…	92,500	…	…	…	(7)
…	101,300	496,000	…	…	(8)
…	101,200	489,700	…	…	(9)
…	47,400	222,800	…	…	(10)
…	158,600	…	…	…	(11)
…	650	2,090	…	…	(12)
…	102,300	…	…	…	(13)
…	45,200	…	…	…	(14)
…	50,400	…	…	…	(15)
…	68,300	377,000	…	…	(16)
…	87,600	527,400	…	…	(17)
…	64,700	402,400	…	…	(18)
…	65,300	…	…	…	(19)
345,400	68,200	361,100	63,900	345,800	(20)
311,800	59,300	318,800	55,000	301,200	(21)
…	15,500	…	…	…	(22)
…	31,900	…	…	…	(23)
…	55,400	…	…	…	(24)
…	125	…	…	…	(25)
…	2,990	…	…	…	(26)
…	119,500	…	…	…	(27)
…	37,100	206,300	…	…	(28)
…	24,800	…	…	…	(29)
…	25,100	130,000	…	…	(30)
…	4,880	25,800	…	…	(31)
…	31,800	192,700	…	…	(32)
…	22,500	105,800	…	…	(33)
…	15,500	…	…	…	(34)
…	27,400	134,300	…	…	(35)
…	27,100	129,800	…	…	(36)
…	31,100	158,300	…	…	(37)
…	14,300	71,600	…	…	(38)
…	4,700	22,200	…	…	(39)
…	36,500	174,100	…	…	(40)
…	8,480	40,900	…	…	(41)
…	6,250	28,900	…	…	(42)
…	12,900	66,000	…	…	(43)
…	17,100	87,400	…	…	(44)
…	29,800	150,500	…	…	(45)
…	22,600	112,800	…	…	(46)
…	18,900	73,000	…	…	(47)
…	11,000	52,400	…	…	(48)
…	11,700	58,000	…	…	(49)
…	13,400	63,500	…	…	(50)
…	11,300	48,900	…	…	(51)
…	34,900	145,200	…	…	(52)
…	23,900	104,200	…	…	(53)
…	11,100	46,800	…	…	(54)
…	33,300	156,500	…	…	(55)
…	20,200	81,400	…	…	(56)
…	16,000	…	…	…	(57)
…	19,300	88,400	…	…	(58)
…	650	2,090	…	…	(59)

1　米（続き）

(1)　水陸稲の収穫量及び水稲の作況指数（続き）
イ　水稲

全国農業地域・都道府県	平成29年産							30							令和			
	作付面積（子実用）	10 a 当たり収量	収穫量（子実用）	農家等使用ふるい目幅ベース 10 a 当たり収量	農家等使用ふるい目幅ベース 作況指数	主食用作付面積	収穫量（主食用）	作付面積（子実用）	10 a 当たり収量	収穫量（子実用）	農家等使用ふるい目幅ベース 10 a 当たり収量	農家等使用ふるい目幅ベース 作況指数	主食用作付面積	収穫量（主食用）	作付面積（子実用）	10 a 当たり収量	収穫量（子実用）	農家等ふるい目 10 a 当たり収量
	(1)	(2)	(3)	(4)	(5)	(6)	(7)	(8)	(9)	(10)	(11)	(12)	(13)	(14)	(15)	(16)	(17)	(18)
	ha	kg	t	kg		ha	t	ha	kg	t	kg		ha	t	ha	kg	t	kg
全国 (1)	**1,465,000**	**534**	**7,822,000**	**517**	**100**	**1,370,000**	**7,306,000**	**1,470,000**	**529**	**7,780,000**	**511**	**98**	**1,386,000**	**7,327,000**	**1,469,000**	**528**	**7,762,000**	**514**
（全国農業地域）																		
北海道 (2)	103,900	560	581,800	546	103	98,600	552,200	104,000	495	514,800	480	90	98,900	489,600	103,000	571	588,100	555
都府県 (3)	1,361,000	532	7,240,000	515	99	1,272,000	6,754,000	1,366,000	532	7,265,000	514	99	1,287,000	6,837,000	1,366,000	525	7,174,000	511
東北 (4)	374,800	564	2,115,000	543	99	334,300	1,882,000	379,100	564	2,137,000	540	99	345,500	1,947,000	382,000	586	2,239,000	567
北陸 (5)	204,100	529	1,079,000	509	98	180,100	952,100	205,600	533	1,096,000	508	98	184,800	985,300	206,500	540	1,115,000	526
関東・東山 (6)	268,500	533	1,431,000	518	99	257,400	1,372,000	270,300	539	1,457,000	524	100	259,300	1,398,000	271,100	522	1,414,000	510
東海 (7)	92,400	498	460,100	487	99	90,500	450,000	93,400	495	462,400	484	98	91,000	450,600	93,100	491	457,100	481
近畿 (8)	103,200	510	526,600	498	100	99,400	507,000	103,100	502	517,500	489	98	99,500	498,700	102,600	503	516,400	491
中国 (9)	104,300	530	552,400	518	103	101,200	536,100	103,700	519	537,800	509	101	101,100	524,200	102,100	503	513,200	490
四国 (10)	49,900	486	242,400	481	101	49,500	241,000	49,300	473	233,400	468	98	49,000	232,000	48,300	457	220,700	451
九州 (11)	163,100	510	831,900	490	101	158,700	811,400	160,400	512	821,300	494	102	156,100	800,000	160,000	435	696,400	418
沖縄 (12)	727	301	2,190	297	97	727	2,190	716	307	2,200	304	99	716	2,200	677	295	2,000	293
（都道府県）																		
北海道 (13)	103,900	560	581,800	546	103	98,600	552,200	104,000	495	514,800	480	90	98,900	489,600	103,000	571	588,100	555
青森 (14)	43,400	596	258,700	576	101	38,000	226,500	44,200	596	263,400	577	101	39,600	236,000	45,000	627	282,200	612
岩手 (15)	49,800	533	265,400	511	98	47,000	250,500	50,300	543	273,100	526	101	48,800	265,000	50,500	554	279,800	538
宮城 (16)	66,300	535	354,700	512	99	63,500	339,700	67,400	551	371,400	527	101	64,500	355,400	68,400	551	376,900	531
秋田 (17)	86,900	574	498,800	550	99	69,500	398,900	87,700	560	491,100	533	96	75,000	420,000	87,800	600	526,800	577
山形 (18)	64,500	598	385,700	578	100	56,400	337,300	64,500	580	374,100	556	96	56,400	327,100	64,500	627	404,400	611
福島 (19)	64,000	549	351,400	529	100	59,900	328,900	64,900	561	364,100	535	101	61,200	343,300	65,800	560	368,500	540
茨城 (20)	68,100	525	357,500	510	99	66,400	348,600	68,400	524	358,400	508	99	66,800	350,000	68,300	504	344,200	493
栃木 (21)	57,600	510	293,800	492	93	53,600	273,400	58,500	550	321,800	537	102	54,700	300,900	59,200	526	311,400	514
群馬 (22)	15,500	499	77,300	483	101	13,900	69,400	15,600	506	78,900	489	102	13,700	69,300	15,500	486	75,300	470
埼玉 (23)	31,600	494	156,100	478	101	30,700	151,700	31,900	487	155,400	471	99	30,800	150,000	32,000	482	154,200	468
千葉 (24)	55,200	543	299,700	529	100	53,300	289,400	55,600	542	301,400	525	99	53,900	292,100	56,000	516	289,000	508
東京 (25)	141	411	580	400	99	141	580	133	417	555	410	101	133	555	129	402	519	390
神奈川 (26)	3,090	509	15,700	488	102	3,090	15,700	3,080	492	15,200	470	98	3,080	15,200	3,040	470	14,300	454
新潟 (27)	116,300	526	611,700	505	96	100,300	527,600	118,200	531	627,600	500	95	104,700	556,000	119,200	542	646,100	530
富山 (28)	37,600	546	205,300	528	100	33,300	181,800	37,300	552	205,900	535	102	33,300	183,800	37,200	553	205,700	540
石川 (29)	25,300	519	131,300	504	99	23,200	120,400	25,100	519	130,300	507	100	23,200	120,400	25,000	532	133,000	515
福井 (30)	24,900	525	130,700	503	101	23,300	122,300	25,000	530	132,500	503	101	23,600	125,100	25,100	520	130,500	497
山梨 (31)	4,960	549	27,200	531	100	4,880	26,800	4,900	542	26,600	526	99	4,820	26,100	4,890	541	26,500	526
長野 (32)	32,300	629	203,200	616	101	31,300	196,900	32,200	618	199,000	607	100	31,300	193,400	32,000	620	198,400	609
岐阜 (33)	21,900	488	106,900	479	100	21,500	104,900	22,500	478	107,600	465	97	21,500	102,800	22,500	482	108,500	473
静岡 (34)	15,700	515	80,900	506	99	15,600	80,300	15,800	506	79,900	496	97	15,700	79,400	15,700	517	81,200	507
愛知 (35)	27,500	512	140,800	503	101	26,600	136,200	27,600	499	137,700	489	98	26,700	133,200	27,500	499	137,200	490
三重 (36)	27,400	480	131,500	466	95	26,800	128,600	27,500	499	137,200	489	100	27,100	135,200	27,300	477	130,200	465
滋賀 (37)	31,700	517	163,900	504	100	30,000	155,100	31,700	512	162,300	501	99	30,100	154,100	31,700	509	161,400	498
京都 (38)	14,700	510	75,000	501	100	14,100	71,900	14,500	502	72,800	491	98	13,900	69,800	14,400	505	72,700	495
大阪 (39)	5,150	506	26,100	490	102	5,150	26,100	5,010	494	24,700	475	99	5,000	24,700	4,850	502	24,300	485
兵庫 (40)	36,600	501	183,400	489	100	35,100	175,900	37,000	492	182,000	479	98	35,500	174,700	36,800	497	182,900	484
奈良 (41)	8,610	521	44,900	508	102	8,580	44,700	8,580	514	44,100	499	100	8,530	43,800	8,490	515	43,700	502
和歌山 (42)	6,560	507	33,300	496	102	6,560	33,300	6,430	492	31,600	479	99	6,430	31,600	6,360	494	31,400	482
鳥取 (43)	12,600	520	65,500	510	101	12,400	64,500	12,800	498	63,700	488	97	12,700	63,200	12,700	514	65,300	503
島根 (44)	17,500	519	90,800	510	102	17,200	89,300	17,500	524	91,700	515	103	17,200	90,100	17,300	506	87,500	496
岡山 (45)	30,100	544	163,700	531	103	29,100	158,300	30,200	517	156,100	504	98	29,400	152,000	30,100	517	155,600	503
広島 (46)	23,700	534	126,600	524	102	23,100	123,400	23,400	525	122,900	517	101	22,900	120,200	22,700	499	113,300	487
山口 (47)	20,300	521	105,800	508	103	19,300	100,600	19,800	522	103,400	513	104	18,900	98,700	19,300	474	91,500	461
徳島 (48)	11,500	480	55,200	476	101	11,300	54,200	11,400	470	53,600	466	99	11,200	52,600	11,300	464	52,400	459
早期栽培 (49)	4,450	481	21,400	477	104	…	…	4,400	466	20,500	463	101	…	…	4,340	456	19,800	451
普通栽培 (50)	7,080	479	33,900	475	100	…	…	7,000	474	33,200	470	99	…	…	6,940	470	32,600	465
香川 (51)	12,800	484	62,000	480	98	12,800	62,000	12,500	479	59,900	470	96	12,500	59,900	12,000	471	56,500	464
愛媛 (52)	13,900	508	70,600	503	102	13,900	70,600	13,900	498	69,200	492	100	13,900	69,200	13,600	470	63,900	463
高知 (53)	11,600	471	54,600	467	103	11,500	54,200	11,500	441	50,700	437	96	11,400	50,300	11,400	420	47,900	414
早期栽培 (54)	6,500	498	32,400	495	104	…	…	6,470	465	30,100	462	97	…	…	6,440	455	29,300	450
普通栽培 (55)	5,060	435	22,000	431	101	…	…	5,000	411	20,600	407	96	…	…	4,980	375	18,700	368
福岡 (56)	35,700	509	181,700	488	102	35,100	178,700	35,300	518	182,900	497	104	34,900	180,800	35,000	454	158,900	433
佐賀 (57)	24,600	531	130,600	511	102	24,400	129,600	24,300	532	129,300	514	102	24,000	127,700	24,100	298	71,800	291
長崎 (58)	11,600	495	57,400	469	101	11,600	57,400	11,500	499	57,400	483	104	11,400	56,900	11,400	455	51,900	435
熊本 (59)	33,300	527	175,500	508	102	32,200	169,700	33,300	529	176,200	510	103	32,300	170,900	33,300	483	160,800	466
大分 (60)	21,000	506	106,300	483	101	20,900	105,800	20,700	501	103,700	478	100	20,600	103,200	20,600	435	89,600	407
宮崎 (61)	16,300	499	81,300	485	101	15,000	74,900	16,100	493	79,400	480	100	14,700	72,500	16,100	465	74,900	451
早期栽培 (62)	6,460	494	31,900	486	103	…	…	6,410	476	30,500	469	100	…	…	6,300	459	28,900	450
普通栽培 (63)	9,870	503	49,600	485	99	…	…	9,670	505	48,800	487	99	…	…	9,780	469	45,900	452
鹿児島 (64)	20,400	486	99,100	468	100	19,600	95,300	19,200	481	92,400	468	100	18,300	88,000	19,500	454	88,500	440
早期栽培 (65)	4,460	472	21,100	464	107	…	…	4,340	450	19,500	439	101	…	…	4,370	438	19,100	427
普通栽培 (66)	16,000	490	78,400	468	98	…	…	14,800	490	72,500	477	100	…	…	15,200	458	69,600	444
沖縄 (67)	727	301	2,190	297	97	727	2,190	716	307	2,200	304	99	716	2,200	677	295	2,000	293
第一期稲 (68)	537	354	1,900	350	96	…	…	527	364	1,920	362	101	…	…	506	331	1,670	330
第二期稲 (69)	190	151	287	147	92	…	…	189	149	282	144	90	…	…	171	188	321	184

元			2							3							
使用幅ベース 作況指数	主食用作付面積	収穫量(主食用)	作付面積(子実用)	10 a当たり収量	収穫量(子実用)	農家等使用ふるい目幅ベース 10 a当たり収量	農家等使用ふるい目幅ベース 作況指数	主食用作付面積	収穫量(主食用)	作付面積(子実用)	10 a当たり収量	収穫量(子実用)	農家等使用ふるい目幅ベース 10 a当たり収量	農家等使用ふるい目幅ベース 作況指数	主食用作付面積	収穫量(主食用)	
(19)	(20)	(21)	(22)	(23)	(24)	(25)	(26)	(27)	(28)	(29)	(30)	(31)	(32)	(33)	(34)	(35)	
	ha	t	ha	kg	t	kg		ha	t	ha	kg	t	kg		ha	t	
99	**1,379,000**	**7,261,000**	**1,462,000**	**531**	**7,763,000**	**508**	**99**	**1,366,000**	**7,226,000**	**1,403,000**	**539**	**7,563,000**	**515**	**101**	**1,303,000**	**7,007,000**	(1)
104	97,000	553,900	102,300	581	594,400	557	106	95,300	553,700	96,100	597	573,700	570	108	88,400	527,700	(2)
99	1,282,000	6,707,000	1,359,000	527	7,168,000	504	99	1,270,000	6,672,000	1,307,000	535	6,989,000	511	100	1,215,000	6,479,000	(3)
104	344,600	2,015,000	381,500	586	2,236,000	559	104	342,000	2,000,000	363,000	581	2,110,000	552	102	322,400	1,870,000	(4)
101	186,400	1,007,000	206,400	550	1,135,000	531	102	185,900	1,021,000	201,800	531	1,072,000	505	97	177,900	944,600	(5)
97	258,400	1,348,000	269,600	536	1,444,000	523	101	255,800	1,370,000	253,100	545	1,380,000	525	101	240,100	1,309,000	(6)
98	90,500	444,800	92,500	480	444,000	463	95	89,800	431,500	89,600	493	441,700	477	98	87,600	432,000	(7)
99	99,000	498,000	101,300	490	496,000	465	96	97,700	478,000	99,300	503	499,700	479	99	95,700	481,800	(8)
97	99,400	499,800	101,200	484	489,700	455	92	98,200	475,700	98,800	517	511,000	492	99	95,900	496,100	(9)
94	47,800	218,500	47,400	470	222,800	447	96	46,900	219,900	45,900	482	221,400	467	101	45,400	219,900	(10)
86	155,100	674,300	158,600	440	698,500	404	85	153,200	673,300	155,100	485	752,000	467	99	149,300	723,800	(11)
96	665	1,960	650	322	2,090	312	104	630	2,030	666	325	2,160	316	105	623	2,020	(12)
104	97,000	553,900	102,300	581	594,400	557	106	95,300	553,700	96,100	597	573,700	570	108	88,400	527,700	(13)
106	39,200	245,800	45,200	628	283,900	600	105	38,300	240,500	41,700	616	256,900	584	102	34,200	210,700	(14)
103	48,300	267,600	50,400	553	278,700	527	103	48,200	266,500	48,400	555	268,600	528	103	46,200	256,400	(15)
102	64,800	357,000	68,300	552	377,000	527	102	64,500	356,000	64,600	547	353,400	520	101	61,000	333,700	(16)
104	74,900	449,400	87,600	602	527,400	566	105	75,300	453,300	84,800	591	501,200	555	102	71,400	422,000	(17)
105	56,900	356,800	64,700	622	402,400	592	104	56,500	351,400	62,900	626	393,800	592	104	54,900	343,700	(18)
102	60,400	338,200	65,300	562	367,000	544	102	59,200	332,700	60,500	555	335,800	536	101	54,700	303,600	(19)
96	66,400	334,700	67,800	531	360,000	519	103	65,500	347,800	63,500	543	344,800	521	103	61,400	333,400	(20)
97	54,900	288,800	59,200	538	318,500	520	101	54,900	295,400	54,800	549	300,900	520	101	50,600	277,800	(21)
98	13,600	66,100	15,500	496	76,900	481	100	13,600	67,500	14,900	492	73,300	476	99	13,000	64,000	(22)
98	30,900	148,900	31,900	496	158,200	487	102	30,600	151,800	30,000	508	152,400	489	103	28,800	146,300	(23)
95	53,700	277,100	55,400	537	297,500	528	99	52,500	281,900	50,600	549	277,800	539	101	48,100	264,100	(24)
97	129	519	124	400	496	394	98	124	496	120	405	486	394	98	120	486	(25)
95	3,040	14,300	2,990	474	14,200	464	97	2,990	14,200	2,920	492	14,400	470	99	2,920	14,400	(26)
100	106,800	578,900	119,500	558	666,800	542	103	106,700	595,400	117,200	529	620,000	507	96	101,800	538,500	(27)
102	33,300	184,100	37,100	556	206,300	535	103	33,200	184,600	36,300	551	200,000	515	99	32,200	177,400	(28)
102	22,700	120,800	24,800	530	131,400	515	101	22,600	119,800	23,800	527	125,400	512	101	21,400	112,800	(29)
100	23,600	122,700	25,100	518	130,000	482	99	23,300	120,700	24,500	515	126,200	478	99	22,500	115,900	(30)
99	4,810	26,000	4,880	529	25,800	516	97	4,800	25,400	4,850	532	25,800	516	97	4,760	25,300	(31)
100	30,900	191,600	31,800	606	192,700	590	99	30,700	186,000	31,500	603	189,900	579	97	30,400	183,300	(32)
99	21,400	103,100	22,500	470	105,800	459	96	21,400	100,600	21,600	478	103,200	466	98	20,700	98,900	(33)
99	15,600	80,700	15,500	478	74,100	469	92	15,400	73,600	15,300	506	77,400	495	97	15,200	76,900	(34)
98	26,600	132,700	27,400	490	134,300	469	96	26,400	129,400	26,400	496	130,900	480	98	25,800	128,000	(35)
95	26,900	128,300	27,100	479	129,800	458	96	26,700	127,900	26,300	495	130,200	474	99	25,900	128,200	(36)
98	30,200	153,700	31,100	509	158,300	475	98	29,700	151,200	30,100	519	156,200	483	100	28,900	150,000	(37)
99	13,800	69,700	14,300	501	71,600	484	98	13,800	69,100	14,200	504	71,600	486	99	13,600	68,500	(38)
101	4,850	24,300	4,700	472	22,200	448	94	4,700	22,200	4,620	490	22,600	476	99	4,620	22,600	(39)
99	35,300	175,400	36,500	477	174,100	455	95	34,800	166,000	35,800	491	175,800	468	98	34,100	167,400	(40)
100	8,450	43,500	8,480	482	40,900	462	92	8,430	40,600	8,440	512	43,200	502	100	8,400	43,000	(41)
99	6,360	31,400	6,250	462	28,900	446	92	6,250	28,900	6,100	497	30,300	484	100	6,100	30,300	(42)
100	12,600	64,800	12,900	512	66,000	497	100	12,800	65,500	12,600	505	63,600	485	98	12,400	62,600	(43)
99	16,900	85,500	17,100	511	87,400	476	99	16,800	85,800	16,800	521	87,500	483	100	16,500	86,000	(44)
98	29,300	151,500	29,800	505	150,500	475	95	28,900	145,900	28,800	524	150,900	498	99	27,900	146,200	(45)
95	22,200	110,800	22,600	499	112,800	475	94	22,000	109,800	22,200	522	115,900	502	99	21,700	113,300	(46)
94	18,400	87,200	18,900	386	73,000	350	73	17,800	68,700	18,400	506	93,100	485	101	17,400	88,000	(47)
98	11,000	51,000	11,000	476	52,400	464	100	10,700	50,900	10,300	465	47,900	452	98	9,980	46,400	(48)
98	…	…	4,260	453	19,300	443	98	…	…	3,930	455	17,900	443	98	…	…	(49)
98	…	…	6,710	492	33,000	478	102	…	…	6,400	472	30,200	457	98	…	…	(50)
95	12,000	56,500	11,700	496	58,000	480	100	11,600	57,500	11,300	501	56,600	485	101	11,300	56,600	(51)
94	13,500	63,500	13,400	474	63,500	429	91	13,300	63,000	13,200	510	67,300	489	104	13,200	67,300	(52)
91	11,300	47,500	11,300	433	48,900	417	93	11,200	48,500	11,000	451	49,600	439	98	11,000	49,600	(53)
95	…	…	6,380	454	29,000	442	94	…	…	6,190	475	29,400	463	98	…	…	(54)
87	…	…	4,950	407	20,100	387	93	…	…	4,850	420	20,400	407	98	…	…	(55)
91	34,500	156,600	34,900	416	145,200	365	80	34,400	143,100	34,600	473	163,700	447	98	34,100	161,300	(56)
58	23,700	70,600	23,900	436	104,200	394	81	23,400	102,000	23,300	510	118,800	487	100	22,800	116,300	(57)
94	11,300	51,400	11,100	422	46,800	397	86	11,000	46,400	10,800	470	50,800	460	99	10,800	50,800	(58)
94	32,300	156,000	33,300	470	156,500	428	89	32,300	151,800	32,300	484	156,300	465	97	31,200	151,000	(59)
85	20,400	88,700	20,200	403	81,400	369	77	20,000	80,600	19,600	487	95,500	471	99	19,400	94,500	(60)
94	14,600	67,900	16,000	475	76,000	457	95	14,300	67,900	15,900	489	77,800	480	100	13,900	68,000	(61)
96	…	…	6,140	469	28,800	459	98	…	…	6,070	481	29,200	476	101	…	…	(62)
92	…	…	9,870	479	47,300	457	93	…	…	9,800	495	48,500	483	99	…	…	(63)
94	18,300	83,100	19,300	458	88,400	442	94	17,800	81,500	18,600	479	89,100	468	100	17,100	81,900	(64)
98	…	…	4,450	443	19,700	431	97	…	…	4,380	461	20,200	451	101	…	…	(65)
93	…	…	14,900	462	68,800	444	93	…	…	14,200	485	68,900	474	99	…	…	(66)
96	665	1,960	650	322	2,090	312	104	630	2,030	666	325	2,160	316	105	623	2,020	(67)
92	…	…	479	367	1,760	359	102	…	…	481	355	1,710	349	99	…	…	(68)
116	…	…	171	197	337	174	119	…	…	185	248	459	222	149	…	…	(69)

1　米（続き）

(1)　水陸稲の収穫量及び水稲の作況指数（続き）
ウ　陸稲

全国農業地域・都道府県	平成29年産 作付面積（子実用）	平成29年産 10a当たり収量	平成29年産 収穫量（子実用）	平成29年産 （参考）10a当たり平均収量対比	30 作付面積（子実用）	30 10a当たり収量	30 収穫量（子実用）	30 （参考）10a当たり平均収量対比	作付面積（子実用）
	(1)	(2)	(3)	(4)	(5)	(6)	(7)	(8)	(9)
	ha	kg	t	%	ha	kg	t	%	ha
全国 (1)	**813**	**236**	**1,920**	**106**	**750**	**232**	**1,740**	**100**	**702**
（全国農業地域）									
北海道 (2)	0	x	x	x	…	…	…	…	…
都府県 (3)	813	236	1,920	107	…	…	…	…	…
東北 (4)	2	146	4	73	…	…	…	…	…
北陸 (5)	2	235	4	109	…	…	…	…	…
関東・東山 (6)	805	237	1,910	107	…	…	…	…	…
東海 (7)	1	220	1	110	…	…	…	…	…
近畿 (8)	-	-	-	nc	…	…	…	…	…
中国 (9)	-	-	-	nc	…	…	…	…	…
四国 (10)	-	-	-	nc	…	…	…	…	…
九州 (11)	3	167	5	84	…	…	…	…	…
沖縄 (12)	-	-	-	nc	…	…	…	…	…
（都道府県）									
北海道 (13)	0	x	x	x	…	…	…	…	…
青森 (14)	0	142	1	58	…	…	…	…	…
岩手 (15)	0	183	1	97	…	…	…	…	…
宮城 (16)	-	-	-	-	…	…	…	…	…
秋田 (17)	-	-	-	-	…	…	…	…	…
山形 (18)	-	-	-	-	…	…	…	…	…
福島 (19)	2	124	2	71	…	…	…	…	…
茨城 (20)	580	244	1,420	109	528	246	1,300	105	487
栃木 (21)	191	228	435	100	183	206	377	88	179
群馬 (22)	3	160	5	101	…	…	…	…	…
埼玉 (23)	2	130	2	100	…	…	…	…	…
千葉 (24)	22	153	34	83	…	…	…	…	…
東京 (25)	2	160	3	119	…	…	…	…	…
神奈川 (26)	5	185	9	107	…	…	…	…	…
新潟 (27)	2	235	4	109	…	…	…	…	…
富山 (28)	-	-	-	nc	…	…	…	…	…
石川 (29)	-	-	-	nc	…	…	…	…	…
福井 (30)	-	-	-	nc	…	…	…	…	…
山梨 (31)	-	-	-	nc	…	…	…	…	…
長野 (32)	-	-	-	nc	…	…	…	…	…
岐阜 (33)	-	-	-	nc	…	…	…	…	…
静岡 (34)	1	220	1	105	…	…	…	…	…
愛知 (35)	-	-	-	-	…	…	…	…	…
三重 (36)	-	-	-	-	…	…	…	…	…
滋賀 (37)	-	-	-	nc	…	…	…	…	…
京都 (38)	-	-	-	-	…	…	…	…	…
大阪 (39)	-	-	-	nc	…	…	…	…	…
兵庫 (40)	-	-	-	nc	…	…	…	…	…
奈良 (41)	-	-	-	nc	…	…	…	…	…
和歌山 (42)	-	-	-	nc	…	…	…	…	…
鳥取 (43)	-	-	-	nc	…	…	…	…	…
島根 (44)	-	-	-	nc	…	…	…	…	…
岡山 (45)	-	-	-	nc	…	…	…	…	…
広島 (46)	-	-	-	nc	…	…	…	…	…
山口 (47)	-	-	-	nc	…	…	…	…	…
徳島 (48)	-	-	-	-	…	…	…	…	…
香川 (49)	-	-	-	nc	…	…	…	…	…
愛媛 (50)	-	-	-	nc	…	…	…	…	…
高知 (51)	-	-	-	nc	…	…	…	…	…
福岡 (52)	-	-	-	nc	…	…	…	…	…
佐賀 (53)	-	-	-	nc	…	…	…	…	…
長崎 (54)	-	-	-	-	…	…	…	…	…
熊本 (55)	0	135	0	95	…	…	…	…	…
大分 (56)	-	-	-	-	…	…	…	…	…
宮崎 (57)	1	174	1	87	…	…	…	…	…
鹿児島 (58)	2	181	4	93	…	…	…	…	…
沖縄 (59)	-	-	-	nc	…	…	…	…	…

注：1　主産県調査を実施した年産の全国値については、主産県の調査結果から推計したものである。
　　2　平成29年産以降、作付面積は3年、収穫量は6年ごとに全国調査を実施し、全国調査以外の年にあっては主産県調査を実施することとしている。
　　3　「（参考）10a当たり平均収量対比」とは、10a当たり平均収量（原則として直近7か年のうち、最高及び最低を除いた5か年の平均値）に対する当年産の10a当たり収量の比率である。

令和元			2				3				
10 a 当たり収量	収穫量（子実用）	（参考）10 a 当たり平均収量対比	作付面積（子実用）	10 a 当たり収量	収穫量（子実用）	（参考）10 a 当たり平均収量対比	作付面積（子実用）	10 a 当たり収量	収穫量（子実用）	（参考）10 a 当たり平均収量対比	
(10)	(11)	(12)	(13)	(14)	(15)	(16)	(17)	(18)	(19)	(20)	
kg	t	%	ha	kg	t	%	ha	kg	t	%	
228	**1,600**	**97**	**636**	**236**	**1,500**	**100**	**553**	**230**	**1,270**	**99**	(1)
…	…	…	0	…	…	nc	…	…	…	nc	(2)
…	…	…	636	…	…	nc	…	…	…	nc	(3)
…	…	…	1	…	…	nc	…	…	…	nc	(4)
…	…	…	x	…	…	nc	…	…	…	nc	(5)
…	…	…	x	…	…	nc	…	…	…	nc	(6)
…	…	…	0	…	…	nc	…	…	…	nc	(7)
…	…	…	–	–	–	nc	…	…	…	nc	(8)
…	…	…	–	–	–	nc	…	…	…	nc	(9)
…	…	…	–	–	–	nc	…	…	…	nc	(10)
…	…	…	0	…	…	nc	…	…	…	nc	(11)
…	…	…	–	–	–	nc	…	…	…	nc	(12)
…	…	…	0	…	…	nc	…	…	…	nc	(13)
…	…	…	0	…	…	nc	…	…	…	nc	(14)
…	…	…	0	…	…	nc	…	…	…	nc	(15)
…	…	…	–	–	–	nc	…	…	…	nc	(16)
…	…	…	–	–	–	–	…	…	…	nc	(17)
…	…	…	–	–	–	–	…	…	…	nc	(18)
…	…	…	1	…	…	nc	…	…	…	nc	(19)
240	1,170	101	447	245	1,100	101	402	241	969	100	(20)
211	378	91	165	211	348	91	130	199	259	88	(21)
…	…	…	x	…	…	nc	…	…	…	nc	(22)
…	…	…	0	…	…	nc	…	…	…	nc	(23)
…	…	…	19	…	…	nc	…	…	…	nc	(24)
…	…	…	1	…	…	nc	…	…	…	nc	(25)
…	…	…	x	…	…	nc	…	…	…	nc	(26)
…	…	…	x	…	…	nc	…	…	…	nc	(27)
…	…	…	–	–	–	nc	…	…	…	nc	(28)
…	…	…	x	…	…	nc	…	…	…	nc	(29)
…	…	…	–	–	–	nc	…	…	…	nc	(30)
…	…	…	–	–	–	nc	…	…	…	nc	(31)
…	…	…	–	–	–	nc	…	…	…	nc	(32)
…	…	…	–	–	–	nc	…	…	…	nc	(33)
…	…	…	0	…	…	nc	…	…	…	nc	(34)
…	…	…	–	–	–	nc	…	…	…	nc	(35)
…	…	…	–	–	–	–	…	…	…	nc	(36)
…	…	…	–	–	–	nc	…	…	…	nc	(37)
…	…	…	–	–	–	nc	…	…	…	nc	(38)
…	…	…	–	–	–	nc	…	…	…	nc	(39)
…	…	…	–	–	–	nc	…	…	…	nc	(40)
…	…	…	–	–	–	nc	…	…	…	nc	(41)
…	…	…	–	–	–	nc	…	…	…	nc	(42)
…	…	…	–	–	–	nc	…	…	…	nc	(43)
…	…	…	–	–	–	nc	…	…	…	nc	(44)
…	…	…	–	–	–	nc	…	…	…	nc	(45)
…	…	…	–	–	–	nc	…	…	…	nc	(46)
…	…	…	–	–	–	nc	…	…	…	nc	(47)
…	…	…	–	–	–	nc	…	…	…	nc	(48)
…	…	…	–	–	–	nc	…	…	…	nc	(49)
…	…	…	–	–	–	nc	…	…	…	nc	(50)
…	…	…	–	–	–	nc	…	…	…	nc	(51)
…	…	…	–	–	–	nc	…	…	…	nc	(52)
…	…	…	–	–	–	nc	…	…	…	nc	(53)
…	…	…	–	–	–	–	…	…	…	nc	(54)
…	…	…	–	–	–	–	…	…	…	nc	(55)
…	…	…	–	–	–	–	…	…	…	nc	(56)
…	…	…	0	…	…	nc	…	…	…	nc	(57)
…	…	…	–	–	–	–	…	…	…	nc	(58)
…	…	…	–	–	–	nc	…	…	…	nc	(59)

1 米（続き）

(2) 水稲の10ａ当たり平年収量

単位：kg

全国農業地域・都道府県	平成29年産	農家等使用ふるい目幅ベース	30	農家等使用ふるい目幅ベース	令和元	農家等使用ふるい目幅ベース	2	農家等使用ふるい目幅ベース	3	農家等使用ふるい目幅ベース
	(1)	(2)	(3)	(4)	(5)	(6)	(7)	(8)	(9)	(10)
全国	**532**	**518**	**532**	**519**	**533**	**519**	**535**	**512**	**535**	**512**
(全国農業地域)										
北海道	546	530	548	532	548	532	550	524	552	526
都府県	531	518	531	518	532	518	533	511	534	511
東北	561	546	562	546	563	547	566	540	568	540
北陸	536	521	537	521	538	522	538	519	540	520
関東・東山	536	525	536	525	537	526	537	520	538	520
東海	503	494	503	494	503	493	502	487	502	487
近畿	508	496	509	497	509	497	508	484	508	484
中国	516	505	517	506	518	507	518	495	519	496
四国	483	478	482	477	483	478	482	465	482	464
九州	501	484	500	484	501	484	501	474	501	473
沖縄	309	305	309	306	309	306	309	299	309	300
(都道府県)										
北海道	546	530	548	532	548	532	550	524	552	526
青森	589	573	590	573	592	575	597	570	602	574
岩手	535	522	536	522	537	522	539	514	540	514
宮城	533	519	534	520	536	522	540	515	541	514
秋田	573	556	573	554	573	554	575	541	577	543
山形	595	580	596	580	596	580	598	568	598	568
福島	543	527	544	528	545	529	550	533	551	533
茨城	524	515	524	515	524	515	524	505	525	505
栃木	540	529	540	528	540	529	540	515	540	516
群馬	495	479	495	479	498	482	498	482	498	482
埼玉	490	475	490	476	490	476	492	477	492	477
千葉	538	528	540	530	542	532	544	534	544	534
東京	414	404	414	404	414	404	414	403	414	403
神奈川	493	478	494	479	494	478	494	477	494	477
新潟	543	527	543	527	544	528	544	527	546	529
富山	540	527	540	527	542	528	544	519	546	520
石川	520	507	520	506	520	506	523	509	523	509
福井	519	500	519	500	519	499	519	486	519	485
山梨	547	533	547	533	547	533	547	532	547	532
長野	619	607	619	607	619	607	619	598	619	598
岐阜	488	478	488	478	488	478	486	476	485	475
静岡	521	513	521	513	521	513	520	511	520	511
愛知	507	499	507	499	507	499	507	491	507	491
三重	500	489	500	489	500	489	500	479	500	479
滋賀	518	506	518	506	518	506	518	483	518	483
京都	511	502	511	501	511	501	511	494	510	493
大阪	495	480	495	480	495	480	495	479	495	479
兵庫	502	489	502	490	502	489	502	477	501	477
奈良	513	500	513	500	513	500	513	500	513	500
和歌山	495	484	495	484	497	486	497	486	497	486
鳥取	514	504	514	504	514	504	514	495	514	495
島根	509	500	511	502	511	502	511	483	511	483
岡山	526	514	526	514	526	514	526	501	526	501
広島	523	513	523	513	526	515	528	508	528	509
山口	504	492	504	492	504	492	504	481	504	480
徳島	474	469	474	469	474	469	474	462	474	462
早期栽培	463	459	463	459	463	459	463	453	463	453
普通栽培	480	475	480	475	480	475	481	467	481	467
香川	496	490	496	491	496	491	496	478	496	478
愛媛	498	492	498	493	498	492	498	469	498	469
高知	458	454	458	454	458	454	456	447	456	446
早期栽培	480	477	480	475	480	476	479	472	479	471
普通栽培	431	426	431	425	430	425	426	415	427	414
福岡	496	477	496	478	496	477	496	459	496	457
佐賀	519	503	519	503	519	503	519	488	519	487
長崎	480	463	480	463	482	464	482	464	482	463
熊本	513	497	513	497	513	497	513	480	513	479
大分	502	480	502	480	502	480	499	477	499	476
宮崎	496	482	496	482	496	482	496	482	496	482
早期栽培	479	470	478	469	478	470	478	470	478	470
普通栽培	508	490	507	490	508	490	508	490	508	490
鹿児島	482	469	482	469	482	468	484	470	485	470
早期栽培	444	434	444	435	445	435	453	443	457	446
普通栽培	493	478	493	479	493	478	493	478	494	477
沖縄	309	305	309	306	309	306	309	299	309	300
第一期稲	366	363	360	358	361	359	358	351	360	354
第二期稲	166	160	165	160	164	159	165	146	166	149

1 米（続き）

(3) 水稲の耕種期日（最盛期）一覧表（都道府県別）

都道府県	田植期						出		
	平成29年産	30	令和元	2	3	対平年差	平成29年産	30	令和元
	(1)	(2)	(3)	(4)	(5)	(6)	(7)	(8)	(9)
北海道 (1)	5.24	5.23	5.23	5.23	5.23	△ 1	7.31	8. 2	7.29
青森 (2)	5.20	5.21	5.20	5.19	5.20	△ 1	8. 6	8. 5	8. 4
岩手 (3)	5.17	5.17	5.17	5.17	5.17	0	8. 6	8. 3	8. 4
宮城 (4)	5.11	5.11	5.11	5.12	5.11	△ 1	8. 1	7.31	8. 2
秋田 (5)	5.22	5.23	5.22	5.23	5.22	△ 1	8. 6	8. 3	8. 2
山形 (6)	5.18	5.19	5.18	5.19	5.19	0	8. 7	8. 3	8. 4
福島 (7)	5.17	5.17	5.16	5.16	5.16	△ 1	8. 9	8. 5	8. 9
茨城 (8)	5. 5	5. 5	5. 6	5. 7	5. 7	1	7.27	7.26	8. 1
栃木 (9)	5. 6	5. 6	5. 8	5. 7	5. 7	0	7.28	7.26	8. 2
群馬 (10)	6.14	6.13	6.14	6.15	6.14	0	8.19	8.16	8.21
埼玉 (11)	5.22	5.21	5.23	5.22	5.22	0	8. 8	8. 7	8.12
千葉 (12)	4.29	4.27	4.29	4.28	4.25	△ 3	7.22	7.20	7.26
東京 (13)	6.11	6.10	6. 9	6.10	6. 9	△ 2	8.13	8. 9	8.15
神奈川 (14)	6. 2	6. 2	6. 1	6. 2	5.30	△ 3	8.11	8. 9	8.13
新潟 (15)	5.10	5.10	5.10	5.11	5.11	1	8. 6	8. 3	8. 3
富山 (16)	5.12	5.12	5.11	5.11	5.12	0	8. 2	7.30	8. 1
石川 (17)	5. 5	5. 4	5. 5	5. 5	5. 5	0	7.29	7.27	7.29
福井 (18)	5.14	5.15	5.16	5.16	5.15	△ 1	7.30	7.27	8. 2
山梨 (19)	5.28	5.28	5.29	5.27	5.27	△ 1	8. 9	8. 6	8.10
長野 (20)	5.22	5.22	5.22	5.22	5.22	0	8. 5	8. 3	8. 8
岐阜 (21)	5.28	5.28	5.28	5.28	5.28	0	8.20	8.18	8.21
静岡 (22)	5.19	5.19	5.21	5.19	5.20	0	8. 5	8. 5	8. 9
愛知 (23)	5.23	5.23	5.24	5.24	5.24	0	8.17	8.16	8,19
三重 (24)	5. 1	4.30	5. 1	4.30	5. 1	0	7.23	7.20	7.27
滋賀 (25)	5. 9	5. 8	5.10	5.11	5.10	0	7.29	7.28	7.31
京都 (26)	5.21	5.22	5.24	5.23	5.23	0	8. 1	7.31	8. 1
大阪 (27)	6. 8	6. 8	6. 8	6. 8	6. 8	0	8.23	8.22	8.22
兵庫 (28)	6. 3	6. 3	6. 3	6. 4	6. 4	0	8. 9	8. 8	8.11
奈良 (29)	6. 8	6. 8	6. 8	6. 7	6. 8	0	8.23	8.23	8.23
和歌山 (30)	6. 4	6. 3	6. 4	6. 6	6. 5	1	8. 7	8. 5	8. 8
鳥取 (31)	5.24	5.26	5.24	5.24	5.23	△ 2	8. 2	8. 5	8. 8
島根 (32)	5.15	5.16	5.16	5.12	5.11	△ 4	7.27	7.26	8. 1
岡山 (33)	6. 7	6. 7	6. 8	6. 8	6. 6	△ 2	8.18	8.18	8.21
広島 (34)	5.18	5.18	5.18	5.18	5.19	1	8. 5	8. 4	8. 8
山口 (35)	6. 2	6. 1	6. 1	6. 1	5.31	△ 2	8. 7	8. 7	8. 9
徳島									
早期栽培 (36)	4.16	4.16	4.15	4.14	4.14	△ 2	7.13	7.13	7.16
普通栽培 (37)	5.23	5.23	5.22	5.21	5.21	△ 2	7.30	7.30	7.31
香川 (38)	6.15	6.15	6.14	6.14	6.14	△ 1	8.19	8.20	8.22
愛媛 (39)	6. 1	6. 1	6. 3	6. 2	6. 3	1	8.12	8.12	8.14
高知									
早期栽培 (40)	4.13	4.11	4.11	4.11	4.11	△ 1	7. 1	7. 1	7. 3
普通栽培 (41)	5.27	5.27	5.26	5.25	5.28	2	8.17	8.18	8.18
福岡 (42)	6.17	6.16	6.17	6.16	6.16	△ 1	8.21	8.21	8.23
佐賀 (43)	6.19	6.19	6.20	6.20	6.19	△ 1	8.26	8.27	8.30
長崎 (44)	6.16	6.13	6.15	6.14	6.14	△ 1	8.24	8.25	8.27
熊本 (45)	6.14	6.14	6.15	6.14	6.14	△ 1	8.21	8.20	8.23
大分 (46)	6.13	6.12	6.13	6.13	6.13	0	8.23	8.24	8.28
宮崎									
早期栽培 (47)	3.26	3.25	3.25	3.25	3.25	△ 1	6.28	6.22	6.24
普通栽培 (48)	6.15	6.15	6.15	6.14	6.15	0	8.24	8.24	8.25
鹿児島									
早期栽培 (49)	4. 4	4. 3	4. 4	4. 2	4. 2	△ 2	6.29	6.22	6.26
普通栽培 (50)	6.22	6.20	6.20	6.20	6.20	△ 1	8.24	8.25	8.28
沖縄									
第一期稲 (51)	3.12	3. 8	3. 3	3. 2	3.11	5	5.25	5.21	5.19
第二期稲 (52)	8.18	8.13	8.17	8.15	8.16	△ 1	10. 6	10. 5	10. 8

注：1 最盛期とは、各期の面積割合が50%に達した期日である。
2 「対平年差」の「△」は、平年（過去5か年の平均値）より早いことを示している。

単位：月日

穂期			刈取期						
2	3	対平年差	平成29年産	30	令和元	2	3	対平年差	
(10)	(11)	(12)	(13)	(14)	(15)	(16)	(17)	(18)	
7.31	7.25	△ 7	10. 2	10. 4	9.29	9.27	9.22	△ 8	(1)
8. 5	7.30	△ 6	10. 8	10. 7	9.30	10. 2	9.28	△ 6	(2)
8. 6	7.31	△ 5	10.10	10. 7	10 .3	10 .3	9.29	△ 7	(3)
8. 6	7.30	△ 4	10. 5	10. 3	9.28	9.29	9.28	△ 4	(4)
8. 3	7.31	△ 4	10. 8	10. 3	9.30	9.29	9.26	△ 7	(5)
8. 6	8. 2	△ 4	10. 6	10. 4	9.30	9.30	9.29	△ 4	(6)
8. 9	8. 7	△ 2	10.12	10. 9	10. 8	10. 9	10. 8	△ 2	(7)
8. 2	7.28	△ 2	9.13	9.11	9.14	9.13	9.13	0	(8)
8. 4	7.30	△ 1	9.22	9.21	9.22	9.22	9.24	1	(9)
8.21	8.21	1	10.23	10.20	10.21	10.20	10.23	2	(10)
8.12	8. 9	△ 1	9.24	9.24	9.24	9.25	9.28	3	(11)
7.21	7.20	△ 3	9. 3	8.31	9. 5	9. 1	9. 2	△ 1	(12)
8.14	8.12	△ 2	10. 6	10. 4	10. 5	10. 4	10. 4	△ 1	(13)
8.11	8.10	△ 2	10. 1	10. 3	9.30	9.29	9.29	△ 3	(14)
8. 6	8. 4	△ 1	9.21	9.22	9.19	9.19	9.18	△ 2	(15)
8. 5	8. 2	0	9.14	9.19	9.11	9.16	9.15	0	(16)
7.30	7.28	△ 1	9.12	9. 9	9.11	9.10	9.11	1	(17)
8. 4	8. 1	0	9. 9	9. 9	9.11	9.11	9.12	2	(18)
8.11	8. 8	△ 1	9.29	10. 4	10. 3	10. 2	10. 5	2	(19)
8. 9	8. 6	△ 1	9.29	9.30	9.29	9.29	10. 1	1	(20)
8.21	8.21	1	10. 4	10. 3	10. 2	10. 1	10. 3	0	(21)
8. 7	8. 6	△ 1	9.19	9.22	9.21	9.21	9.22	1	(22)
8,20	8.19	1	10. 5	10. 5	10. 6	10. 5	10. 8	2	(23)
7.22	7.22	△ 1	9. 2	8.31	9. 5	9. 4	9. 3	1	(24)
8. 2	7.30	△ 1	9.13	9.12	9.16	9.16	9.15	1	(25)
8. 2	7.31	△ 2	9.23	9.28	9.25	9.22	9.23	△ 1	(26)
8.22	8.24	1	10.11	10.13	10.14	10. 7	10.11	△ 1	(27)
8.13	8. 9	△ 2	10. 1	10. 1	9.30	9.29	9.28	△ 2	(28)
8.23	8.24	0	10.14	10.15	10.13	10.11	10.14	0	(29)
8. 6	8. 5	△ 2	9.18	9.18	9.18	9.17	9.20	2	(30)
8. 9	8. 8	2	9.22	9.27	9.30	9.28	10. 1	4	(31)
8. 3	7.30	0	9.18	9.19	9.17	9.17	9.20	2	(32)
8.21	8.23	3	10. 9	10.11	10. 9	10. 6	10.10	1	(33)
8. 9	8. 6	△ 1	9.24	9.26	9.28	9.26	9.26	△ 1	(34)
8.12	8.11	2	9.24	9.23	9.23	9.18	9.24	1	(35)
7.13	7.16	2	8.20	8.20	8.25	8.22	8.30	8	(36)
7.31	7.31	0	9. 9	9. 9	9.13	9. 7	9.12	3	(37)
8.20	8.24	3	10. 1	10. 3	10. 2	10. 1	10. 3	1	(38)
8.13	8.15	2	9.22	9.24	9.25	9.23	9.25	2	(39)
7. 2	7. 1	△ 1	8. 8	8. 5	8.10	8. 8	8. 7	△ 1	(40)
8.17	8.19	1	10. 7	10.11	10. 3	10. 2	10. 2	△ 5	(41)
8.23	8.20	△ 2	10. 3	10. 3	10. 5	9.30	10. 2	△ 1	(42)
8.30	8.27	△ 1	10.10	10.10	10.11	10. 9	10. 9	△ 2	(43)
8.26	8.24	△ 2	10.13	10.12	10.13	10.12	10.10	△ 3	(44)
8.22	8.22	0	10. 9	10.10	10.11	10. 8	10. 8	△ 2	(45)
8.24	8.27	2	10.20	10.18	10.14	10.14	10.17	0	(46)
6.24	6.25	1	8. 1	7.28	8. 1	8. 3	8. 2	2	(47)
8.23	8.26	2	10.12	10.14	10.11	10.12	10.14	1	(48)
6.26	6.24	△ 1	8. 6	8. 1	8. 7	8. 9	8. 5	0	(49)
8.24	8.28	3	10.20	10.17	10.17	10.17	10.16	△ 1	(50)
5.21	5.20	△ 2	6.29	6.20	6.22	6.22	6.22	△ 2	(51)
10.11	10.10	4	11.12	11. 9	11.22	11.12	11.15	2	(52)

1 米（続き）

(4) 水稲の収量構成要素（水稲作況標本筆調査成績）

ア 1㎡当たり株数　　イ 1株当たり有効穂数

全国農業地域・都道府県	ア 1㎡当たり株数（単位：株）					イ 1株当たり有効穂数（単位：本）				
	平成29年産	30	令和元	2	3	平成29年産	30	令和元	2	3
	(1)	(2)	(3)	(4)	(5)	(1)	(2)	(3)	(4)	(5)
全国	**17.3**	**17.3**	**17.2**	**17.2**	**17.1**	**23.6**	**22.9**	**23.9**	**23.1**	**23.4**
（全国農業地域）										
北海道	22.0	22.2	21.9	21.9	21.8	24.5	22.5	27.4	24.6	26.3
都府県	17.0	16.9	16.9	16.9	16.8	23.5	23.0	23.5	22.9	23.0
東北	18.3	18.2	18.1	18.2	18.0	23.9	23.1	25.4	24.7	24.3
北陸	17.3	17.5	17.5	17.5	17.3	22.1	21.1	22.5	21.6	21.6
関東・東山	16.6	16.5	16.3	16.4	16.4	23.4	23.5	23.6	22.7	23.3
東海	16.5	16.3	16.4	16.4	16.3	23.2	22.7	22.3	21.4	21.9
近畿	16.2	15.9	16.1	16.0	16.0	22.5	22.1	21.7	21.1	21.5
中国	16.0	15.8	15.9	15.7	15.6	23.4	22.3	22.5	22.2	22.6
四国	15.2	15.2	15.0	15.0	14.9	24.8	24.1	23.9	24.0	24.0
九州	16.2	16.1	16.0	16.1	16.0	24.7	24.8	22.4	22.0	23.1
沖縄	…	…	…	…	…	…	…	…	…	…
（都道府県）										
北海道	22.0	22.2	21.9	21.9	21.8	24.5	22.5	27.4	24.6	26.3
青森	19.5	19.4	19.6	19.6	19.3	21.6	20.9	23.2	22.6	22.5
岩手	17.5	17.3	17.4	17.4	17.5	25.1	23.8	26.3	25.9	24.6
宮城	17.1	16.9	16.8	17.2	17.0	26.9	26.2	27.6	26.0	25.7
秋田	19.0	18.8	18.9	18.8	18.4	22.5	21.4	23.9	23.7	23.6
山形	19.3	19.3	19.3	19.3	19.5	24.5	24.0	26.9	26.4	25.2
福島	17.1	17.3	16.8	16.8	16.7	23.7	22.9	24.6	24.0	23.7
茨城	16.1	15.8	15.6	15.7	15.9	24.3	24.7	24.9	24.1	24.2
栃木	17.1	17.0	17.0	17.1	17.0	21.6	22.0	21.6	20.8	21.4
群馬	17.0	16.5	16.7	16.5	16.6	21.5	23.0	21.0	20.5	22.0
埼玉	16.4	16.2	15.9	16.1	16.1	23.4	24.0	23.1	22.8	24.3
千葉	16.0	16.0	15.7	15.9	15.7	24.6	24.9	25.4	24.2	24.8
東京	…	…	…	…	…	…	…	…	…	…
神奈川	17.0	17.0	16.8	16.9	16.4	21.2	19.7	18.2	18.5	20.3
新潟	16.7	16.9	17.0	16.8	16.5	22.4	21.2	23.0	22.1	22.5
富山	19.1	19.2	18.9	19.7	19.3	20.1	19.3	20.4	19.1	18.9
石川	17.4	17.9	17.8	17.9	17.6	22.4	21.9	22.4	21.7	21.3
福井	17.6	17.7	17.3	17.5	17.5	23.4	22.8	23.4	22.9	22.8
山梨	17.0	16.5	16.5	16.6	16.7	23.9	22.8	22.9	22.7	22.7
長野	18.1	18.0	17.7	17.7	17.5	23.1	22.6	23.6	22.6	23.0
岐阜	15.9	15.7	15.7	15.6	15.6	22.9	22.7	22.5	21.9	22.0
静岡	17.4	17.2	16.9	17.2	16.9	22.2	20.8	21.7	20.4	21.1
愛知	16.9	16.8	17.1	16.8	16.9	23.0	22.6	22.0	21.3	21.8
三重	16.1	15.8	16.0	16.1	16.0	24.0	23.9	22.9	21.9	22.4
滋賀	16.5	16.0	16.6	16.8	17.0	23.5	23.3	22.2	21.3	21.3
京都	16.5	16.4	16.4	16.5	16.1	21.4	20.3	20.7	20.2	21.2
大阪	15.8	15.1	15.0	15.0	15.3	23.5	23.8	23.9	23.3	22.3
兵庫	16.0	15.8	15.9	15.4	15.6	21.5	21.3	21.1	20.6	21.2
奈良	15.4	15.7	15.9	15.6	15.0	24.2	23.1	22.3	22.1	23.3
和歌山	16.0	16.0	15.8	15.6	15.6	23.6	22.6	22.2	21.5	21.6
鳥取	16.3	16.3	16.1	16.1	16.1	23.4	21.1	22.2	22.6	21.4
島根	16.2	16.3	16.3	16.4	16.0	22.7	20.6	21.2	21.2	22.1
岡山	15.5	15.2	15.5	15.1	15.1	23.6	23.4	22.1	22.5	23.0
広島	15.9	15.5	15.4	15.1	15.0	24.0	22.8	24.6	23.0	23.9
山口	16.3	16.4	16.4	16.3	16.3	23.1	22.3	22.1	21.3	22.1
徳島	16.0	15.6	15.5	15.2	15.0	24.6	23.7	24.3	24.6	24.3
香川	15.8	15.6	15.1	15.4	15.5	23.7	23.9	23.3	23.2	24.1
愛媛	14.7	15.0	14.8	15.0	14.9	24.6	24.8	23.7	23.8	23.5
高知	14.5	14.5	14.5	14.3	14.2	26.3	24.0	24.8	24.7	24.2
福岡	16.2	16.3	16.1	16.3	16.1	24.0	24.4	21.5	21.0	22.7
佐賀	16.8	16.6	16.5	16.5	16.4	25.3	26.4	22.2	22.0	23.4
長崎	16.4	16.0	16.1	16.3	16.0	24.3	25.1	22.0	20.7	22.2
熊本	15.2	15.2	15.2	15.3	15.2	27.1	26.6	24.9	24.2	25.3
大分	15.2	14.8	15.0	15.0	14.8	24.2	25.4	22.3	22.3	23.0
宮崎	16.4	16.4	16.4	16.3	16.2	24.9	24.0	22.7	23.2	22.8
鹿児島	17.5	17.6	17.4	17.4	17.7	22.6	21.6	20.4	20.2	21.2
沖縄	…	…	…	…	…	…	…	…	…	…

注：1　徳島県、高知県、宮崎県及び鹿児島県については作期別（早期栽培・普通期栽培）の平均値である。
　　2　東京都及び沖縄県については、水稲作況標本筆を設置していないことから「…」で示した。
　　3　千もみ当たり収量、玄米千粒重及び10ａ当たり玄米重は、1.70㎜のふるい目幅で選別された玄米の重量である。

ウ　1㎡当たり有効穂数

単位：本

全国農業地域・都道府県	平成29年産	30	令和元	2	3
	(1)	(2)	(3)	(4)	(5)
全国	**409**	**396**	**411**	**397**	**400**
(全国農業地域)					
北海道	538	500	599	538	574
都府県	399	388	397	387	387
東北	438	421	460	450	438
北陸	382	370	393	378	374
関東・東山	388	388	384	373	382
東海	382	370	366	351	357
近畿	364	352	350	337	344
中国	374	352	357	348	353
四国	377	366	359	360	357
九州	400	400	359	355	370
沖縄	…	…	…	…	…
(都道府県)					
北海道	538	500	599	538	574
青森	421	405	455	442	435
岩手	440	412	457	450	430
宮城	460	443	464	448	437
秋田	427	403	451	445	434
山形	473	464	520	509	491
福島	405	396	414	404	396
茨城	391	390	389	378	384
栃木	369	374	367	356	364
群馬	366	379	350	338	365
埼玉	384	389	368	367	391
千葉	394	398	398	384	390
東京	…	…	…	…	…
神奈川	360	335	305	312	333
新潟	374	358	391	372	371
富山	384	371	386	377	365
石川	389	392	398	388	374
福井	412	403	404	400	399
山梨	407	376	378	377	379
長野	419	406	418	400	402
岐阜	364	356	353	341	343
静岡	387	358	367	351	356
愛知	388	380	376	358	368
三重	387	377	367	352	359
滋賀	387	373	369	357	362
京都	353	333	339	334	341
大阪	372	360	358	349	341
兵庫	344	337	335	317	330
奈良	372	362	355	344	349
和歌山	378	361	351	335	337
鳥取	382	344	357	364	344
島根	368	335	346	347	354
岡山	366	356	343	340	348
広島	381	353	379	348	359
山口	376	366	363	348	361
徳島	394	370	377	374	365
香川	375	373	352	357	373
愛媛	361	372	351	357	350
高知	381	348	360	353	343
福岡	389	398	346	342	365
佐賀	425	438	367	363	383
長崎	399	402	354	338	355
熊本	412	405	378	371	384
大分	368	376	335	334	341
宮崎	409	393	373	378	370
鹿児島	395	380	355	352	375
沖縄	…	…	…	…	…

エ　1穂当たりもみ数

単位：粒

全国農業地域・都道府県	平成29年産	30	令和元	2	3
	(1)	(2)	(3)	(4)	(5)
全国	**73.6**	**75.5**	**73.7**	**76.8**	**76.0**
(全国農業地域)					
北海道	63.2	61.6	58.1	64.5	61.7
都府県	74.7	76.8	75.6	78.0	77.5
東北	71.9	72.9	69.6	71.8	72.4
北陸	73.8	78.1	76.3	79.9	79.1
関東・東山	78.4	79.9	80.5	82.8	82.7
東海	72.8	76.2	76.8	78.6	77.9
近畿	78.3	80.1	80.3	83.1	82.3
中国	75.9	80.4	78.7	81.6	82.2
四国	74.0	76.2	76.6	78.6	79.3
九州	75.0	76.8	77.7	80.8	75.4
沖縄	…	…	…	…	…
(都道府県)					
北海道	63.2	61.6	58.1	64.5	61.7
青森	83.8	84.9	77.4	81.2	78.9
岩手	66.1	69.2	65.2	67.1	69.5
宮城	66.1	67.5	65.5	67.9	69.6
秋田	75.2	74.2	71.8	73.3	74.0
山形	67.4	68.3	64.4	66.8	67.6
福島	75.8	77.8	75.4	77.0	77.5
茨城	77.0	79.2	80.2	81.0	81.8
栃木	81.0	82.4	85.0	87.6	87.9
群馬	82.0	80.5	81.4	85.2	80.0
埼玉	75.3	74.3	79.3	80.9	78.3
千葉	77.7	80.2	77.4	81.5	80.8
東京	…	…	…	…	…
神奈川	82.8	80.3	81.6	83.3	83.2
新潟	74.6	80.7	77.7	83.3	80.9
富山	74.2	77.4	75.9	76.7	79.2
石川	73.5	74.5	73.6	74.0	76.5
福井	69.9	72.7	73.0	73.5	73.7
山梨	75.2	79.0	79.1	78.0	78.6
長野	79.2	80.3	81.1	83.0	84.8
岐阜	73.6	75.0	75.4	77.4	76.4
静岡	73.9	77.7	82.0	82.1	79.2
愛知	73.5	76.1	75.0	77.9	77.4
三重	71.3	76.9	76.8	78.7	78.6
滋賀	78.0	79.6	79.7	81.5	81.5
京都	79.0	82.6	81.1	84.1	81.8
大阪	79.3	80.0	80.7	82.8	84.8
兵庫	77.6	79.5	79.7	83.9	81.8
奈良	80.9	80.9	82.5	86.0	84.5
和歌山	76.2	78.9	80.9	81.5	84.0
鳥取	72.8	77.6	79.0	75.8	79.4
島根	76.4	85.1	82.1	84.1	83.3
岡山	78.7	80.6	81.3	84.1	84.8
広島	74.5	79.9	75.2	81.9	80.2
山口	75.8	78.7	76.6	79.9	81.4
徳島	72.6	75.9	75.9	77.3	80.0
香川	73.3	75.9	75.6	80.4	78.6
愛媛	78.7	79.3	80.1	81.8	82.0
高知	70.6	73.0	73.6	74.8	75.5
福岡	76.6	78.9	79.5	81.6	75.9
佐賀	75.1	73.7	76.8	79.3	75.2
長崎	73.9	75.6	79.4	80.5	74.6
熊本	73.8	78.3	77.0	82.5	73.4
大分	81.5	80.9	83.3	85.3	83.9
宮崎	69.4	73.5	72.9	77.0	74.9
鹿児島	72.4	72.6	74.4	78.4	70.9
沖縄	…	…	…	…	…

1　米（続き）

(4)　水稲の収量構成要素（水稲作況標本筆調査成績）（続き）

オ　1㎡当たり全もみ数（単位：百粒）　　カ　千もみ当たり収量（単位：g）

全国農業地域・都道府県	オ 1㎡当たり全もみ数（単位：百粒）					カ 千もみ当たり収量（単位：g）				
	平成29年産 (1)	30 (2)	令和元 (3)	2 (4)	3 (5)	平成29年産 (1)	30 (2)	令和元 (3)	2 (4)	3 (5)
全国	**301**	**299**	**303**	**305**	**304**	**18.1**	**18.1**	**17.9**	**17.9**	**18.1**
（全国農業地域）										
北海道	340	308	348	347	354	17.1	16.7	16.9	17.2	17.4
都府県	298	298	300	302	300	18.3	18.2	18.0	17.9	18.2
東北	315	307	320	323	317	18.3	18.7	18.8	18.5	18.7
北陸	282	289	300	302	296	19.2	18.9	18.4	18.7	18.3
関東・東山	304	310	309	309	316	17.9	17.7	17.2	17.7	17.6
東海	278	282	281	276	278	18.3	18.0	17.9	17.9	18.2
近畿	285	282	281	280	283	18.2	18.1	18.2	17.8	18.1
中国	284	283	281	284	290	19.1	18.8	18.3	17.6	18.3
四国	279	279	275	283	283	17.8	17.4	17.0	17.0	17.5
九州	300	307	279	287	279	17.4	17.0	16.8	15.9	17.8
沖縄	…	…	…	…	…	…	…	…	…	…
（都道府県）										
北海道	340	308	348	347	354	17.1	16.7	16.9	17.2	17.4
青森	353	344	352	359	343	17.3	17.7	18.4	17.9	18.3
岩手	291	285	298	302	299	18.7	19.4	19.0	18.7	18.9
宮城	304	299	304	304	304	18.0	18.8	18.5	18.6	18.4
秋田	321	299	324	326	321	18.3	19.1	18.9	18.8	18.8
山形	319	317	335	340	332	19.2	18.7	19.1	18.7	19.2
福島	307	308	312	311	307	18.3	18.6	18.6	18.5	18.4
茨城	301	309	312	306	314	17.8	17.3	16.5	17.7	17.7
栃木	299	308	312	312	320	17.4	18.2	17.2	17.6	17.5
群馬	300	305	285	288	292	17.0	17.0	17.3	17.5	17.2
埼玉	289	289	292	297	306	17.4	17.1	16.8	17.4	16.9
千葉	306	319	308	313	315	18.1	17.3	17.3	17.5	17.8
東京	…	…	…	…	…	…	…	…	…	…
神奈川	298	269	249	260	277	17.3	18.6	19.2	18.5	18.0
新潟	279	289	304	310	300	19.3	18.8	18.3	18.6	18.1
富山	285	287	293	289	289	19.6	19.7	19.3	19.7	19.5
石川	286	292	293	287	286	18.5	18.2	18.5	18.8	18.8
福井	288	293	295	294	294	18.6	18.5	18.1	18.0	17.9
山梨	306	297	299	294	298	18.2	18.5	18.3	18.2	18.1
長野	332	326	339	332	341	19.3	19.3	18.6	18.6	18.0
岐阜	268	267	266	264	262	18.6	18.3	18.5	18.2	18.7
静岡	286	278	301	288	282	18.5	18.6	17.6	17.1	18.4
愛知	285	289	282	279	285	18.3	17.7	18.1	18.0	17.8
三重	276	290	282	277	282	17.7	17.7	17.5	17.8	18.0
滋賀	302	297	294	291	295	17.5	17.6	17.6	17.8	17.9
京都	279	275	275	281	279	18.6	18.5	18.7	18.1	18.4
大阪	295	288	289	289	289	17.4	17.4	17.6	16.5	17.2
兵庫	267	268	267	266	270	19.3	18.7	19.0	18.3	18.5
奈良	301	293	293	296	295	17.6	17.8	17.8	16.6	17.6
和歌山	288	285	284	273	283	17.8	17.5	17.7	17.3	17.9
鳥取	278	267	282	276	273	19.1	19.0	18.6	19.1	18.9
島根	281	285	284	292	295	18.9	19.0	18.2	17.8	18.2
岡山	288	287	279	286	295	19.3	18.5	18.9	18.1	18.2
広島	284	282	285	285	288	19.2	19.3	17.9	17.9	18.6
山口	285	288	278	278	294	18.8	18.5	17.5	15.0	17.8
徳島	286	281	286	289	292	17.1	17.0	16.5	16.7	16.2
香川	275	283	266	287	293	18.0	17.3	18.1	17.7	17.7
愛媛	284	295	281	292	287	18.2	17.4	17.2	16.6	18.1
高知	269	254	265	264	259	17.9	17.9	16.2	16.7	17.8
福岡	298	314	275	279	277	17.5	16.8	17.0	15.6	17.5
佐賀	319	323	282	288	288	17.0	16.8	16.1	15.8	18.1
長崎	295	304	281	272	265	17.1	16.9	16.8	16.1	18.1
熊本	304	317	291	306	282	17.6	17.0	17.0	15.8	17.8
大分	300	304	279	285	286	17.3	16.7	16.0	14.7	17.3
宮崎	284	289	272	291	277	17.9	17.3	17.4	16.6	18.0
鹿児島	286	276	264	276	266	17.5	17.9	17.6	17.1	18.3
沖縄	…	…	…	…	…	…	…	…	…	…

キ　粗玄米粒数歩合

単位：%

全国農業地域・都道府県	平成29年産	30	令和元	2	3
	(1)	(2)	(3)	(4)	(5)
全国	**87.0**	**88.3**	**88.4**	**88.5**	**87.5**
(全国農業地域)					
北海道	80.0	80.2	82.8	81.6	82.5
都府県	87.9	88.9	89.0	89.1	88.0
東北	87.0	89.6	90.3	90.1	88.6
北陸	91.1	91.0	89.7	91.1	87.8
関東・東山	88.2	89.7	88.7	90.0	88.0
東海	86.0	85.8	86.1	86.6	85.6
近畿	87.4	86.9	89.3	89.3	87.6
中国	88.4	89.4	89.3	88.0	87.6
四国	88.2	86.7	85.8	86.6	84.5
九州	87.0	85.7	86.7	83.3	87.1
沖縄	…	…	…	…	…
(都道府県)					
北海道	80.0	80.2	82.8	81.6	82.5
青森	79.9	83.4	85.5	85.5	84.8
岩手	89.7	91.2	91.3	91.7	91.6
宮城	86.2	90.6	92.1	91.1	88.8
秋田	86.3	91.0	91.0	90.8	87.9
山形	90.9	90.9	91.9	91.5	91.3
福島	87.6	89.3	89.4	90.0	87.9
茨城	87.0	89.0	87.2	89.9	88.9
栃木	88.3	94.2	88.5	90.7	90.0
群馬	83.3	85.6	88.8	90.6	87.7
埼玉	88.9	88.2	89.4	90.2	87.9
千葉	87.9	87.1	88.6	86.9	87.3
東京	…	…	…	…	…
神奈川	89.3	93.3	94.4	90.0	89.2
新潟	92.5	91.0	89.1	91.6	87.3
富山	91.6	93.0	92.2	92.7	91.0
石川	86.4	86.0	88.1	89.5	86.4
福井	89.2	91.1	90.8	89.8	88.4
山梨	91.8	90.9	90.0	89.8	88.9
長野	91.9	90.5	90.0	92.5	85.3
岐阜	84.7	85.0	85.0	86.0	85.1
静岡	86.0	88.1	86.0	85.1	85.1
愛知	85.3	84.1	85.1	86.0	83.9
三重	87.0	86.9	87.6	87.7	87.6
滋賀	84.4	83.5	87.1	87.3	86.8
京都	88.2	89.5	91.3	89.3	86.7
大阪	87.8	88.5	88.9	89.3	84.1
兵庫	90.3	89.6	91.8	92.5	90.7
奈良	87.0	86.3	87.4	87.5	84.1
和歌山	85.8	86.0	87.0	87.2	85.2
鳥取	88.1	88.8	88.3	91.3	87.9
島根	87.5	90.5	88.7	88.7	88.5
岡山	89.6	88.5	91.4	89.2	87.8
広島	87.7	90.4	87.4	89.1	87.5
山口	88.8	88.2	88.8	81.3	86.4
徳島	85.0	83.6	82.2	82.7	78.4
香川	90.5	88.7	90.2	89.2	82.6
愛媛	88.7	87.5	87.5	88.7	88.9
高知	88.8	87.0	83.8	84.8	87.6
福岡	86.9	85.7	86.5	82.4	85.2
佐賀	85.0	82.7	86.2	82.3	89.9
長崎	87.5	84.2	86.1	85.7	87.5
熊本	87.8	86.8	87.3	82.7	87.2
大分	87.0	85.9	85.3	81.1	85.7
宮崎	89.8	86.2	89.7	86.6	87.7
鹿児島	87.4	87.3	87.1	85.1	89.1
沖縄	…	…	…	…	…

ク　玄米粒数歩合

単位：%

全国農業地域・都道府県	平成29年産	30	令和元	2	3
	(1)	(2)	(3)	(4)	(5)
全国	**95.0**	**95.5**	**95.9**	**95.9**	**95.5**
(全国農業地域)					
北海道	96.7	96.0	96.5	96.5	96.6
都府県	94.7	95.5	95.5	95.9	95.5
東北	95.3	96.4	96.2	96.9	96.4
北陸	94.9	95.8	96.7	96.7	95.8
関東・東山	94.0	94.6	95.6	96.8	95.0
東海	95.4	95.9	96.3	96.2	95.4
近畿	94.8	95.1	95.2	95.2	94.0
中国	96.4	96.4	95.6	95.2	94.9
四国	94.3	94.2	93.6	93.5	94.6
九州	93.9	93.5	93.4	92.1	95.1
沖縄	…	…	…	…	…
(都道府県)					
北海道	96.7	96.0	96.5	96.5	96.6
青森	95.7	96.5	96.7	96.7	96.6
岩手	95.0	96.9	96.7	96.4	95.6
宮城	95.4	95.9	95.0	97.5	96.7
秋田	95.3	96.3	96.6	97.0	96.5
山形	95.2	95.8	96.1	97.4	96.7
福島	95.2	96.0	95.3	96.1	95.6
茨城	94.7	94.5	96.3	97.5	96.4
栃木	91.7	94.8	95.3	96.8	93.8
群馬	94.4	93.5	92.5	94.6	93.0
埼玉	93.4	94.1	94.3	96.6	92.9
千葉	94.8	94.2	96.3	96.7	95.6
東京	…	…	…	…	…
神奈川	91.7	92.8	94.5	95.7	93.5
新潟	94.6	95.8	96.7	96.5	95.8
富山	95.4	96.3	97.4	97.8	95.4
石川	96.4	96.4	96.9	97.3	97.2
福井	93.8	95.5	94.4	95.5	93.5
山梨	93.6	94.8	95.5	97.0	94.7
長野	95.4	96.6	95.7	97.1	95.2
岐阜	96.0	95.6	96.9	96.0	96.4
静岡	96.3	95.9	96.5	96.3	96.3
愛知	96.3	95.9	96.7	96.3	95.8
三重	94.2	96.0	95.1	96.3	94.7
滋賀	94.1	97.2	96.5	96.5	94.1
京都	95.5	95.1	96.0	95.2	95.5
大阪	94.6	92.5	94.6	93.4	94.2
兵庫	95.4	94.2	94.7	94.7	93.5
奈良	93.5	94.5	95.3	93.8	94.8
和歌山	94.7	92.2	94.3	95.0	94.2
鳥取	95.9	96.6	96.0	96.8	95.4
島根	96.7	96.9	96.4	96.9	95.0
岡山	95.3	94.9	94.9	95.3	93.8
広島	97.6	97.3	96.0	96.9	96.4
山口	95.7	96.9	95.5	91.2	94.1
徳島	95.1	96.2	94.9	95.4	95.6
香川	91.6	90.4	92.5	92.2	94.2
愛媛	94.8	94.2	93.5	92.3	94.5
高知	95.8	96.8	93.2	93.8	94.3
福岡	93.1	92.9	93.3	92.2	94.5
佐賀	92.3	92.5	89.7	90.3	93.1
長崎	93.8	94.1	94.6	90.6	96.1
熊本	94.4	93.8	94.1	92.5	95.5
大分	93.1	92.7	92.0	90.9	94.3
宮崎	95.3	94.4	93.9	92.1	96.3
鹿児島	94.4	95.4	95.7	94.9	96.6
沖縄	…	…	…	…	…

1　米（続き）

(4)　水稲の収量構成要素（水稲作況標本筆調査成績）（続き）

ケ　玄米千粒重　　　　コ　10ａ当たり未調製乾燥もみ重

単位：g　　　　単位：kg

全国農業地域・都道府県	ケ 平成29年産	30	令和元	2	3	コ 平成29年産	30	令和元	2	3
	(1)	(2)	(3)	(4)	(5)	(1)	(2)	(3)	(4)	(5)
全国	**21.9**	**21.5**	**21.1**	**21.0**	**21.7**	**707**	**699**	**702**	**701**	**711**
（全国農業地域）										
北海道	22.1	21.6	21.2	21.9	21.8	731	657	742	753	779
都府県	21.9	21.5	21.2	21.0	21.7	705	702	699	697	706
東北	22.1	21.7	21.6	21.2	21.9	743	733	765	763	759
北陸	22.2	21.6	21.3	21.2	21.8	688	693	707	713	699
関東・東山	21.6	20.9	20.3	20.4	21.1	711	717	697	705	725
東海	22.3	21.9	21.6	21.4	22.2	657	661	653	642	655
近畿	22.0	21.9	21.4	21.0	22.0	678	670	670	653	668
中国	22.4	21.8	21.4	21.0	22.1	695	687	661	649	687
四国	21.4	21.3	21.2	21.0	21.9	655	633	614	631	649
九州	21.3	21.2	20.8	20.7	21.5	692	693	628	616	646
沖縄	…	…	…	…	…	…	…	…	…	…
（都道府県）										
北海道	22.1	21.6	21.2	21.9	21.8	731	657	742	753	779
青森	22.6	22.0	22.2	21.6	22.3	795	775	816	835	809
岩手	21.9	21.9	21.5	21.2	21.6	706	691	715	710	722
宮城	21.8	21.6	21.2	20.9	21.4	713	734	728	723	721
秋田	22.3	21.8	21.5	21.4	22.2	754	725	775	776	764
山形	22.1	21.4	21.6	21.0	21.8	783	750	817	811	819
福島	21.9	21.7	21.8	21.4	21.9	714	730	742	732	727
茨城	21.6	20.6	19.7	20.3	20.6	701	705	677	696	722
栃木	21.5	20.4	20.4	20.0	20.7	690	727	702	705	725
群馬	21.7	21.2	21.1	20.4	21.1	659	684	668	674	667
埼玉	21.0	20.6	20.0	20.0	20.7	674	660	651	684	699
千葉	21.7	21.1	20.2	20.8	21.3	715	716	682	695	712
東京	…	…	…	…	…	…	…	…	…	…
神奈川	21.1	21.4	21.5	21.5	21.6	698	674	633	643	676
新潟	22.1	21.5	21.2	21.0	21.6	683	690	712	729	702
富山	22.5	22.0	21.5	21.7	22.4	716	726	720	710	717
石川	22.2	21.9	21.7	21.6	22.4	671	656	689	683	686
福井	22.2	21.3	21.1	21.0	21.6	689	692	678	670	671
山梨	21.1	21.4	21.3	20.9	21.4	741	724	732	700	724
長野	22.1	22.1	21.6	20.7	22.2	820	805	815	789	806
岐阜	22.8	22.5	22.4	22.0	22.7	639	636	631	620	634
静岡	22.3	22.0	21.2	20.8	22.4	688	675	691	651	674
愛知	22.3	22.0	22.0	21.7	22.1	676	673	663	654	652
三重	21.6	21.2	21.0	21.1	21.7	636	661	640	642	664
滋賀	22.0	21.7	21.0	21.1	22.0	687	677	673	663	686
京都	22.0	21.8	21.3	21.3	22.2	673	661	666	655	660
大阪	20.9	21.2	20.9	19.8	21.7	669	666	660	651	648
兵庫	22.4	22.1	21.8	20.9	21.8	676	667	669	649	661
奈良	21.6	21.8	21.4	20.2	22.1	684	684	681	658	671
和歌山	21.9	22.1	21.6	20.9	22.3	658	651	659	610	647
鳥取	22.6	22.1	21.9	21.6	22.5	678	651	675	666	662
島根	22.3	21.6	21.2	20.7	21.7	686	693	659	666	686
岡山	22.6	22.0	21.8	21.3	22.1	710	695	680	673	698
広島	22.5	22.0	21.4	20.8	22.1	700	697	658	659	693
山口	22.1	21.6	20.6	20.2	21.8	685	683	630	575	679
徳島	21.1	21.2	21.2	21.2	21.6	633	620	619	628	625
香川	21.7	21.5	21.7	21.6	22.7	683	647	626	663	682
愛媛	21.6	21.1	21.0	20.3	21.5	675	676	640	649	679
高知	21.0	21.2	20.8	21.0	21.6	623	577	566	580	601
福岡	21.7	21.1	21.0	20.5	21.7	685	701	622	582	635
佐賀	21.7	21.9	20.8	21.2	21.6	738	734	630	626	692
長崎	20.8	21.4	20.7	20.8	21.5	662	683	624	595	616
熊本	21.3	20.9	20.7	20.6	21.4	712	717	656	653	650
大分	21.4	21.0	20.4	19.9	21.4	688	682	621	593	651
宮崎	20.9	21.3	20.7	20.9	21.3	661	647	614	639	637
鹿児島	21.2	21.4	21.1	21.1	21.2	658	642	607	621	625
沖縄	…	…	…	…	…	…	…	…	…	…

サ　10ａ当たり粗玄米重

単位：kg

全国農業地域・都道府県	平成29年産 (1)	30 (2)	令和元 (3)	2 (4)	3 (5)
全国	**562**	**555**	**557**	**557**	**565**
（全国農業地域）					
北海道	589	524	598	608	627
都府県	559	558	553	553	560
東北	591	588	613	609	605
北陸	555	558	563	574	557
関東・東山	563	566	547	557	573
東海	520	520	514	502	516
近畿	535	525	525	512	529
中国	554	544	526	512	546
四国	513	501	486	499	510
九州	543	542	489	478	510
沖縄	…	…	…	…	…
（都道府県）					
北海道	589	524	598	608	627
青森	623	619	657	653	638
岩手	557	562	575	575	577
宮城	560	576	577	571	568
秋田	603	584	624	625	615
山形	627	606	653	646	651
福島	576	586	595	587	580
茨城	553	553	525	550	568
栃木	547	578	552	559	581
群馬	527	537	517	523	523
埼玉	524	513	510	528	540
千葉	568	570	542	556	573
東京	…	…	…	…	…
神奈川	541	520	493	491	519
新潟	553	556	566	586	555
富山	573	576	573	574	578
石川	540	539	551	548	545
福井	555	556	550	544	544
山梨	575	565	560	544	553
長野	658	641	647	628	632
岐阜	509	501	500	490	499
静岡	540	528	541	502	528
愛知	531	524	519	511	518
三重	505	526	506	504	522
滋賀	543	531	528	527	547
京都	530	520	523	518	525
大阪	530	524	525	500	513
兵庫	528	518	521	503	517
奈良	547	542	536	512	533
和歌山	529	523	520	488	523
鳥取	543	517	536	535	528
島根	540	550	527	530	553
岡山	569	547	542	531	555
広島	554	552	522	521	547
山口	549	542	499	441	538
徳島	499	488	487	495	486
香川	522	516	502	532	535
愛媛	532	531	502	508	535
高知	492	463	447	457	477
福岡	544	551	487	457	499
佐賀	568	566	482	480	540
長崎	524	532	491	466	491
熊本	555	559	513	505	515
大分	541	530	470	443	510
宮崎	525	516	490	506	509
鹿児島	517	504	477	485	496
沖縄	…	…	…	…	…

シ　玄米重歩合

単位：%

全国農業地域・都道府県	平成29年産 (1)	30 (2)	令和元 (3)	2 (4)	3 (5)
全国	**97.2**	**97.5**	**97.5**	**97.8**	**97.5**
（全国農業地域）					
北海道	98.5	97.9	98.3	98.4	98.2
都府県	97.3	97.3	97.6	97.8	97.5
東北	97.6	97.8	97.9	98.4	98.0
北陸	97.5	97.7	98.2	98.4	97.5
関東・東山	96.6	97.2	97.4	98.4	97.0
東海	97.7	97.7	98.1	98.2	97.9
近畿	97.2	97.1	97.5	97.5	96.8
中国	97.8	98.0	97.5	97.5	97.4
四国	96.7	96.8	96.3	96.2	97.1
九州	96.1	96.3	95.9	95.2	97.3
沖縄	…	…	…	…	…
（都道府県）					
北海道	98.5	97.9	98.3	98.4	98.2
青森	97.9	98.4	98.3	98.3	98.4
岩手	97.5	98.2	98.3	98.3	97.9
宮城	97.5	97.6	97.6	98.8	98.2
秋田	97.7	97.8	98.1	98.2	98.2
山形	97.4	97.7	98.0	98.6	98.2
福島	97.4	97.6	97.3	98.0	97.6
茨城	96.9	96.9	98.1	98.7	97.7
栃木	95.2	97.2	97.3	98.2	96.4
群馬	97.0	96.5	95.6	96.6	95.8
埼玉	96.0	96.5	96.5	97.9	95.9
千葉	97.4	96.8	98.2	98.4	97.9
東京	…	…	…	…	…
神奈川	95.4	96.0	96.8	98.0	96.1
新潟	97.5	97.5	98.2	98.3	97.7
富山	97.7	98.1	98.6	99.0	97.4
石川	98.0	98.3	98.4	98.5	98.5
福井	96.6	97.5	97.1	97.4	96.7
山梨	96.7	97.2	97.7	98.3	97.3
長野	97.6	98.1	97.7	98.4	97.3
岐阜	97.8	97.4	98.2	98.0	98.0
静岡	98.0	98.1	98.0	98.0	98.1
愛知	98.3	97.7	98.3	98.2	97.9
三重	96.8	97.7	97.4	98.0	97.1
滋賀	97.1	98.3	98.1	98.3	96.7
京都	97.7	97.9	98.1	98.3	97.5
大阪	96.8	95.6	97.0	95.6	96.7
兵庫	97.5	96.5	97.1	97.0	96.5
奈良	96.9	96.3	97.4	95.7	97.4
和歌山	97.0	95.6	96.9	96.9	96.9
鳥取	97.8	98.1	97.8	98.5	97.7
島根	98.1	98.4	97.9	98.1	97.3
岡山	97.5	97.1	97.2	97.4	96.9
広島	98.6	98.7	97.9	98.1	98.2
山口	97.4	98.2	97.4	94.3	97.0
徳島	97.8	98.0	96.9	97.8	97.3
香川	94.6	94.8	95.8	95.7	96.8
愛媛	97.0	96.4	96.4	95.5	97.0
高知	97.8	98.1	96.2	96.7	96.9
福岡	96.0	95.8	95.9	95.0	97.0
佐賀	95.6	95.8	94.2	94.6	96.5
長崎	96.2	96.8	96.3	94.2	97.8
熊本	96.6	96.4	96.5	95.6	97.5
大分	95.9	96.0	95.1	94.4	96.9
宮崎	97.0	97.1	96.5	95.7	98.0
鹿児島	96.7	97.8	97.5	97.1	98.0
沖縄	…	…	…	…	…

1　米（続き）

(4)　水稲の収量構成要素（水稲作況標本筆調査成績）（続き）
ス　10ａ当たり玄米重

単位：kg

全国農業地域・都道府県	平成29年産	30	令和元	2	3
	(1)	(2)	(3)	(4)	(5)
全国	**546**	**541**	**543**	**545**	**551**
（全国農業地域）					
北海道	580	513	588	598	616
都府県	544	543	540	541	546
東北	577	575	600	599	593
北陸	541	545	553	565	543
関東・東山	544	550	533	548	556
東海	508	508	504	493	505
近畿	520	510	512	499	512
中国	542	533	513	499	532
四国	496	485	468	480	495
九州	522	522	469	455	496
沖縄	…	…	…	…	…
（都道府県）					
北海道	580	513	588	598	616
青森	610	609	646	642	628
岩手	543	552	565	565	565
宮城	546	562	563	564	558
秋田	589	571	612	614	604
山形	611	592	640	637	639
福島	561	572	579	575	566
茨城	536	536	515	543	555
栃木	521	562	537	549	560
群馬	511	518	494	505	501
埼玉	503	495	492	517	518
千葉	553	552	532	547	561
東京	…	…	…	…	…
神奈川	516	499	477	481	499
新潟	539	542	556	576	542
富山	560	565	565	568	563
石川	529	530	542	540	537
福井	536	542	534	530	526
山梨	556	549	547	535	538
長野	642	629	632	618	615
岐阜	498	488	491	480	489
静岡	529	518	530	492	518
愛知	522	512	510	502	507
三重	489	514	493	494	507
滋賀	527	522	518	518	529
京都	518	509	513	509	512
大阪	513	501	509	478	496
兵庫	515	500	506	488	499
奈良	530	522	522	490	519
和歌山	513	500	504	473	507
鳥取	531	507	524	527	516
島根	530	541	516	520	538
岡山	555	531	527	517	538
広島	546	545	511	511	537
山口	535	532	486	416	522
徳島	488	478	472	484	473
香川	494	489	481	509	518
愛媛	516	512	484	485	519
高知	481	454	430	442	462
福岡	522	528	467	434	484
佐賀	543	542	454	454	521
長崎	504	515	473	439	480
熊本	536	539	495	483	502
大分	519	509	447	418	494
宮崎	509	501	473	484	499
鹿児島	500	493	465	471	486
沖縄	…	…	…	…	…

2　麦類

(1)　麦類の収穫量
ア　4麦計（平成24年産～令和３年産）

全国農業地域・都道府県	平成24年産		25		26		27		28	
	作付面積	収穫量	作付面積	収穫量	作付面積	収穫量	作付面積	収穫量	作付面積	収穫量
	(1)	(2)	(3)	(4)	(5)	(6)	(7)	(8)	(9)	(10)
	ha	t	ha	t	ha	t	ha	t	ha	t
全国 (1)	**269,500**	**1,030,000**	**269,500**	**994,600**	**272,700**	**1,022,000**	**274,400**	**1,181,000**	**275,900**	**961,000**
（全国農業地域）										
北海道 (2)	121,200	592,800	123,800	537,000	125,200	557,300	124,200	737,600	124,600	531,100
都府県 (3)	148,400	437,400	145,700	457,600	147,500	464,900	150,100	443,600	151,300	429,900
東北 (4)	8,490	16,600	8,260	18,400	8,270	15,400	8,240	19,500	8,120	21,800
北陸 (5)	9,940	30,800	9,860	29,300	10,000	30,400	10,400	29,300	10,600	32,400
関東・東山 (6)	39,900	126,500	38,800	144,400	38,500	116,700	38,400	143,600	38,400	134,500
東海 (7)	15,400	45,900	15,400	51,000	15,900	58,000	16,500	49,200	16,700	51,500
近畿 (8)	10,200	26,700	9,980	25,800	10,200	29,900	10,600	24,700	10,600	24,200
中国 (9)	4,690	12,800	4,760	14,400	5,050	15,400	5,410	13,200	5,600	13,000
四国 (10)	4,390	12,000	4,320	14,600	4,320	12,900	4,580	11,900	4,590	11,100
九州 (11)	55,400	165,900	54,300	159,600	55,200	186,100	56,000	152,300	56,600	141,300
沖縄 (12)	11	16	16	36	23	49	13	23	27	32
（都道府県）										
北海道 (13)	121,200	592,800	123,800	537,000	125,200	557,300	124,200	737,600	124,600	531,100
青森 (14)	1,610	2,210	1,410	2,980	1,280	2,340	1,170	2,930	1,120	2,980
岩手 (15)	3,910	6,280	3,930	7,430	3,930	6,530	3,990	7,530	3,970	8,680
宮城 (16)	2,160	6,650	2,150	6,820	2,310	5,390	2,330	7,550	2,230	8,570
秋田 (17)	405	756	391	425	382	621	x	x	x	x
山形 (18)	138	246	115	204	x	x	x	x	x	x
福島 (19)	270	481	263	491	260	372	x	x	x	x
茨城 (20)	8,130	18,400	8,030	25,500	7,990	21,400	8,090	24,800	7,900	22,000
栃木 (21)	14,100	42,600	13,500	51,500	13,200	31,600	13,000	50,800	13,000	47,100
群馬 (22)	7,810	32,600	7,830	32,900	7,720	29,400	7,590	30,800	7,640	30,500
埼玉 (23)	6,390	20,900	6,030	24,400	6,000	22,400	5,960	25,000	6,100	22,800
千葉 (24)	739	1,620	738	2,040	755	2,590	x	x	830	2,280
東京 (25)	28	86	26	70	23	54	x	x	x	x
神奈川 (26)	43	112	x	x	x	x	x	x	37	98
新潟 (27)	246	508	250	524	246	550	x	x	x	x
富山 (28)	3,250	11,200	3,180	9,860	3,230	10,300	3,380	10,200	3,490	11,500
石川 (29)	1,370	4,210	1,310	3,360	1,250	3,270	1,340	3,750	1,370	4,460
福井 (30)	5,080	14,900	5,120	15,600	5,290	16,300	5,450	14,900	5,430	15,800
山梨 (31)	81	267	94	264	x	x	x	x	113	300
長野 (32)	2,570	9,930	2,560	7,630	2,650	8,920	2,740	9,250	2,820	9,400
岐阜 (33)	3,240	9,950	3,280	9,850	3,360	10,700	3,430	9,090	3,460	9,260
静岡 (34)	794	1,430	746	1,660	743	1,900	786	928	791	1,480
愛知 (35)	5,320	20,000	5,350	22,300	5,510	23,600	5,660	21,500	5,630	24,000
三重 (36)	6,050	14,500	5,990	17,200	6,310	21,800	6,670	17,700	6,820	16,800
滋賀 (37)	7,340	21,200	7,190	20,200	7,400	23,600	7,750	19,400	7,830	19,200
京都 (38)	x	x	x	x	x	x	x	x	x	x
大阪 (39)	x	x	x	x	x	x	x	x	x	x
兵庫 (40)	2,450	4,890	2,420	5,080	2,440	5,540	2,460	4,680	2,400	4,370
奈良 (41)	x	x	x	x	x	x	x	x	x	x
和歌山 (42)	5	5	5	6	x	x	x	x	x	x
鳥取 (43)	x	x	115	309	115	257	131	331	150	393
島根 (44)	x	x	622	1,590	x	x	641	1,500	636	1,330
岡山 (45)	2,460	8,040	2,500	9,070	2,650	9,630	2,790	7,360	2,800	7,730
広島 (46)	245	454	x	x	x	x	x	x	x	x
山口 (47)	1,190	2,230	1,280	2,890	1,430	3,500	1,610	3,540	1,760	3,130
徳島 (48)	129	337	131	347	132	354	132	323	145	232
香川 (49)	2,440	6,820	2,410	9,080	2,390	7,120	2,540	7,270	2,500	6,750
愛媛 (50)	1,810	4,820	1,770	5,100	1,800	5,420	1,900	4,290	1,940	4,110
高知 (51)	x	x	12	28	x	x	x	x	x	x
福岡 (52)	21,000	67,000	21,100	67,600	21,400	77,600	21,700	62,400	21,700	59,100
佐賀 (53)	21,100	66,900	20,500	56,400	20,400	68,600	20,500	58,100	20,800	51,800
長崎 (54)	1,810	4,250	1,800	4,210	1,830	5,040	1,860	4,680	1,890	4,070
熊本 (55)	6,560	18,000	6,190	18,500	6,490	21,200	6,710	18,000	6,950	17,000
大分 (56)	4,590	9,220	4,520	12,300	4,750	12,800	4,760	8,550	4,900	8,800
宮崎 (57)	116	220	114	287	156	460	172	239	180	245
鹿児島 (58)	x	x	x	x	x	x	199	300	210	238
沖縄 (59)	11	16	16	36	23	49	13	23	27	32

29		30		令和元		2		3		
作付面積	収穫量	作付面積	収穫量	作付面積	収穫量	作付面積	収穫量	作付面積	収穫量	
(11)	(12)	(13)	(14)	(15)	(16)	(17)	(18)	(19)	(20)	
ha	t	ha	t	ha	t	ha	t	ha	t	
273,700	**1,092,000**	**272,900**	**939,600**	**273,000**	**1,260,000**	**276,200**	**1,171,000**	**283,000**	**1,332,000**	(1)
123,400	613,500	123,100	476,800	123,300	685,700	124,200	638,100	128,300	737,700	(2)
150,400	478,200	149,800	462,800	149,800	574,100	152,100	533,000	154,700	594,400	(3)
8,230	21,400	7,870	16,100	7,690	22,900	7,660	20,600	7,760	20,800	(4)
10,500	29,800	9,790	18,300	9,660	28,600	9,740	28,700	9,990	29,200	(5)
38,700	143,400	38,500	130,500	38,100	140,800	37,600	126,600	37,500	135,800	(6)
16,600	58,400	16,300	54,500	16,800	71,100	17,000	68,500	17,400	66,800	(7)
10,500	25,700	10,400	26,200	10,300	32,800	10,400	34,700	10,400	32,700	(8)
5,700	17,500	5,830	16,200	6,040	22,700	6,580	22,700	6,740	23,900	(9)
4,700	14,700	4,840	14,200	4,920	20,400	5,130	19,400	5,340	20,100	(10)
55,400	167,200	56,300	186,800	56,400	234,700	58,000	211,700	59,500	265,100	(11)
x	x	x	x	x	x	x	x	14	18	(12)
123,400	613,500	123,100	476,800	123,300	685,700	124,200	638,100	128,300	737,700	(13)
1,030	2,210	x	x	794	1,800	779	2,170	x	x	(14)
4,110	8,370	3,920	6,590	3,820	10,200	3,810	7,950	3,790	8,050	(15)
2,270	9,140	2,280	7,110	2,310	8,850	2,270	8,490	2,410	8,880	(16)
369	778	317	494	x	x	284	848	272	626	(17)
x	x	x	x	x	x	x	x	x	x	(18)
x	x	354	706	369	1,000	431	965	x	x	(19)
8,020	23,800	7,920	21,400	7,860	25,000	7,590	19,400	7,380	22,300	(20)
13,000	50,200	12,900	43,700	12,600	47,100	12,700	43,900	12,600	48,100	(21)
7,670	31,800	7,760	29,800	7,650	30,200	7,650	29,800	7,630	29,500	(22)
6,190	24,900	6,170	22,900	6,100	25,900	5,990	22,300	6,050	24,000	(23)
815	2,650	x	x	x	x	772	1,790	830	2,910	(24)
x	x	x	x	x	x	x	x	x	x	(25)
x	x	35	99	44	123	44	107	43	113	(26)
304	703	246	515	264	781	x	x	201	492	(27)
3,460	9,700	3,330	7,270	3,230	9,430	3,270	8,800	3,360	10,300	(28)
1,450	4,770	1,420	3,090	1,430	4,910	1,430	5,030	1,550	4,890	(29)
5,300	14,600	4,800	7,460	4,730	13,500	4,800	14,200	4,890	13,500	(30)
114	307	123	313	119	347	114	328	117	325	(31)
2,790	9,600	2,750	9,540	2,810	9,170	2,750	8,960	2,830	8,520	(32)
3,470	10,400	3,420	9,650	3,540	12,200	3,600	12,000	3,650	11,200	(33)
752	1,510	768	1,760	x	x	x	x	x	x	(34)
5,620	26,600	5,500	23,100	5,750	32,200	5,720	30,300	5,900	29,900	(35)
6,750	19,900	6,590	20,000	6,680	24,300	6,910	24,500	7,140	23,300	(36)
7,760	19,400	7,680	21,800	7,580	25,200	7,680	27,300	7,840	26,500	(37)
x	x	x	x	248	529	247	559	270	585	(38)
x	x	x	x	x	x	2	2	3	4	(39)
2,410	5,720	2,330	3,870	2,310	6,760	2,350	6,540	2,170	5,280	(40)
110	269	111	219	x	x	114	272	x	x	(41)
x	x	x	x	x	x	x	x	4	6	(42)
x	x	163	408	x	x	x	x	x	x	(43)
628	1,850	617	1,320	x	x	674	1,840	688	1,910	(44)
2,860	10,400	2,870	9,100	2,930	12,600	3,250	13,400	3,320	13,400	(45)
x	x	x	x	x	x	x	x	x	x	(46)
1,810	4,270	1,900	4,910	2,010	6,910	2,120	6,120	2,210	7,440	(47)
x	x	x	x	x	x	x	x	x	x	(48)
2,550	8,920	2,670	8,290	2,770	12,200	2,900	11,200	3,130	12,100	(49)
1,990	5,380	2,030	5,590	2,010	7,890	2,110	7,840	2,070	7,680	(50)
13	26	13	24	12	38	x	x	12	29	(51)
21,200	66,900	21,400	75,500	21,500	96,900	22,100	85,000	22,300	105,500	(52)
20,600	63,900	20,800	72,000	20,700	90,300	21,200	80,800	21,800	103,500	(53)
1,840	4,690	1,920	5,690	1,880	6,620	1,970	6,200	2,040	7,270	(54)
6,740	19,300	6,870	20,000	6,890	24,300	7,170	23,300	7,520	29,400	(55)
4,660	11,600	4,850	12,900	4,970	15,600	5,110	15,200	5,350	18,200	(56)
166	411	185	317	180	477	x	x	x	x	(57)
x	x	x	x	x	x	x	x	x	x	(58)
x	x	x	x	x	x	x	x	14	18	(59)

2 麦類（続き）

(1) 麦類の収穫量（続き）

イ 小麦

全国農業地域・都道府県	平成29年産 作付面積	平成29年産 10a当たり収量	平成29年産 収穫量	平成29年産 （参考）10a当たり平均収量対比	30 作付面積	30 10a当たり収量	30 収穫量	30 （参考）10a当たり平均収量対比	作付面積
	(1)	(2)	(3)	(4)	(5)	(6)	(7)	(8)	(9)
	ha	kg	t	%	ha	kg	t	%	ha
全国 (1)	**212,300**	**427**	**906,700**	**111**	**211,900**	**361**	**764,900**	**90**	**211,600**
（全国農業地域）									
北海道 (2)	121,600	500	607,600	113	121,400	388	471,100	84	121,400
都府県 (3)	90,700	330	299,100	111	90,500	325	293,800	105	90,200
東北 (4)	7,040	246	17,300	121	6,570	192	12,600	90	6,370
北陸 (5)	376	234	879	126	403	170	685	84	376
関東・東山 (6)	21,100	381	80,400	110	20,900	355	74,200	98	20,800
東海 (7)	15,900	356	56,600	117	15,500	341	52,800	107	16,000
近畿 (8)	9,270	242	22,400	102	9,040	257	23,200	104	8,430
中国 (9)	2,290	298	6,830	121	2,410	282	6,800	108	2,540
四国 (10)	2,050	359	7,360	120	2,170	317	6,880	100	2,270
九州 (11)	32,700	328	107,300	112	33,400	349	116,600	115	33,400
沖縄 (12)	23	122	28	67	29	155	45	89	16
（都道府県）									
北海道 (13)	121,600	500	607,600	113	121,400	388	471,100	84	121,400
青森 (14)	1,030	215	2,210	118	907	106	961	53	747
岩手 (15)	4,020	203	8,160	115	3,830	167	6,400	91	3,760
宮城 (16)	1,200	437	5,240	130	1,100	356	3,920	100	1,130
秋田 (17)	367	211	774	129	314	157	493	94	286
山形 (18)	91	233	212	119	72	236	170	113	85
福島 (19)	336	203	682	119	348	200	696	110	358
茨城 (20)	4,780	321	15,300	111	4,610	293	13,500	95	4,590
栃木 (21)	2,280	396	9,030	115	2,250	350	7,880	98	2,290
群馬 (22)	5,570	436	24,300	105	5,680	406	23,100	96	5,570
埼玉 (23)	5,250	403	21,200	116	5,220	370	19,300	99	5,170
千葉 (24)	769	325	2,500	121	801	311	2,490	108	793
東京 (25)	21	275	58	96	20	255	51	91	17
神奈川 (26)	33	294	97	110	34	285	97	105	43
新潟 (27)	60	242	145	128	67	210	141	104	68
富山 (28)	72	192	138	86	44	193	85	85	47
石川 (29)	84	237	199	165	84	188	158	117	85
福井 (30)	160	248	397	130	208	145	301	67	176
山梨 (31)	70	311	218	104	77	290	223	99	78
長野 (32)	2,290	337	7,720	105	2,210	341	7,540	103	2,240
岐阜 (33)	3,190	312	9,950	109	3,160	292	9,230	98	3,280
静岡 (34)	742	201	1,490	114	758	229	1,740	118	791
愛知 (35)	5,530	473	26,200	122	5,390	423	22,800	104	5,620
三重 (36)	6,430	296	19,000	117	6,230	305	19,000	115	6,320
滋賀 (37)	7,150	246	17,600	96	6,990	285	19,900	110	6,450
京都 (38)	154	132	203	115	147	141	207	118	155
大阪 (39)	x	95	x	73	1	157	1	134	1
兵庫 (40)	1,850	234	4,330	123	1,790	162	2,900	81	1,710
奈良 (41)	109	246	268	121	110	198	218	92	114
和歌山 (42)	2	134	3	108	2	131	2	107	1
鳥取 (43)	47	355	167	170	61	257	157	112	69
島根 (44)	104	196	204	146	104	146	152	104	120
岡山 (45)	715	379	2,710	125	747	311	2,320	97	784
広島 (46)	162	202	328	112	156	168	262	88	158
山口 (47)	1,260	271	3,420	116	1,340	292	3,910	118	1,410
徳島 (48)	66	300	198	108	56	230	129	80	42
香川 (49)	1,780	364	6,480	121	1,890	321	6,060	101	2,000
愛媛 (50)	197	338	666	119	220	311	684	105	224
高知 (51)	7	164	11	93	6	143	9	80	5
福岡 (52)	14,800	337	49,900	108	14,800	371	54,900	116	14,700
佐賀 (53)	9,640	359	34,600	121	10,100	365	36,900	117	10,300
長崎 (54)	535	278	1,490	112	608	258	1,570	100	583
熊本 (55)	4,880	291	14,200	102	4,970	308	15,300	106	4,900
大分 (56)	2,690	252	6,780	113	2,750	281	7,730	122	2,780
宮崎 (57)	111	257	285	140	116	120	139	62	103
鹿児島 (58)	35	164	57	98	35	124	43	77	33
沖縄 (59)	23	122	28	67	29	155	45	89	16

令和元			2				3				
10 a 当たり収量	収穫量	（参考）10 a 当たり平均収量対比	作付面積	10 a 当たり収量	収穫量	（参考）10 a 当たり平均収量対比	作付面積	10 a 当たり収量	収穫量	（参考）10 a 当たり平均収量対比	
(10)	(11)	(12)	(13)	(14)	(15)	(16)	(17)	(18)	(19)	(20)	
kg	t	%	ha	kg	t	%	ha	kg	t	%	
490	**1,037,000**	**123**	**212,600**	**447**	**949,300**	**109**	**220,000**	**499**	**1,097,000**	**118**	(1)
558	677,700	121	122,200	515	629,900	109	126,100	578	728,400	118	(2)
398	359,400	126	90,400	353	319,400	110	93,900	393	368,900	119	(3)
290	18,500	133	6,300	254	16,000	110	6,290	251	15,800	105	(4)
188	705	90	355	177	627	83	331	198	657	95	(5)
389	81,000	106	20,500	340	69,800	91	20,400	354	72,200	96	(6)
429	68,600	131	16,200	407	65,900	118	16,900	386	65,200	108	(7)
310	26,100	123	8,090	319	25,800	124	8,230	313	25,800	118	(8)
385	9,780	146	2,690	348	9,370	124	2,890	360	10,400	122	(9)
438	9,940	139	2,400	387	9,290	116	2,490	406	10,100	120	(10)
433	144,700	136	33,900	361	122,500	110	36,300	465	168,700	138	(11)
94	15	58	13	146	19	92	12	133	16	92	(12)
558	677,700	121	122,200	515	629,900	109	126,100	578	728,400	118	(13)
229	1,710	115	716	261	1,870	120	701	245	1,720	107	(14)
266	10,000	146	3,740	207	7,740	107	3,720	211	7,850	107	(15)
419	4,730	114	1,100	401	4,410	105	1,110	393	4,360	99	(16)
294	841	170	275	306	842	172	272	230	626	112	(17)
274	233	127	68	246	167	106	83	225	187	92	(18)
270	967	141	409	227	928	112	408	262	1,070	125	(19)
353	16,200	112	4,610	267	12,300	82	4,510	305	13,800	97	(20)
408	9,340	113	2,300	339	7,800	91	2,290	352	8,060	95	(21)
412	22,900	97	5,500	403	22,200	96	5,430	387	21,000	93	(22)
438	22,600	114	5,020	374	18,800	95	5,080	393	20,000	101	(23)
347	2,750	114	731	228	1,670	72	791	348	2,750	110	(24)
182	31	68	15	247	37	96	14	164	23	65	(25)
279	120	101	43	242	104	87	42	260	109	93	(26)
200	136	96	61	234	143	114	69	230	159	107	(27)
170	80	75	48	133	64	62	50	196	98	98	(28)
202	172	120	93	233	217	127	102	180	184	90	(29)
180	317	80	153	133	203	57	110	196	216	92	(30)
310	242	108	74	324	240	113	76	312	237	106	(31)
306	6,850	92	2,180	305	6,650	94	2,220	282	6,260	87	(32)
355	11,600	118	3,330	341	11,400	113	3,370	318	10,700	103	(33)
303	2,400	148	727	226	1,640	103	744	311	2,310	141	(34)
563	31,600	136	5,590	533	29,800	123	5,780	509	29,400	111	(35)
364	23,000	130	6,550	352	23,100	117	6,980	327	22,800	104	(36)
322	20,800	120	6,160	339	20,900	124	6,210	337	20,900	119	(37)
183	284	144	159	199	316	152	174	184	320	127	(38)
197	2	161	1	156	2	119	2	122	2	90	(39)
274	4,690	137	1,650	263	4,340	128	1,730	243	4,200	111	(40)
285	325	131	113	240	271	107	117	287	336	123	(41)
128	2	105	2	104	2	83	3	144	5	116	(42)
296	204	121	71	342	243	133	77	331	255	119	(43)
203	244	141	121	164	198	107	132	190	251	121	(44)
467	3,660	146	888	454	4,030	135	968	401	3,880	113	(45)
222	351	117	149	167	249	84	167	177	296	95	(46)
377	5,320	150	1,470	316	4,650	118	1,550	369	5,720	131	(47)
307	129	110	53	302	160	108	54	361	195	127	(48)
443	8,860	140	2,100	395	8,300	118	2,220	413	9,170	122	(49)
421	943	138	248	333	826	106	214	347	743	108	(50)
159	8	95	4	160	6	98	4	146	6	90	(51)
469	68,900	139	14,700	387	56,900	112	16,000	488	78,100	137	(52)
449	46,200	136	10,600	369	39,100	110	11,600	489	56,700	140	(53)
328	1,910	129	599	270	1,620	104	651	346	2,250	130	(54)
377	18,500	128	5,010	329	16,500	108	5,150	419	21,600	136	(55)
320	8,900	132	2,770	288	7,980	112	2,790	352	9,820	135	(56)
261	269	142	113	346	391	171	103	129	133	61	(57)
168	55	111	32	179	57	117	33	221	73	144	(58)
94	15	58	13	146	19	92	12	133	16	92	(59)

2 麦類（続き）

(1) 麦類の収穫量（続き）

ウ 二条大麦

全国農業地域・都道府県	平成29年産 作付面積	10a当たり収量	収穫量	（参考）10a当たり平均収量対比	30 作付面積	10a当たり収量	収穫量	（参考）10a当たり平均収量対比	作付面積
	(1)	(2)	(3)	(4)	(5)	(6)	(7)	(8)	(9)
	ha	kg	t	%	ha	kg	t	%	ha
全国 (1)	**38,300**	**313**	**119,700**	**106**	**38,300**	**318**	**121,700**	**106**	**38,000**
（全国農業地域）									
北海道 (2)	1,720	337	5,800	102	1,660	334	5,540	98	1,700
都府県 (3)	36,600	311	113,900	106	36,600	317	116,100	106	36,300
東北 (4)	x	275	x	367	5	160	8	nc	14
北陸 (5)	9	156	14	108	7	86	6	50	2
関東・東山 (6)	12,600	380	47,900	112	12,500	336	42,000	nc	12,200
東海 (7)	2	123	3	103	3	200	5	168	4
近畿 (8)	154	250	385	109	153	231	353	97	x
中国 (9)	2,820	344	9,700	108	2,740	301	8,240	94	2,700
四国 (10)	30	280	84	88	x	226	x	72	x
九州 (11)	21,100	265	55,900	99	21,100	310	65,500	115	21,200
沖縄 (12)	x	x	x	x	x	x	x	nc	x
（都道府県）									
北海道 (13)	1,720	337	5,800	102	1,660	334	5,540	98	1,700
青森 (14)	−	−	−	nc	−	−	−	nc	−
岩手 (15)	x	x	x	x	x	x	x	x	x
宮城 (16)	2	318	6	nc	2	320	6	nc	11
秋田 (17)	2	210	4	147	x	x	x	x	x
山形 (18)	−	−	−	nc	−	−	−	nc	−
福島 (19)	x	x	x	x	x	x	x	x	x
茨城 (20)	1,110	273	3,030	116	1,240	260	3,220	105	1,210
栃木 (21)	9,160	395	36,200	113	9,020	344	31,000	95	8,730
群馬 (22)	1,570	367	5,760	106	1,580	322	5,090	92	1,580
埼玉 (23)	712	402	2,860	106	699	377	2,640	97	670
千葉 (24)	x	x	x	x	x	x	x	x	x
東京 (25)	2	229	4	99	1	160	2	70	1
神奈川 (26)	−	−	−	−	x	x	x	x	x
新潟 (27)	−	−	−	−	−	−	−	−	−
富山 (28)	x	x	x	x	x	x	x	x	x
石川 (29)	x	x	x	x	x	x	x	x	x
福井 (30)	−	−	−	nc	−	−	−	nc	−
山梨 (31)	−	−	−	−	−	−	−	−	−
長野 (32)	2	335	6	nc	2	253	5	nc	2
岐阜 (33)	−	−	−	nc	−	−	−	nc	−
静岡 (34)	2	123	3	103	3	200	5	168	4
愛知 (35)	−	−	−	−	−	−	−	−	−
三重 (36)	−	−	−	nc	−	−	−	nc	−
滋賀 (37)	58	400	232	125	55	424	233	121	53
京都 (38)	96	159	153	91	98	122	120	69	93
大阪 (39)	−	−	−	nc	−	−	−	nc	x
兵庫 (40)	−	−	−	nc	−	−	−	nc	−
奈良 (41)	−	−	−	nc	−	−	−	nc	x
和歌山 (42)	−	−	−	nc	−	−	−	nc	−
鳥取 (43)	97	297	288	116	100	247	247	90	94
島根 (44)	493	325	1,600	126	459	233	1,070	87	474
岡山 (45)	2,100	360	7,570	106	2,030	323	6,560	94	1,970
広島 (46)	x	x	x	x	x	x	x	x	x
山口 (47)	135	180	243	84	150	239	359	113	161
徳島 (48)	25	280	70	88	22	223	49	71	12
香川 (49)	−	−	−	nc	x	x	x	x	x
愛媛 (50)	−	−	−	nc	−	−	−	nc	−
高知 (51)	5	289	14	89	5	238	12	73	5
福岡 (52)	5,950	267	15,900	99	6,070	313	19,000	116	6,350
佐賀 (53)	10,700	268	28,700	95	10,500	328	34,400	116	10,100
長崎 (54)	1,200	255	3,060	100	1,230	324	3,990	129	1,220
熊本 (55)	1,720	278	4,780	113	1,750	246	4,310	95	1,830
大分 (56)	1,260	240	3,020	119	1,350	245	3,310	117	1,460
宮崎 (57)	46	257	118	118	55	308	169	133	58
鹿児島 (58)	152	195	296	101	141	238	336	123	149
沖縄 (59)	x	x	x	nc	x	x	x	nc	x

令和元			2				3				
10 a 当たり収量	収穫量	(参考) 10 a 当たり平均収量対比	作付面積	10 a 当たり収量	収穫量	(参考) 10 a 当たり平均収量対比	作付面積	10 a 当たり収量	収穫量	(参考) 10 a 当たり平均収量対比	
(10)	(11)	(12)	(13)	(14)	(15)	(16)	(17)	(18)	(19)	(20)	
kg	t	%	ha	kg	t	%	ha	kg	t	%	
386	**146,600**	**128**	**39,300**	**368**	**144,700**	**120**	**38,200**	**413**	**157,600**	**130**	(1)
448	7,620	128	1,760	432	7,600	120	1,740	446	7,760	117	(2)
383	139,000	128	37,500	366	137,100	120	36,400	412	149,800	131	(3)
307	43	119	14	250	35	97	x	342	x	133	(4)
100	2	67	2	250	5	167	2	200	4	133	(5)
357	43,600	102	12,200	344	42,000	95	12,000	401	48,100	112	(6)
75	3	61	11	200	22	171	18	256	46	187	(7)
306	x	125	x	330	x	nc	155	338	524	nc	(8)
396	10,700	127	2,860	374	10,700	118	2,950	386	11,400	120	(9)
500	x	174	x	467	x	nc	x	226	x	69	(10)
397	84,200	147	22,300	376	83,800	135	21,200	423	89,600	141	(11)
x	x	nc	x	x	x	x	2	87	2	140	(12)
448	7,620	128	1,760	432	7,600	120	1,740	446	7,760	117	(13)
−	−	nc	−	−	−	nc	−	−	−	nc	(14)
x	x	x	−	−	−	−	−	−	−	−	(15)
327	36	123	11	273	30	97	x	x	x	x	(16)
x	x	x	x	x	x	x	−	−	−	−	(17)
−	−	nc	−	−	−	nc	−	−	−	nc	(18)
x	x	x	x	x	x	x	7	178	12	123	(19)
264	3,190	105	1,160	238	2,760	92	1,010	308	3,110	122	(20)
371	32,400	102	8,660	357	30,900	95	8,650	408	35,300	111	(21)
351	5,550	103	1,630	357	5,820	103	1,670	403	6,730	116	(22)
361	2,420	91	695	354	2,460	89	702	419	2,940	109	(23)
x	x	x	−	−	−	−	−	−	−	−	(24)
204	3	103	x	215	x	108	1	162	2	83	(25)
x	x	x	x	x	x	x	−	−	−	−	(26)
−	−	−	x	x	x	x	−	−	−	−	(27)
x	x	x	x	x	x	x	x	x	x	x	(28)
x	x	x	x	x	x	x	x	x	x	x	(29)
−	−	nc	−	−	−	nc	−	−	−	nc	(30)
−	−	−	−	−	−	−	−	−	−	nc	(31)
309	6	98	7	200	14	64	10	220	22	74	(32)
−	−	nc	−	−	−	nc	−	−	−	nc	(33)
75	3	61	11	200	22	171	18	256	46	187	(34)
−	−	−	−	−	−	−	−	−	−	−	(35)
−	−	nc	−	−	−	nc	−	−	−	nc	(36)
379	201	101	59	415	245	107	58	445	258	113	(37)
263	245	156	88	276	243	146	96	276	265	132	(38)
x	x	x	x	x	x	nc	−	−	−	nc	(39)
−	−	nc	1	108	1	nc	1	112	1	nc	(40)
x	x	x	x	x	x	nc	−	−	−	nc	(41)
−	−	nc	−	−	−	nc	−	−	−	nc	(42)
318	299	116	93	358	333	131	89	291	259	103	(43)
347	1,640	130	497	305	1,520	112	502	300	1,510	109	(44)
418	8,230	126	2,070	403	8,340	119	2,120	419	8,880	121	(45)
x	x	x	x	x	x	x	x	x	x	x	(46)
301	485	145	195	271	528	121	232	316	733	137	(47)
533	64	186	13	515	67	177	45	210	95	64	(48)
x	x	nc	x	x	x	nc	x	x	x	x	(49)
−	−	nc	−	−	−	nc	−	−	−	nc	(50)
410	21	135	x	x	x	x	5	360	18	122	(51)
411	26,100	149	6,880	385	26,500	135	5,790	438	25,400	144	(52)
427	43,100	151	10,300	396	40,800	138	9,970	458	45,700	145	(53)
375	4,580	149	1,310	341	4,470	126	1,160	390	4,520	134	(54)
297	5,440	114	2,000	323	6,460	121	2,230	331	7,380	121	(55)
302	4,410	143	1,550	314	4,870	140	1,740	324	5,640	137	(56)
303	176	124	60	344	206	130	67	300	201	109	(57)
258	384	133	172	272	468	136	225	330	743	155	(58)
x	x	nc	x	x	x	x	2	87	2	140	(59)

2 麦類（続き）

(1) 麦類の収穫量（続き）

エ 六条大麦

全国農業地域・都道府県	平成29年産				30				
	作付面積	10a当たり収量	収穫量	（参考）10a当たり平均収量対比	作付面積	10a当たり収量	収穫量	（参考）10a当たり平均収量対比	作付面積
	(1)	(2)	(3)	(4)	(5)	(6)	(7)	(8)	(9)
	ha	kg	t	%	ha	kg	t	%	ha
全国 (1)	**18,100**	**290**	**52,400**	**104**	**17,300**	**225**	**39,000**	**79**	**17,700**
（全国農業地域）									
北海道 (2)	x	x	x	x	x	x	x	nc	17
都府県 (3)	18,100	290	52,400	104	17,300	225	39,000	79	17,700
東北 (4)	1,180	349	4,120	143	1,280	266	3,400	nc	1,300
北陸 (5)	10,100	286	28,900	98	9,380	188	17,600	64	9,280
関東・東山 (6)	4,950	299	14,800	108	4,810	287	13,800	100	4,730
東海 (7)	681	247	1,680	103	693	237	1,640	94	709
近畿 (8)	1,030	271	2,790	108	1,070	221	2,360	84	1,520
中国 (9)	91	190	173	112	x	171	x	93	x
四国 (10)	x	x	x	nc	x	x	x	nc	x
九州 (11)	12	392	47	118	3	387	13	129	x
沖縄 (12)	–	–	–	nc	–	–	–	nc	–
（都道府県）									
北海道 (13)	x	x	x	x	x	x	x	nc	17
青森 (14)	–	–	–	nc	x	x	x	x	47
岩手 (15)	93	220	205	94	84	230	193	97	66
宮城 (16)	1,060	367	3,890	148	1,170	272	3,180	103	1,160
秋田 (17)	–	–	–	–	x	x	x	x	–
山形 (18)	23	83	19	70	19	59	11	50	15
福島 (19)	2	254	5	89	4	211	8	71	10
茨城 (20)	2,090	254	5,310	115	1,940	225	4,370	97	1,830
栃木 (21)	1,560	315	4,910	108	1,560	308	4,800	104	1,570
群馬 (22)	527	328	1,730	97	491	325	1,600	96	494
埼玉 (23)	182	382	695	95	198	415	822	103	194
千葉 (24)	43	334	144	150	37	376	139	156	34
東京 (25)	–	–	–	nc	–	–	–	nc	–
神奈川 (26)	x	x	x	x	x	x	x	x	x
新潟 (27)	244	229	558	126	179	209	374	101	196
富山 (28)	3,390	282	9,560	92	3,280	219	7,180	71	3,180
石川 (29)	1,360	335	4,560	118	1,330	220	2,930	74	1,350
福井 (30)	5,140	276	14,200	96	4,590	156	7,160	54	4,550
山梨 (31)	44	203	89	75	46	196	90	80	41
長野 (32)	496	377	1,870	104	538	370	1,990	101	570
岐阜 (33)	277	161	446	96	260	163	424	98	257
静岡 (34)	8	158	13	118	7	176	13	123	7
愛知 (35)	85	458	389	132	96	304	292	79	116
三重 (36)	311	268	833	97	330	276	911	98	329
滋賀 (37)	533	284	1,510	99	585	251	1,470	87	1,010
京都 (38)	x	107	x	104	x	x	x	x	–
大阪 (39)	–	–	–	nc	x	x	x	nc	x
兵庫 (40)	497	258	1,280	120	483	183	884	79	508
奈良 (41)	x	x	x	x	x	x	x	x	–
和歌山 (42)	x	x	x	x	x	x	x	x	x
鳥取 (43)	1	200	2	131	x	x	x	x	x
島根 (44)	x	x	x	x	10	170	17	139	x
岡山 (45)	x	120	x	67	x	119	x	66	x
広島 (46)	80	203	162	115	83	171	142	90	83
山口 (47)	–	–	–	nc	–	–	–	nc	–
徳島 (48)	x	x	x	x	x	x	x	nc	x
香川 (49)	–	–	–	nc	–	–	–	nc	–
愛媛 (50)	–	–	–	nc	–	–	–	nc	–
高知 (51)	–	–	–	nc	–	–	–	nc	–
福岡 (52)	–	–	–	nc	–	–	–	nc	–
佐賀 (53)	–	–	–	nc	–	–	–	nc	–
長崎 (54)	–	–	–	nc	–	–	–	nc	–
熊本 (55)	x	x	x	x	–	–	–	–	x
大分 (56)	6	426	26	123	x	x	x	x	5
宮崎 (57)	–	–	–	nc	–	–	–	nc	–
鹿児島 (58)	x	x	x	x	x	x	x	x	x
沖縄 (59)	–	–	–	nc	–	–	–	nc	–

令和元			2				3				
10 a 当たり収量	収穫量	(参考)10 a 当たり平均収量対比	作付面積	10 a 当たり収量	収穫量	(参考)10 a 当たり平均収量対比	作付面積	10 a 当たり収量	収穫量	(参考)10 a 当たり平均収量対比	
(10)	(11)	(12)	(13)	(14)	(15)	(16)	(17)	(18)	(19)	(20)	
kg	t	%	ha	kg	t	%	ha	kg	t	%	
315	**55,800**	**111**	**18,000**	**314**	**56,600**	**108**	**18,100**	**304**	**55,100**	**104**	(1)
441	75	nc	19	142	27	42	x	x	x	x	(2)
315	55,700	111	18,000	314	56,600	108	18,000	306	55,000	105	(3)
335	4,360	nc	1,340	344	4,610	nc	1,450	337	4,890	111	(4)
301	27,900	102	9,380	300	28,100	102	9,660	295	28,500	101	(5)
319	15,100	109	4,520	299	13,500	97	4,530	311	14,100	103	(6)
329	2,330	129	703	333	2,340	127	511	276	1,410	106	(7)
378	5,750	nc	1,930	397	7,670	142	1,760	332	5,840	111	(8)
243	x	133	x	216	x	113	x	192	x	98	(9)
x	x	nc	x	x	x	x	x	x	x	x	(10)
385	x	119	19	363	69	105	28	257	72	nc	(11)
–	–	nc	–	–	–	nc	–	–	–	nc	(12)
441	75	nc	19	142	27	42	x	x	x	x	(13)
196	92	nc	63	474	299	nc	x	x	x	x	(14)
244	161	103	74	278	206	115	76	264	201	109	(15)
350	4,060	124	1,160	349	4,050	115	1,280	348	4,450	112	(16)
–	–	–	x	x	x	x	–	–	–	–	(17)
122	18	103	13	154	20	136	x	x	x	x	(18)
325	33	109	20	168	34	57	33	179	59	66	(19)
262	4,800	109	1,530	231	3,530	91	1,530	291	4,450	119	(20)
335	5,260	112	1,670	302	5,040	95	1,640	279	4,580	90	(21)
360	1,780	110	515	341	1,760	101	520	345	1,790	104	(22)
372	722	91	176	407	716	100	160	483	773	122	(23)
318	108	118	32	303	97	106	34	425	145	142	(24)
–	–	nc	–	–	–	nc	–	–	–	nc	(25)
x	x	x	x	x	x	x	x	x	x	x	(26)
329	645	152	175	323	565	146	132	252	333	103	(27)
294	9,350	95	3,210	272	8,730	90	3,310	309	10,200	105	(28)
351	4,740	118	1,340	359	4,810	120	1,440	327	4,710	103	(29)
291	13,200	101	4,650	300	14,000	104	4,780	279	13,300	97	(30)
256	105	115	40	220	88	103	41	215	88	104	(31)
405	2,310	109	562	409	2,300	110	603	371	2,240	98	(32)
214	550	126	262	243	637	143	274	175	480	97	(33)
86	6	56	7	157	11	102	1	129	1	85	(34)
468	543	122	110	392	431	97	104	444	462	109	(35)
374	1,230	135	324	389	1,260	134	132	350	462	115	(36)
384	3,880	132	1,380	420	5,800	140	1,480	340	5,030	110	(37)
–	–	–	–	–	–	–	–	–	–	–	(38)
x	x	nc	x	x	x	x	x	x	x	x	(39)
368	1,870	172	546	343	1,870	150	276	294	811	120	(40)
–	–	–	x	x	x	x	–	–	–	–	(41)
x	x	x	x	x	x	x	1	121	1	90	(42)
x	x	x	x	x	x	x	x	x	x	x	(43)
x	x	x	15	139	21	109	12	92	11	67	(44)
140	x	80	x	102	x	63	1	175	2	120	(45)
252	209	131	92	228	210	113	104	203	211	100	(46)
–	–	nc	–	–	–	nc	–	–	–	nc	(47)
x	x	nc	x	x	x	x	x	x	x	x	(48)
–	–	nc	–	–	–	nc	–	–	–	nc	(49)
–	–	nc	–	–	–	nc	–	–	–	nc	(50)
–	–	nc	–	–	–	nc	–	–	–	nc	(51)
–	–	nc	–	–	–	nc	–	–	–	nc	(52)
–	–	nc	–	–	–	nc	–	–	–	nc	(53)
–	–	nc	–	–	–	nc	–	–	–	nc	(54)
x	x	x	9	356	32	108	14	243	34	72	(55)
380	19	104	8	343	27	95	8	286	23	82	(56)
–	–	nc	x	x	x	x	x	x	x	nc	(57)
x	x	x	x	x	x	x	x	x	x	x	(58)
–	–	nc	–	–	–	nc	–	–	–	nc	(59)

2 麦類（続き）

(1) 麦類の収穫量（続き）

オ はだか麦

全国農業地域・都道府県	平成29年産				30				
	作付面積	10a当たり収量	収穫量	（参考）10a当たり平均収量対比	作付面積	10a当たり収量	収穫量	（参考）10a当たり平均収量対比	作付面積
	(1)	(2)	(3)	(4)	(5)	(6)	(7)	(8)	(9)
	ha	kg	t	%	ha	kg	t	%	ha
全国 (1)	**4,970**	**256**	**12,700**	**102**	**5,420**	**258**	**14,000**	**102**	**5,780**
（全国農業地域）									
北海道 (2)	35	371	130	110	64	172	110	50	149
都府県 (3)	4,940	253	12,500	101	5,350	260	13,900	103	5,630
東北 (4)	1	23	0	nc	10	120	12	nc	7
北陸 (5)	x	x	x	nc	x	225	x	nc	x
関東・東山 (6)	96	345	331	136	x	266	x	nc	x
東海 (7)	14	271	38	181	44	320	141	190	x
近畿 (8)	x	206	x	120	x	230	x	106	x
中国 (9)	502	157	788	98	x	170	x	105	707
四国 (10)	2,620	277	7,260	103	2,640	274	7,230	101	2,630
九州 (11)	1,630	243	3,960	105	1,750	271	4,740	115	1,740
沖縄 (12)	－	－	－	nc	－	－	－	nc	－
（都道府県）									
北海道 (13)	35	371	130	110	64	172	110	50	149
青森 (14)	－	－	－	nc	－	－	－	nc	－
岩手 (15)	－	－	－	nc	－	－	－	nc	－
宮城 (16)	－	－	－	nc	x	x	x	x	x
秋田 (17)	－	－	－	nc	－	－	－	nc	－
山形 (18)	x	x	x	x	x	x	x	x	x
福島 (19)	x	x	x	x	x	x	x	nc	x
茨城 (20)	40	440	176	203	125	252	315	97	229
栃木 (21)	10	240	24	117	21	267	56	126	44
群馬 (22)	－	－	－	nc	3	200	6	nc	5
埼玉 (23)	44	291	128	98	51	300	153	98	62
千葉 (24)	x	x	x	x	16	281	45	141	8
東京 (25)	x	x	x	x	x	x	x	x	x
神奈川 (26)	－	－	－	－	x	x	x	x	x
新潟 (27)	－	－	－	nc	－	－	－	nc	－
富山 (28)	x	x	x	x	x	x	x	nc	x
石川 (29)	－	－	－	nc	－	－	－	nc	－
福井 (30)	－	－	－	nc	－	－	－	nc	－
山梨 (31)	－	－	－	nc	－	－	－	nc	－
長野 (32)	－	－	－	nc	－	－	－	nc	－
岐阜 (33)	－	－	－	nc	－	－	－	nc	－
静岡 (34)	－	－	－	nc	－	－	－	nc	x
愛知 (35)	5	260	13	138	13	208	27	102	15
三重 (36)	9	278	25	201	31	368	114	241	25
滋賀 (37)	19	277	53	91	47	355	167	115	66
京都 (38)	－	－	－	－	－	－	－	nc	－
大阪 (39)	－	－	－	－	－	－	－	－	－
兵庫 (40)	58	183	106	143	63	137	86	93	90
奈良 (41)	x	153	x	97	x	153	x	95	x
和歌山 (42)	－	－	－	nc	0	145	0	nc	0
鳥取 (43)	x	x	x	x	x	x	x	nc	7
島根 (44)	x	x	x	x	44	182	80	86	26
岡山 (45)	46	243	112	102	89	242	215	103	175
広島 (46)	25	112	28	76	45	109	49	80	62
山口 (47)	409	149	609	99	404	159	642	110	437
徳島 (48)	51	206	105	125	60	137	82	72	66
香川 (49)	770	317	2,440	112	774	288	2,230	100	773
愛媛 (50)	1,790	263	4,710	99	1,810	271	4,910	102	1,790
高知 (51)	1	132	1	86	2	167	3	111	2
福岡 (52)	447	239	1,070	85	504	314	1,580	116	488
佐賀 (53)	219	281	615	104	225	324	729	119	250
長崎 (54)	102	136	139	84	77	173	133	114	69
熊本 (55)	134	207	277	117	157	229	360	122	161
大分 (56)	705	258	1,820	121	748	253	1,890	113	730
宮崎 (57)	9	94	8	63	14	66	9	49	19
鹿児島 (58)	16	176	28	127	21	164	34	110	24
沖縄 (59)	－	－	－	nc	－	－	－	nc	－

令和元			2				3				
10 a 当たり収量	収穫量	（参考）10 a 当たり平均収量対比	作付面積	10 a 当たり収量	収穫量	（参考）10 a 当たり平均収量対比	作付面積	10 a 当たり収量	収穫量	（参考）10 a 当たり平均収量対比	
(10)	(11)	(12)	(13)	(14)	(15)	(16)	(17)	(18)	(19)	(20)	
kg	t	%	ha	kg	t	%	ha	kg	t	%	
351	**20,300**	**140**	**6,330**	**322**	**20,400**	**124**	**6,820**	**324**	**22,100**	**122**	(1)
213	317	63	195	286	557	92	498	293	1,460	96	(2)
355	20,000	141	6,140	324	19,900	125	6,320	326	20,600	123	(3)
329	23	nc	x	100	x	nc	x	x	x	x	(4)
x	x	nc	2	150	3	nc	2	150	3	nc	(5)
319	x	nc	x	291	x	nc	x	286	x	95	(6)
330	x	169	x	252	x	nc	x	269	x	nc	(7)
341	x	152	x	294	x	nc	x	219	x	nc	(8)
293	2,070	nc	927	257	2,380	140	790	247	1,950	129	(9)
395	10,400	148	2,710	369	10,000	133	2,800	353	9,880	122	(10)
327	5,690	135	1,760	305	5,370	119	1,940	347	6,730	137	(11)
-	-	nc	-	-	-	nc	-	-	-	nc	(12)
213	317	63	195	286	557	92	498	293	1,460	96	(13)
-	-	nc	-	-	-	nc	-	-	-	nc	(14)
-	-	nc	-	-	-	nc	-	-	-	nc	(15)
x	x	nc	-	-	-	nc	-	-	-	nc	(16)
-	-	nc	-	-	-	nc	-	-	-	nc	(17)
x	x	x	x	x	x	x	-	-	-	-	(18)
x	x	nc	x	x	x	x	x	x	x	x	(19)
339	776	126	291	273	794	90	325	285	926	90	(20)
239	105	113	41	307	126	148	42	279	117	128	(21)
257	13	nc	3	184	6	nc	3	293	9	137	(22)
308	191	99	102	349	356	113	111	288	320	94	(23)
288	23	122	9	222	20	89	5	340	17	139	(24)
x	x	x	x	x	x	x	x	x	x	x	(25)
x	x	x	x	x	x	x	x	x	x	x	(26)
-	-	nc	-	-	-	nc	-	-	-	nc	(27)
x	x	nc	x	x	x	x	x	x	x	x	(28)
-	-	nc	-	-	-	nc	-	-	-	nc	(29)
-	-	nc	x	x	x	x	x	x	x	nc	(30)
-	-	nc	-	-	-	nc	-	-	-	nc	(31)
-	-	nc	-	-	-	nc	-	-	-	nc	(32)
-	-	nc	-	-	-	nc	-	-	-	nc	(33)
x	x	x	x	x	x	nc	x	x	x	nc	(34)
260	39	120	19	237	45	98	19	258	49	108	(35)
372	93	206	37	259	96	114	29	276	80	111	(36)
503	332	155	75	469	352	139	90	316	284	84	(37)
-	-	nc	-	-	-	nc	-	-	-	nc	(38)
-	-	-	-	-	-	nc	x	x	x	nc	(39)
221	199	146	157	210	330	130	164	165	271	96	(40)
174	x	107	x	x	x	x	x	x	x	x	(41)
134	0	nc	0	101	0	nc	0	74	0	58	(42)
200	14	nc	9	200	18	88	5	200	10	90	(43)
346	90	163	41	243	100	114	42	326	137	150	(44)
412	721	174	290	355	1,030	145	225	298	671	116	(45)
231	143	179	123	234	288	168	83	175	145	111	(46)
252	1,100	171	464	203	942	130	435	226	983	140	(47)
188	124	104	50	251	126	138	32	100	32	55	(48)
429	3,320	151	802	358	2,870	118	909	319	2,900	106	(49)
388	6,950	149	1,860	377	7,010	141	1,860	373	6,940	130	(50)
425	9	283	3	247	7	161	3	174	5	101	(51)
394	1,920	143	481	340	1,640	121	482	408	1,970	141	(52)
396	990	141	252	362	912	122	249	442	1,100	139	(53)
183	126	110	69	162	112	99	227	221	502	136	(54)
222	357	110	146	197	288	95	131	297	389	146	(55)
305	2,230	133	774	302	2,340	121	813	331	2,690	131	(56)
170	32	130	15	177	27	148	14	129	18	112	(57)
157	38	103	22	223	49	145	25	222	56	134	(58)
-	-	nc	-	-	-	nc	-	-	-	nc	(59)

2　麦類（続き）

(2)　麦類の10 a 当たり平均収量

ア　小麦（単位：kg）　　イ　二条大麦（単位：kg）

全国農業地域・都道府県	ア 小麦 平成29年産 (1)	30 (2)	令和元 (3)	2 (4)	3 (5)	イ 二条大麦 平成29年産 (1)	30 (2)	令和元 (3)	2 (4)	3 (5)
全国	**384**	**399**	**399**	**411**	**423**	**295**	**301**	**301**	**306**	**317**
(全国農業地域)										
北海道	444	460	460	474	489	331	340	349	361	380
都府県	296	309	315	322	329	294	299	299	304	315
東北	203	213	218	230	238	75	…	257	257	258
北陸	186	203	209	212	208	144	171	150	150	150
関東・東山	345	363	368	372	368	339	…	351	361	358
東海	303	319	328	344	356	119	119	122	117	137
近畿	238	246	253	257	266	230	238	245	…	…
中国	246	261	263	281	296	318	320	312	317	323
四国	298	316	314	333	337	317	315	288	…	326
九州	294	304	318	327	338	268	269	270	278	299
沖縄	182	175	163	158	144	…	…	…	64	62
(都道府県)										
北海道	444	460	460	474	489	331	340	349	361	380
青森	182	199	199	218	228	…	…	−	−	−
岩手	176	183	182	193	197	282	292	292	333	362
宮城	335	355	368	382	398	…	…	266	281	304
秋田	164	167	173	178	205	143	167	150	191	205
山形	195	208	215	233	245	−	−	−	−	−
福島	170	181	192	202	210	210	173	160	154	145
茨城	289	308	315	324	315	236	248	252	260	253
栃木	343	357	361	373	370	349	362	363	375	368
群馬	415	425	425	420	415	345	349	341	348	346
埼玉	348	374	384	394	389	378	390	396	396	383
千葉	268	289	304	318	317	153	175	187	246	254
東京	287	279	268	257	253	231	229	199	199	196
神奈川	268	272	275	279	279	313	298	252	200	189
新潟	189	201	208	205	214	79	66	84	84	40
富山	222	227	227	213	201	138	131	131	143	150
石川	144	161	168	183	200	156	176	176	184	165
福井	191	215	225	232	213	−	−	−	−	−
山梨	299	294	287	287	294	221	221	221	221	…
長野	322	332	332	325	325	…	…	314	313	299
岐阜	285	297	301	303	309	−	−	−	−	−
静岡	177	194	205	220	221	119	119	122	117	137
愛知	388	406	415	434	457	240	240	240	223	193
三重	253	266	280	300	313	…	−	−	−	−
滋賀	255	260	269	274	283	321	349	377	387	393
京都	115	120	127	131	145	175	176	169	189	209
大阪	130	117	122	131	136	…	…	−	…	…
兵庫	191	200	200	206	219	−	−	−	−	…
奈良	204	215	217	225	234	−	−	−	…	…
和歌山	124	123	122	125	124	−	−	−	−	−
鳥取	209	229	244	257	277	255	273	274	274	283
島根	134	140	144	153	157	258	268	267	272	275
岡山	302	321	320	337	356	341	342	333	339	347
広島	181	190	190	198	187	96	117	100	100	103
山口	234	248	251	267	282	215	212	208	224	230
徳島	277	289	278	280	285	317	314	286	291	328
香川	301	319	316	335	339	−	−	…	…	312
愛媛	284	295	305	315	321	…	…	−	−	−
高知	177	178	168	163	163	323	328	304	304	294
福岡	313	320	337	346	356	270	269	276	285	305
佐賀	296	313	329	336	350	282	282	282	287	315
長崎	248	258	254	260	266	256	251	251	270	292
熊本	284	290	294	305	309	245	260	260	268	273
大分	224	230	243	258	260	202	209	211	225	236
宮崎	183	195	184	202	211	217	231	245	265	274
鹿児島	168	161	151	153	153	194	194	194	200	213
沖縄	182	175	163	158	144	…	…	…	64	62

ウ 六条大麦

エ はだか麦

単位：kg　　単位：kg

全国農業地域・都道府県	ウ 六条大麦 平成29年産 (1)	30 (2)	令和元 (3)	2 (4)	3 (5)	エ はだか麦 平成29年産 (1)	30 (2)	令和元 (3)	2 (4)	3 (5)
全国	**278**	**285**	**285**	**290**	**292**	**251**	**252**	**250**	**260**	**266**
（全国農業地域）										
北海道	-	…	…	337	288	336	344	336	311	306
都府県	278	285	285	290	292	251	252	251	260	266
東北	244	…	…	…	304	…	…	…	…	123
北陸	292	294	295	293	293	…	…	…	…	…
関東・東山	277	287	292	308	302	253	…	…	…	302
東海	239	251	255	262	260	150	168	195	…	…
近畿	251	264	…	279	298	171	216	224	…	…
中国	170	183	183	191	195	161	162	…	184	191
四国	…	…	…	216	217	269	272	266	277	290
九州	333	300	323	347	…	232	235	243	256	254
沖縄	-	-	-	-	-	-	-	-	-	-
（都道府県）										
北海道	-	…	…	337	288	336	344	336	311	306
青森	-	-	…	…	346	-	-	-	-	-
岩手	234	236	236	241	242	-	-	-	-	-
宮城	248	265	283	303	310	-	-	…	…	…
秋田	191	201	201	214	153	-	-	-	-	-
山形	119	118	118	113	117	43	32	43	39	61
福島	286	297	297	297	273	-	…	…	110	123
茨城	221	233	241	253	245	217	259	269	303	315
栃木	293	296	298	318	311	205	212	212	207	218
群馬	339	339	327	337	333	-	-	…	…	214
埼玉	403	403	411	406	396	298	305	310	310	306
千葉	223	241	270	287	300	193	199	237	250	244
東京	…	…	…	-	-	210	188	188	200	230
神奈川	239	274	286	290	315	192	192	173	145	153
新潟	182	206	217	221	244	-	-	-	-	-
富山	305	309	309	302	294	-	…	…	140	147
石川	283	297	297	299	316	-	-	-	-	-
福井	289	288	288	288	287	-	-	-	-	…
山梨	269	246	223	214	207	-	-	-	-	-
長野	364	366	371	371	380	-	-	-	-	-
岐阜	167	166	170	170	181	…	…	…	…	…
静岡	134	143	154	154	152	-	-	-	…	…
愛知	348	384	384	405	408	189	204	217	241	240
三重	275	282	278	290	305	138	153	181	227	248
滋賀	286	290	290	299	309	305	308	324	338	376
京都	103	103	103	102	103	92	…	…	-	-
大阪	…	…	…	85	81	199	199	199	…	…
兵庫	215	231	214	229	245	128	147	151	161	171
奈良	93	96	96	95	112	157	161	162	159	150
和歌山	139	132	121	127	134	-	-	…	…	127
鳥取	153	153	149	157	121	-	…	…	228	221
島根	119	122	121	128	137	223	212	212	214	218
岡山	180	180	174	162	146	238	236	237	244	257
広島	176	190	192	201	203	148	137	129	139	157
山口	-	-	-	-	-	150	144	147	156	161
徳島	-	…	…	216	217	165	190	180	182	182
香川	-	-	-	-	-	283	289	284	304	300
愛媛	-	-	-	-	-	267	266	261	267	286
高知	-	-	-	-	-	153	150	150	153	172
福岡	-	-	-	-	-	280	270	276	281	290
佐賀	-	-	-	-	-	271	273	281	297	318
長崎	-	-	-	-	-	162	152	166	164	162
熊本	314	323	323	330	338	177	188	201	207	203
大分	345	359	364	360	349	213	223	230	249	252
宮崎	-	-	-	-	…	150	134	131	120	115
鹿児島	256	242	265	327	358	139	149	152	154	166
沖縄	-	-	-	-	-	-	-	-	-	-

2　麦類（続き）

(3)　小麦の秋まき、春まき別収穫量（北海道）

区分	平成29年産			30			令和元		
	作付面積	10a当たり収量	収穫量	作付面積	10a当たり収量	収穫量	作付面積	10a当たり収量	収穫量
	(1)	(2)	(3)	(4)	(5)	(6)	(7)	(8)	(9)
	ha	kg	t	ha	kg	t	ha	kg	t
北海道	**121,600**	**500**	**607,600**	**121,400**	**388**	**471,100**	**121,400**	**558**	**677,700**
秋まき	104,200	531	553,300	103,500	421	435,700	104,900	588	616,400
春まき	17,400	312	54,300	17,900	198	35,400	16,500	372	61,300

区分	2			3		
	作付面積	10a当たり収量	収穫量	作付面積	10a当たり収量	収穫量
	(10)	(11)	(12)	(13)	(14)	(15)
	ha	kg	t	ha	kg	t
北海道	**122,200**	**515**	**629,900**	**126,100**	**578**	**728,400**
秋まき	105,400	540	569,200	108,500	612	664,000
春まき	16,800	361	60,700	17,600	366	64,400

3　豆類

(1)　大豆

全国農業地域・都道府県	平成29年産 作付面積	10a当たり収量	収穫量	（参考）10a当たり平均収量対比	30 作付面積	10a当たり収量	収穫量	（参考）10a当たり平均収量対比	令和 作付面積	10a当たり収量
	(1)	(2)	(3)	(4)	(5)	(6)	(7)	(8)	(9)	(10)
	ha	kg	t	%	ha	kg	t	%	ha	kg
全国 (1)	**150,200**	**168**	**253,000**	**101**	**146,600**	**144**	**211,300**	**86**	**143,500**	**152**
（全国農業地域）										
北海道 (2)	41,000	245	100,500	103	40,100	205	82,300	85	39,100	226
都府県 (3)	109,200	140	152,500	96	106,600	121	129,000	84	104,400	124
東北 (4)	36,300	129	47,000	91	35,400	132	46,600	92	35,100	148
北陸 (5)	13,500	169	22,800	106	13,000	144	18,700	87	12,400	148
関東・東山 (6)	10,500	143	15,000	101	10,000	137	13,700	95	9,890	115
東海 (7)	12,100	117	14,200	98	12,000	51	6,080	45	11,900	101
近畿 (8)	9,880	128	12,600	94	9,700	66	6,410	49	9,410	107
中国 (9)	4,740	120	5,680	102	4,530	96	4,330	80	4,330	100
四国 (10)	557	101	561	85	531	101	537	91	489	137
九州 (11)	21,700	160	34,700	91	21,400	152	32,600	92	21,000	97
沖縄 (12)	0	53	0	166	0	42	0	124	0	18
（都道府県）										
北海道 (13)	41,000	245	100,500	103	40,100	205	82,300	85	39,100	226
青森 (14)	4,940	127	6,270	89	5,010	107	5,360	77	4,760	161
岩手 (15)	4,640	116	5,380	92	4,590	136	6,240	106	4,290	147
宮城 (16)	11,200	139	15,600	84	10,700	150	16,100	91	11,000	137
秋田 (17)	8,720	120	10,500	94	8,470	122	10,300	94	8,560	162
山形 (18)	5,130	145	7,440	106	5,090	128	6,520	90	4,950	155
福島 (19)	1,590	113	1,800	88	1,570	133	2,090	103	1,500	99
茨城 (20)	3,640	130	4,730	104	3,470	110	3,820	85	3,450	96
栃木 (21)	2,560	161	4,120	97	2,370	168	3,980	100	2,340	152
群馬 (22)	316	112	354	85	303	127	385	98	291	133
埼玉 (23)	679	137	930	134	667	96	640	88	636	86
千葉 (24)	900	112	1,010	96	885	106	938	89	871	43
東京 (25)	8	118	9	97	10	107	11	88	6	133
神奈川 (26)	42	143	60	85	41	132	54	80	40	138
新潟 (27)	5,160	179	9,240	107	4,750	168	7,980	97	4,410	174
富山 (28)	4,780	170	8,130	109	4,710	135	6,360	83	4,480	145
石川 (29)	1,730	150	2,600	105	1,660	130	2,160	87	1,660	124
福井 (30)	1,820	153	2,780	92	1,850	120	2,220	71	1,810	121
山梨 (31)	218	124	270	109	220	119	262	101	223	120
長野 (32)	2,140	163	3,490	99	2,070	172	3,560	104	2,030	140
岐阜 (33)	2,910	117	3,400	94	2,870	50	1,440	43	2,850	113
静岡 (34)	255	115	293	114	260	69	179	66	251	76
愛知 (35)	4,530	142	6,430	101	4,440	62	2,750	45	4,490	112
三重 (36)	4,420	93	4,110	98	4,390	39	1,710	43	4,290	82
滋賀 (37)	6,700	139	9,310	93	6,690	66	4,420	45	6,690	117
京都 (38)	304	118	359	105	311	83	258	71	307	113
大阪 (39)	16	119	19	96	15	73	11	59	15	113
兵庫 (40)	2,680	101	2,710	101	2,500	64	1,600	63	2,220	81
奈良 (41)	150	119	179	86	148	70	104	52	143	71
和歌山 (42)	29	97	28	90	29	72	21	69	28	93
鳥取 (43)	713	127	906	89	701	103	722	73	641	117
島根 (44)	823	136	1,120	109	805	110	886	87	756	131
岡山 (45)	1,730	115	1,990	103	1,630	85	1,390	73	1,580	80
広島 (46)	566	104	589	97	499	90	449	84	477	92
山口 (47)	906	118	1,070	110	896	98	881	89	871	105
徳島 (48)	42	45	19	61	39	43	17	64	17	39
香川 (49)	72	97	70	100	61	59	36	63	60	77
愛媛 (50)	354	119	421	86	346	128	443	99	338	173
高知 (51)	89	57	51	74	85	48	41	71	74	41
福岡 (52)	8,410	161	13,500	91	8,280	156	12,900	92	8,250	107
佐賀 (53)	8,150	185	15,100	95	8,000	170	13,600	91	7,820	80
長崎 (54)	449	117	525	103	468	90	421	81	399	52
熊本 (55)	2,440	141	3,440	83	2,430	149	3,620	93	2,450	126
大分 (56)	1,700	93	1,580	87	1,630	87	1,420	86	1,540	82
宮崎 (57)	233	112	261	96	250	109	273	103	219	157
鹿児島 (58)	328	99	325	83	364	107	389	98	325	125
沖縄 (59)	0	53	0	166	0	42	0	124	0	18

元		2				3				
収穫量	(参考) 10 a 当たり 平均収量 対比	作付面積	10 a 当たり 収量	収穫量	(参考) 10 a 当たり 平均収量 対比	作付面積	10 a 当たり 収量	収穫量	(参考) 10 a 当たり 平均収量 対比	
(11)	(12)	(13)	(14)	(15)	(16)	(17)	(18)	(19)	(20)	
t	%	ha	kg	t	%	ha	kg	t	%	
217,800	**92**	**141,700**	**154**	**218,900**	**96**	**146,200**	**169**	**246,500**	**105**	(1)
88,400	95	38,900	239	93,000	103	42,000	251	105,400	107	(2)
129,400	84	102,700	123	125,900	90	104,200	135	141,100	101	(3)
52,100	104	34,900	133	46,400	94	35,600	169	60,100	117	(4)
18,400	89	11,900	127	15,100	79	11,700	170	19,900	107	(5)
11,400	80	9,570	126	12,100	91	9,740	129	12,600	96	(6)
12,000	90	11,800	94	11,100	87	12,200	111	13,500	107	(7)
10,100	79	9,100	114	10,400	88	9,270	118	10,900	95	(8)
4,350	85	4,250	93	3,960	84	4,280	94	4,010	89	(9)
668	125	493	132	650	120	501	124	619	110	(10)
20,400	61	20,800	126	26,200	84	21,000	93	19,600	65	(11)
0	46	x	x	x	x	x	x	x	x	(12)
88,400	95	38,900	239	93,000	103	42,000	251	105,400	107	(13)
7,660	122	4,840	125	6,050	92	5,070	162	8,210	116	(14)
6,310	112	4,320	131	5,660	96	4,530	147	6,660	106	(15)
15,100	85	10,800	174	18,800	116	11,000	202	22,200	130	(16)
13,900	125	8,650	100	8,650	73	8,820	158	13,900	115	(17)
7,670	106	4,830	115	5,550	79	4,740	154	7,300	105	(18)
1,490	77	1,390	121	1,680	96	1,410	129	1,820	103	(19)
3,310	76	3,350	115	3,850	96	3,360	118	3,960	103	(20)
3,560	89	2,250	155	3,490	93	2,350	148	3,480	91	(21)
387	102	275	141	388	111	278	150	417	118	(22)
547	79	657	88	578	84	619	94	582	94	(23)
375	38	822	88	723	81	876	96	841	93	(24)
8	109	4	175	7	142	4	125	5	98	(25)
55	86	37	157	58	101	37	149	55	97	(26)
7,670	97	4,180	141	5,890	80	4,090	190	7,770	107	(27)
6,500	90	4,270	128	5,470	84	4,250	167	7,100	111	(28)
2,060	84	1,630	118	1,920	84	1,620	138	2,240	98	(29)
2,190	71	1,800	101	1,820	63	1,740	158	2,750	103	(30)
268	101	216	107	231	88	212	114	242	93	(31)
2,840	84	1,960	143	2,800	86	2,010	149	2,990	92	(32)
3,220	104	2,860	99	2,830	92	2,960	102	3,020	95	(33)
191	78	223	76	169	83	244	82	200	98	(34)
5,030	81	4,370	110	4,810	85	4,470	138	6,170	111	(35)
3,520	93	4,350	75	3,260	87	4,530	90	4,080	108	(36)
7,830	80	6,510	124	8,070	89	6,490	133	8,630	98	(37)
347	97	302	117	353	104	318	97	308	83	(38)
17	94	15	87	13	75	15	73	11	68	(39)
1,800	80	2,110	86	1,810	91	2,280	76	1,730	82	(40)
102	54	137	96	132	83	134	112	150	105	(41)
26	90	28	89	25	91	27	93	25	97	(42)
750	82	624	91	568	68	667	110	734	88	(43)
990	102	780	123	959	97	783	103	806	83	(44)
1,260	72	1,540	91	1,400	90	1,550	82	1,270	86	(45)
439	91	430	72	310	73	408	67	273	71	(46)
915	95	870	83	722	79	870	107	931	105	(47)
7	66	10	80	8	151	15	93	14	169	(48)
46	83	60	97	58	109	67	72	48	80	(49)
585	136	348	155	539	122	346	148	512	111	(50)
30	68	75	60	45	111	73	62	45	117	(51)
8,830	67	8,220	125	10,300	82	8,190	88	7,210	61	(52)
6,260	45	7,750	130	10,100	77	7,850	96	7,540	61	(53)
207	49	409	37	151	38	400	41	164	49	(54)
3,090	81	2,420	155	3,750	107	2,500	109	2,730	76	(55)
1,260	85	1,410	94	1,330	102	1,440	96	1,380	105	(56)
344	143	223	125	279	105	218	115	251	103	(57)
406	119	346	75	260	71	345	99	342	104	(58)
0	46	x	x	x	x	x	x	x	x	(59)

3 豆類（続き）

(2) 小豆

全国農業地域・都道府県	平成29年産 作付面積	平成29年産 10a当たり収量	平成29年産 収穫量	平成29年産 （参考）10a当たり平均収量対比	30 作付面積	30 10a当たり収量	30 収穫量	30 （参考）10a当たり平均収量対比	令和 作付面積	令和 10a当たり収量
	(1)	(2)	(3)	(4)	(5)	(6)	(7)	(8)	(9)	(10)
	ha	kg	t	%	ha	kg	t	%	ha	kg
全国 (1)	**22,700**	**235**	**53,400**	**113**	**23,700**	**178**	**42,100**	**81**	**25,500**	**232**
（全国農業地域）										
北海道 (2)	17,900	278	49,800	115	19,100	205	39,200	80	20,900	265
都府県 (3)	…	…	…	nc	4,620	63	2,920	nc	…	…
東北 (4)	…	…	…	nc	898	73	652	nc	…	…
北陸 (5)	…	…	…	nc	328	47	153	nc	…	…
関東・東山 (6)	…	…	…	nc	906	89	805	nc	…	…
東海 (7)	…	…	…	nc	115	65	75	nc	…	…
近畿 (8)	…	…	…	nc	1,240	51	633	nc	…	…
中国 (9)	…	…	…	nc	732	48	349	nc	…	…
四国 (10)	…	…	…	nc	85	71	60	nc	…	…
九州 (11)	…	…	…	nc	314	61	193	nc	…	…
沖縄 (12)	…	…	…	nc	−	−	−	nc	…	…
（都道府県）										
北海道 (13)	17,900	278	49,800	115	19,100	205	39,200	80	20,900	265
青森 (14)	…	…	…	nc	150	85	128	nc	…	…
岩手 (15)	…	…	…	nc	271	77	209	nc	…	…
宮城 (16)	…	…	…	nc	104	40	42	nc	…	…
秋田 (17)	…	…	…	nc	119	83	99	nc	…	…
山形 (18)	…	…	…	nc	75	65	49	nc	…	…
福島 (19)	…	…	…	nc	179	70	125	89	…	…
茨城 (20)	…	…	…	nc	123	103	127	nc	…	…
栃木 (21)	…	…	…	nc	149	130	194	nc	…	…
群馬 (22)	…	…	…	nc	171	106	181	nc	…	…
埼玉 (23)	…	…	…	nc	127	63	80	nc	…	…
千葉 (24)	…	…	…	nc	95	63	60	nc	…	…
東京 (25)	…	…	…	nc	−	−	−	nc	…	…
神奈川 (26)	…	…	…	nc	12	75	9	nc	…	…
新潟 (27)	…	…	…	nc	137	61	84	nc	…	…
富山 (28)	…	…	…	nc	17	60	10	nc	…	…
石川 (29)	…	…	…	nc	140	27	38	nc	…	…
福井 (30)	…	…	…	nc	34	62	21	nc	…	…
山梨 (31)	…	…	…	nc	42	69	29	nc	…	…
長野 (32)	…	…	…	nc	187	67	125	nc	…	…
岐阜 (33)	…	…	…	nc	44	73	32	nc	…	…
静岡 (34)	…	…	…	nc	13	69	9	nc	…	…
愛知 (35)	…	…	…	nc	28	75	21	nc	…	…
三重 (36)	…	…	…	nc	30	43	13	nc	…	…
滋賀 (37)	52	60	31	78	53	55	29	73	109	77
京都 (38)	461	52	240	91	453	41	186	71	447	54
大阪 (39)	…	…	…	nc	0	54	0	nc	…	…
兵庫 (40)	690	70	483	89	707	56	396	74	786	61
奈良 (41)	…	…	…	nc	27	74	20	nc	…	…
和歌山 (42)	…	…	…	nc	2	76	2	nc	…	…
鳥取 (43)	…	…	…	nc	116	55	64	nc	…	…
島根 (44)	…	…	…	nc	144	43	62	nc	…	…
岡山 (45)	…	…	…	nc	326	43	140	nc	…	…
広島 (46)	…	…	…	nc	110	59	65	nc	…	…
山口 (47)	…	…	…	nc	36	50	18	nc	…	…
徳島 (48)	…	…	…	nc	16	53	8	nc	…	…
香川 (49)	…	…	…	nc	21	34	7	nc	…	…
愛媛 (50)	…	…	…	nc	39	103	40	nc	…	…
高知 (51)	…	…	…	nc	9	54	5	nc	…	…
福岡 (52)	…	…	…	nc	40	73	29	nc	…	…
佐賀 (53)	…	…	…	nc	40	68	27	nc	…	…
長崎 (54)	…	…	…	nc	36	56	20	nc	…	…
熊本 (55)	…	…	…	nc	110	56	62	nc	…	…
大分 (56)	…	…	…	nc	60	58	35	nc	…	…
宮崎 (57)	…	…	…	nc	24	67	16	nc	…	…
鹿児島 (58)	…	…	…	nc	4	90	4	nc	…	…
沖縄 (59)	…	…	…	nc	−	−	−	nc	…	…

注：1 主産県調査を実施した年産の全国値については、主産県の調査結果から推計したものである。
2 平成30年産以降、作付面積は３年、収穫量は６年ごとに全国調査を実施し、全国調査以外の年にあっては主産県調査を実施することとしている。

元		2				3				
収穫量	(参考)10a当たり平均収量対比	作付面積	10a当たり収量	収穫量	(参考)10a当たり平均収量対比	作付面積	10a当たり収量	収穫量	(参考)10a当たり平均収量対比	
(11)	(12)	(13)	(14)	(15)	(16)	(17)	(18)	(19)	(20)	
t	%	ha	kg	t	%	ha	kg	t	%	
59,100	**107**	**26,600**	**195**	**51,900**	**89**	**23,300**	**181**	**42,200**	**84**	(1)
55,400	106	22,100	220	48,600	87	19,000	206	39,100	83	(2)
…	nc	…	…	…	nc	4,300	…	…	nc	(3)
…	nc	…	…	…	nc	735	…	…	nc	(4)
…	nc	…	…	…	nc	322	…	…	nc	(5)
…	nc	…	…	…	nc	683	…	…	nc	(6)
…	nc	…	…	…	nc	107	…	…	nc	(7)
…	nc	…	…	…	nc	1,430	…	…	nc	(8)
…	nc	…	…	…	nc	699	…	…	nc	(9)
…	nc	…	…	…	nc	66	…	…	nc	(10)
…	nc	…	…	…	nc	264	…	…	nc	(11)
…	nc	…	…	…	nc	−	…	…	nc	(12)
55,400	106	22,100	220	48,600	87	19,000	206	39,100	83	(13)
…	nc	…	…	…	nc	119	…	…	nc	(14)
…	nc	…	…	…	nc	200	…	…	nc	(15)
…	nc	…	…	…	nc	99	…	…	nc	(16)
…	nc	…	…	…	nc	104	…	…	nc	(17)
…	nc	…	…	…	nc	50	…	…	nc	(18)
…	nc	…	…	…	nc	163	…	…	nc	(19)
…	nc	…	…	…	nc	113	…	…	nc	(20)
…	nc	…	…	…	nc	61	…	…	nc	(21)
…	nc	…	…	…	nc	165	…	…	nc	(22)
…	nc	…	…	…	nc	95	…	…	nc	(23)
…	nc	…	…	…	nc	73	…	…	nc	(24)
…	nc	…	…	…	nc	−	…	…	nc	(25)
…	nc	…	…	…	nc	10	…	…	nc	(26)
…	nc	…	…	…	nc	96	…	…	nc	(27)
…	nc	…	…	…	nc	17	…	…	nc	(28)
…	nc	…	…	…	nc	157	…	…	nc	(29)
…	nc	…	…	…	nc	52	…	…	nc	(30)
…	nc	…	…	…	nc	40	…	…	nc	(31)
…	nc	…	…	…	nc	126	…	…	nc	(32)
…	nc	…	…	…	nc	47	…	…	nc	(33)
…	nc	…	…	…	nc	12	…	…	nc	(34)
…	nc	…	…	…	nc	22	…	…	nc	(35)
…	nc	…	…	…	nc	26	…	…	nc	(36)
84	107	191	102	195	144	189	108	204	146	(37)
241	96	451	58	262	114	458	79	362	152	(38)
…	nc	…	…	…	nc	0	…	…	nc	(39)
479	86	807	80	646	123	754	69	520	99	(40)
…	nc	…	…	…	nc	24	…	…	nc	(41)
…	nc	…	…	…	nc	1	…	…	nc	(42)
…	nc	…	…	…	nc	133	…	…	nc	(43)
…	nc	…	…	…	nc	156	…	…	nc	(44)
…	nc	…	…	…	nc	277	…	…	nc	(45)
…	nc	…	…	…	nc	107	…	…	nc	(46)
…	nc	…	…	…	nc	26	…	…	nc	(47)
…	nc	…	…	…	nc	8	…	…	nc	(48)
…	nc	…	…	…	nc	18	…	…	nc	(49)
…	nc	…	…	…	nc	32	…	…	nc	(50)
…	nc	…	…	…	nc	8	…	…	nc	(51)
…	nc	…	…	…	nc	31	…	…	nc	(52)
…	nc	…	…	…	nc	31	…	…	nc	(53)
…	nc	…	…	…	nc	33	…	…	nc	(54)
…	nc	…	…	…	nc	95	…	…	nc	(55)
…	nc	…	…	…	nc	53	…	…	nc	(56)
…	nc	…	…	…	nc	20	…	…	nc	(57)
…	nc	…	…	…	nc	1	…	…	nc	(58)
…	nc	…	…	…	nc	−	…	…	nc	(59)

3　豆類（続き）

(3)　いんげん

全国農業地域・都道府県	平成29年産				30				令和	
	作付面積	10a当たり収量	収穫量	（参考）10a当たり平均収量対比	作付面積	10a当たり収量	収穫量	（参考）10a当たり平均収量対比	作付面積	10a当たり収量
	(1)	(2)	(3)	(4)	(5)	(6)	(7)	(8)	(9)	(10)
	ha	kg	t	%	ha	kg	t	%	ha	kg
全国 (1)	**7,150**	**236**	**16,900**	**136**	**7,350**	**133**	**9,760**	**73**	**6,860**	**195**
（全国農業地域）										
北海道 (2)	6,630	248	16,400	139	6,790	136	9,230	72	6,340	200
都府県 (3)	…	…	…	nc	556	96	533	nc	…	…
東北 (4)	…	…	…	nc	68	103	70	nc	…	…
北陸 (5)	…	…	…	nc	80	76	61	nc	…	…
関東・東山 (6)	…	…	…	nc	391	99	389	nc	…	…
東海 (7)	…	…	…	nc	2	50	1	nc	…	…
近畿 (8)	…	…	…	nc	4	75	3	nc	…	…
中国 (9)	…	…	…	nc	8	75	6	nc	…	…
四国 (10)	…	…	…	nc	3	100	3	nc	…	…
九州 (11)	…	…	…	nc	−	−	−	nc	…	…
沖縄 (12)	…	…	…	nc	−	−	−	nc	…	…
（都道府県）										
北海道 (13)	6,630	248	16,400	139	6,790	136	9,230	72	6,340	200
青森 (14)	…	…	…	nc	4	99	4	nc	…	…
岩手 (15)	…	…	…	nc	18	87	16	nc	…	…
宮城 (16)	…	…	…	nc	1	76	1	nc	…	…
秋田 (17)	…	…	…	nc	18	81	15	nc	…	…
山形 (18)	…	…	…	nc	9	78	7	nc	…	…
福島 (19)	…	…	…	nc	18	148	27	nc	…	…
茨城 (20)	…	…	…	nc	39	103	40	nc	…	…
栃木 (21)	…	…	…	nc	5	80	4	nc	…	…
群馬 (22)	…	…	…	nc	104	119	124	nc	…	…
埼玉 (23)	…	…	…	nc	−	−	−	nc	…	…
千葉 (24)	…	…	…	nc	−	−	−	nc	…	…
東京 (25)	…	…	…	nc	−	−	−	nc	…	…
神奈川 (26)	…	…	…	nc	1	96	1	nc	…	…
新潟 (27)	…	…	…	nc	38	71	27	nc	…	…
富山 (28)	…	…	…	nc	7	75	5	nc	…	…
石川 (29)	…	…	…	nc	26	92	24	nc	…	…
福井 (30)	…	…	…	nc	9	56	5	nc	…	…
山梨 (31)	…	…	…	nc	47	91	43	nc	…	…
長野 (32)	…	…	…	nc	195	91	177	nc	…	…
岐阜 (33)	…	…	…	nc	0	79	0	nc	…	…
静岡 (34)	…	…	…	nc	−	−	−	nc	…	…
愛知 (35)	…	…	…	nc	2	68	1	nc	…	…
三重 (36)	…	…	…	nc	−	−	−	nc	…	…
滋賀 (37)	…	…	…	nc	0	80	0	nc	…	…
京都 (38)	…	…	…	nc	3	68	2	nc	…	…
大阪 (39)	…	…	…	nc	−	−	−	nc	…	…
兵庫 (40)	…	…	…	nc	1	58	1	nc	…	…
奈良 (41)	…	…	…	nc	−	−	−	nc	…	…
和歌山 (42)	…	…	…	nc	−	−	−	nc	…	…
鳥取 (43)	…	…	…	nc	3	70	2	nc	…	…
島根 (44)	…	…	…	nc	2	93	2	nc	…	…
岡山 (45)	…	…	…	nc	0	58	0	nc	…	…
広島 (46)	…	…	…	nc	3	65	2	nc	…	…
山口 (47)	…	…	…	nc	−	−	−	nc	…	…
徳島 (48)	…	…	…	nc	1	88	1	nc	…	…
香川 (49)	…	…	…	nc	0	90	0	nc	…	…
愛媛 (50)	…	…	…	nc	1	108	1	nc	…	…
高知 (51)	…	…	…	nc	1	80	1	nc	…	…
福岡 (52)	…	…	…	nc	−	−	−	nc	…	…
佐賀 (53)	…	…	…	nc	−	−	−	nc	…	…
長崎 (54)	…	…	…	nc	−	−	−	nc	…	…
熊本 (55)	…	…	…	nc	−	−	−	nc	…	…
大分 (56)	…	…	…	nc	−	−	−	nc	…	…
宮崎 (57)	…	…	…	nc	−	−	−	nc	…	…
鹿児島 (58)	…	…	…	nc	−	−	−	nc	…	…
沖縄 (59)	…	…	…	nc	−	−	−	nc	…	…

注：1　主産県調査を実施した年産の全国値については、主産県の調査結果から推計したものである。
　　2　平成30年産以降、作付面積は3年、収穫量は6年ごとに全国調査を実施し、全国調査以外の年にあっては主産県調査を実施することとしている。

元		2				3				
収穫量	(参考) 10a当たり 平均収量 対比	作付面積	10a当たり 収量	収穫量	(参考) 10a当たり 平均収量 対比	作付面積	10a当たり 収量	収穫量	(参考) 10a当たり 平均収量 対比	
(11)	(12)	(13)	(14)	(15)	(16)	(17)	(18)	(19)	(20)	
t	%	ha	kg	t	%	ha	kg	t	%	
13,400	**103**	**7,370**	**67**	**4,920**	**35**	**7,130**	**101**	**7,200**	**59**	(1)
12,700	102	6,880	68	4,680	34	6,660	103	6,860	58	(2)
…	nc	…	…	…	nc	466	…	…	nc	(3)
…	nc	…	…	…	nc	58	…	…	nc	(4)
…	nc	…	…	…	nc	61	…	…	nc	(5)
…	nc	…	…	…	nc	334	…	…	nc	(6)
…	nc	…	…	…	nc	1	…	…	nc	(7)
…	nc	…	…	…	nc	4	…	…	nc	(8)
…	nc	…	…	…	nc	4	…	…	nc	(9)
…	nc	…	…	…	nc	4	…	…	nc	(10)
…	nc	…	…	…	nc	−	…	…	nc	(11)
…	nc	…	…	…	nc	−	…	…	nc	(12)
12,700	102	6,880	68	4,680	34	6,660	103	6,860	58	(13)
…	nc	…	…	…	nc	4	…	…	nc	(14)
…	nc	…	…	…	nc	13	…	…	nc	(15)
…	nc	…	…	…	nc	1	…	…	nc	(16)
…	nc	…	…	…	nc	16	…	…	nc	(17)
…	nc	…	…	…	nc	9	…	…	nc	(18)
…	nc	…	…	…	nc	15	…	…	nc	(19)
…	nc	…	…	…	nc	36	…	…	nc	(20)
…	nc	…	…	…	nc	3	…	…	nc	(21)
…	nc	…	…	…	nc	98	…	…	nc	(22)
…	nc	…	…	…	nc	−	…	…	nc	(23)
…	nc	…	…	…	nc	−	…	…	nc	(24)
…	nc	…	…	…	nc	−	…	…	nc	(25)
…	nc	…	…	…	nc	1	…	…	nc	(26)
…	nc	…	…	…	nc	20	…	…	nc	(27)
…	nc	…	…	…	nc	7	…	…	nc	(28)
…	nc	…	…	…	nc	25	…	…	nc	(29)
…	nc	…	…	…	nc	9	…	…	nc	(30)
…	nc	…	…	…	nc	45	…	…	nc	(31)
…	nc	…	…	…	nc	151	…	…	nc	(32)
…	nc	…	…	…	nc	0	…	…	nc	(33)
…	nc	…	…	…	nc	−	…	…	nc	(34)
…	nc	…	…	…	nc	1	…	…	nc	(35)
…	nc	…	…	…	nc	−	…	…	nc	(36)
…	nc	…	…	…	nc	1	…	…	nc	(37)
…	nc	…	…	…	nc	2	…	…	nc	(38)
…	nc	…	…	…	nc	−	…	…	nc	(39)
…	nc	…	…	…	nc	1	…	…	nc	(40)
…	nc	…	…	…	nc	−	…	…	nc	(41)
…	nc	…	…	…	nc	−	…	…	nc	(42)
…	nc	…	…	…	nc	−	…	…	nc	(43)
…	nc	…	…	…	nc	1	…	…	nc	(44)
…	nc	…	…	…	nc	0	…	…	nc	(45)
…	nc	…	…	…	nc	3	…	…	nc	(46)
…	nc	…	…	…	nc	−	…	…	nc	(47)
…	nc	…	…	…	nc	1	…	…	nc	(48)
…	nc	…	…	…	nc	0	…	…	nc	(49)
…	nc	…	…	…	nc	1	…	…	nc	(50)
…	nc	…	…	…	nc	2	…	…	nc	(51)
…	nc	…	…	…	nc	−	…	…	nc	(52)
…	nc	…	…	…	nc	−	…	…	nc	(53)
…	nc	…	…	…	nc	−	…	…	nc	(54)
…	nc	…	…	…	nc	−	…	…	nc	(55)
…	nc	…	…	…	nc	−	…	…	nc	(56)
…	nc	…	…	…	nc	−	…	…	nc	(57)
…	nc	…	…	…	nc	−	…	…	nc	(58)
…	nc	…	…	…	nc	−	…	…	nc	(59)

3 豆類（続き）

(4) らっかせい

全国農業地域・都道府県	平成29年産 作付面積	10a当たり収量	収穫量	(参考) 10a当たり平均収量対比	30 作付面積	10a当たり収量	収穫量	(参考) 10a当たり平均収量対比	令和 作付面積	10a当たり収量
	(1)	(2)	(3)	(4)	(5)	(6)	(7)	(8)	(9)	(10)
	ha	kg	t	%	ha	kg	t	%	ha	kg
全国 (1)	**6,420**	**240**	**15,400**	**104**	**6,370**	**245**	**15,600**	**103**	**6,330**	**196**
（全国農業地域）										
北海道 (2)	…	…	…	nc	3	233	7	nc	…	…
都府県 (3)	…	…	…	nc	6,370	245	15,600	nc	…	…
東北 (4)	…	…	…	nc	11	219	25	nc	…	…
北陸 (5)	…	…	…	nc	31	94	29	nc	…	…
関東・東山 (6)	…	…	…	nc	5,980	253	15,100	nc	…	…
東海 (7)	…	…	…	nc	84	115	97	nc	…	…
近畿 (8)	…	…	…	nc	7	100	7	nc	…	…
中国 (9)	…	…	…	nc	13	100	13	nc	…	…
四国 (10)	…	…	…	nc	14	100	14	nc	…	…
九州 (11)	…	…	…	nc	227	132	300	nc	…	…
沖縄 (12)	…	…	…	nc	8	141	11	nc	…	…
（都道府県）										
北海道 (13)	…	…	…	nc	3	233	7	nc	…	…
青森 (14)	…	…	…	nc	0	110	0	nc	…	…
岩手 (15)	…	…	…	nc	0	190	1	nc	…	…
宮城 (16)	…	…	…	nc	0	141	0	nc	…	…
秋田 (17)	…	…	…	nc	0	137	0	nc	…	…
山形 (18)	…	…	…	nc	1	154	2	nc	…	…
福島 (19)	…	…	…	nc	10	220	22	nc	…	…
茨城 (20)	561	298	1,670	106	544	281	1,530	97	528	263
栃木 (21)	…	…	…	nc	78	149	116	nc	…	…
群馬 (22)	…	…	…	nc	30	118	35	nc	…	…
埼玉 (23)	…	…	…	nc	34	129	44	nc	…	…
千葉 (24)	5,080	241	12,200	102	5,080	256	13,000	106	5,060	199
東京 (25)	…	…	…	nc	3	124	4	nc	…	…
神奈川 (26)	…	…	…	nc	159	177	281	nc	…	…
新潟 (27)	…	…	…	nc	25	101	25	nc	…	…
富山 (28)	…	…	…	nc	3	80	2	nc	…	…
石川 (29)	…	…	…	nc	1	110	1	nc	…	…
福井 (30)	…	…	…	nc	2	74	1	nc	…	…
山梨 (31)	…	…	…	nc	39	110	43	nc	…	…
長野 (32)	…	…	…	nc	13	69	9	nc	…	…
岐阜 (33)	…	…	…	nc	25	89	22	nc	…	…
静岡 (34)	…	…	…	nc	18	61	11	nc	…	…
愛知 (35)	…	…	…	nc	16	131	21	nc	…	…
三重 (36)	…	…	…	nc	25	172	43	nc	…	…
滋賀 (37)	…	…	…	nc	3	120	4	nc	…	…
京都 (38)	…	…	…	nc	2	25	1	nc	…	…
大阪 (39)	…	…	…	nc	−	−	−	nc	…	…
兵庫 (40)	…	…	…	nc	1	75	1	nc	…	…
奈良 (41)	…	…	…	nc	1	100	1	nc	…	…
和歌山 (42)	…	…	…	nc	0	102	0	nc	…	…
鳥取 (43)	…	…	…	nc	4	118	5	nc	…	…
島根 (44)	…	…	…	nc	0	105	0	nc	…	…
岡山 (45)	…	…	…	nc	4	85	3	nc	…	…
広島 (46)	…	…	…	nc	4	90	4	nc	…	…
山口 (47)	…	…	…	nc	1	61	1	nc	…	…
徳島 (48)	…	…	…	nc	0	100	0	nc	…	…
香川 (49)	…	…	…	nc	6	105	6	nc	…	…
愛媛 (50)	…	…	…	nc	3	110	3	nc	…	…
高知 (51)	…	…	…	nc	5	106	5	nc	…	…
福岡 (52)	…	…	…	nc	5	97	5	nc	…	…
佐賀 (53)	…	…	…	nc	4	64	3	nc	…	…
長崎 (54)	…	…	…	nc	33	103	34	nc	…	…
熊本 (55)	…	…	…	nc	19	113	21	nc	…	…
大分 (56)	…	…	…	nc	25	88	22	nc	…	…
宮崎 (57)	…	…	…	nc	37	168	62	nc	…	…
鹿児島 (58)	…	…	…	nc	104	147	153	nc	…	…
沖縄 (59)	…	…	…	nc	8	141	11	nc	…	…

注：1 主産県調査を実施した年産の全国値については、主産県の調査結果から推計したものである。
　　2 平成30年産以降、作付面積は３年、収穫量は６年ごとに全国調査を実施し、全国調査以外の年にあっては主産県調査を実施することとしている。

元		2				3				
収穫量	（参考）10 a 当たり平均収量対比	作付面積	10 a 当たり収量	収穫量	（参考）10 a 当たり平均収量対比	作付面積	10 a 当たり収量	収穫量	（参考）10 a 当たり平均収量対比	
(11)	(12)	(13)	(14)	(15)	(16)	(17)	(18)	(19)	(20)	
t	%	ha	kg	t	%	ha	kg	t	%	
12,400	**83**	**6,220**	**212**	**13,200**	**93**	**6,020**	**246**	**14,800**	**110**	(1)
…	nc	…	…	…	nc	8	…	…	nc	(2)
…	nc	…	…	…	nc	6,010	…	…	nc	(3)
…	nc	…	…	…	nc	x	…	…	nc	(4)
…	nc	…	…	…	nc	27	…	…	nc	(5)
…	nc	…	…	…	nc	5,650	…	…	nc	(6)
…	nc	…	…	…	nc	75	…	…	nc	(7)
…	nc	…	…	…	nc	9	…	…	nc	(8)
…	nc	…	…	…	nc	18	…	…	nc	(9)
…	nc	…	…	…	nc	14	…	…	nc	(10)
…	nc	…	…	…	nc	194	…	…	nc	(11)
…	nc	…	…	…	nc	8	…	…	nc	(12)
…	nc	…	…	…	nc	8	…	…	nc	(13)
…	nc	…	…	…	nc	x	…	…	nc	(14)
…	nc	…	…	…	nc	0	…	…	nc	(15)
…	nc	…	…	…	nc	1	…	…	nc	(16)
…	nc	…	…	…	nc	0	…	…	nc	(17)
…	nc	…	…	…	nc	5	…	…	nc	(18)
…	nc	…	…	…	nc	8	…	…	nc	(19)
1,390	92	515	247	1,270	87	489	280	1,370	102	(20)
…	nc	…	…	…	nc	33	…	…	nc	(21)
…	nc	…	…	…	nc	30	…	…	nc	(22)
…	nc	…	…	…	nc	27	…	…	nc	(23)
10,100	83	4,980	220	11,000	95	4,890	255	12,500	112	(24)
…	nc	…	…	…	nc	0	…	…	nc	(25)
…	nc	…	…	…	nc	140	…	…	nc	(26)
…	nc	…	…	…	nc	21	…	…	nc	(27)
…	nc	…	…	…	nc	3	…	…	nc	(28)
…	nc	…	…	…	nc	1	…	…	nc	(29)
…	nc	…	…	…	nc	2	…	…	nc	(30)
…	nc	…	…	…	nc	39	…	…	nc	(31)
…	nc	…	…	…	nc	3	…	…	nc	(32)
…	nc	…	…	…	nc	22	…	…	nc	(33)
…	nc	…	…	…	nc	16	…	…	nc	(34)
…	nc	…	…	…	nc	15	…	…	nc	(35)
…	nc	…	…	…	nc	22	…	…	nc	(36)
…	nc	…	…	…	nc	3	…	…	nc	(37)
…	nc	…	…	…	nc	1	…	…	nc	(38)
…	nc	…	…	…	nc	0	…	…	nc	(39)
…	nc	…	…	…	nc	4	…	…	nc	(40)
…	nc	…	…	…	nc	1	…	…	nc	(41)
…	nc	…	…	…	nc	0	…	…	nc	(42)
…	nc	…	…	…	nc	5	…	…	nc	(43)
…	nc	…	…	…	nc	0	…	…	nc	(44)
…	nc	…	…	…	nc	3	…	…	nc	(45)
…	nc	…	…	…	nc	9	…	…	nc	(46)
…	nc	…	…	…	nc	1	…	…	nc	(47)
…	nc	…	…	…	nc	0	…	…	nc	(48)
…	nc	…	…	…	nc	5	…	…	nc	(49)
…	nc	…	…	…	nc	3	…	…	nc	(50)
…	nc	…	…	…	nc	6	…	…	nc	(51)
…	nc	…	…	…	nc	5	…	…	nc	(52)
…	nc	…	…	…	nc	3	…	…	nc	(53)
…	nc	…	…	…	nc	32	…	…	nc	(54)
…	nc	…	…	…	nc	18	…	…	nc	(55)
…	nc	…	…	…	nc	23	…	…	nc	(56)
…	nc	…	…	…	nc	28	…	…	nc	(57)
…	nc	…	…	…	nc	85	…	…	nc	(58)
…	nc	…	…	…	nc	8	…	…	nc	(59)

4　そば

全国農業地域・都道府県	平成29年産				30				令和	
	作付面積	10a当たり収量	収穫量	(参考)10a当たり平均収量対比	作付面積	10a当たり収量	収穫量	(参考)10a当たり平均収量対比	作付面積	10a当たり収量
	(1)	(2)	(3)	(4)	(5)	(6)	(7)	(8)	(9)	(10)
	ha	kg	t	%	ha	kg	t	%	ha	kg
全国 (1)	**62,900**	**55**	**34,400**	**96**	**63,900**	**45**	**29,000**	**80**	**65,400**	**65**
(全国農業地域)										
北海道 (2)	22,900	80	18,300	119	24,400	47	11,400	68	25,200	78
都府県 (3)	39,900	40	16,100	78	39,500	45	17,600	94	40,100	57
東北 (4)	16,800	34	5,740	79	16,500	40	6,560	98	16,900	54
北陸 (5)	6,010	25	1,530	58	5,520	35	1,920	92	5,350	38
関東・東山 (6)	11,200	60	6,680	83	11,600	62	7,190	87	12,200	71
東海 (7)	553	36	200	106	619	26	158	76	569	43
近畿 (8)	921	38	346	88	903	23	209	58	919	46
中国 (9)	1,690	30	510	86	1,620	32	519	107	1,580	31
四国 (10)	142	31	44	67	136	28	38	67	119	45
九州 (11)	2,610	38	1,000	61	2,560	38	983	70	2,460	75
沖縄 (12)	56	56	31	124	53	62	33	138	51	65
(都道府県)										
北海道 (13)	22,900	80	18,300	119	24,400	47	11,400	68	25,200	78
青森 (14)	1,610	30	483	97	1,640	37	607	119	1,680	60
岩手 (15)	1,760	44	774	79	1,780	60	1,070	113	1,760	83
宮城 (16)	716	12	86	40	671	22	148	88	650	28
秋田 (17)	3,730	29	1,080	73	3,610	35	1,260	88	3,770	55
山形 (18)	5,100	31	1,580	74	5,040	32	1,610	82	5,260	49
福島 (19)	3,860	45	1,740	90	3,720	50	1,860	104	3,740	51
茨城 (20)	3,270	54	1,770	73	3,370	60	2,020	81	3,460	58
栃木 (21)	2,490	77	1,920	97	2,700	74	2,000	94	2,960	79
群馬 (22)	518	88	456	100	558	89	497	102	587	93
埼玉 (23)	347	64	222	85	342	51	174	75	346	40
千葉 (24)	183	33	60	56	197	48	95	84	246	44
東京 (25)	8	54	4	92	7	43	3	80	4	26
神奈川 (26)	16	34	5	53	21	48	10	84	21	43
新潟 (27)	1,420	34	483	77	1,330	36	479	88	1,240	39
富山 (28)	561	27	151	69	519	37	192	103	511	44
石川 (29)	323	26	84	118	326	12	39	55	308	21
福井 (30)	3,700	22	814	49	3,350	36	1,210	92	3,300	38
山梨 (31)	184	55	101	102	188	47	88	92	190	57
長野 (32)	4,190	51	2,140	77	4,250	54	2,300	87	4,410	76
岐阜 (33)	317	30	95	88	368	29	107	83	346	48
静岡 (34)	81	35	28	103	69	22	15	69	81	23
愛知 (35)	36	33	12	143	39	8	3	33	34	27
三重 (36)	119	55	65	153	143	23	33	64	108	47
滋賀 (37)	487	46	224	84	497	25	124	49	529	56
京都 (38)	123	25	31	66	122	20	24	61	121	31
大阪 (39)	1	36	0	92	1	25	0	64	1	42
兵庫 (40)	283	29	82	116	258	21	54	100	241	34
奈良 (41)	25	34	8	83	22	30	7	77	24	35
和歌山 (42)	2	51	1	159	3	7	0	22	3	10
鳥取 (43)	334	26	87	93	319	32	102	123	312	36
島根 (44)	698	35	244	100	679	31	210	97	684	23
岡山 (45)	219	29	64	73	204	36	73	106	198	50
広島 (46)	366	25	92	64	343	32	110	107	313	33
山口 (47)	68	34	23	100	71	34	24	113	73	23
徳島 (48)	65	41	27	73	64	35	22	69	45	38
香川 (49)	33	23	8	72	33	22	7	81	34	44
愛媛 (50)	36	20	7	43	32	24	8	60	34	56
高知 (51)	8	19	2	61	7	20	1	74	6	32
福岡 (52)	71	36	26	116	77	51	39	159	84	56
佐賀 (53)	27	54	15	113	26	45	12	96	32	69
長崎 (54)	164	46	75	105	162	52	84	121	157	39
熊本 (55)	619	55	343	90	586	58	342	97	591	82
大分 (56)	269	30	81	86	228	41	93	124	228	45
宮崎 (57)	309	30	93	45	287	28	80	51	262	70
鹿児島 (58)	1,150	32	368	44	1,190	28	333	48	1,100	86
沖縄 (59)	56	56	31	124	53	62	33	138	51	65

元		2				3				
収穫量	（参考）10 a 当たり平均収量対比	作付面積	10 a 当たり収量	収穫量	（参考）10 a 当たり平均収量対比	作付面積	10 a 当たり収量	収穫量	（参考）10 a 当たり平均収量対比	
(11)	(12)	(13)	(14)	(15)	(16)	(17)	(18)	(19)	(20)	
t	%	ha	kg	t	%	ha	kg	t	%	
42,600	**120**	**66,600**	**67**	**44,800**	**124**	**65,500**	**62**	**40,900**	**111**	(1)
19,700	115	25,700	75	19,300	110	24,300	71	17,300	103	(2)
22,900	124	40,900	62	25,500	135	41,200	57	23,600	119	(3)
9,210	135	17,000	47	7,910	118	17,600	61	10,700	145	(4)
2,020	106	5,570	57	3,180	173	5,540	42	2,350	114	(5)
8,610	106	12,500	85	10,600	129	12,300	61	7,480	91	(6)
245	126	569	59	335	169	534	44	236	122	(7)
425	112	927	85	784	213	x	53	x	120	(8)
488	100	1,530	57	877	204	1,490	25	372	78	(9)
53	118	106	58	62	161	119	46	55	128	(10)
1,850	150	2,600	64	1,670	121	2,640	72	1,890	141	(11)
33	135	69	67	46	131	46	73	34	133	(12)
19,700	115	25,700	75	19,300	110	24,300	71	17,300	103	(13)
1,010	182	1,670	40	668	121	1,700	57	969	163	(14)
1,460	148	1,680	69	1,160	123	1,660	85	1,410	139	(15)
182	122	606	39	236	177	621	26	161	104	(16)
2,070	141	3,980	39	1,550	100	4,240	51	2,160	128	(17)
2,580	136	5,320	41	2,180	114	5,430	67	3,640	181	(18)
1,910	111	3,790	56	2,120	122	3,910	59	2,310	126	(19)
2,010	84	3,510	79	2,770	120	3,430	60	2,060	91	(20)
2,340	104	3,030	94	2,850	124	3,090	69	2,130	90	(21)
546	104	587	83	487	93	585	69	404	78	(22)
138	65	342	69	236	117	331	54	179	92	(23)
108	90	219	67	147	143	206	43	89	91	(24)
1	53	3	67	2	146	3	40	1	83	(25)
9	83	25	52	13	111	33	34	11	76	(26)
484	103	1,270	45	572	118	1,250	51	638	131	(27)
225	122	517	87	450	249	544	68	370	174	(28)
65	111	377	40	151	222	354	34	120	162	(29)
1,250	106	3,400	59	2,010	179	3,390	36	1,220	95	(30)
108	110	193	70	135	135	183	58	106	112	(31)
3,350	129	4,600	86	3,960	146	4,460	56	2,500	92	(32)
						349	36	126	100	
166	137	341	63	215	180					(33)
19	72	71	55	39	183	85	56	48	187	(34)
9	113	33	24	8	100	21	27	6	108	(35)
51	131	124	59	73	148	79	71	56	169	(36)
						563	63	355	117	
296	110	565	98	554	200					(37)
38	100	121	64	77	221	126	41	52	132	(38)
1	124	1	51	0	159	x	42	x	111	(39)
82	148	211	66	139	287	201	34	68	131	(40)
8	92	26	53	14	151	27	42	11	120	(41)
0	32	3	9	0	36	3	46	1	256	(42)
112	129	330	50	165	179	337	32	108	103	(43)
157	72	638	52	332	193	608	23	140	72	(44)
99	143	192	61	117	174	172	35	60	90	(45)
103	118	302	69	208	246	308	16	49	55	(46)
17	79	71	77	55	285	68	22	15	81	(47)
17	79	40	50	20	114	46	30	14	68	(48)
15	163	31	74	23	274	38	32	12	107	(49)
19	156	31	55	17	153	31	87	27	235	(50)
2	128	4	46	2	170	4	46	2	164	(51)
47	175	89	37	33	106	85	44	37	119	(52)
22	157	34	62	21	141	34	59	20	118	(53)
61	91	162	42	68	95	159	48	76	109	(54)
485	141	670	80	536	138	661	85	562	135	(55)
103	141	228	47	107	147	217	48	104	137	(56)
183	135	242	72	174	131	235	90	212	173	(57)
946	169	1,180	62	732	111	1,240	71	880	142	(58)
33	135	69	67	46	131	46	73	34	133	(59)

5　かんしょ

全国農業地域・都道府県	平成29年産				30				令和	
	作付面積	10a当たり収量	収穫量	（参考）10a当たり平均収量対比	作付面積	10a当たり収量	収穫量	（参考）10a当たり平均収量対比	作付面積	10a当たり収量
	(1)	(2)	(3)	(4)	(5)	(6)	(7)	(8)	(9)	(10)
	ha	kg	t	%	ha	kg	t	%	ha	kg
全国 (1)	**35,600**	**2,270**	**807,100**	**99**	**35,700**	**2,230**	**796,500**	**97**	**34,300**	**2,180**
（全国農業地域）										
北海道 (2)	23	1,790	412	nc	…	…	…	nc	…	…
都府県 (3)	35,600	2,270	806,700	nc	…	…	…	nc	…	…
東北 (4)	195	1,290	2,510	nc	…	…	…	nc	…	…
北陸 (5)	672	1,650	11,100	nc	…	…	…	nc	…	…
関東・東山 (6)	12,100	2,440	295,400	nc	…	…	…	nc	…	…
東海 (7)	1,370	1,360	18,600	nc	…	…	…	nc	…	…
近畿 (8)	707	1,470	10,400	nc	…	…	…	nc	…	…
中国 (9)	788	1,330	10,500	nc	…	…	…	nc	…	…
四国 (10)	1,910	2,310	44,200	nc	…	…	…	nc	…	…
九州 (11)	17,500	2,340	410,100	nc	…	…	…	nc	…	…
沖縄 (12)	281	1,360	3,820	nc	…	…	…	nc	…	…
（都道府県）										
北海道 (13)	23	1,790	412	nc	…	…	…	nc	…	…
青森 (14)	2	1,020	20	nc	…	…	…	nc	…	…
岩手 (15)	40	1,110	444	nc	…	…	…	nc	…	…
宮城 (16)	37	1,350	500	nc	…	…	…	nc	…	…
秋田 (17)	33	1,060	350	nc	…	…	…	nc	…	…
山形 (18)	29	1,250	363	nc	…	…	…	nc	…	…
福島 (19)	54	1,550	837	nc	…	…	…	nc	…	…
茨城 (20)	6,700	2,610	174,900	102	6,780	2,560	173,600	98	6,860	2,450
栃木 (21)	143	1,370	1,960	nc	…	…	…	nc	…	…
群馬 (22)	217	1,420	3,080	nc	…	…	…	nc	…	…
埼玉 (23)	368	1,540	5,670	nc	…	…	…	nc	…	…
千葉 (24)	4,130	2,450	101,200	98	4,090	2,440	99,800	98	4,040	2,320
東京 (25)	102	1,490	1,520	nc	…	…	…	nc	…	…
神奈川 (26)	349	1,500	5,240	nc	…	…	…	nc	…	…
新潟 (27)	242	1,480	3,580	nc	…	…	…	nc	…	…
富山 (28)	100	1,340	1,340	nc	…	…	…	nc	…	…
石川 (29)	213	2,050	4,370	nc	…	…	…	nc	…	…
福井 (30)	117	1,510	1,770	nc	…	…	…	nc	…	…
山梨 (31)	36	1,240	446	nc	…	…	…	nc	…	…
長野 (32)	79	1,770	1,400	nc	…	…	…	nc	…	…
岐阜 (33)	141	1,040	1,470	nc	…	…	…	nc	…	…
静岡 (34)	582	1,810	10,500	110	540	1,830	9,880	109	…	…
愛知 (35)	347	1,230	4,270	85	…	…	…	nc	…	…
三重 (36)	299	781	2,340	nc	…	…	…	nc	…	…
滋賀 (37)	86	1,530	1,320	nc	…	…	…	nc	…	…
京都 (38)	139	1,560	2,170	nc	…	…	…	nc	…	…
大阪 (39)	111	1,480	1,640	nc	…	…	…	nc	…	…
兵庫 (40)	228	1,330	3,030	nc	…	…	…	nc	…	…
奈良 (41)	80	1,630	1,300	nc	…	…	…	nc	…	…
和歌山 (42)	63	1,540	972	nc	…	…	…	nc	…	…
鳥取 (43)	167	1,460	2,440	nc	…	…	…	nc	…	…
島根 (44)	102	1,400	1,430	nc	…	…	…	nc	…	…
岡山 (45)	144	1,570	2,260	nc	…	…	…	nc	…	…
広島 (46)	180	1,070	1,930	nc	…	…	…	nc	…	…
山口 (47)	195	1,270	2,480	nc	…	…	…	nc	…	…
徳島 (48)	1,100	2,750	30,300	116	1,090	2,570	28,000	106	1,090	2,500
香川 (49)	219	1,510	3,310	nc	…	…	…	nc	…	…
愛媛 (50)	219	1,490	3,260	nc	…	…	…	nc	…	…
高知 (51)	374	1,970	7,370	nc	…	…	…	nc	…	…
福岡 (52)	140	1,450	2,030	nc	…	…	…	nc	…	…
佐賀 (53)	85	1,900	1,620	nc	…	…	…	nc	…	…
長崎 (54)	325	1,430	4,650	99	…	…	…	nc	…	…
熊本 (55)	1,000	2,230	22,300	100	971	2,270	22,000	101	897	2,150
大分 (56)	369	2,020	7,450	nc	…	…	…	nc	…	…
宮崎 (57)	3,690	2,440	90,000	96	3,610	2,500	90,300	100	3,360	2,400
鹿児島 (58)	11,900	2,370	282,000	95	12,100	2,300	278,300	92	11,200	2,330
沖縄 (59)	281	1,360	3,820	nc	…	…	…	nc	…	…

注：1　主産県調査を実施した年産の全国値については、主産県の調査結果から推計したものである。
　　2　平成29年産以降、作付面積は3年、収穫量は6年ごとに全国調査を実施し、全国調査以外の年にあっては主産県調査を実施することとしている。

元		2				3				
収穫量	（参考）10a当たり平均収量対比	作付面積	10a当たり収量	収穫量	（参考）10a当たり平均収量対比	作付面積	10a当たり収量	収穫量	（参考）10a当たり平均収量対比	
(11)	(12)	(13)	(14)	(15)	(16)	(17)	(18)	(19)	(20)	
t	%	ha	kg	t	%	ha	kg	t	%	
748,700	**95**	**33,100**	**2,080**	**687,600**	**91**	**32,400**	**2,070**	**671,900**	**92**	(1)
…	nc	25	…	…	nc	…	…	…	nc	(2)
…	nc	33,100	…	…	nc	…	…	…	nc	(3)
…	nc	213	…	…	nc	…	…	…	nc	(4)
…	nc	646	…	…	nc	…	…	…	nc	(5)
…	nc	12,200	…	…	nc	…	…	…	nc	(6)
…	nc	1,200	…	…	nc	…	…	…	nc	(7)
…	nc	546	…	…	nc	…	…	…	nc	(8)
…	nc	629	…	…	nc	…	…	…	nc	(9)
…	nc	1,780	…	…	nc	…	…	…	nc	(10)
…	nc	15,600	…	…	nc	…	…	…	nc	(11)
…	nc	273	…	…	nc	…	…	…	nc	(12)
…	nc	25	…	…	nc	…	…	…	nc	(13)
…	nc	1	…	…	nc	…	…	…	nc	(14)
…	nc	37	…	…	nc	…	…	…	nc	(15)
…	nc	26	…	…	nc	…	…	…	nc	(16)
…	nc	28	…	…	nc	…	…	…	nc	(17)
…	nc	26	…	…	nc	…	…	…	nc	(18)
…	nc	95	…	…	nc	…	…	…	nc	(19)
168,100	94	7,000	2,600	182,000	102	7,220	2,620	189,200	102	(20)
…	nc	164	…	…	nc	…	…	…	nc	(21)
…	nc	184	…	…	nc	…	…	…	nc	(22)
…	nc	365	…	…	nc	…	…	…	nc	(23)
93,700	94	3,940	2,290	90,200	93	3,800	2,300	87,400	95	(24)
…	nc	89	…	…	nc	…	…	…	nc	(25)
…	nc	329	…	…	nc	…	…	…	nc	(26)
…	nc	235	…	…	nc	…	…	…	nc	(27)
…	nc	93	…	…	nc	…	…	…	nc	(28)
…	nc	204	…	…	nc	…	…	…	nc	(29)
…	nc	114	…	…	nc	…	…	…	nc	(30)
…	nc	36	…	…	nc	…	…	…	nc	(31)
…	nc	69	…	…	nc	…	…	…	nc	(32)
…	nc	132	…	…	nc	…	…	…	nc	(33)
…	nc	516	…	…	nc	…	…	…	nc	(34)
…	nc	280	…	…	nc	…	…	…	nc	(35)
…	nc	267	…	…	nc	…	…	…	nc	(36)
…	nc	47	…	…	nc	…	…	…	nc	(37)
…	nc	117	…	…	nc	…	…	…	nc	(38)
…	nc	88	…	…	nc	…	…	…	nc	(39)
…	nc	163	…	…	nc	…	…	…	nc	(40)
…	nc	76	…	…	nc	…	…	…	nc	(41)
…	nc	55	…	…	nc	…	…	…	nc	(42)
…	nc	122	…	…	nc	…	…	…	nc	(43)
…	nc	104	…	…	nc	…	…	…	nc	(44)
…	nc	131	…	…	nc	…	…	…	nc	(45)
…	nc	167	…	…	nc	…	…	…	nc	(46)
…	nc	105	…	…	nc	…	…	…	nc	(47)
27,300	101	1,090	2,490	27,100	100	1,090	2,490	27,100	100	(48)
…	nc	212	…	…	nc	…	…	…	nc	(49)
…	nc	186	…	…	nc	…	…	…	nc	(50)
…	nc	288	…	…	nc	…	…	…	nc	(51)
…	nc	110	…	…	nc	…	…	…	nc	(52)
…	nc	75	…	…	nc	…	…	…	nc	(53)
…	nc	306	…	…	nc	…	…	…	nc	(54)
19,300	96	824	2,100	17,300	94	782	2,300	18,000	104	(55)
…	nc	378	…	…	nc	…	…	…	nc	(56)
80,600	95	2,990	2,310	69,100	92	3,020	2,350	71,000	95	(57)
261,000	95	10,900	1,970	214,700	80	10,300	1,850	190,600	78	(58)
…	nc	273	…	…	nc	…	…	…	nc	(59)

6 飼料作物

(1) 牧草

全国農業地域・都道府県	平成29年産				30				令和	
	作付(栽培)面積	10a当たり収量	収穫量	(参考)10a当たり平均収量対比	作付(栽培)面積	10a当たり収量	収穫量	(参考)10a当たり平均収量対比	作付(栽培)面積	10a当たり収量
	(1)	(2)	(3)	(4)	(5)	(6)	(7)	(8)	(9)	(10)
	ha	kg	t	%	ha	kg	t	%	ha	kg
全国 (1)	**728,300**	**3,500**	**25,497,000**	**100**	**726,000**	**3,390**	**24,621,000**	**97**	**724,400**	**3,430**
(全国農業地域)										
北海道 (2)	535,000	3,340	17,869,000	102	533,600	3,240	17,289,000	99	532,800	3,270
都府県 (3)	193,300	3,950	7,628,000	nc	…	…	…	nc	…	…
東北 (4)	85,300	2,620	2,238,000	98	…	…	…	nc	…	…
北陸 (5)	3,160	2,680	84,600	91	…	…	…	nc	…	…
関東・東山 (6)	19,000	4,320	820,100	nc	…	…	…	nc	…	…
東海 (7)	4,990	3,440	171,900	95	…	…	…	nc	…	…
近畿 (8)	1,440	3,570	51,400	nc	…	…	…	nc	…	…
中国 (9)	9,830	3,350	329,000	97	…	…	…	nc	…	…
四国 (10)	1,420	4,310	61,200	97	…	…	…	nc	…	…
九州 (11)	62,400	5,240	3,268,000	95	…	…	…	nc	…	…
沖縄 (12)	5,750	10,500	603,800	101	5,840	10,600	619,000	102	5,710	10,600
(都道府県)										
北海道 (13)	535,000	3,340	17,869,000	102	533,600	3,240	17,289,000	99	532,800	3,270
青森 (14)	18,900	2,760	521,600	99	18,500	2,770	512,500	100	18,200	2,590
岩手 (15)	36,100	2,750	992,800	103	35,900	2,810	1,009,000	111	35,600	2,780
宮城 (16)	12,300	2,100	258,300	87	…	…	…	nc	…	…
秋田 (17)	6,680	2,910	194,400	98	…	…	…	nc	…	…
山形 (18)	4,630	2,230	103,200	77	…	…	…	nc	…	…
福島 (19)	6,660	2,510	167,200	110	…	…	…	nc	…	…
茨城 (20)	1,600	4,690	75,000	101	1,550	4,270	66,200	92	1,540	4,180
栃木 (21)	7,080	4,290	303,700	104	7,090	3,820	270,800	94	7,470	4,540
群馬 (22)	2,940	5,160	151,700	101	2,930	4,860	142,400	96	2,750	3,880
埼玉 (23)	617	2,560	15,800	53	…	…	…	nc	…	…
千葉 (24)	1,050	4,080	42,800	93	1,020	4,080	41,600	95	969	3,350
東京 (25)	79	2,780	2,200	nc	…	…	…	nc	…	…
神奈川 (26)	116	4,160	4,830	100	…	…	…	nc	…	…
新潟 (27)	1,430	2,110	30,200	80	…	…	…	nc	…	…
富山 (28)	592	3,350	19,800	109	…	…	…	nc	…	…
石川 (29)	719	3,460	24,900	93	…	…	…	nc	…	…
福井 (30)	415	2,340	9,710	97	…	…	…	nc	…	…
山梨 (31)	871	4,030	35,100	96	…	…	…	nc	871	3,620
長野 (32)	4,690	4,030	189,000	94	…	…	…	nc	…	…
岐阜 (33)	2,650	3,440	91,200	100	…	…	…	nc	…	…
静岡 (34)	1,400	3,520	49,300	101	…	…	…	nc	…	…
愛知 (35)	766	3,510	26,900	79	733	3,320	24,300	74	717	3,700
三重 (36)	180	2,520	4,540	85	…	…	…	nc	…	…
滋賀 (37)	149	4,610	6,870	100	…	…	…	nc	…	…
京都 (38)	163	2,450	3,990	75	…	…	…	nc	…	…
大阪 (39)	x	x	x	nc	…	…	…	nc	…	…
兵庫 (40)	1,020	3,600	36,700	83	970	3,420	33,200	84	916	3,580
奈良 (41)	x	3,060	x	nc	…	…	…	nc	…	…
和歌山 (42)	46	4,390	2,020	nc	…	…	…	nc	…	…
鳥取 (43)	2,290	3,500	80,200	112	2,310	3,100	71,600	96	2,260	3,060
島根 (44)	1,390	3,060	42,500	98	1,400	2,870	40,200	93	1,420	3,040
岡山 (45)	2,830	4,000	113,200	94	…	…	…	nc	…	…
広島 (46)	2,050	2,730	56,000	89	…	…	…	nc	…	…
山口 (47)	1,270	2,920	37,100	91	1,250	2,470	30,900	79	1,250	2,200
徳島 (48)	300	4,500	13,500	101	…	…	…	nc	…	…
香川 (49)	97	4,650	4,510	99	…	…	…	nc	…	…
愛媛 (50)	607	4,370	26,500	100	…	…	…	nc	…	…
高知 (51)	416	4,010	16,700	91	…	…	…	nc	…	…
福岡 (52)	1,450	4,510	65,400	83	…	…	…	nc	…	…
佐賀 (53)	939	3,390	31,800	82	910	3,630	33,000	94	903	3,820
長崎 (54)	5,540	4,710	260,900	96	5,560	4,870	270,800	101	5,610	5,020
熊本 (55)	14,500	4,110	596,000	103	14,400	4,120	593,300	102	14,400	4,240
大分 (56)	5,110	4,340	221,800	103	5,070	4,300	218,000	102	5,080	4,350
宮崎 (57)	16,100	6,040	972,400	100	16,000	6,090	974,400	101	15,800	6,200
鹿児島 (58)	18,800	5,960	1,120,000	87	18,900	4,880	922,300	73	19,000	5,380
沖縄 (59)	5,750	10,500	603,800	101	5,840	10,600	619,000	102	5,710	10,600

注：1　主産県調査を実施した年産の全国値については、主産県の調査結果から推計したものである。
　　2　平成29年産以降、作付面積は3年、収穫量は6年ごとに全国調査を実施し、全国調査以外の年にあっては主産県調査を実施することとしている。

元		2				3				
収穫量	（参考）10 a 当たり平均収量対比	作付（栽培）面積	10 a 当たり収量	収穫量	（参考）10 a 当たり平均収量対比	作付（栽培）面積	10 a 当たり収量	収穫量	（参考）10 a 当たり平均収量対比	
(11)	(12)	(13)	(14)	(15)	(16)	(17)	(18)	(19)	(20)	
t	%	ha	kg	t	%	ha	kg	t	%	
24,850,000	**100**	**719,200**	**3,370**	**24,244,000**	**98**	**717,600**	**3,340**	**23,979,000**	**98**	(1)
17,423,000	101	530,400	3,200	16,973,000	98	529,700	3,150	16,686,000	97	(2)
…	nc	188,700	…	…	nc	…	…	…	nc	(3)
…	nc	82,700	…	…	nc	…	…	…	nc	(4)
…	nc	2,810	…	…	nc	…	…	…	nc	(5)
…	nc	18,300	…	…	nc	…	…	…	nc	(6)
…	nc	4,850	…	…	nc	…	…	…	nc	(7)
…	nc	1,250	…	…	nc	…	…	…	nc	(8)
…	nc	9,390	…	…	nc	…	…	…	nc	(9)
…	nc	1,290	…	…	nc	…	…	…	nc	(10)
…	nc	62,300	…	…	nc	…	…	…	nc	(11)
605,300	101	5,830	10,600	618,000	101	5,840	11,200	654,100	107	(12)
17,423,000	101	530,400	3,200	16,973,000	98	529,700	3,150	16,686,000	97	(13)
471,400	93	18,100	2,620	474,200	95	…	…	…	nc	(14)
989,700	110	35,500	2,650	940,800	98	35,400	2,640	934,600	95	(15)
…	nc	12,000	…	…	nc	…	…	…	nc	(16)
…	nc	6,010	…	…	nc	…	…	…	nc	(17)
…	nc	4,660	…	…	nc	…	…	…	nc	(18)
…	nc	6,430	…	…	nc	…	…	…	nc	(19)
64,400	90	1,450	4,750	68,900	104	1,430	4,510	64,500	98	(20)
339,100	110	7,440	4,030	299,800	95	7,490	3,550	265,900	84	(21)
106,700	77	2,680	4,350	116,600	88	2,620	3,790	99,300	77	(22)
…	nc	595	…	…	nc	…	…	…	nc	(23)
32,500	77	954	3,050	29,100	72	949	3,460	32,800	87	(24)
…	nc	75	…	…	nc	…	…	…	nc	(25)
…	nc	112	…	…	nc	…	…	…	nc	(26)
…	nc	1,120	…	…	nc	…	…	…	nc	(27)
…	nc	572	…	…	nc	…	…	…	nc	(28)
…	nc	715	…	…	nc	…	…	…	nc	(29)
…	nc	403	…	…	nc	…	…	…	nc	(30)
31,500	nc	870	3,680	32,000	92	…	…	…	nc	(31)
…	nc	4,120	…	…	nc	…	…	…	nc	(32)
…	nc	2,600	…	…	nc	…	…	…	nc	(33)
…	nc	1,350	…	…	nc	…	…	…	nc	(34)
26,500	85	693	3,390	23,500	81	688	3,220	22,200	82	(35)
…	nc	205	…	…	nc	…	…	…	nc	(36)
…	nc	100	…	…	nc	…	…	…	nc	(37)
…	nc	153	…	…	nc	…	…	…	nc	(38)
…	nc	x	…	…	nc	…	…	…	nc	(39)
32,800	94	890	3,420	30,400	93	901	3,520	31,700	99	(40)
…	nc	58	…	…	nc	…	…	…	nc	(41)
…	nc	46	…	…	nc	…	…	…	nc	(42)
69,200	93	2,200	3,370	74,100	102	…	…	…	nc	(43)
43,200	100	1,380	3,010	41,500	100	1,370	3,050	41,800	100	(44)
…	nc	2,780	…	…	nc	…	…	…	nc	(45)
…	nc	1,820	…	…	nc	…	…	…	nc	(46)
27,500	75	1,210	2,360	28,600	86	1,140	2,140	24,400	81	(47)
…	nc	278	…	…	nc	…	…	…	nc	(48)
…	nc	80	…	…	nc	…	…	…	nc	(49)
…	nc	589	…	…	nc	…	…	…	nc	(50)
…	nc	347	…	…	nc	…	…	…	nc	(51)
…	nc	1,500	…	…	nc	…	…	…	nc	(52)
34,500	104	885	3,880	34,300	106	903	3,250	29,300	89	(53)
281,600	105	5,650	5,100	288,200	106	5,770	4,970	286,800	103	(54)
610,600	104	14,400	4,160	599,000	101	14,400	3,910	563,000	95	(55)
221,000	103	5,060	4,300	217,600	101	5,070	4,330	219,500	102	(56)
979,600	102	15,800	5,760	910,100	95	15,600	5,890	918,800	97	(57)
1,022,000	83	19,000	5,790	1,100,000	93	18,600	6,010	1,118,000	100	(58)
605,300	101	5,830	10,600	618,000	101	5,840	11,200	654,100	107	(59)

6 飼料作物（続き）

(2) 青刈りとうもろこし

全国農業地域・都道府県	平成29年産				30				令和	
	作付面積	10a当たり収量	収穫量	（参考）10a当たり平均収量対比	作付面積	10a当たり収量	収穫量	（参考）10a当たり平均収量対比	作付面積	10a当たり収量
	(1)	(2)	(3)	(4)	(5)	(6)	(7)	(8)	(9)	(10)
	ha	kg	t	%	ha	kg	t	%	ha	kg
全国 (1)	**94,800**	**5,040**	**4,782,000**	**98**	**94,600**	**4,740**	**4,488,000**	**92**	**94,700**	**5,110**
（全国農業地域）										
北海道 (2)	55,100	5,450	3,003,000	100	55,500	4,860	2,697,000	88	56,300	5,530
都府県 (3)	39,700	4,480	1,779,000	nc	…	…	…	nc	…	…
東北 (4)	10,800	3,920	423,100	90	…	…	…	nc	…	…
北陸 (5)	246	3,260	8,010	81	…	…	…	nc	…	…
関東・東山 (6)	13,600	4,840	658,600	nc	…	…	…	nc	…	…
東海 (7)	829	4,510	37,400	112	…	…	…	nc	…	…
近畿 (8)	176	3,240	5,700	nc	…	…	…	nc	…	…
中国 (9)	1,720	3,880	66,700	95	…	…	…	nc	…	…
四国 (10)	396	5,000	19,800	102	…	…	…	nc	…	…
九州 (11)	12,000	4,660	559,300	99	…	…	…	nc	…	…
沖縄 (12)	1	7,710	77	125	1	3,590	36	56	1	6,600
（都道府県）										
北海道 (13)	55,100	5,450	3,003,000	100	55,500	4,860	2,697,000	88	56,300	5,530
青森 (14)	1,800	3,790	68,200	88	1,680	4,050	68,000	97	1,550	4,340
岩手 (15)	5,170	3,720	192,300	86	5,130	4,010	205,700	93	5,100	4,040
宮城 (16)	1,180	3,890	45,900	91	…	…	…	nc	…	…
秋田 (17)	389	4,100	15,900	96	…	…	…	nc	…	…
山形 (18)	674	4,220	28,400	95	…	…	…	nc	…	…
福島 (19)	1,560	4,640	72,400	101	…	…	…	nc	…	…
茨城 (20)	2,410	4,820	116,200	92	2,460	5,000	123,000	94	2,490	4,920
栃木 (21)	4,680	4,160	194,700	83	4,740	5,010	237,500	102	4,850	3,810
群馬 (22)	2,830	5,400	152,800	94	2,770	5,250	145,400	93	2,650	5,090
埼玉 (23)	257	4,930	12,700	101	…	…	…	nc	…	…
千葉 (24)	982	5,630	55,300	99	962	5,380	51,800	95	950	4,770
東京 (25)	40	4,620	1,850	nc	…	…	…	nc	…	…
神奈川 (26)	237	5,440	12,900	120	…	…	…	nc	…	…
新潟 (27)	174	2,210	3,850	55	…	…	…	nc	…	…
富山 (28)	8	4,800	384	120	…	…	…	nc	…	…
石川 (29)	46	7,010	3,220	161	…	…	…	nc	…	…
福井 (30)	18	3,100	558	105	…	…	…	nc	…	…
山梨 (31)	158	4,460	7,050	90	…	…	…	nc	153	4,690
長野 (32)	1,980	5,310	105,100	100	…	…	…	nc	…	…
岐阜 (33)	214	4,100	8,770	99	…	…	…	nc	…	…
静岡 (34)	356	4,580	16,300	111	…	…	…	nc	…	…
愛知 (35)	181	5,280	9,560	123	178	4,060	7,230	95	175	4,590
三重 (36)	78	3,600	2,810	134	…	…	…	nc	…	…
滋賀 (37)	11	3,540	389	90	…	…	…	nc	…	…
京都 (38)	15	2,650	398	95	…	…	…	nc	…	…
大阪 (39)	x	x	x	nc	…	…	…	nc	…	…
兵庫 (40)	146	3,240	4,730	82	149	2,940	4,380	80	147	3,110
奈良 (41)	x	4,690	x	nc	…	…	…	nc	…	…
和歌山 (42)	-	-	-	nc	…	…	…	nc	…	…
鳥取 (43)	905	3,400	30,800	84	869	2,900	25,200	73	838	4,120
島根 (44)	67	3,440	2,300	94	66	3,250	2,150	91	65	3,130
岡山 (45)	567	5,030	28,500	110	…	…	…	nc	…	…
広島 (46)	170	2,820	4,790	100	…	…	…	nc	…	…
山口 (47)	8	3,750	300	109	7	3,090	216	91	6	3,100
徳島 (48)	77	5,000	3,850	100	…	…	…	nc	…	…
香川 (49)	22	3,640	801	100	…	…	…	nc	…	…
愛媛 (50)	289	5,150	14,900	102	…	…	…	nc	…	…
高知 (51)	8	3,370	270	95	…	…	…	nc	…	…
福岡 (52)	69	4,550	3,140	97	…	…	…	nc	…	…
佐賀 (53)	9	3,400	306	90	9	3,270	294	89	9	3,400
長崎 (54)	554	4,440	24,600	96	524	4,520	23,700	99	465	4,410
熊本 (55)	3,600	4,450	160,200	100	3,410	4,490	153,100	101	3,400	4,460
大分 (56)	746	4,400	32,800	100	729	4,310	31,400	99	700	4,190
宮崎 (57)	4,910	5,050	248,000	106	4,810	4,810	231,400	101	4,700	4,750
鹿児島 (58)	2,110	4,280	90,300	83	2,030	4,050	82,200	81	1,690	5,500
沖縄 (59)	1	7,710	77	125	1	3,590	36	56	1	6,600

注：1　主産県調査を実施した年産の全国値については、主産県の調査結果から推計したものである。
　　2　平成29年産以降、作付面積は３年、収穫量は６年ごとに全国調査を実施し、全国調査以外の年にあっては主産県調査を実施することとしている。

元		2				3				
収穫量	（参考）10 a 当たり平均収量対比	作付面積	10 a 当たり収量	収穫量	（参考）10 a 当たり平均収量対比	作付面積	10 a 当たり収量	収穫量	（参考）10 a 当たり平均収量対比	
(11)	(12)	(13)	(14)	(15)	(16)	(17)	(18)	(19)	(20)	
t	%	ha	kg	t	%	ha	kg	t	%	
4,841,000	**100**	**95,200**	**4,960**	**4,718,000**	**98**	**95,500**	**5,140**	**4,904,000**	**103**	(1)
3,113,000	103	57,400	5,400	3,100,000	100	58,000	5,470	3,173,000	102	(2)
…	nc	37,800	…	…	nc	…	…	…	nc	(3)
…	nc	10,400	…	…	nc	…	…	…	nc	(4)
…	nc	184	…	…	nc	…	…	…	nc	(5)
…	nc	13,400	…	…	nc	…	…	…	nc	(6)
…	nc	734	…	…	nc	…	…	…	nc	(7)
…	nc	x	…	…	nc	…	…	…	nc	(8)
…	nc	1,620	…	…	nc	…	…	…	nc	(9)
…	nc	402	…	…	nc	…	…	…	nc	(10)
…	nc	10,800	…	…	nc	…	…	…	nc	(11)
66	103	0	6,330	19	98	1	6,400	32	100	(12)
3,113,000	103	57,400	5,400	3,100,000	100	58,000	5,470	3,173,000	102	(13)
67,300	103	1,430	3,760	53,800	90	…	…	…	nc	(14)
206,000	96	5,090	3,640	185,300	88	5,000	4,180	209,000	103	(15)
…	nc	1,150	…	…	nc	…	…	…	nc	(16)
…	nc	345	…	…	nc	…	…	…	nc	(17)
…	nc	831	…	…	nc	…	…	…	nc	(18)
…	nc	1,570	…	…	nc	…	…	…	nc	(19)
122,500	93	2,440	5,260	128,300	102	2,480	5,270	130,700	104	(20)
184,800	77	5,060	3,530	178,600	75	5,200	4,880	253,800	108	(21)
134,900	91	2,580	4,960	128,000	91	2,470	4,840	119,500	89	(22)
…	nc	242	…	…	nc	…	…	…	nc	(23)
45,300	86	926	5,100	47,200	93	946	4,590	43,400	85	(24)
…	nc	32	…	…	nc	…	…	…	nc	(25)
…	nc	210	…	…	nc	…	…	…	nc	(26)
…	nc	159	…	…	nc	…	…	…	nc	(27)
…	nc	10	…	…	nc	…	…	…	nc	(28)
…	nc	9	…	…	nc	…	…	…	nc	(29)
…	nc	6	…	…	nc	…	…	…	nc	(30)
7,180	nc	150	4,790	7,190	99	…	…	…	nc	(31)
…	nc	1,760	…	…	nc	…	…	…	nc	(32)
…	nc	192	…	…	nc	…	…	…	nc	(33)
…	nc	350	…	…	nc	…	…	…	nc	(34)
8,030	109	175	3,830	6,700	89	178	3,660	6,510	85	(35)
…	nc	17	…	…	nc	…	…	…	nc	(36)
…	nc	65	…	…	nc	…	…	…	nc	(37)
…	nc	15	…	…	nc	…	…	…	nc	(38)
…	nc	x	…	…	nc	…	…	…	nc	(39)
4,570	91	138	2,920	4,030	91	141	3,070	4,330	99	(40)
…	nc	2	…	…	nc	…	…	…	nc	(41)
…	nc	−	…	…	nc	…	…	…	nc	(42)
34,500	104	798	3,570	28,500	92	…	…	…	nc	(43)
2,030	90	50	2,710	1,360	81	48	3,150	1,510	98	(44)
…	nc	620	…	…	nc	…	…	…	nc	(45)
…	nc	143	…	…	nc	…	…	…	nc	(46)
186	94	10	3,200	320	103	8	2,660	213	89	(47)
…	nc	70	…	…	nc	…	…	…	nc	(48)
…	nc	38	…	…	nc	…	…	…	nc	(49)
…	nc	288	…	…	nc	…	…	…	nc	(50)
…	nc	6	…	…	nc	…	…	…	nc	(51)
…	nc	62	…	…	nc	…	…	…	nc	(52)
306	96	7	3,110	218	91	9	1,850	167	55	(53)
20,500	97	446	4,120	18,400	93	430	4,330	18,600	100	(54)
151,600	102	3,210	4,300	138,000	98	3,060	4,240	129,700	97	(55)
29,300	98	671	4,240	28,500	101	645	4,290	27,700	103	(56)
223,300	100	4,710	4,520	212,900	95	4,700	4,370	205,400	94	(57)
93,000	116	1,700	4,750	80,800	99	1,600	4,510	72,200	97	(58)
66	103	0	6,330	19	98	1	6,400	32	100	(59)

6 飼料作物（続き）

(3) ソルゴー

全国農業地域・都道府県	平成29年産				30				令和	
	作付面積	10a当たり収量	収穫量	（参考）10a当たり平均収量対比	作付面積	10a当たり収量	収穫量	（参考）10a当たり平均収量対比	作付面積	10a当たり収量
	(1)	(2)	(3)	(4)	(5)	(6)	(7)	(8)	(9)	(10)
	ha	kg	t	%	ha	kg	t	%	ha	kg
全国 (1)	**14,400**	**4,620**	**665,000**	**90**	**14,000**	**4,410**	**618,000**	**88**	**13,300**	**4,350**
（全国農業地域）										
北海道 (2)	-	-	-	nc	x	x	x	x	15	3,640
都府県 (3)	14,400	4,620	665,000	nc	…	…	…	nc	…	…
東北 (4)	127	3,580	4,550	92	…	…	…	nc	…	…
北陸 (5)	115	4,750	5,460	87	…	…	…	nc	…	…
関東・東山 (6)	1,560	4,590	71,600	nc	…	…	…	nc	…	…
東海 (7)	615	3,300	20,300	83	…	…	…	nc	…	…
近畿 (8)	908	2,570	23,300	nc	…	…	…	nc	…	…
中国 (9)	1,400	3,100	43,400	89	…	…	…	nc	…	…
四国 (10)	521	4,720	24,600	100	…	…	…	nc	…	…
九州 (11)	9,130	5,150	470,500	93	…	…	…	nc	…	…
沖縄 (12)	37	3,320	1,230	65	44	3,000	1,320	61	14	5,890
（都道府県）										
北海道 (13)	-	-	-	nc	x	x	x	x	15	3,640
青森 (14)	-	-	-	nc	-	-	-	nc	-	-
岩手 (15)	6	1,550	93	46	3	3,120	94	93	2	3,230
宮城 (16)	39	2,240	874	81	…	…	…	nc	…	…
秋田 (17)	-	-	-	nc	…	…	…	nc	…	…
山形 (18)	27	3,960	1,070	87	…	…	…	nc	…	…
福島 (19)	55	4,570	2,510	104	…	…	…	nc	…	…
茨城 (20)	401	4,600	18,400	96	315	4,530	14,300	93	272	4,510
栃木 (21)	299	3,400	10,200	81	291	3,460	10,100	85	296	2,080
群馬 (22)	87	4,910	4,270	100	88	4,400	3,870	92	76	3,750
埼玉 (23)	145	3,080	4,470	64	…	…	…	nc	…	…
千葉 (24)	453	5,800	26,300	91	446	5,910	26,400	95	439	4,220
東京 (25)	1	5,400	54	nc	…	…	…	nc	…	…
神奈川 (26)	39	3,470	1,350	71	…	…	…	nc	…	…
新潟 (27)	8	3,020	242	80	…	…	…	nc	…	…
富山 (28)	26	4,000	1,040	90	…	…	…	nc	…	…
石川 (29)	66	5,640	3,720	84	…	…	…	nc	…	…
福井 (30)	15	3,060	459	106	…	…	…	nc	…	…
山梨 (31)	2	5,100	102	90	…	…	…	nc	2	5,360
長野 (32)	133	4,860	6,460	98	…	…	…	nc	…	…
岐阜 (33)	45	3,690	1,660	99	…	…	…	nc	…	…
静岡 (34)	162	3,300	5,350	83	…	…	…	nc	…	…
愛知 (35)	389	3,290	12,800	81	390	3,030	11,800	77	383	3,880
三重 (36)	19	2,820	536	90	…	…	…	nc	…	…
滋賀 (37)	27	4,130	1,120	90	…	…	…	nc	…	…
京都 (38)	91	2,670	2,430	80	…	…	…	nc	…	…
大阪 (39)	-	-	-	nc	…	…	…	nc	…	…
兵庫 (40)	778	2,470	19,200	57	710	2,250	16,000	58	718	2,400
奈良 (41)	8	4,950	396	nc	…	…	…	nc	…	…
和歌山 (42)	4	3,100	124	nc	…	…	…	nc	…	…
鳥取 (43)	316	2,500	7,900	81	321	2,100	6,740	70	333	2,860
島根 (44)	179	3,070	5,500	92	184	2,940	5,410	92	177	2,950
岡山 (45)	265	4,430	11,700	89	…	…	…	nc	…	…
広島 (46)	209	2,840	5,940	100	…	…	…	nc	…	…
山口 (47)	435	2,860	12,400	91	435	2,290	9,960	76	408	2,400
徳島 (48)	98	4,900	4,800	102	…	…	…	nc	…	…
香川 (49)	100	4,290	4,290	96	…	…	…	nc	…	…
愛媛 (50)	242	4,810	11,600	98	…	…	…	nc	…	…
高知 (51)	81	4,860	3,940	105	…	…	…	nc	…	…
福岡 (52)	150	5,470	8,210	87	…	…	…	nc	…	…
佐賀 (53)	340	3,260	11,100	83	329	3,070	10,100	83	333	3,260
長崎 (54)	2,170	4,520	98,100	88	2,140	4,760	101,900	96	2,100	4,060
熊本 (55)	805	5,410	43,600	99	768	5,390	41,400	100	744	5,290
大分 (56)	855	5,280	45,100	102	823	5,180	42,600	101	780	5,000
宮崎 (57)	3,070	5,550	170,400	99	2,850	5,420	154,500	99	2,780	5,440
鹿児島 (58)	1,750	5,370	94,000	82	1,840	4,830	88,900	78	1,560	5,190
沖縄 (59)	37	3,320	1,230	65	44	3,000	1,320	61	14	5,890

注：1 主産県調査を実施した年産の全国値については、主産県の調査結果から推計したものである。
2 平成29年産以降、作付面積は３年、収穫量は６年ごとに全国調査を実施し、全国調査以外の年にあっては主産県調査を実施することとしている。

元		2				3				
収穫量	(参考) 10 a 当たり 平均収量 対比	作付面積	10 a 当たり 収量	収穫量	(参考) 10 a 当たり 平均収量 対比	作付面積	10 a 当たり 収量	収穫量	(参考) 10 a 当たり 平均収量 対比	
(11)	(12)	(13)	(14)	(15)	(16)	(17)	(18)	(19)	(20)	
t	%	ha	kg	t	%	ha	kg	t	%	
578,100	**90**	**13,000**	**4,140**	**537,600**	**89**	**12,500**	**4,110**	**514,300**	**91**	(1)
546	nc	x	x	x	nc	x	x	x	x	(2)
…	nc	13,000	…	…	nc	…	…	…	nc	(3)
…	nc	82	…	…	nc	…	…	…	nc	(4)
…	nc	263	…	…	nc	…	…	…	nc	(5)
…	nc	1,420	…	…	nc	…	…	…	nc	(6)
…	nc	592	…	…	nc	…	…	…	nc	(7)
…	nc	861	…	…	nc	…	…	…	nc	(8)
…	nc	1,260	…	…	nc	…	…	…	nc	(9)
…	nc	424	…	…	nc	…	…	…	nc	(10)
…	nc	8,070	…	…	nc	…	…	…	nc	(11)
825	127	7	2,940	206	61	2	6,410	109	149	(12)
546	nc	x	x	x	nc	x	x	x	x	(13)
−	nc	−	−	−	nc	…	…	…	nc	(14)
65	96	2	2,960	59	89	8	2,340	187	75	(15)
…	nc	19	…	…	nc	…	…	…	nc	(16)
…	nc	−	…	…	nc	…	…	…	nc	(17)
…	nc	6	…	…	nc	…	…	…	nc	(18)
…	nc	55	…	…	nc	…	…	…	nc	(19)
12,300	93	322	4,720	15,200	100	272	4,700	12,800	101	(20)
6,160	52	304	2,500	7,600	66	316	2,170	6,860	63	(21)
2,850	82	72	3,320	2,390	75	69	3,150	2,170	72	(22)
…	nc	136	…	…	nc	…	…	…	nc	(23)
18,500	69	431	4,180	18,000	69	416	4,240	17,600	75	(24)
…	nc	1	…	…	nc	…	…	…	nc	(25)
…	nc	35	…	…	nc	…	…	…	nc	(26)
…	nc	15	…	…	nc	…	…	…	nc	(27)
…	nc	25	…	…	nc	…	…	…	nc	(28)
…	nc	194	…	…	nc	…	…	…	nc	(29)
…	nc	29	…	…	nc	…	…	…	nc	(30)
107	nc	1	5,300	53	97	…	…	…	nc	(31)
…	nc	113	…	…	nc	…	…	…	nc	(32)
…	nc	43	…	…	nc	…	…	…	nc	(33)
…	nc	184	…	…	nc	…	…	…	nc	(34)
14,900	100	345	2,680	9,250	70	338	2,550	8,620	70	(35)
…	nc	20	…	…	nc	…	…	…	nc	(36)
…	nc	54	…	…	nc	…	…	…	nc	(37)
…	nc	87	…	…	nc	…	…	…	nc	(38)
…	nc	−	…	…	nc	…	…	…	nc	(39)
17,200	70	709	2,280	16,200	75	696	2,450	17,100	93	(40)
…	nc	8	…	…	nc	…	…	…	nc	(41)
…	nc	3	…	…	nc	…	…	…	nc	(42)
9,520	99	302	2,550	7,700	91	…	…	…	nc	(43)
5,220	96	166	3,010	5,000	100	136	2,950	4,010	98	(44)
…	nc	256	…	…	nc	…	…	…	nc	(45)
…	nc	155	…	…	nc	…	…	…	nc	(46)
9,790	85	382	2,510	9,590	95	370	1,510	5,590	59	(47)
…	nc	85	…	…	nc	…	…	…	nc	(48)
…	nc	74	…	…	nc	…	…	…	nc	(49)
…	nc	194	…	…	nc	…	…	…	nc	(50)
…	nc	71	…	…	nc	…	…	…	nc	(51)
…	nc	151	…	…	nc	…	…	…	nc	(52)
10,900	94	322	3,050	9,820	92	317	3,490	11,100	109	(53)
85,300	83	2,100	4,060	85,300	85	2,100	4,310	90,500	95	(54)
39,400	100	756	5,120	38,700	97	713	5,090	36,300	97	(55)
39,000	97	766	5,040	38,600	99	735	5,100	37,500	101	(56)
151,200	99	2,540	5,250	133,400	96	2,490	4,950	123,300	91	(57)
81,000	90	1,430	4,630	66,200	84	1,330	5,180	68,900	99	(58)
825	127	7	2,940	206	61	2	6,410	109	149	(59)

7　工芸農作物

(1)　茶

ア　茶栽培面積

単位：ha

全国農業地域・都道府県	平成29年	30	令和元	2	3
	(1)	(2)	(3)	(4)	(5)
全国	**42,400**	**41,500**	**40,600**	**39,100**	**38,000**
(全国農業地域)					
北海道	…	…	…	–	…
都府県	…	…	…	39,100	…
東北	…	…	…	x	…
北陸	…	…	…	x	…
関東・東山	…	…	…	1,890	…
東海	…	…	…	19,000	…
近畿	…	…	…	2,860	…
中国	…	…	…	403	…
四国	…	…	…	634	…
九州	…	…	…	14,300	…
沖縄	…	…	…	24	…
(都道府県)					
北海道	…	…	…	–	…
青森	…	…	…	x	…
岩手	…	…	…	3	…
宮城	…	…	…	14	…
秋田	…	…	…	x	…
山形	…	…	…	x	…
福島	…	…	…	1	…
茨城	…	…	…	347	…
栃木	…	…	…	20	…
群馬	…	…	…	8	…
埼玉	871	855	843	825	783
千葉	…	…	…	185	…
東京	…	…	…	120	…
神奈川	…	…	…	229	…
新潟	…	…	…	22	…
富山	…	…	…	x	…
石川	…	…	…	4	…
福井	…	…	…	2	…
山梨	…	…	…	102	…
長野	…	…	…	52	…
岐阜	…	…	…	592	…
静岡	17,100	16,500	15,900	15,200	14,500
愛知	538	521	517	500	…
三重	2,950	2,880	2,780	2,710	2,640
滋賀	…	…	…	545	…
京都	1,570	1,570	1,560	1,560	1,550
大阪	…	…	…	–	…
兵庫	…	…	…	83	…
奈良	701	…	…	654	…
和歌山	…	…	…	26	…
鳥取	…	…	…	10	…
島根	…	…	…	182	…
岡山	…	…	…	120	…
広島	…	…	…	21	…
山口	…	…	…	70	…
徳島	…	…	…	217	…
香川	…	…	…	27	…
愛媛	…	…	…	121	…
高知	…	…	…	269	…
福岡	1,550	1,540	1,540	1,540	1,520
佐賀	841	795	749	705	…
長崎	747	742	737	725	…
熊本	1,300	1,260	1,220	1,170	1,130
大分	…	…	…	471	…
宮崎	1,410	1,390	1,380	1,330	1,270
鹿児島	8,430	8,410	8,400	8,360	8,300
沖縄	…	…	…	24	…

注：1　栽培面積は、7月15日現在において調査したものである。
　　2　主産県調査を実施した年の栽培面積の全国値については、主産県の調査結果から推計したものである。
　　3　茶の栽培面積については、平成29年から、調査の範囲を全国から主産県に変更し、6年ごとに全国調査を実施することとした。

イ　生葉収穫量

ウ　荒茶生産量

単位：t　　　　単位：t

全国農業地域・都道府県	イ 平成29年産	30	令和元	2	3	ウ 平成29年産	30	令和元	2	3
	(1)	(2)	(3)	(4)	(5)	(1)	(2)	(3)	(4)	(5)
全国	**…**	**…**	**…**	**328,800**	**…**	**82,000**	**86,300**	**81,700**	**69,800**	**78,100**
主産県計	**369,800**	**383,600**	**357,400**	**…**	**332,200**	**78,800**	**81,500**	**76,500**	**…**	**70,700**
(全国農業地域)										
北海道	…	…	…	–	…	…	…	…	–	…
都府県	…	…	…	328,800	…	…	…	…	69,800	…
東北	…	…	…	x	…	…	…	…	x	…
北陸	…	…	…	x	…	…	…	…	x	…
関東・東山	…	…	…	5,790	…	…	…	…	1,270	…
東海	…	…	…	142,400	…	…	…	…	31,500	…
近畿	…	…	…	20,400	…	…	…	…	4,450	…
中国	…	…	…	1,230	…	…	…	…	268	…
四国	…	…	…	1,680	…	…	…	…	x	…
九州	…	…	…	157,200	…	…	…	…	31,900	…
沖縄	…	…	…	111	…	…	…	…	24	…
(都道府県)										
北海道	…	…	…	–	…	…	…	…	–	…
青森	…	…	…	x	…	…	…	…	x	…
岩手	…	…	…	x	…	…	…	…	x	…
宮城	…	…	…	6	…	…	…	…	1	…
秋田	…	…	…	x	…	…	…	…	x	…
山形	…	…	…	x	…	…	…	…	x	…
福島	…	…	…	x	…	…	…	…	x	…
茨城	…	…	…	1,120	…	…	…	…	260	…
栃木	…	…	…	20	…	…	…	…	5	…
群馬	…	…	…	x	…	…	…	…	x	…
埼玉	3,280	4,040	4,020	3,480	3,400	698	898	881	754	728
千葉	…	…	…	77	…	…	…	…	18	…
東京	…	…	…	201	…	…	…	…	41	…
神奈川	…	…	…	666	…	…	…	…	146	…
新潟	…	…	…	30	…	…	…	…	8	…
富山	…	…	…	x	…	…	…	…	x	…
石川	…	…	…	4	…	…	…	…	1	…
福井	…	…	…	2	…	…	…	…	0	…
山梨	…	…	…	155	…	…	…	…	31	…
長野	…	…	…	61	…	…	…	…	13	…
岐阜	…	…	…	2,160	…	…	…	…	470	…
静岡	140,700	150,500	129,300	112,600	134,700	30,800	33,400	29,500	25,200	29,700
愛知	4,250	4,190	4,020	3,630	…	880	863	832	744	…
三重	29,000	30,200	28,600	24,000	25,700	6,130	6,240	5,910	5,080	5,360
滋賀	…	…	…	2,760	…	…	…	…	549	…
京都	14,200	13,800	13,100	11,200	11,600	3,160	3,070	2,900	2,360	2,450
大阪	…	…	…	–	…	…	…	…	–	…
兵庫	…	…	…	185	…	…	…	…	42	…
奈良	7,060	…	…	6,190	…	1,710	…	…	1,490	…
和歌山	…	…	…	43	…	…	…	…	8	…
鳥取	…	…	…	86	…	…	…	…	20	…
島根	…	…	…	513	…	…	…	…	115	…
岡山	…	…	…	228	…	…	…	…	51	…
広島	…	…	…	48	…	…	…	…	10	…
山口	…	…	…	352	…	…	…	…	72	…
徳島	…	…	…	580	…	…	…	…	118	…
香川	…	…	…	x	…	…	…	…	x	…
愛媛	…	…	…	201	…	…	…	…	44	…
高知	…	…	…	753	…	…	…	…	168	…
福岡	9,730	9,600	9,310	8,300	8,670	1,920	1,890	1,780	1,600	1,650
佐賀	5,210	5,660	5,530	5,140	…	1,170	1,270	1,240	1,140	…
長崎	3,580	3,640	3,440	2,790	…	718	733	693	578	…
熊本	6,270	6,120	6,150	5,400	6,190	1,290	1,260	1,270	1,120	1,280
大分	…	…	…	2,590	…	…	…	…	549	…
宮崎	18,000	18,100	16,600	14,600	14,400	3,770	3,800	3,510	3,060	3,050
鹿児島	128,500	137,700	137,300	118,400	127,500	26,600	28,100	28,000	23,900	26,500
沖縄	…	…	…	111	…	…	…	…	24	…

注：1　主産県調査を実施した年産の荒茶生産量の全国値については、主産県の調査結果から推計したものである。
　　2　平成26年産以降、生葉収穫量及び荒茶生産量は６年ごとに全国調査を実施し、全国調査以外の年にあっては主産県調査を実施することとしている。

7 工芸農作物（続き）

(2) なたね

全国農業地域・都道府県	平成29年産 作付面積	平成29年産 10a当たり収量	平成29年産 収穫量	平成29年産 （参考）10a当たり平均収量対比	30 作付面積	30 10a当たり収量	30 収穫量	30 （参考）10a当たり平均収量対比	令和 作付面積	令和 10a当たり収量
	(1)	(2)	(3)	(4)	(5)	(6)	(7)	(8)	(9)	(10)
	ha	kg	t	%	ha	kg	t	%	ha	kg
全国 (1)	**1,980**	**185**	**3,670**	**143**	**1,920**	**163**	**3,120**	**113**	**1,900**	**217**
（全国農業地域）										
北海道 (2)	939	285	2,680	133	971	246	2,390	105	1,030	320
都府県 (3)	1,050	94	992	106	953	76	728	84	870	96
東北 (4)	550	114	629	102	509	99	505	82	433	112
北陸 (5)	42	60	25	133	30	27	8	57	x	38
関東・東山 (6)	60	72	43	78	x	70	x	80	60	87
東海 (7)	103	69	71	108	102	29	30	45	93	49
近畿 (8)	x	91	x	111	x	54	x	61	x	104
中国 (9)	27	41	11	124	x	65	x	186	x	70
四国 (10)	x	50	x	100	x	x	x	nc	x	x
九州 (11)	204	78	160	95	198	58	114	72	182	93
沖縄 (12)	−	−	−	nc	−	−	−	nc	−	−
（都道府県）										
北海道 (13)	939	285	2,680	133	971	246	2,390	105	1,030	320
青森 (14)	270	198	535	108	270	159	429	83	193	197
岩手 (15)	33	73	24	85	30	53	16	65	26	69
宮城 (16)	44	9	4	35	34	6	2	27	32	3
秋田 (17)	82	33	27	70	47	49	23	111	76	41
山形 (18)	15	47	7	104	12	34	4	72	12	45
福島 (19)	106	30	32	81	116	27	31	75	94	52
茨城 (20)	12	43	5	61	11	41	5	67	9	40
栃木 (21)	10	30	3	44	8	48	4	79	13	63
群馬 (22)	11	92	10	93	9	93	8	98	10	100
埼玉 (23)	5	143	7	142	4	88	4	78	12	68
千葉 (24)	x	x	x	x	x	x	x	x	x	x
東京 (25)	x	x	x	x	x	x	x	x	x	x
神奈川 (26)	1	105	1	115	1	66	0	77	1	187
新潟 (27)	13	35	5	117	8	38	3	115	9	67
富山 (28)	25	64	16	131	17	22	4	43	15	36
石川 (29)	x	x	x	x	x	x	x	x	x	x
福井 (30)	x	x	x	x	x	x	x	x	x	x
山梨 (31)	x	x	x	x	x	x	x	x	x	x
長野 (32)	17	88	15	77	10	120	12	110	12	157
岐阜 (33)	−	−	−	−	−	−	−	−	−	−
静岡 (34)	2	41	1	178	4	14	1	54	3	30
愛知 (35)	38	84	32	111	42	45	19	56	40	60
三重 (36)	63	61	38	105	56	18	10	33	50	42
滋賀 (37)	35	118	41	116	32	63	20	58	36	122
京都 (38)	x	x	x	x	x	x	x	x	x	x
大阪 (39)	x	x	x	x	x	x	x	x	x	x
兵庫 (40)	20	45	9	87	16	38	6	76	14	57
奈良 (41)	2	74	2	132	2	60	1	97	1	80
和歌山 (42)	−	−	−	nc	−	−	−	nc	−	−
鳥取 (43)	4	20	1	80	4	50	2	227	3	33
島根 (44)	12	67	8	181	9	89	8	207	7	108
岡山 (45)	10	15	2	47	4	32	1	128	10	54
広島 (46)	−	−	−	−	−	−	−	−	−	−
山口 (47)	1	2	0	3	x	x	x	x	x	x
徳島 (48)	x	x	x	x	x	x	x	x	−	−
香川 (49)	x	x	x	x	−	−	−	−	x	x
愛媛 (50)	x	x	x	x	x	x	x	x	x	x
高知 (51)	−	−	−	−	−	−	−	−	−	−
福岡 (52)	34	133	45	99	35	80	28	62	33	133
佐賀 (53)	15	100	15	189	20	89	18	144	27	104
長崎 (54)	12	50	6	77	10	36	4	60	12	42
熊本 (55)	54	52	28	74	58	52	30	80	42	95
大分 (56)	45	71	32	148	36	29	10	55	35	61
宮崎 (57)	9	92	8	102	7	74	5	85	6	98
鹿児島 (58)	35	74	26	69	32	60	19	59	27	95
沖縄 (59)	−	−	−	nc	−	−	−	nc	−	−

元		2				3				
収穫量	（参考）10a当たり平均収量対比	作付面積	10a当たり収量	収穫量	（参考）10a当たり平均収量対比	作付面積	10a当たり収量	収穫量	（参考）10a当たり平均収量対比	
(11)	(12)	(13)	(14)	(15)	(16)	(17)	(18)	(19)	(20)	
t	%	ha	kg	t	%	ha	kg	t	%	
4,130	**141**	**1,830**	**196**	**3,580**	**116**	**1,640**	**197**	**3,230**	**107**	(1)
3,300	130	1,040	272	2,830	102	907	280	2,540	100	(2)
831	105	793	95	752	101	733	94	692	98	(3)
484	106	x	130	x	102	x	118	x	96	(4)
x	84	29	62	18	129	22	55	12	122	(5)
52	99	77	57	44	66	60	82	49	93	(6)
46	78	76	51	39	76	x	53	x	nc	(7)
x	116	x	73	x	76	x	67	x	72	(8)
x	233	x	54	x	164	x	24	x	63	(9)
x	x	x	x	x	x	x	x	x	x	(10)
170	122	178	76	136	96	156	96	149	123	(11)
−	nc	−	−	−	nc	−	−	−	nc	(12)
3,300	130	1,040	272	2,830	102	907	280	2,540	100	(13)
380	105	202	197	398	102	171	186	318	93	(14)
18	90	22	86	19	118	23	70	16	92	(15)
1	16	x	x	x	x	x	x	x	x	(16)
31	91	25	28	7	65	21	34	7	79	(17)
5	96	7	93	7	198	6	83	5	169	(18)
49	144	100	37	37	95	114	43	49	119	(19)
4	73	8	31	2	55	6	25	1	54	(20)
8	109	25	19	5	32	10	26	3	50	(21)
10	105	11	99	11	102	10	89	9	93	(22)
8	61	18	54	10	49	16	55	9	51	(23)
x	x	2	56	1	122	3	111	4	258	(24)
x	x	x	x	x	x	x	x	x	x	(25)
1	240	x	x	x	x	x	x	x	x	(26)
6	197	x	x	x	x	x	x	x	x	(27)
5	71	19	51	10	96	15	35	5	67	(28)
x	x	x	x	x	x	x	x	x	x	(29)
x	x	x	x	x	x	x	x	x	x	(30)
x	x	x	x	x	x	x	x	x	x	(31)
19	134	12	115	14	97	14	158	22	137	(32)
−	nc	−	−	−	nc	x	x	x	nc	(33)
1	120	2	3	0	11	2	83	2	377	(34)
24	77	40	53	21	69	41	58	24	83	(35)
21	78	34	53	18	96	31	52	16	100	(36)
44	113	31	88	27	77	41	68	28	62	(37)
x	x	−	−	−	−	−	−	−	−	(38)
x	x	x	x	x	x	x	x	x	x	(39)
8	124	13	42	5	84	16	60	10	122	(40)
1	131	1	67	1	110	1	84	1	133	(41)
−	nc	−	−	−	nc	−	−	−	nc	(42)
1	127	5	40	2	174	3	12	0	43	(43)
8	245	8	67	5	129	8	63	5	107	(44)
5	225	8	75	6	268	7	2	0	6	(45)
−	−	x	x	x	x	x	x	x	x	(46)
x	x	x	x	x	x	x	x	x	x	(47)
−	−	−	−	−	−	−	−	−	−	(48)
x	x	x	x	x	x	x	x	x	x	(49)
x	x	x	x	x	x	x	x	x	x	(50)
−	−	−	−	−	−	−	−	−	−	(51)
44	110	32	148	47	118	28	155	43	124	(52)
28	149	40	82	33	96	31	128	40	144	(53)
5	74	12	35	4	66	7	48	3	104	(54)
40	158	42	60	25	100	39	83	32	138	(55)
21	120	31	43	13	77	28	50	14	91	(56)
6	120	4	69	3	78	3	67	2	83	(57)
26	108	17	66	11	79	20	76	15	103	(58)
−	nc	−	−	−	nc	−	−	−	nc	(59)

7　工芸農作物（続き）

(3)　てんさい（北海道）

区　分	平成29年産		30		令和元		2		3	
	作付面積	収穫量	作付面積	収穫量	作付面積	収穫量	作付面積	収穫量	作付面積	収穫量
	(1)	(2)	(3)	(4)	(5)	(6)	(7)	(8)	(9)	(10)
	ha	t	ha	t	ha	t	ha	t	ha	t
北　海　道	58,200	3,901,000	57,300	3,611,000	56,700	3,986,000	56,800	3,912,000	57,700	4,061,000

(4)　さとうきび

区　分	平成29年産			30			令和元		
	栽培面積	収穫面積	収穫量	栽培面積	収穫面積	収穫量	栽培面積	収穫面積	収穫量
	(1)	(2)	(3)	(4)	(5)	(6)	(7)	(8)	(9)
	ha	ha	t	ha	ha	t	ha	ha	t
全　　国	**28,500**	**23,700**	**1,297,000**	**27,700**	**22,600**	**1,196,000**	**27,200**	**22,100**	**1,174,000**
鹿児島	11,100	9,880	528,500	10,900	9,450	452,900	10,600	9,170	497,800
沖　縄	17,400	13,800	768,900	16,800	13,100	742,800	16,600	12,900	676,000

区　分	2			3		
	栽培面積	収穫面積	収穫量	栽培面積	収穫面積	収穫量
	(10)	(11)	(12)	(13)	(14)	(15)
	ha	ha	t	ha	ha	t
全　　国	**27,900**	**22,500**	**1,336,000**	**28,400**	**23,300**	**1,359,000**
鹿児島	11,000	9,600	522,500	11,000	9,520	543,700
沖　縄	16,900	12,900	813,900	17,500	13,800	815,500

(5)　い（主産県別）

主産県	平成29年産		30		令和元		2		3	
	作付面積	収穫量	作付面積	収穫量	作付面積	収穫量	作付面積	収穫量	作付面積	収穫量
	(1)	(2)	(3)	(4)	(5)	(6)	(7)	(8)	(9)	(10)
	ha	t	ha	t	ha	t	ha	t	ha	t
主産県計	**578**	**8,530**	**541**	**7,500**	**476**	**7,130**	**424**	**6,300**	**451**	**6,390**
福　岡	10	123	7	83	5	62	4	44	3	33
熊　本	568	8,410	534	7,420	471	7,070	420	6,260	448	6,360

7　工芸農作物（続き）

(6)　こんにゃくいも

全国農業地域・都道府県	平成29年産					30					令	
	栽培面積	収穫面積	10 a当たり収量	収穫量	(参考)10 a当たり平均収量対比	栽培面積	収穫面積	10 a当たり収量	収穫量	(参考)10 a当たり平均収量対比	栽培面積	収穫面積
	(1)	(2)	(3)	(4)	(5)	(6)	(7)	(8)	(9)	(10)	(11)	(12)
	ha	ha	kg	t	%	ha	ha	kg	t	%	ha	ha
全国 (1)	**3,860**	**2,330**	**2,780**	**64,700**	**nc**	**3,700**	**2,160**	**2,590**	**55,900**	**91**	**3,660**	**2,150**
（全国農業地域）												
北海道 (2)	…	…	…	…	nc	x	x	x	x	nc	…	…
都府県 (3)	…	…	…	…	nc	3,690	2,160	2,590	55,900	nc	…	…
東北 (4)	…	…	…	…	nc	x	x	1,740	x	nc	…	…
北陸 (5)	…	…	…	…	nc	5	4	650	26	nc	…	…
関東・東山 (6)	…	…	…	…	nc	3,460	2,050	2,680	54,900	nc	…	…
東海 (7)	…	…	…	…	nc	22	12	517	62	nc	…	…
近畿 (8)	…	…	…	…	nc	x	x	382	x	nc	…	…
中国 (9)	…	…	…	…	nc	59	30	1,450	435	nc	…	…
四国 (10)	…	…	…	…	nc	35	15	667	100	nc	…	…
九州 (11)	…	…	…	…	nc	52	16	338	54	nc	…	…
沖縄 (12)	…	…	…	…	nc	－	－	－	－	nc	…	…
（都道府県）												
北海道 (13)	…	…	…	…	nc	x	x	x	x	nc	…	…
青森 (14)	…	…	…	…	nc	x	x	x	x	nc	…	…
岩手 (15)	…	…	…	…	nc	1	0	875	4	nc	…	…
宮城 (16)	…	…	…	…	nc	4	2	1,140	23	nc	…	…
秋田 (17)	…	…	…	…	nc	－	－	－	－	nc	…	…
山形 (18)	…	…	…	…	nc	4	3	836	23	nc	…	…
福島 (19)	…	…	…	…	nc	22	11	2,070	228	nc	…	…
茨城 (20)	…	…	…	…	nc	40	30	2,550	765	nc	…	…
栃木 (21)	95	67	2,710	1,820	106	89	62	2,400	1,490	93	84	57
群馬 (22)	3,350	2,010	2,970	59,700	97	3,280	1,930	2,700	52,100	89	3,250	1,900
埼玉 (23)	…	…	…	…	nc	12	8	2,060	165	nc	…	…
千葉 (24)	…	…	…	…	nc	10	6	2,700	162	nc	…	…
東京 (25)	…	…	…	…	nc	1	0	785	3	nc	…	…
神奈川 (26)	…	…	…	…	nc	5	2	490	8	nc	…	…
新潟 (27)	…	…	…	…	nc	5	4	600	24	nc	…	…
富山 (28)	…	…	…	…	nc	0	0	906	0	nc	…	…
石川 (29)	…	…	…	…	nc	0	0	842	1	nc	…	…
福井 (30)	…	…	…	…	nc	0	0	217	1	nc	…	…
山梨 (31)	…	…	…	…	nc	10	5	1,060	53	nc	…	…
長野 (32)	…	…	…	…	nc	18	10	1,300	130	nc	…	…
岐阜 (33)	…	…	…	…	nc	7	5	811	41	nc	…	…
静岡 (34)	…	…	…	…	nc	5	3	255	8	nc	…	…
愛知 (35)	…	…	…	…	nc	2	1	698	7	nc	…	…
三重 (36)	…	…	…	…	nc	8	3	212	6	nc	…	…
滋賀 (37)	…	…	…	…	nc	6	2	250	5	nc	…	…
京都 (38)	…	…	…	…	nc	3	2	143	3	nc	…	…
大阪 (39)	…	…	…	…	nc	x	x	x	x	nc	…	…
兵庫 (40)	…	…	…	…	nc	3	1	214	3	nc	…	…
奈良 (41)	…	…	…	…	nc	8	4	614	25	nc	…	…
和歌山 (42)	…	…	…	…	nc	5	2	300	5	nc	…	…
鳥取 (43)	…	…	…	…	nc	3	3	767	23	nc	…	…
島根 (44)	…	…	…	…	nc	22	8	390	31	nc	…	…
岡山 (45)	…	…	…	…	nc	2	1	720	7	nc	…	…
広島 (46)	…	…	…	…	nc	32	18	2,080	374	nc	…	…
山口 (47)	…	…	…	…	nc	0	0	376	0	nc	…	…
徳島 (48)	…	…	…	…	nc	15	8	1,010	81	nc	…	…
香川 (49)	…	…	…	…	nc	0	0	370	0	nc	…	…
愛媛 (50)	…	…	…	…	nc	5	3	394	12	nc	…	…
高知 (51)	…	…	…	…	nc	15	4	185	7	nc	…	…
福岡 (52)	…	…	…	…	nc	16	5	480	24	nc	…	…
佐賀 (53)	…	…	…	…	nc	1	1	112	1	nc	…	…
長崎 (54)	…	…	…	…	nc	1	0	236	1	nc	…	…
熊本 (55)	…	…	…	…	nc	13	5	230	12	nc	…	…
大分 (56)	…	…	…	…	nc	18	4	240	10	nc	…	…
宮崎 (57)	…	…	…	…	nc	2	1	450	5	nc	…	…
鹿児島 (58)	…	…	…	…	nc	1	0	350	1	nc	…	…
沖縄 (59)	…	…	…	…	nc	－	－	－	－	nc	…	…

注：1　主産県調査を実施した年産の全国値については、主産県の調査結果から推計したものである。
　　2　平成30年産以降、作付面積は３年、収穫量は６年ごとに全国調査を実施し、全国調査以外の年にあっては、主産県調査を実施することとしている。

和元			2					3					
10 a 当たり 収量	収穫量	(参考) 10 a 当たり 平均収量 対比	栽培 面積	収穫 面積	10 a 当たり 収量	収穫量	(参考) 10 a 当たり 平均収量 対比	栽培 面積	収穫 面積	10 a 当たり 収量	収穫量	(参考) 10 a 当たり 平均収量 対比	
(13)	(14)	(15)	(16)	(17)	(18)	(19)	(20)	(21)	(22)	(23)	(24)	(25)	
kg	t	%	ha	ha	kg	t	%	ha	ha	kg	t	%	
2,750	**59,100**	**99**	**3,570**	**2,140**	**2,510**	**53,700**	**92**	**3,430**	**2,050**	**2,640**	**54,200**	**98**	(1)
…	…	nc	…	…	…	…	nc	6	…	…	…	nc	(2)
…	…	nc	…	…	…	…	nc	3,420	…	…	…	nc	(3)
…	…	nc	…	…	…	…	nc	15	…	…	…	nc	(4)
…	…	nc	…	…	…	…	nc	8	…	…	…	nc	(5)
…	…	nc	…	…	…	…	nc	3,250	…	…	…	nc	(6)
…	…	nc	…	…	…	…	nc	12	…	…	…	nc	(7)
…	…	nc	…	…	…	…	nc	x	…	…	…	nc	(8)
…	…	nc	…	…	…	…	nc	50	…	…	…	nc	(9)
…	…	nc	…	…	…	…	nc	31	…	…	…	nc	(10)
…	…	nc	…	…	…	…	nc	29	…	…	…	nc	(11)
…	…	nc	…	…	…	…	nc	－	…	…	…	nc	(12)
…	…	nc	…	…	…	…	nc	6	…	…	…	nc	(13)
…	…	nc	…	…	…	…	nc	0	…	…	…	nc	(14)
…	…	nc	…	…	…	…	nc	1	…	…	…	nc	(15)
…	…	nc	…	…	…	…	nc	2	…	…	…	nc	(16)
…	…	nc	…	…	…	…	nc	－	…	…	…	nc	(17)
…	…	nc	…	…	…	…	nc	5	…	…	…	nc	(18)
…	…	nc	…	…	…	…	nc	7	…	…	…	nc	(19)
…	…	nc	…	…	…	…	nc	29	…	…	…	nc	(20)
2,380	1,360	92	…	…	…	…	nc	64	…	…	…	nc	(21)
2,910	55,300	96	3,210	1,930	2,600	50,200	88	3,130	1,870	2,740	51,200	95	(22)
…	…	nc	…	…	…	…	nc	3	…	…	…	nc	(23)
…	…	nc	…	…	…	…	nc	8	…	…	…	nc	(24)
…	…	nc	…	…	…	…	nc	1	…	…	…	nc	(25)
…	…	nc	…	…	…	…	nc	3	…	…	…	nc	(26)
…	…	nc	…	…	…	…	nc	7	…	…	…	nc	(27)
…	…	nc	…	…	…	…	nc	0	…	…	…	nc	(28)
…	…	nc	…	…	…	…	nc	0	…	…	…	nc	(29)
…	…	nc	…	…	…	…	nc	1	…	…	…	nc	(30)
…	…	nc	…	…	…	…	nc	9	…	…	…	nc	(31)
…	…	nc	…	…	…	…	nc	10	…	…	…	nc	(32)
…	…	nc	…	…	…	…	nc	3	…	…	…	nc	(33)
…	…	nc	…	…	…	…	nc	2	…	…	…	nc	(34)
…	…	nc	…	…	…	…	nc	2	…	…	…	nc	(35)
…	…	nc	…	…	…	…	nc	5	…	…	…	nc	(36)
…	…	nc	…	…	…	…	nc	8	…	…	…	nc	(37)
…	…	nc	…	…	…	…	nc	2	…	…	…	nc	(38)
…	…	nc	…	…	…	…	nc	x	…	…	…	nc	(39)
…	…	nc	…	…	…	…	nc	2	…	…	…	nc	(40)
…	…	nc	…	…	…	…	nc	7	…	…	…	nc	(41)
…	…	nc	…	…	…	…	nc	4	…	…	…	nc	(42)
…	…	nc	…	…	…	…	nc	2	…	…	…	nc	(43)
…	…	nc	…	…	…	…	nc	14	…	…	…	nc	(44)
…	…	nc	…	…	…	…	nc	2	…	…	…	nc	(45)
…	…	nc	…	…	…	…	nc	31	…	…	…	nc	(46)
…	…	nc	…	…	…	…	nc	1	…	…	…	nc	(47)
…	…	nc	…	…	…	…	nc	13	…	…	…	nc	(48)
…	…	nc	…	…	…	…	nc	0	…	…	…	nc	(49)
…	…	nc	…	…	…	…	nc	4	…	…	…	nc	(50)
…	…	nc	…	…	…	…	nc	14	…	…	…	nc	(51)
…	…	nc	…	…	…	…	nc	9	…	…	…	nc	(52)
…	…	nc	…	…	…	…	nc	1	…	…	…	nc	(53)
…	…	nc	…	…	…	…	nc	0	…	…	…	nc	(54)
…	…	nc	…	…	…	…	nc	12	…	…	…	nc	(55)
…	…	nc	…	…	…	…	nc	4	…	…	…	nc	(56)
…	…	nc	…	…	…	…	nc	2	…	…	…	nc	(57)
…	…	nc	…	…	…	…	nc	1	…	…	…	nc	(58)
…	…	nc	…	…	…	…	nc	－	…	…	…	nc	(59)

[付] 調　査　票

秘	統計法に基づく基幹統計
農林水産省	作　物　統　計

令和　　年 面積調査　実測調査票

（職員記入欄）

調査年	都道府県	管理番号	市町村	単位区番号	階層番号	標本継続年数	母集団　筆面積(a)	
							田	畑

緯度	経度

（調査員記入欄）

調　査　日
月　　日
調　査　員　名

（職員記入欄）

調査結果のデータ入力日
月　　日
調査結果のデータ入力者名

政府統計

統計法に基づく国の統計調査です。調査票情報の秘密の保護に万全を期します。

（地域メッシュの空中写真等を表示）

0　　　　　m　　　　　m

(0)　　　　(10 cm)　　　　(20 cm)

画像著作権 ：

連　絡　先 ：

（電話番号）

⇦ ⇦ ⇦ 入 力 方 向

4	1	5	1

秘	統計法に基づく基幹統計
農林水産省	作 物 統 計

年 産	都道府県	管理番号	市区町村	客体番号
2 0				

政府統計

統計法に基づく国の統計調査です。調査票情報の秘密の保護に万全を期します。

令和　　年産

作付面積調査調査票（団体用）

大豆（乾燥子実）用

○ この調査票は、秘密扱いとし、統計以外の目的に使うことは絶対ありませんので、ありのままを記入してください。
○ 黒色の鉛筆又はシャープペンシルで記入し、間違えた場合は、消しゴムできれいに消してください。
○ 調査及び調査票の記入に当たって、不明な点等がありましたら、下記の「問い合わせ先」にお問い合わせください。

★ 数字は、1マスに1つずつ、枠からはみ出さないように右づめで記入してください。

記入例				9	8	7	6	5	4	0

つなげる　すきまをあける

★ マスが足りない場合は、一番左のマスにまとめて記入してください。

記入例	11	2	3

記入していただいた調査票は、　　月　　日までに提出してください。
調査票の記入及び提出は、インターネットでも可能です。
詳しくは同封の「オンライン調査システム操作ガイド」を御覧ください。

【問い合わせ先】

【１】貴団体で集荷している大豆の作付面積について

記入上の注意
○ 作付面積は単位を「ha」とし、小数点第一位（10a単位）まで記入してください。0.05ha未満の場合は「0.0」と記入してください。
○ 枝豆として未成熟で収穫するもの及び飼料用として青刈りするものは除きます。

単位：ha

作物名		作付面積（田畑計）	田	畑
大豆	前年産			
	本年産	.	.	.

裏面に進んでください。

【 ２ 】作付面積の増減要因等について

作付面積の主な増減要因（転換作物等）について記入してください。

主な増減地域と増減面積について記入してください。

貴団体において、貴団体に出荷されない管内の作付団地等の状況（作付面積、作付地域等）を把握していれば記入してください。

⇦ ⇦ ⇦ 入 力 方 向

4	1	4	1

秘	統計法に基づく基幹統計
農林水産省	作 物 統 計

政府統計

統計法に基づく国の統計調査です。調査票情報の秘密の保護に万全を期します。

年 産	都道府県	管理番号	市区町村	客体番号
2 0				

令和　　年産

作付面積調査調査票（団体用）

果樹及び茶用

○ この調査票は、秘密扱いとし、統計以外の目的に使うことは絶対ありませんので、ありのままを記入してください。

○ 黒色の鉛筆又はシャープペンシルで記入し、間違えた場合は、消しゴムできれいに消してください。

○ 調査及び調査票の記入に当たって、不明な点等がありましたら、下記の「問い合わせ先」にお問い合わせください。

★ 数字は、1マスに1つずつ、枠からはみ出さないように右づめで記入してください。

記入例	8	8	8	9	8	7	6	5	4	0

つなげる　　すきまをあける

★ マスが足りない場合は、一番左のマスにまとめて記入してください。

記入例	11	2	3

記入していただいた調査票は、　　月　　日までに提出してください。
調査票の記入及び提出は、インターネットでも可能です。
詳しくは同封の「オンライン調査システム操作ガイド」を御覧ください。

【問い合わせ先】

【１】貴団体管内の果樹の栽培面積について

単位:ha

作物名		栽培面積	作物名		栽培面積
みかん	前年産		おうとう	前年産	
5000	本年産		5007	本年産	
その他かんきつ類	前年産		うめ	前年産	
5001	本年産		5011	本年産	
りんご	前年産		びわ	前年産	
5002	本年産		5008	本年産	
ぶどう	前年産		かき	前年産	
5003	本年産		5009	本年産	
日本なし	前年産		くり	前年産	
5004	本年産		5010	本年産	
西洋なし	前年産		キウイフルーツ	前年産	
5005	本年産		5013	本年産	
もも	前年産		パインアップル	前年産	
5006	本年産		5014	本年産	
すもも	前年産				
5012	本年産				

【２】貴団体管内の茶の栽培面積について

単位:ha

作物名		栽培面積
茶	前年産	
6000	本年産	

記入上の注意
○　栽培面積は単位を「ha」とし、小数点第一位（10a単位）まで記入してください。
　0.05ha未満の結果は「0.0」と記入してください。
○　貴団体の管内において、集荷・取扱いを行う栽培団地等の栽培面積を記入してください。
○　その他かんきつ類には、みかん以外の全てのかんきつ類の合計面積を記入してください。

【３】栽培面積の増減要因等について

果樹（茶）ごとの主な増減要因（新植、廃園等）について記入してください。

果樹（茶）ごとの主な増減地域と増減面積について記入してください。

貴団体において、貴団体に出荷されない管内の作付団地等の状況（作付面積、作付地域等）を把握していれば記入してください。

統計法に基づく基幹統計
作物統計

政府統計

別記様式第13号

秘
農　林　水　産　省

作柄概況・(予想)収穫量調査
水稲作況標本(基準)筆調査票

記入見本	0	1	2	3	4	5	6	7	8	9

調査者氏名	

年産 西暦	都道府県	管理番号	作柄表示地帯	作況階層	標本単位区	筆番通し号
2 0						

市町村（筆所在地）	農林業センサスにおける基本指標番号				緯度		経度		標高
	旧市町村	農業集落	調査区	経営体	度	分	度	分	m

筆種類		地方設定コード								継続年数
標本筆	基準筆	A	B	C	D	E	F	G	H	
①	②									

筆の所在地	市町村　大字　小字　地番	
		電話(　　　)
耕作者住所	市町村	農家の刈取り予定日　月　日

1　観察・聞き取り事項

品種			作期				普通作区分			栽培様式						は種期	田植期	出穂期
(品種名) (コード)	うるち	もち	早期	普通	一期作	二期作	早生	中生	晩生	稚苗	中苗	成苗	手植え	ばら植え	直まき	月　日	月　日	月　日
	①	②	①	②	③	④	①	②	③	①	②	③	④	⑤	⑥			

農家の刈取り期	刈取り時の倒伏程度					農家の刈取り方法					刈取り条数	筆の作付面積	刈遅し筆	肥培管理の良否			選別に使用しているふるい目幅	玄米選別形態				
月　日	Ⅰ(全)	Ⅱ	Ⅲ(半)	Ⅳ	Ⅴ(無)	普通型	自脱型	バインダー	手刈	汎用型コンバイン		a		良	普通	不良		農家個別選別	複数農家共同選別	共同施設選別	その他(不明)	無選別
	①	②	③	④	⑤	①	②	③	④					①	②	③		①	②	③	④	⑤

（作況基準筆調査のみ）

水管理の実施期日							
間断かん水		中干し		深水管理(　)回		高温時のかけ流し(　)回	
開始期日 月　日	終了期日 月　日	開始期日 月　日	終了期日 月　日	開始期日 月　日	終了期日 月　日	開始期日 月　日	終了期日 月　日

落水期	施肥期日				10a当たり窒素投入量		
	基肥	追肥			基肥	追肥	
		中間追肥	穂肥	実肥		中間追肥	穂肥
月　日	月　日	月　日	月　日	月　日	(銘柄)　kg	(銘柄)　kg	(銘柄)　kg

窒素投入量つづき	10a当たり有機質肥料投入量				除草剤散布回数	病害虫防除回数	土性		
追肥つづき							砂壌土	壌土	埴壌土
実肥	たいきゅう肥	緑肥	生わら	その他					
(銘柄)　kg	(種類)　kg	(種類)　kg	kg	(種類)　kg	回	回	(砂質系)	(中間)	(粘質系)
							①	②	③

SAMPLE

4211

2　栽植密度

		畝幅（11けい間の長さ）	株間（11株間の長さ）	1㎡当たり株数(けい長)	刈取り株数
畝幅・株間測定	Ⅰ	cm	cm	株(cm)	株
	Ⅱ				
	Ⅲ				
	合計	(1)	(2)		
	平均	(3)	(4)		
(5)	1㎡当たり株数 $\frac{10,000}{(3)\times(4)}$	株	1㎡当たりけい長 $\frac{10,000}{(3)}$	cm	1㎡当たり換算率 $\frac{1㎡当たりけい長}{60cm}$

3　刈取り調査

刈取り日	月　日	露	有　無

刈取り方法	3㎡当たり整数株刈り	①	調製方法	総合選別機	①
	3㎡刈り	②		段ぶるい	②

刈取り試料	全量	縮分重量
未調製生もみ重	g	
未調製乾燥もみ重		g
粗玄米重		
玄米重		10a当たり換算率
くず米重		$\frac{(5)\times 1,000}{刈取り株数計}$
玄米水分	%	

千粒重測定		1回	2回	合計
粗玄米	重量	g	g	g
	粒数	粒	粒	粒
玄米	重量	g	g	g
	粒数	粒	粒	粒
くず米	重量	g	g	g
	粒数	粒	粒	粒

再選別歩合
%

等級	3等以上	1
	規格外	2

段別重量測定	総量	2.20以上	2.10	2.00	1.95	1.90
1回	g	g	g	g	g	g
2回						
合計						

	1.85	1.80	1.75	1.70	1.60	底
1回	g	g	g	g	g	g
2回						
合計						

再選別後

段別重量測定	総量	2.20以上	2.10	2.00	1.95	1.90
1回	g	g	g	g	g	g
2回						
合計						

	1.85	1.80	1.75	1.70	1.60	底
1回	g	g	g	g	g	g
2回						
合計						

4 草丈･茎数･穂数･もみ数調査

調査箇所	調査株番号	月　日調査		月　日調査						月　日調査						月　日調査	
		草丈	茎数	全穂(茎)数	無効穂数	有効穂数	全もみ数 最高穂	全もみ数 下･2		全穂(茎)数	無効穂数	有効穂数	全もみ数 最高穂	全もみ数 下･2			
		cm	本	本	本	本	粒	粒		本	本	本	粒	粒			
Ⅰ	1																
	2																
	3																
	4																
	5																
	6																
	7																
	8																
	9																
	10																
	小計																
Ⅱ	1																
	2																
	3																
	4																
	5																
	6																
	7																
	8																
	9																
	10																
	小計																
Ⅲ	1																
	2																
	3																
	4																
	5																
	6																
	7																
	8																
	9																
	10																
	小計																
合計		(6)	(7)	(8)	(9)	(10)	(11)	(12)		(8)	(9)	(10)	(11)	(12)			
平均(M)		(13)	(14)	(15)	(16)	(17)	(18) $\frac{(11)+(12)}{20}$			(15)	(16)	(17)	(18) $\frac{(11)+(12)}{20}$				
1㎡当たり(M)×(5) ただし(22)=(18)×(21)			(19)	(20)		(21)	(22)	100粒		(20)		(21)	(22)	100粒			

5 稔実歩合調査（作況基準筆調査のみ）

出穂期後　　日調査			（　月　日　調査）		
(23)____株の有効穂数の合計　本		(24)____株の生穂重　g　.		(25)____株の生もみ重　g　.	

うち上記の100g（又は50gずつ2回）について調査	回数	比重選により浮いたもみのうち 不稔実もみ数	比重選により浮いたもみのうち 稔実もみ数	比重選により沈んだもみのうち 不稔実もみ数	比重選により沈んだもみのうち 稔実もみ数	全もみ数
	1回	粒	粒	粒	粒	粒
	2回					
	合計		(イ)	(ロ)	(ハ)	(A)
	(B) 沈下もみ数 (ロ)＋(ハ)		粒	(C) 稔実もみ数 (イ)＋(ハ)		粒

(26) 100g調査より____株当たりへの換算率(25)/100	(単位 0.01)		1穂当たり	(31)生穂重 (24)/(23)	g .	1㎡当たり	(35)生穂重 (24)*(27)	g
(27) 株当たりより1㎡当たりへの換算率(21)/(23)	有効4けた			(32)全もみ数(28)/(23)	粒 .		(36)生もみ重 (25)*(27)	g
（　）株当たり	(28) 全もみ数 (A)×(26)	粒		(33)沈下もみ数 (29)/(23)	粒 .		(37)全もみ数 (28)*(27)（100粒）	: ¦ : ¦ :
	(29) 沈下もみ数 (B)×(26)	粒		(34)稔実もみ数 (30)/(23)	粒 .		(38)沈下もみ数 (29)*(27)（100粒）	: ¦ : ¦ :
	(30) 稔実もみ数 (C)×(26)	粒					(39)稔実もみ数 (30)*(27)（100粒）	: ¦ : ¦ :
(40)沈下もみ数歩合 (38)／(37)	. %		(41)稔実歩合 (39)／(37)		. %			

6 被害調査

被害状況	被害の種類	発生時期	損傷項目	損傷程度	見積り被害歩合	平年比較	
						総合	多　並　少
						気象被害	多　並　少
						病害	多　並　少
						虫害	多　並　少

10a当たり基準収量	見積り被害歩合										
	被害総合										
kg											
: ¦ : ¦ :	: ¦ :										

調査箇所の略図	標本単位区内水稲作付筆数	生育、登熟の特徴
全けい数　n＝　　けい 間隔 $\frac{1}{3}$n＝　　けい ランダムスタート　a＝第　　けい	筆	

⇦⇦⇦ 入力方向

⇦ ⇦ ⇦ 入 力 方 向

秘	統計法に基づく基幹統計
農林水産省	作 物 統 計

統計法に基づく国の統計調査です。調査票情報の秘密の保護に万全を期します。

政府統計

年 産	都道府県	管理番号	市区町村	客体番号

令和　　年産

畑作物作付面積調査・収穫量調査調査票（団体用）

陸稲用

○ この調査票は、秘密扱いとし、統計以外の目的に使うことは絶対ありませんので、ありのままを記入してください。
○ 黒色の鉛筆又はシャープペンシルで記入し、間違えた場合は、消しゴムできれいに消してください。
○ 調査及び調査票の記入に当たって、不明な点等がありましたら、下記の「問い合わせ先」にお問い合わせください。

★ 右づめで記入し、マスが足りない場合は一番左のマスにまとめて記入してください。
★ 該当する場合は、記入例のように点線をなぞってください。

記入例	11	9	8	6	5	3

つなげる　すきまをあける

記入例

記入していただいた調査票は　　月　　日までに提出してください。
調査票の記入及び提出は、インターネットでも可能です。
詳しくは同封の「オンライン調査システム操作ガイド」を御覧ください。

【問い合わせ先】

【１】貴団体で集荷している作付面積及び集荷量について

記入上の注意
○ 作付面積は単位を「ha」とし、小数点第一位（10a単位）まで記入してください。0.05ha未満の場合は「0.0」と記入してください。
○ 集荷量は単位を「t」とし、整数で記入してください。
○ 陸稲品種を田に作付けしたものは除きます。水稲品種を畑に作付けしたものは陸稲に含めますが、計画的にかんがいを行い栽培するものは除きます。

作物名		作付面積	集荷量	うち検査基準以上
陸稲	前年産	ha	t	t
	本年産	.		

裏面に進んでください。

【２】作付面積の増減要因等について

主な増減要因（転換作物等）について記入してください。

主な増減地域と増減面積について記入してください。

貴団体において、貴団体に出荷されない管内の作付団地等の状況（作付面積、作付地域等）を把握していれば記入してください。

【３】収穫量の増減要因等について

前年産と比べた本年産の作柄の良否、被害の多少、主な被害の要因について該当する項目の点線をなぞってください。

作物名	作柄の良否			被害の多少		
	良	並	悪	少	並	多
陸稲						

主な被害の要因（複数回答可）									
高温	低温	日照不足	多雨	少雨	台風	病害	虫害	鳥獣害	その他

被害以外の増減要因（品種、栽培方法などの変化）があれば、記入してください。

⇦ ⇦ ⇦ 入力方向

秘
農林水産省

統計法に基づく基幹統計
作物統計

年産	都道府県	管理番号	市区町村	客体番号

政府統計
統計法に基づく国の統計調査です。調査票情報の秘密の保護に万全を期します。

令和　　年産

畑作物作付面積調査・収穫量調査調査票（団体用）

麦類（子実用）用

○ この調査票は、秘密扱いとし、統計以外の目的に使うことは絶対ありませんので、ありのままを記入してください。
○ 黒色の鉛筆又はシャープペンシルで記入し、間違えた場合は、消しゴムできれいに消してください。
○ 調査及び調査票の記入に当たって、不明な点等がありましたら、下記の「問い合わせ先」にお問い合わせください。

★ 右づめで記入し、マスが足りない場合は一番左のマスにまとめて記入してください。
★ 該当する場合は、記入例のように点線をなぞってください。

記入例	11	9	8	6	5	3
記入例	⁄（点線）	➡	／	つなげる	すきまをあける	

記入していただいた調査票は、　　月　　日までに提出してください。
調査票の記入及び提出は、インターネットでも可能です。
詳しくは同封の「オンライン調査システム操作ガイド」を御覧ください。

【問い合わせ先】

【１】貴団体で集荷している作付面積及び集荷量について

記入上の注意
○ 作付面積は単位を「ha」とし、小数点第一位（10a単位）まで記入してください。0.05ha未満の場合は「0.0」と記入してください。
○ 集荷量は単位を「t」とし、整数で記入してください。0.5t未満の結果は「0」と記入してください。
○ 主に食用（子実用）とするものについて記入してください。緑肥用や飼料用は含めないでください。
○ 「うち検査基準以上」欄には、1等、2等に加え規格外のうち規格外Aとされたものの合計を記入してください。
○ 検査を受けない場合や、提出日までに検査を受けていない場合などは、集荷された農作物の状態から検査基準以上となる量を見積もって記入してください。

作物名		作付面積（田畑計）	田	畑	集荷量	うち検査基準以上
小麦	前年産	ha	ha	ha	t	t
	本年産	.	.	.		
秋まき（北海道のみ）	前年産	ha			t	t
	本年産	.				
春まき（北海道のみ）	前年産	ha			t	t
	本年産	.				
二条大麦	前年産	ha	ha	ha	t	t
	本年産	.	.	.		
六条大麦	前年産	ha	ha	ha	t	t
	本年産	.	.	.		
はだか麦	前年産	ha	ha	ha	t	t
	本年産	.	.	.		

裏面に進んでください。

【２】作付面積の増減要因等について

作物ごとの主な増減要因（転換作物等）について記入してください。

作物ごとに主な増減地域と増減面積について記入してください。

貴団体において、貴団体に出荷されない管内の作付団地等の状況（作付面積、作付地域等）を把握していれば記入してください。

【３】収穫量の増減要因等について

前年産と比べた本年産の作柄の良否、被害の多少、主な被害の要因について該当する項目の点線をなぞってください。

作物名	作柄の良否			被害の多少			主な被害の要因（複数回答可）									
	良	並	悪	少	並	多	高温	低温	日照不足	多雨	少雨	台風	病害	虫害	鳥獣害	その他
小麦																
二条大麦																
六条大麦																
はだか麦																

作物ごとに被害以外の増減要因（品種、栽培方法などの変化）があれば、記入してください。

入 力 方 向

秘	統計法に基づく基幹統計
農林水産省	作 物 統 計

年 産	都道府県	管理番号	市区町村	客体番号

政府統計

統計法に基づく国の統計調査です。調査票情報の秘密の保護に万全を期します。

令和　年産

畑作物収穫量調査調査票（団体用）

大豆（乾燥子実）用

○ この調査票は、秘密扱いとし、統計以外の目的に使うことは絶対ありませんので、ありのままを記入してください。

○ 黒色の鉛筆又はシャープペンシルで記入し、間違えた場合は、消しゴムできれいに消してください。

○ 調査及び調査票の記入に当たって、不明な点等がありましたら、下記の「問い合わせ先」にお問い合わせください。

★ 右づめで記入し、マスが足りない場合は一番左のマスにまとめて記入してください。

記入例	11	9	8	6	5	3

つなげる　すきまをあける

★ 該当する場合は、記入例のように点線をなぞってください。

記入例 ⁄ → ／

記入していただいた調査票は、　　月　　日までに提出してください。

調査票の記入及び提出は、インターネットでも可能です。

詳しくは同封の「オンライン調査システム操作ガイド」を御覧ください。

【問い合わせ先】

【１】貴団体で集荷している作付面積及び集荷量について

記入上の注意

○ 作付面積は単位を「ha」とし、小数点第一位（10a単位）まで記入してください。0.05ha未満の場合は「0.0」と記入してください。

○ 集荷量は単位を「t」とし、整数で記入してください。

○ 「うち検査基準以上」欄には、1等、2等、3等に加え特定加工用以上とされたものの合計を記入してください。

○ 検査を受けない場合や、提出日までに検査を受けていない場合などは、集荷された農作物の状態から検査基準以上となる量を見積もって記入してください。

作物名		作付面積	集荷量	うち検査基準以上
	前年産	ha	t	t
	本年産	.		
	前年産	ha	t	t
	本年産	.		
	前年産	ha	t	t
	本年産	.		

【２】収穫量の増減要因等について

前年産と比べた本年産の作柄の良否、被害の多少、主な被害の要因について該当する項目の点線をなぞってください。

作物名	作柄の良否			被害の多少		
	良	並	悪	少	並	多
	/	/	/	/	/	/
	/	/	/	/	/	/
	/	/	/	/	/	/

主な被害の要因（複数回答可）									
高温	低温	日照不足	多雨	少雨	台風	病害	虫害	鳥獣害	その他
/	/	/	/	/	/	/	/	/	/
/	/	/	/	/	/	/	/	/	/
/	/	/	/	/	/	/	/	/	/

作物ごとに被害以外の増減要因（品種、栽培方法などの変化）があれば、記入してください。

⇦ ⇦ ⇦ 入力方向

秘	統計法に基づく基幹統計
農林水産省	作物統計

統計法に基づく国の統計調査です。調査票情報の秘密の保護に万全を期します。

政府統計

年産	都道府県	管理番号	市区町村	客体番号

令和　　年産

畑作物作付面積調査・収穫量調査調査票（団体用）

飼料作物、えん麦（緑肥用）、かんしょ、そば、なたね（子実用）用

○ この調査票は、秘密扱いとし、統計以外の目的に使うことは絶対ありませんので、ありのままを記入してください。
○ 黒色の鉛筆又はシャープペンシルで記入し、間違えた場合は、消しゴムできれいに消してください。
○ 調査及び調査票の記入に当たって、不明な点等がありましたら、下記の「問い合わせ先」にお問い合わせください。

★ 右づめで記入し、マスが足りない場合は一番左のマスにまとめて記入してください。

★ 該当する場合は、記入例のように点線をなぞってください。

記入例	11	9	8	6	5	3
記入例	／	→	／			

つなげる

すきまをあける

記入していただいた調査票は、　　月　　日までに提出してください。
調査票の記入及び提出は、インターネットでも可能です。
詳しくは同封の「オンライン調査システム操作ガイド」を御覧ください。

【問い合わせ先】

【１】貴団体管内の作付（栽培）面積及び集荷量について

記入上の注意
○ 作付（栽培）面積は単位を「ha」とし、小数点第一位（10a単位）まで記入してください。0.05ha未満の場合は「0.0」と記入してください。
○ 集荷量は単位を「t」とし、整数で記入してください。0.5t未満の結果は「0」と記入してください。
○ ＜作物ごとの注意事項＞

作物名		作付（栽培）面積（田畑計）	田	畑	集荷量	うち検査基準以上
	前年産	ha	ha	ha	t	t
	本年産	.	.	.		
	前年産	ha	ha	ha	t	t
	本年産	.	.	.		
	前年産	ha	ha	ha	t	t
	本年産	.	.	.		
	前年産	ha	ha	ha		
	本年産	.	.	.		
	前年産	ha	ha	ha		
	本年産	.	.	.		

裏面に進んでください。

【２】作付（栽培）面積の増減要因等について

作物ごとの主な増減要因（転換作物等）について記入してください。

作物ごとに主な増減地域と増減面積について記入してください。

貴団体において、貴団体に出荷されない管内の作付団地等の状況（作付面積、作付地域等）を把握していれば記入してください（飼料作物及びえん麦（緑肥用）については【１】に貴団体で把握している面積を記入していただいているため記入不要です。）。

【３】収穫量の増減要因等について

前年産と比べた本年産の作柄の良否、被害の多少、主な被害の要因について該当する項目の点線をなぞってください。

作物名	作柄の良否			被害の多少		
	良	並	悪	少	並	多

主な被害の要因（複数回答可）									
高温	低温	日照不足	多雨	少雨	台風	病害	虫害	鳥獣害	その他

作物ごとに被害以外の増減要因（品種、栽培方法などの変化）があれば、記入してください。

⇦ ⇦ ⇦ 入 力 方 向

秘	統計法に基づく基幹統計
農林水産省	作 物 統 計

年 産	都道府県	管理番号	市区町村	客体番号

政府統計

統計法に基づく国の統計調査です。調査票情報の秘密の保護に万全を期します。

令和　　年産

茶収穫量調査調査票（団体用）

○ この調査票は、秘密扱いとし、統計以外の目的に使うことは絶対ありませんので、ありのままを記入してください。

○ 黒色の鉛筆又はシャープペンシルで記入し、間違えた場合は、消しゴムできれいに消してください。

○ 調査及び調査票の記入に当たって、不明な点等がありましたら、下記の「問い合わせ先」にお問い合わせください。

★ 右づめで記入し、マスが足りない場合は一番左のマスにまとめて記入してください。

★ 該当する場合は、記入例のように点線をなぞってください。

記入例	11	9	8	6	5	8
記入例	⁄	→	／			

つなげる　すきまをあける

記入していただいた調査票は、　月　日までに提出してください。

調査票の記入及び提出は、インターネットでも可能です。

詳しくは同封の「オンライン調査システム操作ガイド」を御覧ください。

【問い合わせ先】

【１】本年の生産の状況

本年の集荷（処理）状況について教えてください。
必ず、該当する項目の点線を1つなぞってください。

本年、集荷（処理）を行った	⁄
本年、集荷（処理）を行わなかった	⁄

【２】来年以降の作付予定

来年以降の集荷（処理）予定について教えてください。
必ず、該当する項目の点線を1つなぞってください。

来年以降、集荷（処理）を行う予定である	⁄
来年以降、集荷（処理）を行う予定はない	⁄
今のところ未定	⁄

・本年集荷（処理）を行った方は、【３】（裏面）に進んでください。

・本年集荷（処理）を行わなかった方はここで終了となりますので、
調査票を提出していただくようお願いします。
御協力ありがとうございました。

【３】貴工場で集荷している茶の生産量と摘採面積について

調査対象 （農林水産省職員があらかじめ記入しております。）

1 年間計	
2 一番茶	

1 年間計にマークのある方は、「年間計」及び「うち一番茶」両方に記入してください。

2 一番茶にマークのある方は、「うち一番茶」のみ記入してください。

3 一番茶の調査をお願いした方は、再度年間計の調査をお願いすることがあります。
その際は両方にマークがつきます。

※「年間計」とは、冬春番茶、秋冬番茶及び一番茶から四番茶までの合計です。

記入上の注意
○ 本年産の貴工場における生葉の処理量及びそれに対応する摘採面積を茶期ごとの合計及びうち一番茶について記入してください。
○ 整枝・せん定をかねて刈り取った茶葉についても、荒茶に加工（刈り番茶）される場合は、集荷量、荒茶生産量及び摘採延べ面積に含めてください。
○ 摘採延べ面積は、摘採した面積の合計を記入してください。

項目		年間計	うち一番茶
生葉集荷（処理）量	前年産	t	t
	本年産		
荒茶生産量	前年産	kg	kg
	本年産		
摘採実面積	前年産	ha（町）（反）（畝）a	ha（町）（反）（畝）a
	本年産		
摘採延べ面積	前年産	ha（町）（反）（畝）a	
	本年産		

【４】作柄及び被害の状況について

前年産と比べた本年産の作柄の良否、被害の多少、主な被害の要因について該当する項目の点線をなぞってください。

茶期別	作柄の良否			被害の多少		
	良	並	悪	少	並	多
年間計						
一番茶						

主な被害の要因（複数回答可）									
凍霜害	高温	低温	日照不足	多雨	少雨	台風	病害	虫害	その他

調査はここで終了です。御協力ありがとうございました。

入力方向

4271

秘	統計法に基づく基幹統計
農林水産省	作物統計

年産	都道府県	管理番号	市区町村	客体番号
20				

政府統計

統計法に基づく国の統計調査です。調査票情報の秘密の保護に万全を期します。

令和　　年産

畑作物作付面積調査·収穫量調査調査票(団体用)

てんさい用

○ この調査票は、秘密扱いとし、統計以外の目的に使うことは絶対ありませんので、ありのままを記入してください。
○ 黒色の鉛筆又はシャープペンシルで記入し、間違えた場合は、消しゴムできれいに消してください。
○ 調査及び調査票の記入に当たって、不明な点等がありましたら、下記の「問い合わせ先」にお問い合わせください。

★ 右づめで記入し、マスが足りない場合は一番左のマスにまとめて記入してください。
★ 該当する場合は、記入例のように点線をなぞってください。

記入例	11	9	8	6	5	3
記入例						

つなげる
すきまをあける

記入していただいた調査票は、　月　日までに提出してください。
調査票の記入及び提出は、インターネットでも可能です。
詳しくは同封の「オンライン調査システム操作ガイド」を御覧ください。

【問い合わせ先】

【1】てんさいの作付面積及び集荷量について

記入上の注意
○ 作付面積は単位を「ha」とし、小数点第一位(10a単位)まで記入してください。0.05ha未満の場合は「0.0」と記入してください。
○ 集荷量は単位を「t」とし、整数で記入してください。0.5t未満の結果は「0」と記入してください。

作物名		作付面積	集荷量
てんさい	前年産	ha	t
	本年産	.	

裏面に進んでください。

【２】 作柄及び被害の状況について

1　前年産と比べた本年産の作柄の良否、被害の多少、主な被害の要因について該当する項目の点線をなぞってください。

作物名	作柄の良否			被害の多少		
	良	並	悪	少	並	多
てんさい						

作物名	主な被害の要因（複数回答可）										
	融雪遅れ	高温	低温	日照不足	多雨	少雨	台風	鳥獣害	病害	虫害	その他
てんさい											

2 病害、虫害及びその他については、被害の内容を具体的に記入してください。

3　作付面積の増減理由や被害以外の収量に影響を及ぼした要因（作付品種の変化など）があれば、記入してください。

⇦ ⇦ ⇦ 入 力 方 向

秘
農林水産省

統計法に基づく基幹統計
作 物 統 計

年 産	都道府県	管理番号	市区町村	客体番号

政府統計

統計法に基づく国の統計調査です。調査票情報の秘密の保護に万全を期します。

令和　　年産

畑作物作付面積調査・収穫量調査調査票（団体用）

さとうきび用

○ この調査票は、秘密扱いとし、統計以外の目的に使うことは絶対ありませんので、ありのままを記入してください。
○ 黒色の鉛筆又はシャープペンシルで記入し、間違えた場合は、消しゴムできれいに消してください。
○ 調査及び調査票の記入に当たって、不明な点等がありましたら、下記の「問い合わせ先」にお問い合わせください。

★ 右づめで記入し、マスが足りない場合は一番左のマスにまとめて記入してください。
★ 該当する場合は、記入例のように点線をなぞってください。

記入例	11	9	8	6	5	8
記入例				つなげる	すきまをあける	

記入していただいた調査票は、　　月　　日までに提出してください。
調査票の記入及び提出は、インターネットでも可能です。
詳しくは同封の「オンライン調査システム操作ガイド」を御覧ください。

【問い合わせ先】

【１】貴事業場で集荷しているさとうきびの栽培面積、収穫面積及び集荷量について

記入上の注意
○ 栽培面積及び収穫面積は単位を「ha」で記入してください。
○ 集荷量は単位を「t」とし、整数で記入してください。
○ 栽培面積は、収穫の有無にかかわらず、栽培した全ての面積を記入してください。
○ 収穫面積は、本年に収穫した面積を記入してください。

作型		栽培面積	収穫面積	集荷量
夏植え	前年産	ha	ha	t
	本年産	.	.	
春植え	前年産	ha	ha	t
	本年産	.	.	
株出し	前年産	ha	ha	t
	本年産	.	.	

裏面に進んでください。

【２】 作柄及び被害の状況について

１　前年産と比べた本年産の作柄の良否、被害の多少、主な被害の要因について該当する項目の点線をなぞってください。

作型	作柄の良否			被害の多少		
	良	並	悪	少	並	多
夏植え						
春植え						
株出し						

作型	主な被害の要因（複数回答可）									
	高温	低温	日照不足	多雨	少雨	鳥獣害	台風	病害	虫害	その他
夏植え										
春植え										
株出し										

２　台風、病害、虫害及びその他については、被害の内容を具体的に記入してださい。

（　　　　　　　　　　　　　　　　　　　　　　　　）

３　栽培（収穫）面積の増減理由や被害以外の収量に影響を及ぼした要因（作付品種の変化など）があれば、記入してください。

⇦ ⇦ ⇦ 入 力 方 向

秘	統計法に基づく基幹統計
農林水産省	作 物 統 計

政府統計

統計法に基づく国の統計調査です。調査票情報の秘密の保護に万全を期します。

都道府県	管理番号	市区町村	旧市区町村	農業集落	調査区	経営体

令和　　年産

畑作物収穫量調査調査票（経営体用）

○○○用

○ この調査票は、秘密扱いとし、統計以外の目的に使うことは絶対ありませんので、ありのままを記入してください。
○ 黒色の鉛筆又はシャープペンシルで記入し、間違えた場合は、消しゴムできれいに消してください。
○ 調査及び調査票の記入に当たって、不明な点等がありましたら、下記の「問い合わせ先」にお問い合わせください。

★ 右づめで記入し、マスが足りない場合は一番左のマスにまとめて記入してください。
★ 該当する場合は、記入例のように点線をなぞってください。

記入例	11	9	8	6	5	8
記入例	／	→	／			

つなげる　すきまをあける

記入していただいた調査票は　　月　　日までに提出してください。

【問い合わせ先】

【１】本年の生産の状況について

本年の作付状況について教えてください。
必ず、該当する項目の点線を1つなぞってください。

本年、作付けを行った	／
本年、作付けを行わなかった	／

→

【２】来年以降の作付予定について

来年以降の作付予定について教えてください。
必ず、該当する項目の点線を1つなぞってください。

来年以降、作付予定がある	／
来年以降、作付予定はない	／
今のところ未定	／
農業をやめたため、農作物を作付け（栽培）する予定はない	／

↓

・本年作付けを行った方は、【 ３ 】（裏面）に進んでください。

・本年作付けを行わなかった方はここで終了となりますので、調査票を提出していただくようお願いします。
御協力ありがとうございました。

本年、作付けを行った方のみ記入してください。

【３】作付面積、出荷量及び自家用等の量について

本年産の作付面積、出荷量及び自家用等の量について記入してください。

記入上の注意

○「作付面積」は、被害等で収穫できなかった面積（収穫量のなかった面積）も含めてください。
また、１年間のうち、同じほ場に複数回作付けした場合（収穫後、同じ作物を新たに植えた場合）は、その延べ面積としてください。

○「収穫量」は、「俵」、「袋」等で把握されている場合は、「kg」に換算して記入してください。
（例：30kg紙袋で150袋出荷した場合→4,500kgと記入）

○「出荷量」は、共同出荷、直売所への出荷、個人販売など、販売先を問わず、販売した全ての量を含めてください。また、販売する予定で保管されている量も「出荷量」に含めてください。

○ 1a、1kgに満たない場合は四捨五入して整数単位で記入してください。
（例：0.4a、0.4kg以下→「0」、0.5a、0.5kg以上→「1」と記入）

○「自家用、無償の贈与、種子用等の量」は、ご家庭で消費したもの、無償で他の方にあげたもの、翌年産の種子用にするものなどを指します。

○「出荷先の割合」は、記入した「出荷量」について該当する出荷先に出荷した割合を%で記入してください。
「直売所・消費者へ直接販売」は、農協の直売所、庭先販売、宅配便、インターネット販売などをいいます。
「その他」は、仲買業者、スーパー、外食産業などを含みます。

作物名	作付面積（借入地を含む。）(町)(反)(畝) ha a	収穫量	
		出荷量（販売した量及び販売目的で保管している量） t kg	自家用、無償の贈与、種子用等の量 t kg

○ 記入した出荷量について該当する出荷先に出荷した割合を記入してください。

【４】出荷先の割合について

作物名	加工業者	直売所・消費者へ直接販売	市場	農協以外の集出荷団体	農協	その他	合計
	%	%	%	%	%	%	100%
	%	%	%	%	%	%	100%
	%	%	%	%	%	%	100%

【５】作柄及び被害の状況について

前年産と比べた本年産の作柄の良否、被害の多少、主な被害の要因について該当する項目の点線をなぞってください。

作物名	作柄の良否			被害の多少			主な被害の要因（複数回答可）									
	良	並	悪	少	並	多	高温	低温	日照不足	多雨	少雨	台風	病害	虫害	鳥獣害	その他

調査はここで終了です。御協力ありがとうございました。

⇦ ⇦ ⇦ 入 力 方 向

秘
農林水産省

統計法に基づく基幹統計
作 物 統 計

都道府県	管理番号	市区町村	旧市区町村	農業集落	調査区	経営体

政府統計

統計法に基づく国の統計調査です。調査票情報の秘密の保護に万全を期します。

令和　　年産

飼料作物収穫量調査調査票（経営体用）

○ この調査票は、秘密扱いとし、統計以外の目的に使うことは絶対ありませんので、ありのままを記入してください。

○ 黒色の鉛筆又はシャープペンシルで記入し、間違えた場合は、消しゴムできれいに消してください。

○ 調査及び調査票の記入に当たって、不明な点等がありましたら、下記の「問い合わせ先」にお問い合わせください。

★ 右づめで記入し、マスが足りない場合は一番左のマスにまとめて記入してください。

★ 該当する場合は、記入例のように点線をなぞってください。

記入例	11	9	8	6	5	3
記入例	／	→	／			

つなげる　すきまをあける

記入していただいた調査票は　　月　　日までに提出してください。

【問い合わせ先】

【１】本年の生産の状況について

本年の作付（栽培）状況について教えてください。
必ず、該当する項目の点線を1つなぞってください。

本年、作付け（栽培）を行った	／
本年、作付け（栽培）を行わなかった	／

【２】来年以降の作付（栽培）予定について

来年以降の作付（栽培）予定について教えてください。
必ず、該当する項目の点線を1つなぞってください。

来年以降、作付（栽培）予定がある	／
来年以降、作付（栽培）予定はない	／
今のところ未定	／
農業をやめたため、農作物を作付け（栽培）する予定はない	／

・本年作付け（栽培）を行った方は、【３】（次のページ）に進んでください。

・本年作付け（栽培）を行わなかった方はここで終了となりますので、調査票を提出していただくようお願いします。
　御協力ありがとうございました。

本年、作付け（栽培）を行った方のみ記入してください。

【３】牧草について

本年産の作付（栽培）面積について記入してください。

記入上の注意

○「作付（栽培）面積」には、牧草専用地、田や畑のほか農地以外での栽培など、牧草の栽培に利用した全ての面積を記入してください。

○ 同じ土地で複数回牧草を収穫した場合であっても、「作付（栽培）面積」は、収穫した延べ面積ではなく、実際の面積（実面積）を記入してください。

○ 牧草とは次のようなものをいいます。
（いね科牧草）
イタリアンライグラス、ハイブリッドライグラス、ペレニアルライグラス、トールフェスク、メドーフェスク、オーチャードグラス、チモシー、レッドトップ、バヒアグラス、ダリスグラス、ローズグラス、リードカナリグラス、スーダングラス、テオシント、その他いね科牧草（ブロームグラス類、ホイートグラス類、ブルーグラス類等）
（豆科牧草）
アルファルファ、クローバー類、セスバニア、その他豆科牧草（ベッチ類、ルーピン類、レスペデザ類等）

○ えん麦、らい麦、大豆等の青刈り作物は牧草には含まれませんのでご注意ください。

○ なお、青刈りとうもろこし、ソルゴーは、本調査票の【4】、【5】でそれぞれ記入をお願いします。

	（町）（反）ha	（畝）a
作付（栽培）面積		

どちらか分かる方で本年産の収穫量について記入してください。

1 収穫量が重量（生重量）で分かる場合

	t	kg
収穫量計		
1番刈り		
2番刈り		
3番刈り		
4番刈り		

記入上の注意

○ 刈取り時期ごとの収穫量を記入の上、「収穫量計」の欄に合計を記入してください。（刈取り時期ごとに分からない場合は、「収穫量計」のみに記入してください。）

2 生重量で分からない場合

＜ラッピング又は梱包を行っている場合＞

	個数（個）	1個当たりのおおよその重量（kg）
ラッピング		
梱包		

＜固定サイロを用いている場合＞

サイロの容積	㎥
充足率	%

＜簡易サイロを用いている場合＞

サイロの容積	㎥

記入上の注意

○ ラッピングマシーンを用いている場合は、「ラッピング」欄にラッピング個数及び1個当たりの重量を記入してください。
また、【4】青刈りとうもろこし及び【5】ソルゴーも同様に記入してください。

○ 乾燥後、梱包を行っている場合は、「梱包」欄に梱包個数及び1個当たりの重量を記入してください。

○ 固定サイロとは、塔型サイロ（タワーサイロ）、バンカーサイロなど四方を構築物で固められたものをいいます。
なお、「充足率」は、固定サイロの容積に対する本年の利用割合を記入してください。

○ 簡易サイロを利用した場合は、使用した全てのサイロの容積の合計を記入してください。

【４】青刈りとうもろこしについて

本年産の作付面積について記入してください。

	(町)(反)(畝) ha a
作付面積	

どちらか分かる方で本年産の収穫量について記入してください。

1　収穫量が重量(生重量)で分かる場合

収穫量	t kg

記入上の注意

○　固定サイロとは、塔型サイロ(タワーサイロ)、バンカーサイロなど四方を構築物で固められたものをいいます。
　なお、「充足率」は、固定サイロの容積に対する本年の利用割合を記入してください。

○　簡易サイロとは、スタックサイロ、バキュームサイロ、バッグサイロなど固定式以外のものをいいます。
　また、L字型バンカーサイロなど固定式でないものは簡易サイロに含めてください。
　なお、簡易サイロを利用した場合は、使用した全てのサイロの容積の合計を記入してください。

2　生重量で分からない場合

＜固定サイロを用いている場合＞

サイロの容積	㎥
充足率	%

＜簡易サイロを用いている場合＞

サイロの容積	㎥

＜ラッピングを行っている場合＞

	個数(個)	1個当たりのおおよその重量
ラッピング		kg

【５】ソルゴーについて

本年産の作付面積について記入してください。

	(町)(反)(畝) ha a
作付面積	

どちらか分かる方で本年産の収穫量について記入してください。

1　収穫量が重量(生重量)で分かる場合

収穫量	t kg

記入上の注意

○　固定サイロとは、塔型サイロ(タワーサイロ)、バンカーサイロなど四方を構築物で固められたものをいいます。
　なお、「充足率」は、固定サイロの容積に対する本年の利用割合を記入してください。

○　簡易サイロとは、スタックサイロ、バキュームサイロ、バッグサイロなど固定式以外のものをいいます。
　また、L字型バンカーサイロなど固定式でないものは簡易サイロに含めてください。
　なお、簡易サイロを利用した場合は、使用した全てのサイロの容積の合計を記入してください。

2　生重量で分からない場合

＜固定サイロを用いている場合＞

サイロの容積	㎥
充足率	%

＜簡易サイロを用いている場合＞

サイロの容積	㎥

＜ラッピングを行っている場合＞

	個数(個)	1個当たりのおおよその重量
ラッピング		kg

次のページに進んでください。

【６】作柄及び被害の状況について

前年産と比べた本年産の作柄の良否、被害の多少、主な被害の要因について該当する項目の点線をなぞってください。

作物名	作柄の良否			被害の多少			主な被害の要因（複数回答可）									
	良	並	悪	少	並	多	高温	低温	日照不足	多雨	少雨	台風	病害	虫害	鳥獣害	その他
牧草																
青刈りとうもろこし																
ソルゴー																

調査はここで終了です。御協力ありがとうございました。

⇦ ⇦ ⇦ 入力方向

秘
農林水産省

統計法に基づく基幹統計
作物統計

都道府県	管理番号	市区町村	旧市区町村	農業集落	調査区	経営体

政府統計

統計法に基づく国の統計調査です。調査票情報の秘密の保護に万全を期します。

令和　年産

畑作物収穫量調査調査票（経営体用）

なたね（子実用）用

○ この調査票は、秘密扱いとし、統計以外の目的に使うことは絶対ありませんので、ありのままを記入してください。
○ 黒色の鉛筆又はシャープペンシルで記入し、間違えた場合は、消しゴムできれいに消してください。
○ 調査及び調査票の記入に当たって、不明な点等がありましたら、下記の「問い合わせ先」にお問い合わせください。

★ 右づめで記入し、マスが足りない場合は一番左のマスにまとめて記入してください。
★ 該当する場合は、記入例のように点線をなぞってください。

記入例	11	9	8	6	5	3
記入例	⁄	→	／			

つなげる
すきまをあける

記入していただいた調査票は　　月　　日までに提出してください。

【問い合わせ先】

【１】本年の生産の状況について

本年の作付状況について教えてください。
必ず、該当する項目の点線を1つなぞってください。

本年、作付けを行った	⁄
本年、作付けを行わなかった	⁄

→

【２】来年以降の作付予定について

来年以降の作付予定について教えてください。
必ず、該当する項目の点線を1つなぞってください。

来年以降、作付予定がある	⁄
来年以降、作付予定はない	⁄
今のところ未定	⁄
農業をやめたため、農作物を作付け（栽培）する予定はない	⁄

↓

・本年作付けを行った方は、【 ３ 】（裏面）に進んでください。

・本年作付けを行わなかった方はここで終了となりますので、調査票を提出していただくようお願いします。
御協力ありがとうございました。

本年、作付けを行った方のみ記入してください。

【３】作付面積、出荷量及び自家用等の量について

本年産の作付面積、出荷量及び自家用等の量について記入してください。

記入上の注意

○ 子実用（食用として搾油するもの）のみの作付面積及び収穫量を記入してください。
　工業用に搾油するもの、菜花や花菜などの野菜として収穫するもの、青刈りするもの、緑肥としてすき込むものなどはいずれも含めないでください。
○「作付面積」は、被害等で収穫できなかった面積（収穫量のなかった面積）も含めてください。
　また、１年間のうち、同じほ場に複数回作付けした場合（収穫後、同じ作物を新たに植えた場合）は、その延べ面積としてください。
○「収穫量」は、「俵」、「袋」等で把握されている場合は、「kg」に換算して記入してください。
（例：30kg紙袋で150袋出荷した場合→4,500kgと記入）
○「出荷量」は、共同出荷、直売所への出荷、個人販売など、販売先を問わず、販売した全ての量を含めてください。また、販売する予定で保管されている量も「出荷量」に含めてください。
○ 製油業者に委託し、なたね油を現物で受け取った場合は、なたねの子実に換算した重量を出荷量、自家用等の数量別に記入してください。
○「自家用、無償の贈答用、種子用等の量」は、ご家庭で消費したもの、無償で他の方にあげたもの、翌年産の種子用などを指します。
○ 1a、1kgに満たない場合は四捨五入して整数単位で記入してください。
（例：0.4a、0.4kg以下→「0」、0.5a、0.5kg以上→「1」と記入）
○「出荷先の割合」は、記入した「出荷量」について該当する出荷先に出荷した割合を％で記入してください。
　「直売所・消費者へ直接販売」は、農協の直売所、庭先販売、宅配便、インターネット販売などをいいます。
　「その他」は、仲買業者、スーパー、外食産業などを含みます。

作物名	作付面積（借入地を含む。）(町)(反)(畝) ha a	収穫量	
		出荷量（販売した量及び販売目的で保管している量） t kg	自家用、無償の贈答用、種子用等の量 t kg
なたね			

○ 記入した出荷量について該当する出荷先に出荷した割合を記入してください。

【４】出荷先の割合について

作物名	製油業者	直売所・消費者へ直接販売	市場	農協以外の集出荷団体	農協	その他	合計
なたね	%	%	%	%	%	%	100%

【５】作柄及び被害の状況について

前年産と比べた本年産の作柄の良否、被害の多少、主な被害の要因について該当する項目の点線をなぞってください。

作物名	作柄の良否			被害の多少		
	良	並	悪	少	並	多
なたね	/	/	/	/	/	/

主な被害の要因（複数回答可）									
高温	低温	日照不足	多雨	少雨	台風	病害	虫害	鳥獣害	その他
/	/	/	/	/	/	/	/	/	/

調査はここで終了です。御協力ありがとうございました。

秘
農林水産省

統計法に基づく基幹統計
作　物　統　計

政府統計

統計法に基づく国の統計調査です。調査票情報の秘密の保護に万全を期します。

令和　年

被　害　調　査　票

調査筆の種類	標　調　応

作　物　名	
地域センター等名	
調査者氏名	
調　査　期　日	月　日

筆の所在地	設計単位	作況階層	標本単位区	筆の通し番号
	市　町　村	大字（町）	小　字	地　番

調査箇所	被　害　種　類									
	被害発生時の生育段階									
	損　傷　調　査　項　目									
Ⅰ	1									
	2									
	3									
	4									
	5									
Ⅱ	6									
	7									
	8									
	9									
	10									
Ⅲ	11									
	12									
	13									
	14									
	15									
合　計										
平　均										
損　傷　歩　合										
見積り（実測）被害歩合	調　査　項　目　別									
	被　害　種　類　別									
	計									
筆平均見積り被害歩合	被害種類別									
	被　害　総　合									
適　用　し　た　尺　度（番号）										

注：1　この調査票は、標本筆（単位区）の損傷見積り（実測）調査の調査票及び被害調査筆・被害応急調査の損傷調査票として使用する。
2　被害損傷実測調査の損傷調査項目は、被害の種類、被害発生時期などから地方農政局長、北海道農政事務所長、沖縄総合事務局長、地域センターの長等が定める。
3　損傷歩合欄は、損傷項目が損傷歩合を現さないような項目の場合（例えば被害穂数、被害粒数等）は、「平均」についての損傷歩合（例えば被害穂数歩合、被害粒数歩合）を記入する。
4　見積り（実測）被害歩合は、損傷見積り（実測）調査結果に減収推定尺度を適用して決める。
5　見積り（実測）被害歩合の計は、見積り（実測）を行った被害種類を合計した被害歩合とし、筆平均見積り被害歩合の被害総合は、全ての被害を総合して見積った被害歩合とする。
6　調査筆の種類欄の「標」は被害標本筆、「調」は被害調査筆、「応」は被害応急調査筆を示し、該当に○印を付す。
7　調査株数は、1箇所5株とする。

⇦ ⇦ ⇦ 入力方向

4	1	7	1

秘
農林水産省

年産	都道府県	管理番号	市区町村	客体番号
20				

政府統計

統計法に基づく国の統計調査です。調査票情報の秘密の保護に万全を期します。

令和　　年産　　特定作物統計調査

豆類作付面積調査調査票（団体用）

○ この調査票は、秘密扱いとし、統計以外の目的に使うことは絶対ありませんので、ありのままを記入してください。

○ 黒色の鉛筆又はシャープペンシルで記入し、間違えた場合は、消しゴムできれいに消してください。

○ 調査及び調査票の記入に当たって、不明な点等がありましたら、下記の「問い合わせ先」にお問い合わせください。

★ 数字は、1マスに1つずつ、枠からはみ出さないように右づめで記入してください。

記入例	8	8	8	9	8	7	6	5	4	0

つなげる　すきまをあける

★ マスが足りない場合は、一番左のマスにまとめて記入してください。

記入例	11	2	3

記入していただいた調査票は、　　月　　日までに提出してください。

調査票の記入及び提出は、インターネットでも可能です。

詳しくは同封の「オンライン調査システム操作ガイド」を御覧ください。

【問い合わせ先】

【１】貴団体で集荷している豆類（乾燥子実）の作付面積について

記入上の注意
○　作付面積は単位を「ha」とし、小数点第一位（10a単位）まで記入してください。0.05ha未満の場合は「0.0」と記入してください。
○　乾燥して食用（加工も含む。）にするものの面積を記入してください。
　未成熟（完熟期以前）で収穫されるもの（さやいんげん等）については含めないでください。
○　いんげんの種類別の内訳については、北海道のみ記入してください。

単位：ha

作物名		作付面積（田畑計）	田	畑
小豆	前年産			
	本年産			
いんげん	前年産			
	本年産			
金時（北海道のみ）	前年産			
	本年産			
手亡（北海道のみ）	前年産			
	本年産			
らっかせい	前年産			
	本年産			

【２】作付面積の増減要因等について

作物ごとの主な増減要因（転換作物等）について記入してください。

作物ごとの主な増減地域と増減面積について記入してください。

貴団体において、貴団体に出荷されない管内の作付団地等の状況（作付面積、作付地域等）を把握していれば記入してください。

入力方向

4	7	1	1

秘
農林水産省

年産	都道府県	管理番号	市区町村	客体番号
2 0				

政府統計

統計法に基づく国の統計調査です。調査票情報の秘密の保護に万全を期します。

令和　　年産　　特定作物統計調査

豆類収穫量調査調査票（団体用）

○ この調査票は、秘密扱いとし、統計以外の目的に使うことは絶対ありませんので、ありのままを記入してください。

○ 黒色の鉛筆又はシャープペンシルで記入し、間違えた場合は、消しゴムできれいに消してください。

○ 調査及び調査票の記入に当たって、不明な点等がありましたら、下記の「問い合わせ先」にお問い合わせください。

★ 数字は、1マスに1つずつ、枠からはみ出さないように右づめで記入してください。

記入例	8	8	8	9	8	7	6	5	4	0

つなげる　　すきまをあける

★ 該当する場合は、記入例のように点線をなぞってください。

記入例	／	→	／

★ マスが足りない場合は、一番左のマスにまとめて記入してください。

記入例	11	2	3

記入していただいた調査票は、　　月　　日までに提出してください。

調査票の記入及び提出は、インターネットでも可能です。

詳しくは同封の「オンライン調査システム操作ガイド」を御覧ください。

【問い合わせ先】

【１】貴団体で集荷している豆類（乾燥子実）の作付面積及び集荷量について

記入上の注意

○ 作付面積は単位を「ha」とし、小数点第一位（10a単位）まで記入してください。0.05ha未満の場合は「0.0」と記入してください。

○ 乾燥して食用（加工も含む。）にするものを記入してください。
未成熟（完熟期以前）で収穫されるもの（さやいんげん等）については含めないでください。

○ 小豆及びいんげんの「うち検査基準以上」欄には、3等以上の量を記入してください。

○ 検査を受けない場合、調査票の提出日までに検査を受けていない場合などは、集荷された農作物の状態から検査基準以上となる量を見積もって記入してください。

○ いんげんの種類別の内訳については、北海道のみ記入してください。

作物名		作付面積	集荷量	うち検査基準以上
小豆	前年産	ha	t	t
	本年産	.		
いんげん	前年産	ha	t	t
	本年産	.		
金時（北海道のみ）	前年産	ha	t	t
	本年産	.		
手亡（北海道のみ）	前年産	ha	t	t
	本年産	.		
らっかせい	前年産	ha	t	t
	本年産	.		

【２】収穫量の増減要因等について

前年産に比べて本年産の作柄の良否、被害の多少、主な被害の要因について記入してください。
（該当のある場合は、点線を鉛筆などでなぞってください。）

作物名	作柄の良否			被害の多少		
	良	並	悪	少	並	多
小豆						
いんげん						
らっかせい						

主な被害の要因（複数回答可）									
高温	低温	日照不足	多雨	少雨	台風	病害	虫害	鳥獣害	その他

作物ごとに被害以外の増減要因（品種、栽培方法などの変化）があれば、記入してください。

入力方向

4	7	4	1

秘
農林水産省

年産	都道府県	管理番号	市区町村	客体番号
2 0				

政府統計

統計法に基づく国の統計調査です。調査票情報の秘密の保護に万全を期します。

令和　　年産　　特定作物統計調査

こんにゃくいも作付面積調査・収穫量調査票（団体用）

○ この調査票は、秘密扱いとし、統計以外の目的に使うことは絶対ありませんので、ありのままを記入してください。

○ 黒色の鉛筆又はシャープペンシルで記入し、間違えた場合は、消しゴムできれいに消してください。

○ 調査及び調査票の記入に当たって、不明な点等がありましたら、下記の「問い合わせ先」にお問い合わせください。

★ 数字は、1マスに1つずつ、枠からはみ出さないように右づめで記入してください。

記入例				9	8	7	6	5	4	0

つなげる　すきまをあける

★ 該当する場合は、記入例のように点線をなぞってください。

記入例 ⁄ → ／

★ マスが足りない場合は、一番左のマスにまとめて記入してください。

記入例	11	2	3

記入していただいた調査票は、　　月　　日までに提出してください。

調査票の記入及び提出は、インターネットでも可能です。

詳しくは同封の「オンライン調査システム操作ガイド」を御覧ください。

【問い合わせ先】

【１】貴団体で集荷しているこんにゃくいもの栽培面積、収穫面積及び集荷量について

記入上の注意

○　栽培面積及び収穫面積は、小数点第一位（10a単位）まで記入してください。0.05ha未満の場合は「0.0」と記入してください。
○　集荷量は単位を「t」とし、整数で記入してください。
○　栽培面積は、出荷の有無にかかわらず、本年栽培した全ての面積を記入してください。
○　収穫面積は、出荷・販売するために収穫した面積を記入してください。

作物名		栽培面積	うち収穫面積	集荷量
こんにゃくいも	前年産	ha	ha	t
	本年産			

【２】栽培面積及び収穫面積の増減要因等について

栽培面積及び収穫面積の主な増減要因（転換作物等）について記入してください。

主な増減地域と増減面積について記入してください。

貴団体において、貴団体に出荷されない管内の栽培団地等の状況（栽培面積、栽培地域等）を把握していれば記入してください。

【３】収穫量の増減要因等について

前年産に比べて本年産の作柄の良否、被害の多少、主な被害の要因について記入してください。
（該当のある場合は、点線を鉛筆などでなぞってください。）

作物名	作柄の良否			被害の多少		
	良	並	悪	少	並	多
こんにゃくいも						

主な被害の要因（複数回答可）									
高温	低温	日照不足	多雨	少雨	台風	病害	虫害	鳥獣害	その他

被害以外の増減要因（品種、栽培方法などの変化）があれば、記入してください。

入 力 方 向

4	7	6	1

秘
農林水産省

政府統計

統計法に基づく国の統計調査です。調査票情報の秘密の保護に万全を期します。

年 産	都道府県	管理番号	市区町村	客体番号
2 0				

令和　年産　特定作物統計調査

い作付面積調査・収穫量調査票（団体用）

○ この調査票は、秘密扱いとし、統計以外の目的に使うことは絶対ありませんので、ありのままを記入してください。

○ 黒色の鉛筆又はシャープペンシルで記入し、間違えた場合は、消しゴムできれいに消してください。

○ 調査及び調査票の記入に当たって、不明な点等がありましたら、下記の「問い合わせ先」にお問い合わせください。

★ 数字は、1マスに1つずつ、枠からはみ出さないように右づめで記入してください。

記入例	8	8	8	9	8	7	6	5	4	0

つなげる　すきまをあける

★ 該当する場合は、記入例のように点線をなぞってください。

記入例	／	→	／

★ マスが足りない場合は、一番左のマスにまとめて記入してください。

記入例	112	2	3

記入していただいた調査票は、　月　日までに提出してください。

調査票の記入及び提出は、インターネットでも可能です。

詳しくは同封の「オンライン調査システム操作ガイド」を御覧ください。

【問い合わせ先】

【１】「い」及び畳表の生産農家数について

作物名		い生産農家数	畳表生産農家数
い	前年産	戸	戸
	本年産		

【２】「い」の作付面積、収穫量及び畳表生産量について

記入上の注意
○　作付面積は単位を「ha」とし、小数点第一位（10a単位）まで記入してください。0.05ha未満の場合は「0.0」と記入してください。

作物名		作付面積	収穫量	畳表生産量
い	前年産	ha	t	千枚
	本年産	.		

【３】作付面積の増減要因等について

作付面積の主な増減要因について記入してください。

主な増減地域と増減面積について記入してください。

貴団体において、貴団体に出荷されない管内の作付団地等の状況（作付面積、作付地域等）を把握していれば記入してください。

【４】収穫量の増減要因等について

前年産に比べて本年産の作柄の良否、被害の多少、主な被害の要因について記入してください。
（該当のある場合は、点線を鉛筆などでなぞってください。）

作物名	作柄の良否			被害の多少		
	良	並	悪	少	並	多
い						

主な被害の要因（複数回答可）									
高温	低温	日照不足	多雨	少雨	台風	病害	虫害	鳥獣害	その他

被害以外の増減要因（品種、栽培方法などの変化）があれば、記入してください。

⇦ ⇦ ⇦ 入 力 方 向

4	7	3	1

秘
農林水産省

都道府県	管理番号	市区町村	旧市区町村	農業集落	調査区	経営体

政府統計

統計法に基づく国の統計調査です。調査票情報の秘密の保護に万全を期します。

令 和　　年 産 特定作物統計調査

豆類収穫量調査調査票（経営体用）

○ この調査票は、秘密扱いとし、統計以外の目的に使うことは絶対ありませんので、ありのままを記入してください。
○ 黒色の鉛筆又はシャープペンシルで記入し、間違えた場合は、消しゴムできれいに消してください。
○ 調査及び調査票の記入に当たって、不明な点等がありましたら、下記の「問い合わせ先」にお問い合わせください。

★ 右づめで記入し、マスが足りない場合は一番左のマスにまとめて記入してください。
★ 該当する場合は、記入例のように点線をなぞってください。

記入例	11	9	8	6	5	3
記入例	⁄	→	／			

つなげる
すきまをあける

記入していただいた調査票は　　月　　日までに提出してください。

【問い合わせ先】

【１】本年の生産の状況について

本年の作付状況について教えてください。該当するもの1つに必ず点線をなぞって選択してください。

本年、作付けを行った	⁄
本年、作付けを行わなかった	⁄

【２】来年以降の作付予定について

来年以降の作付予定について教えてください。該当するもの1つに必ず点線をなぞって選択してください。

来年以降、作付予定がある	⁄
来年以降、作付予定はない	⁄
今のところ未定	⁄
農業をやめたため、農作物を作付け（栽培）する予定はない	⁄

・本年作付けを行った方は、【 ３ 】（裏面）に進んでください。

・本年作付けを行わなかった方はここで終了となりますので、調査票を提出していただくようお願いします。
御協力ありがとうございました。

本年、作付けを行った方のみ記入してください。

【３】作付面積、出荷量及び自家用等の量について

本年産の作付面積、出荷量及び自家用等の量について記入してください。

記入上の注意

○ 「作付面積」は、被害等で収穫できなかった面積（収穫量のなかった面積）も含めてください。
○ 「収穫量」は、「俵」、「袋」等で把握されている場合は、「kg」に換算して記入してください。
　（例：30kg紙袋で150袋出荷した場合→4,500kgと記入）
○ 「出荷量」は、共同出荷、直売所への出荷、個人販売など、販売先を問わず、販売した全ての量を含めてください。また、販売する予定で保管されている量も「出荷量」に含めてください。
○ 「自家用、無償の贈答用、種子用等の量」は、ご家庭で消費したもの、無償で他の方にあげたもの、翌年産の種子用などを指します。
○ 乾燥して食用（加工も含む。）にするものを記入してください。
　未成熟（完熟期以前）で収穫されるもの（さやいんげん等）については含めないでください。
○ 1a、1kgに満たない場合は四捨五入して整数単位で記入してください。
　（例：0.4a、0.4kg以下→「0」、0.5a、0.5kg以上→「1」と記入）
○ 「出荷先の割合」は、記入した「出荷量」について該当する出荷先に出荷した割合を％で記入してください。
　「直売所・消費者へ直接販売」は、農協の直売所、庭先販売、宅配便、インターネット販売などをいいます。
　「その他」は、仲買業者、スーパー、外食産業などを含みます。

作物名	作付面積（借入地を含む。）（町）（反）（畝） ha a	収穫量：出荷量（販売した量及び販売目的で保管している量） t kg	収穫量：自家用、無償の贈答用、種子用等の量 t kg
小豆			
いんげん			
らっかせい			

【４】出荷先の割合について

作物名	加工業者	直売所・消費者へ直接販売	市場	農協以外の集出荷団体	農協	その他	合計
小豆	%	%	%	%	%	%	100%
いんげん	%	%	%	%	%	%	100%
らっかせい	%	%	%	%	%	%	100%

【５】作柄及び被害の状況について

前年産に比べて本年産の作柄の良否、被害の多少、主な被害の要因について該当する項目の点線をなぞってください。

作物名	作柄の良否			被害の多少		
	良	並	悪	少	並	多
小豆						
いんげん						
らっかせい						

主な被害の要因（複数回答可）									
高温	低温	日照不足	多雨	少雨	台風	病害	虫害	鳥獣害	その他

調査はここで終了です。御協力ありがとうございました。

⇦ ⇦ ⇦ 入力方向

4	7	5	1

秘
農林水産省

都道府県	管理番号	市区町村	旧市区町村	農業集落	調査区	経営体

政府統計

統計法に基づく国の統計調査です。調査票情報の秘密の保護に万全を期します。

令和　　年産 特定作物統計調査

こんにゃくいも収穫量調査調査票（経営体用）

○ この調査票は、秘密扱いとし、統計以外の目的に使うことは絶対ありませんので、ありのままを記入してください。
○ 黒色の鉛筆又はシャープペンシルで記入し、間違えた場合は、消しゴムできれいに消してください。
○ 調査及び調査票の記入に当たって、不明な点等がありましたら、下記の「問い合わせ先」にお問い合わせください。

★ 右づめで記入し、マスが足りない場合は一番左のマスにまとめて記入してください。
★ 該当する場合は、記入例のように点線をなぞってください。

記入例	11	9	8	6	5	3

記入例（点線をなぞる）　つなげる　すきまをあける

記入していただいた調査票は、　月　日までに提出してください。

【問い合わせ先】

【１】本年の生産の状況について

本年の作付状況について教えてください。該当するもの1つに必ず点線をなぞって選択してください。

本年、作付けを行った	
本年、作付けを行わなかった	

【２】来年以降の作付予定について

来年以降の作付予定について教えてください。該当するもの1つに必ず点線をなぞって選択してください。

来年以降、作付予定がある	
来年以降、作付予定はない	
今のところ未定	
農業をやめたため、農作物を作付け（栽培）する予定はない	

・本年作付けを行った方は、【３】（裏面）に進んでください。

・本年作付けを行わなかった方はここで終了となりますので、調査票を提出していただくようお願いします。
御協力ありがとうございました。

本年、作付けを行った方のみ記入してください。

【３】栽培面積、出荷量及び自家用等の量について

本年産の栽培面積、出荷量及び自家用等の量について記入してください。

記入上の注意

○「栽培面積」は、収穫の有無にかかわらず、栽培した全ての面積を記入してください。
○「収穫面積」は、本年に収穫した面積（自家用も含む。）を記入してください。
なお、翌年の種芋とする目的で掘りとったものの面積は除いてください。
○「収穫量」は、「俵」、「袋」等で把握されている場合は、「kg」に換算して記入してください。
（例：30kg紙袋で150袋出荷した場合→4,500kgと記入）
○「出荷量」は、共同出荷、直売所への出荷、個人販売など、販売先を問わず、販売した全ての量を含めてください。また、販売する予定で保管されている量も「出荷量」に含めてください。
○「自家用、無償の贈答の量」は、ご家庭で消費したもの、無償で他の方にあげたものなどを指します。
○ 1a、1kgに満たない場合は四捨五入して整数単位で記入してください。
（例：0.4a、0.4kg以下→「0」、0.5a、0.5kg以上→「1」と記入）
○「出荷先の割合」は、記入した「出荷量」について該当する出荷先に出荷した割合を％で記入してください。
「直売所・消費者へ直接販売」は、農協の直売所、庭先販売、宅配便、インターネット販売などをいいます。
「その他」は、仲買業者、スーパー、外食産業などを含みます。

作物名	栽培面積（借入地を含む。）（町）（反）（畝） ha a	収穫面積 （町）（反）（畝） ha a	収穫量	
			出荷量（販売した量及び販売目的で保管している量） t kg	自家用、無償の贈答の量 t kg
こんにゃくいも				

○ 記入した出荷量について該当する出荷先に出荷した割合を記入してください。

【４】出荷先の割合について

作物名	加工業者	直売所・消費者へ直接販売	市場	農協以外の集出荷団体	農協	その他	合計
こんにゃくいも	%	%	%	%	%	%	100%

【５】作柄及び被害の状況について

前年産に比べて本年産の作柄の良否、被害の多少、主な被害の要因について該当する項目の点線をなぞってください。

作物名	作柄の良否			被害の多少		
	良	並	悪	少	並	多
こんにゃくいも	/	/	/	/	/	/

主な被害の要因（複数回答可）									
高温	低温	日照不足	多雨	少雨	台風	病害	虫害	鳥獣害	その他
/	/	/	/	/	/	/	/	/	/

調査はここで終了です。御協力ありがとうございました。

令和３年産　作物統計（普通作物・飼料作物・工芸農作物）

令和５年３月　発行　　　　　　　　　定価は表紙に表示しています。

編集　〒100-8950　東京都千代田区霞が関１－２－１
農林水産省大臣官房統計部

発行　〒141-0031　東京都品川区西五反田7-22-17　TOCビル
一般財団法人　農林統計協会
振替　00190-5-70255　TEL 03(3492)2987

ISBN978-4-541-04433-4　C3061

令和３年産水稲10a当たり収

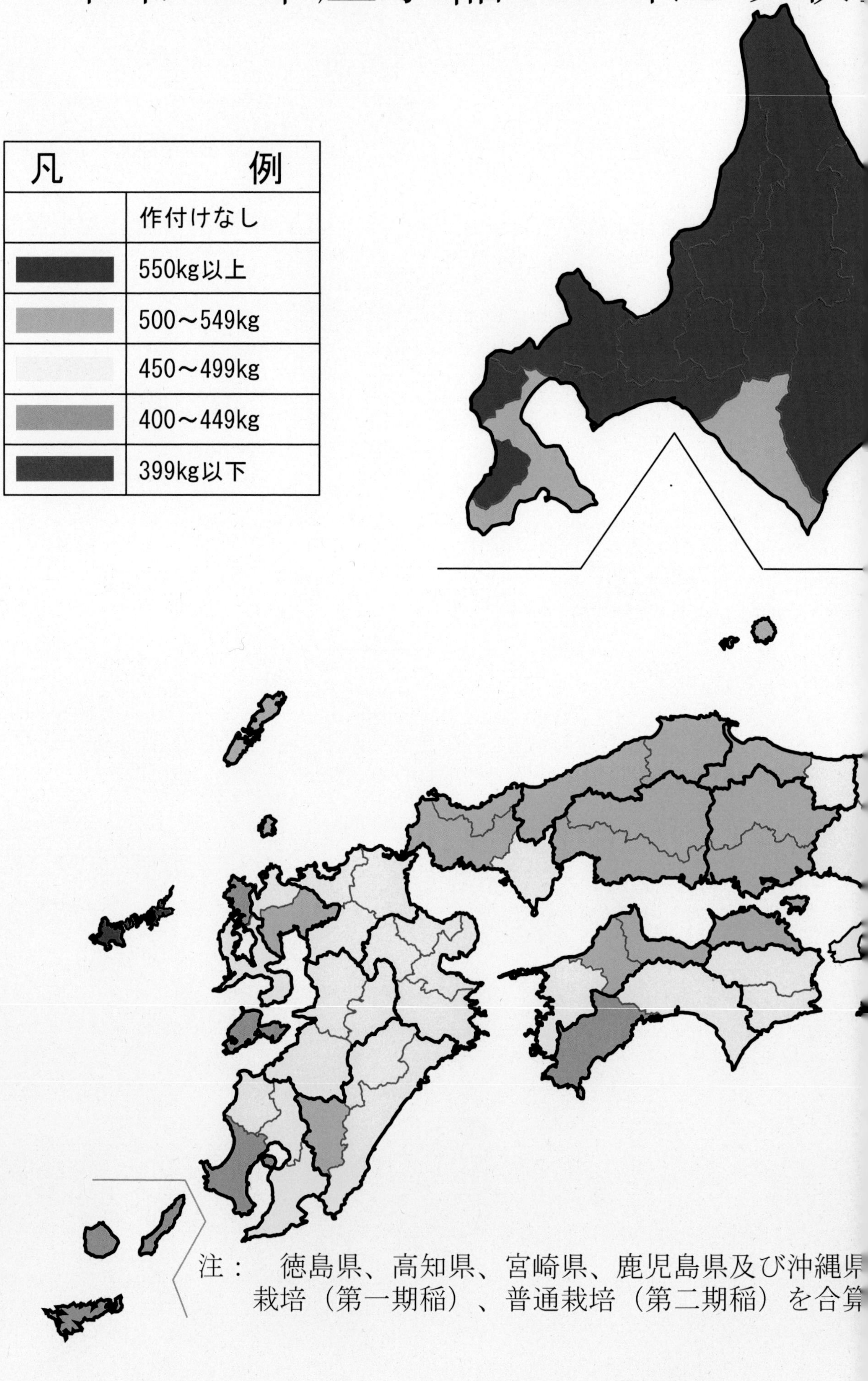

注：　徳島県、高知県、宮崎県、鹿児島県及び沖縄県
栽培（第一期稲）、普通栽培（第二期稲）を合算